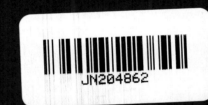

Introduction to
X-ray Reflectivity
New Edition

新版
X線反射率法入門

KENJI SAKURAI
桜井健次［編著］

講談社

執筆者一覧（五十音順）

淡《あわ》路《じ》直《なお》樹《き》　(株)富士通研究所（1 章，7.1 節，付録）

上《うえ》田《だ》和《かず》浩《ひろ》　(株)日立製作所 基礎研究所（3 章，5.2 節，7.2 節）

奥《おく》田《だ》浩《ひろ》司《し》　京都大学 大学院工学研究科（8.4 節）

表《おもて》　和《かず》彦《ひこ》　(株)リガク 開発推進本部（2 章）

川《かわ》村《むら》朋《とも》晃《あき》　(株)日亜化学工業 第二部門 開発本部（7.3 節，8.2 節）

桜《さくら》井《い》健《けん》次《じ》　(国)物質・材料研究機構（4 章，5.1 節，5.3 ～ 5.5 節，6 章，7.4 節，8.1 節，9.5 節，おわりに，編者）

高《たか》橋《はし》　功《いさお》　関西学院大学 理工学部（7.5.7 項，8.5 節）

竹《たけ》中《なか》久《ひさ》貴《たか》　(株)トヤマ（7.3 節）

谷《たに》　克《かつ》彦《ひこ》　元 (株)リコー 中央研究所（p.158 コラム）

林《はやし》　好《こう》一《いち》　名古屋工業大学 大学院工学研究科（7.5.1 ～ 7.5.6 項，8.3 節，p.132 コラム）

日《ひ》野《の》正《まさ》裕《ひろ》　京都大学 原子炉実験所（9.1 ～ 9.4 節）

水《みず》沢《さわ》まり　(一財)総合科学研究機構（7.4 節）

宮《みや》田《た》　登《のぼる》　(一財)総合科学研究機構（9.1 ～ 9.4 節）

矢《や》野《の》陽《よう》子《こ》　近畿大学 理工学部（7.6 節）

付録について

以下の付録を講談社サイエンティフィクのホームページ（https://www.kspub.co.jp/book/detail/1532960.html）からダウンロードできます．

「付録 1　C++ による X 線・中性子反射率計算プログラム」

「付録 2　Python による反射率計算プログラム」

ファイルを開く際のパスワードは「AwajiN」です．

新版へのまえがき

初版『X線反射率法入門』の刊行は2009年1月のことである．ほぼ同じ時期，欧米では類書が何冊か続けて出版された．いずれも2000年前後に出版された書籍の第2版としてである．つまり，わが国の『X線反射率法入門』は，国際的には周回遅れのスタートであった．しかし，後発の利を生かし，基礎知識をいっそうわかりやすく系統的に整理しつつ，海外の書には含まれない独自の学術・技術的内容も網羅した．何よりも読者が自らの試料を解析しようとする際に必ず役立つ実践書となるように構成した点は，類書とは際立って異なる特色である．そうではあるが，実のところ，出版当時はどれほどの方が実際に手に取ってくださるか，心配していた．結果としてそれは杞憂だったようで，予想以上に多くの方に読んでいただき，また講習会などの参考書としても活用していただくことができた．また，韓国語に翻訳され，お隣の国でも出版されている．

初版から9年以上の月日が過ぎ去り，これからの時代におけるわが国の学問と産業の期待に応えられるよう，内容を一新すべき時期がきた．いまや，多くの方が日々インターネットで情報を検索し，収集しているのではないかと思われる．そのような情報はもちろん便利で有用であると思うが，『新版　X線反射率法入門』の執筆者たちがこの書籍の刊行を通して伝えようとする知識や技術は，少なくとも現時点では，おそらくインターネットの検索などによっては決して得られないものであろうと確信している．

初版と新版を比較すると，およそ3割のページ増となった．最も重要である基礎知識を説明する第1，2，3章は，初版を踏まえながらも1割以上ページを増して補筆，拡充を行った．「第4章　X線反射率のデータ解析の注意事項」，「第5章　微小領域分析およびイメージングへの展開」，「第6章　時々刻々変化する系の追跡への展開」は，初版にはなかった新しい章である．第7章の応用では，電気化学界面などの固液界面の事例を新たに追加し，有機・高分子膜に関する内容を増やした．第8章の関連技術では，共鳴軟X線スペクトル法，X線光子相関分光法を新たに加え，さらに第9章として「中性子の利用」を新たに設けた．

初版同様，新版も読者の皆様にとって役立つ書となることを願ってやまない．本書が無事に完成できたのは，ひとえに講談社サイエンティフィクの五味研二氏のご尽力による．執筆者たちの本書にかける熱い思いを共有し，少しでも優れた内容の書とするために，非常によく貢献してくださった．厚く御礼申し上げる次第である．

2018年5月

桜井健次

初版へのまえがき

X線反射率法はすでによく確立され，普及しているにもかかわらず，まとまった解説書が案外見当たらない．このことを長く残念に思っていた．ヨーロッパでは，2000年前後に数冊まとめて出版された．これは，1980年代後半からの約10年間にヨーロッパを中心として，この分野が大きく前進し，応用分野も広がったことに対応している．本書は，執筆者らの知る限り，日本語による最初のX線反射率法の専門的入門書である．企業の技術者や大学院生など，これからX線反射率法を習得して，実際に目の前にある試料を解析しようと望んでいる方にとって，良い実践的参考書ともなるよう，心がけた．同時に，約10年前のヨーロッパの書には掲載されていない内容，特に，わが国の研究者らにより開拓された成果を盛り込むとともに，すでに確立された知識・技術以外の要素も取り上げ，X線反射率法を拡張・発展しつつある，より広がりのある技術としてとらえ直そうと努めた．

本書の主題であるX線反射率法は，光学的な全反射現象を利用することにより，薄膜・多層膜の深さ方向の構造をÅオーダーで定量的に決定することのできる有用な解析方法である．結晶質，非結晶質の区別なく適用することができ，測定可能な対象が広い．非破壊的であり，同じサンプルを他の分析手法による検証する余地がある点も優れている．反射率が急速に落ちる角度(臨界角)の位置から表面近傍の密度，臨界角よりも高角域に現れる干渉縞の周期から薄膜の各層の平均厚さ，反射率の減衰の度合いや干渉縞の振幅などから表面・界面の原子スケールの凹凸や急峻さ，拡散などを評価することができる．今日では装置なども市販されており，誰でもすぐに利用することができるが，そのような裾野の広さとあわせ，シンクロトロン放射光などの新光源や新しい光学素子などを活用し，新たな飛躍を遂げようとしている．その結果，端的には，ナノサイエンス・ナノテクノロジーの発展への大きな寄与が期待される．そこでは，表面に露出しているもの以上に，何がしかの物質によって覆われた“埋もれた”ナノ構造を扱うことが非常に多く，他方，こうしたものを破壊せずに観察する手法は他にはほとんどない．現在も発展しつつあるX線反射率法は，いわゆる“埋もれた”界面の構造に関し，これまで解くことのできなかったさまざまなサイエンティフィク・ミステリーに続々と新たな解をもたらすであろう．本書が，もし，そのような技術の一端を知ることに少しでも役に立てば，幸いである．

本書の刊行にあたり，講談社サイエンティフィクの五味研二氏にはひとからぬお世話になった．執筆者一同を代表し，厚く御礼申し上げる．

2009年1月　桜井健次

目　　次

記号表 …… x

1　X 線反射率の基礎 …… 1

1.1　光と X 線 …… 1
1.2　X 線反射率法とは …… 2
1.3　膜密度はどのように決まるか …… 4
1.3.1　1 個の電子による散乱 …… 7
1.3.2　1 個の原子による散乱 …… 9
1.3.3　一様な物質による散乱 …… 10
1.3.4　共鳴散乱 …… 12
1.4　膜厚はどのように決まるか …… 16
1.4.1　Parratt による漸化式 …… 19
1.4.2　マトリックス法 …… 21
1.4.3　単層膜の膜厚 …… 23
1.4.4　多層膜の膜厚 …… 24
1.4.5　モデルフィッティングによる膜厚 …… 25
1.4.6　評価できる最小膜厚と測定角度範囲 …… 25
1.5　膜の表面・界面粗さはどのように決まるか …… 25
1.5.1　界面の密度が連続的に変化する場合 …… 26
1.5.2　界面凹凸がある場合 …… 28
1.5.3　動力学的補正 …… 31
1.6　いろいろな反射率計算法 …… 32
1.6.1　密度スライス法 …… 32
1.6.2　分子・原子分布モデル …… 33
1.6.3　溶液中の試料からの反射率 …… 34
1.6.4　マルチコントラスト法 …… 34
1.7　結晶からの反射率 …… 35
1.8　共鳴磁気反射率 …… 35
1.9　コヒーレンスとコヒーレント回折 …… 42
1.10　実際の測定とデータ解析の基礎 …… 48
1.10.1　何桁まで測定するか？ …… 48
1.10.2　多層膜モデルの作成 …… 50
1.10.3　モデルの最適化 …… 51

2　X 線反射率の測定装置と測定方法 ……… 59

2.1　X 線反射率測定装置に必要な条件 ……… 59
2.2　X 線反射率測定装置の実際 ……… 62
2.2.1　X 線源 ……… 63
2.2.2　モノクロメータ・コリメータ ……… 64
2.2.3　ゴニオメータと試料ステージ ……… 67
2.2.4　X 線受光部 ……… 67
2.2.5　X 線検出器 ……… 69
2.3　反射率の測定方法 ……… 72
2.3.1　光学系の選択 ……… 72
2.3.2　試料位置調整 ……… 73
2.3.3　試料位置調整誤差の影響 ……… 78
2.3.4　高精度な試料位置調整法 ……… 80
2.3.5　試料表面の汚れによる影響 ……… 82
2.3.6　試料が小さい場合 ……… 83
2.3.7　微小領域の X 線反射率 ……… 85
2.4　散漫散乱測定 ……… 86
2.5　平行 X 線ビームと 2 次元検出器の組み合わせによる測定 ……… 88
コラム　散漫散乱の干渉効果 ……… 90

3　X 線反射率のデータ解析法 ……… 91

3.1　はじめに ……… 91
3.2　X 線反射率のデータ解析の前に ……… 92
3.2.1　使用 X 線の波長 ……… 92
3.2.2　入射 X 線の角度発散の分布：$G(\Delta\alpha)$ ……… 94
3.2.3　入射 X 線の試料位置での大きさ：S_0 ……… 96
3.2.4　反射率計の光学系の大きさ：L, S_d ……… 97
3.2.5　基板の屈折率：δ_{sub}，β_{sub} ……… 99
3.3　最小二乗法フィッティングによる膜構造解析の手順 ……… 100
3.3.1　実験反射率の入力 ……… 100
3.3.2　膜構造モデルと初期値の検討 ……… 100
3.3.3　X 線反射率の光学系パラメータと試料湾曲 ……… 104
3.3.4　視射角原点，フィッティング領域，膜構造モデルの拘束条件 ……… 104
3.4　単層膜の解析と精度の評価 ……… 112
3.5　多層膜の解析と精度の評価 ……… 113
3.6　多波長 X 線反射率法 ……… 115
3.7　2 波長法による多層膜構造解析 ……… 118
3.8　3 波長法による多層膜構造解析 ……… 124
3.9　反射率解析の今後 ……… 128

3.10　まとめ……130
コラム　X線導波路……132

4　X線反射率のデータ解析の注意事項……133

4.1　はじめに……133
4.2　理論反射率の与えるプロファイルの一意性について……134
4.3　個々のパラメータのX線反射率プロファイルへの寄与の仕方……136
4.4　最小二乗法フィッティング計算に由来する問題……139
4.5　構造モデルに過度に依存しない解析の試み……143
4.5.1　位相を推定して導入する直接解法……143
4.5.2　Fourier 変換法……145
4.5.3　Wavelet 変換法……151
4.6　おわりに……155
コラム　吸収端近傍のX線反射率……158

5　微小領域分析およびイメージングへの展開……159

5.1　顕微鏡・イメージング手法とX線反射の融合……159
5.2　放射光ナノビームによる微小領域分析……161
5.2.1　微小ビームX線反射率法……161
5.2.2　空間分解能と視射角分解能……161
5.2.3　高精度反射率計……163
5.2.4　実際の測定例……166
5.2.5　微小領域分析の近未来……168
5.3　高エネルギー白色X線による微小領域分析……169
5.3.1　白色X線反射スペクトル法(エネルギー分散型X線反射率法)……169
5.3.2　高エネルギー白色X線の微小ビーム化……171
5.3.3　測定例……171
5.3.4　その他の興味深い応用……172
5.4　画像再構成法によるイメージング……173
5.4.1　不均一試料のX線反射投影像……173
5.4.2　画像再構成法によるX線反射率イメージングの実例……176
5.4.3　特定地点の構造情報の抽出……181
5.5　微小領域分析・イメージングの今後……182

6　時々刻々変化する系の追跡への展開……185

6.1　はじめに……185
6.2　多チャンネルX線反射率法(Naudon の方法)……186
6.3　白色X線反射スペクトル法……194
6.4　従来の角度走査型の装置によるその場計測……196
6.5　時々刻々変化する系を追跡するX線反射率計測の近未来……200

7　X 線反射率法の応用 ……… 203

7.1　半導体薄膜 ……… 203
7.1.1　はじめに ……… 203
7.1.2　半導体薄膜の作製法 ……… 205
7.1.3　Si 酸化膜の評価 ……… 206
7.1.4　低誘電率層間絶縁膜の評価 ……… 212
7.1.5　バリアメタルの評価 ……… 214
7.2　ハードディスク ……… 215
7.2.1　はじめに ……… 215
7.2.2　スピンバルブ膜の評価 ……… 216
7.2.3　磁気記録媒体上の潤滑膜の評価 ……… 226
7.3　X 線光学用多層膜 ……… 229
7.3.1　はじめに ……… 229
7.3.2　多層膜の設計および評価方法 ……… 231
7.3.3　詳細な構造評価の例 ……… 234
7.4　電気化学界面などの固液界面 ……… 240
7.4.1　はじめに ……… 240
7.4.2　X 線反射率法による電気化学界面などの固液界面の分析の原理 ……… 241
7.4.3　電気化学界面などの固液界面の測定装置 ……… 242
7.4.4　X 線反射率法による固液界面の分析事例 ……… 245
7.4.5　まとめ ……… 255
7.5　有機・高分子薄膜 ……… 255
7.5.1　はじめに ……… 255
7.5.2　有機薄膜の形態および分子配向 ……… 256
7.5.3　ガラス転移温度近傍における構造変化の解析への応用 ……… 260
7.5.4　有機 EL 素子における劣化機構の解明への応用 ……… 263
7.5.5　有機ガスセンサー，有機太陽電池における“その場”観測への応用 ……… 265
7.5.6　定点 X 線反射率測定による有機薄膜の薄膜成長過程の評価 ……… 268
7.5.7　散漫散乱を利用した高分子薄膜の評価 ……… 271
7.6　液体の表面，界面，単分子膜 ……… 275
7.6.1　はじめに ……… 275
7.6.2　測定方法 ……… 276
7.6.3　解析方法 ……… 279
7.6.4　応用例 ……… 283
7.6.5　まとめ ……… 290

8　X 線反射率法と併用すると有意義な関連技術 ……… 295

8.1　微小角入射蛍光 X 線分析法 ……… 295
8.1.1　はじめに ……… 295

8.1.2　測定方法 …… 296
8.1.3　測定原理と解析方法 …… 298
8.1.4　応用例 …… 303
8.1.5　まとめ …… 307
8.2　微小角入射 X 線回折法 …… 309
8.2.1　はじめに …… 309
8.2.2　測定方法 …… 310
8.2.3　測定原理と解析方法 …… 311
8.2.4　応用例 …… 315
8.2.5　まとめ …… 319
8.3　共鳴軟 X 線スペクトル法 …… 321
8.3.1　はじめに …… 321
8.3.2　測定方法 …… 321
8.3.3　測定原理と解析方法 …… 322
8.3.4　応用例 …… 322
8.4　GISAXS 法 …… 325
8.4.1　はじめに …… 325
8.4.2　X 線小角散乱法（SAXS 法） …… 327
8.4.3　測定方法 …… 330
8.4.4　測定原理と解析方法 …… 332
8.4.5　応用例 …… 335
8.4.6　まとめ …… 336
8.5　X 線光子相関分光法 …… 337
8.5.1　はじめに …… 337
8.5.2　測定方法 …… 338
8.5.3　測定原理と解析方法 …… 338
8.5.4　応用例 …… 338
8.5.5　まとめ …… 342

9　中性子の利用 …… 345

9.1　はじめに …… 345
9.2　中性子反射光学の基礎 …… 347
9.3　中性子反射率法の特徴 …… 348
9.4　中性子反射率法の適用例 …… 349
9.5　X 線反射率法経験者の目から見た中性子の利用 …… 351

おわりに　X 線反射率の 100 年 …… 358

記号表

一般的な記号

$\equiv$　：定義
$\propto$　：比例
$\times$　：外積
~　：複素数
*　：複素共役
^　：演算子
$|\psi\rangle$：系の波動関数
$|\mathrm{i}\rangle$　：始状態
$|\mathrm{f}\rangle$　：終状態
$|n\rangle$　：中間状態

座標

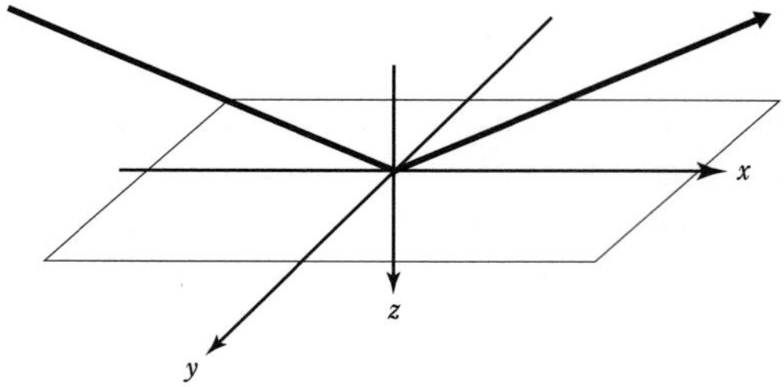

x　：試料表面に平行，X 線入射方向
y　：試料表面に平行，X 線入射方向に直交
$R_{xy} = \sqrt{x^2 + y^2}$　：表面任意の方向
z　：試料表面に垂直方向
符号については，どちらを正にとってもかまわないが，X 線反射率法による薄膜・多層膜の解析では深さ方向を正にとることが多い．

X線に関するパラメータ

λ ：X線波長

伝統的にÅ(10^{-10} m)が単位として用いられ，現在も頻度多く使用されている．SI単位系との整合を考慮し，近年ではnmでの表記も増えており，本書ではできるだけnmへの統一をはかった．一部の章，節ではやむをえず，Åの使用を残したものもある．

反射，屈折に関する角度，ベクトル

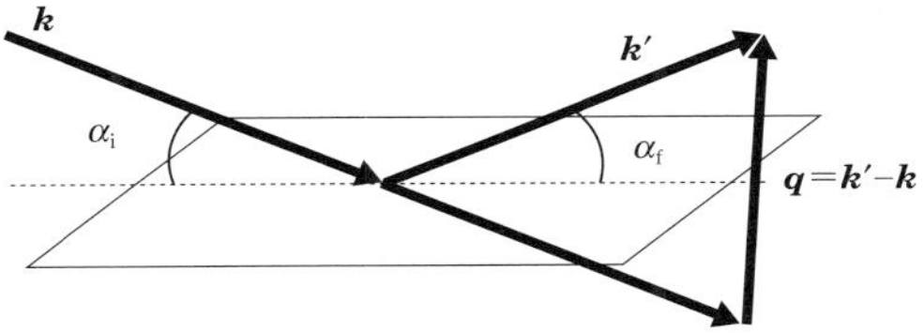

α_i または α：視射角(視斜角)．斜入射角ともいう．

一般の光学では，光線と表面法線方向のなす角度を入射角と呼び($90°-\alpha$)，あらゆる式をその角度を用いて記述するが，X線反射率法では，ほとんど試料表面に平行な角度領域で起こる反射，屈折の現象しか扱わないため，試料表面とX線のなす角である α をパラメータにとることが圧倒的に多い．上述の光学の定義とは異なるが，α を入射角と呼ぶこともある．また，この α はX線回折における $\theta/2\theta$ 走査(あるいは $2\theta/\theta$ 走査ともいう)の θ と同じである．同じくX線回折では，試料の自転の角度走査を ω 走査と表記することがあり，その関連で ω が視射角の意味で用いられることもある．この ω は上記の α と同じ意味である．

α_c ：全反射臨界角．単に臨界角ともいう．

α_f ：出射角．検出角度．

通常のX線反射率法の測定では $\alpha_i = \alpha_f$ であり，このような反射を鏡面反射という．

$\boldsymbol{k}$ ：入射X線波数ベクトル

ベクトルの大きさ $k=|\boldsymbol{k}|=2\pi/\lambda$ である．

$\boldsymbol{k}_{//}$ ：入射X線波数ベクトルの基板面内成分

$\boldsymbol{k}_{\perp}$ ：入射X線波数ベクトルの基板垂直成分

$\boldsymbol{k}'$ ：散乱X線の波数ベクトル

$\boldsymbol{q}$ ：散乱ベクトル

散乱X線と入射X線の波数ベクトルの差である($\boldsymbol{q} = \boldsymbol{k}' - \boldsymbol{k}$).

q_x, q_y, q_z：散乱ベクトルの x, y, z 成分

$\alpha_{\mathrm{i}} = \alpha_{\mathrm{f}}$ のとき，$q_x = q_y = 0$, $q_z = 4\pi\sin\alpha/\lambda$ になる．X線反射率では，この q_z を単に q と表記することが多い．単位は波長の逆数であり，nm^{-1} もしくは $\mathrm{Å}^{-1}$ が用いられる．

$\boldsymbol{q}_{\mathrm{c}}$ ：臨界散乱ベクトル

$\alpha_{\mathrm{i}} = \alpha_{\mathrm{f}} = \alpha_{\mathrm{c}}$ のときの散乱ベクトルである．臨界散乱ベクトルの z 成分は q_{c} と表記される．q_{c} はX線の波長に依存しない．

画像再構成法によるX線反射率イメージング

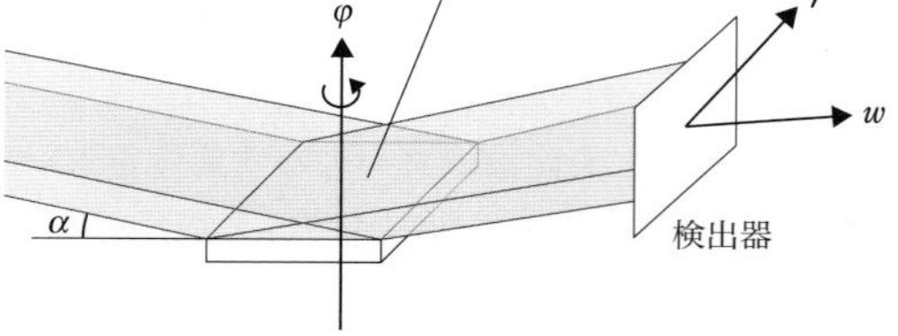

α ：視射角

φ ：面内回転角

r ：X線の進行方向に直交する方向に固定された座標

w ：X線の進行方向に固定された座標

X, Y：試料の位置＝($\cos\varphi - w\sin\varphi$, $r\sin\varphi + w\cos\varphi$)

物質に関するパラメータ

Z ：原子番号

Z_j ：多層膜の j 番目の原子の元素の原子番号

A ：原子量

A_j ：多層膜の j 番目の原子の元素の原子量

n ：複素屈折率($n = 1 - \delta - i\beta$)

なお，本書の一部では，可視光を含めた電磁波一般の屈折の議論を行うため，複素屈折率として $\tilde{n}$ の表記も用いている．

δ ：複素屈折率の実部の1からのずれ

β ：複素屈折率の虚部
X 線吸収係数に関係する量である．

δ_j ：多層膜の j 番目の層の物質の複素屈折率の実部の 1 からのずれ

β_j ：多層膜の j 番目の層の物質の複素屈折率の虚部

f ：原子散乱因子

f' ：原子散乱因子の異常分散項の実部

f'' ：原子散乱因子の異常分散項の虚部

f_j ：多層膜の j 番目の層の物質の原子散乱因子
異種原子を含む場合は，個々の原子の原子散乱因子の原子数平均になる．

f_j' ：多層膜の j 番目の層の物質の原子散乱因子の異常分散項の実部
異種原子を含む場合は，個々の原子の原子散乱因子の異常分散項の実部の原子数平均になる．

f_j'' ：多層膜の j 番目の層の物質の原子散乱因子の異常分散項の虚部
異種原子を含む場合は，個々の原子の原子散乱因子の異常分散項の虚部の原子数平均になる．

μ_M ：X 線質量吸収係数

μ_L ：X 線線吸収係数
X 線質量吸収係数に密度をかけた量である．

X 線反射率法により求められるパラメータに関係するもの

ρ_M ：物質の質量密度

ρ ：バルクの密度(単位：$g\ cm^{-3}$)

ρ_∞ ：平均密度

ρ_e ：電子密度
古典電子半径と電子密度をかけたものを散乱長密度と呼ぶ．
散乱長密度に置き換えると，中性子を使う実験との比較がわかりやすくなる．

$\rho_{e,j}$ ：多層膜の j 番目の層の電子密度

$\rho(z)$：深さ z における電子密度

$\rho_{e,\infty}$ ：バルクの電子密度

ρ_A ：原子数密度

d ：膜厚

d_j ：多層膜の j 番目の層の膜厚

σ ：表面・界面の粗さ
英語の roughness にあわせ，表面・界面ラフネスともいう．Nevot と Croce

は，理想平滑平面(粗さがまったくない)の理論X線反射率のプロファイルと実験結果の違いが表面粗さにより説明できることを見出し，補正方法を提案した．その考え方はそのまま界面にも拡張されている．この方法で決定される粗さは，表面・界面の個々の地点での深さ・高さ方向の変位量のrms (root mean square：二乗平均平方根)に対応する．

σ_j　：多層膜のj番目の界面の粗さ

中性子の利用に関係するもの

b_c　：平均の干渉性散乱長

b_m　：磁気散乱長

B　：磁場

N_b　：ρ(密度)とb_cの積

μ　：中性子スピンに起因する磁気モーメント

定数

記号	名称	値
$h\,(\hbar = h/2\pi)$	プランク定数	6.62606876×10^{-34} J s
k_B	ボルツマン定数	1.380658×10^{-23} J K^{-1}
N_A	アボガドロ数	6.0221367×10^{23} mol^{-1}
r_e	古典電子半径あるいはThomson散乱長	2.818×10^{-15} m
e	電子の電荷	1.60217646×10^{-19} C
m_e	電子の質量	9.10938188×10^{-31} kg
G	重力加速度	9.80665 m s^{-2}
c	真空中での光速度	2.99792458×10^{8} m s^{-1}

X線反射率の理論に関する用語

X線回折では，運動学的(kinematical)理論と動力学的(dynamical)理論があり，前者が1回散乱のみの近似で見通しの良い取り扱いを行うのに対し，後者は多重散乱を考慮し厳密解を与える．X線反射率でも同様の使い分けがなされ，本書で何度も登場する．Parrattの式は後者にあたり，これが薄膜・多層膜の解析の基本になる．他方，密度が一様ではない複雑構造の系や液体などでは，前者の運動学的近似も用いられる．

1
X線反射率の基礎

1.1　光とX線

光(可視光)とX線は，Maxwellの方程式に従う電磁波の一種である．電磁波は，表1.1に示すように,波長の領域ごとに,呼び名が付いている.電磁波の波長とエネルギーには以下の関係があり，X線は可視光よりもエネルギーが高く，波長は短いという特徴がある．

$$\lambda(\mathrm{nm}) = \frac{hc}{E} = 1.239842\,/E(\mathrm{keV}) \tag{1.1}$$

光とX線は，同じ電磁波ではあるが，波長やエネルギー領域が異なることにより，物質に対し，異なったふるまいを示す．詳細は以下で説明するが，たとえば光とX線を，水などの透明な物質に入射させた場合，その屈折は図1.1のようになる．また，後述する全反射条件は図1.2のようになる．これらの違いは，X線反射率法の解析原理に反映されている．なお，図1.1に関連して，コップに入れたストローが浮いて見えるのは図1.3に示すように，ストローは曲がらないが，その先端から出た光は屈折して目に入り，人には水面の延長上に先端があると見えるため，屈折方向とは逆方向に曲がって見えるのである．

表1.1　電磁波の種類と波長・エネルギー

電磁波の種類	波長	エネルギー
可視光	400 ～ 800 nm	1.5 ～ 3 eV
紫外線	10 ～ 400 nm	3 ～ 120 eV
軟X線	0.5 ～ 10 nm	0.1 ～ 2 keV
X線	0.05 ～ 0.5 nm	2 ～ 20 keV
硬X線	0.01 ～ 0.05 nm	20 ～ 100 keV

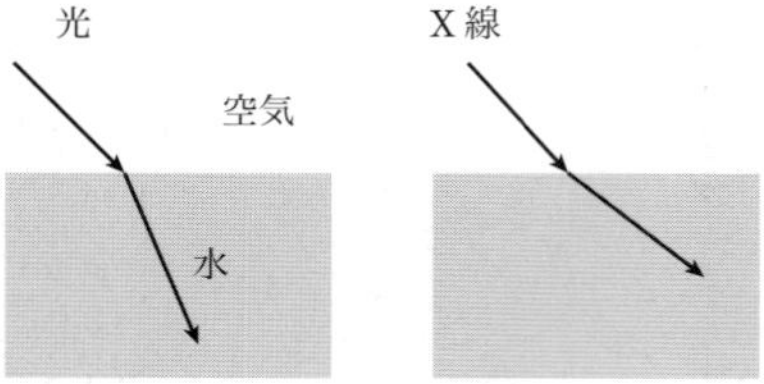

図 1.1　光と X 線の屈折方向の違い
X 線の屈折効果は 1° 以下と小さいので，少し誇張して描いている．

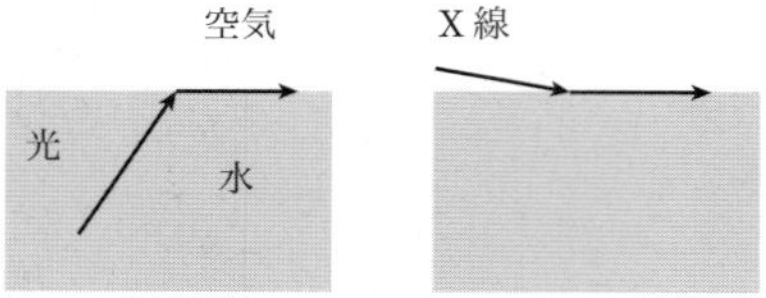

図 1.2　全反射条件の違い
X 線の全反射臨界角は 1° 以下と小さいので，少し誇張して描いている．

図 1.3　光の屈折により水に入れたストローが曲がって見える様子

1.2　X 線反射率法とは

X 線反射率法は，平坦な基板やその上に形成された薄膜や多層膜に X 線を小さい角度で入射し，その反射強度を測定することにより，膜の厚さや密度，膜表面や界面の粗さ(ラフネス，界面幅)を非破壊に求める分析技術である．本節ではこの方法がどのような原理に基づいているのかを説明することで，X 線反射率の理解を深めていただきたいと思う．

X 線反射率法では，エネルギー領域 2 ～ 20 keV(波長：0.05 ～ 0.5 nm)の X 線が主に用いられる．大気中で測定を行うことがほとんどであるが，測定を真空中で行う場合にはエネルギー領域 0.1 ～ 2 keV(波長：0.5 ～ 10 nm)の軟 X 線領域の X 線を用い

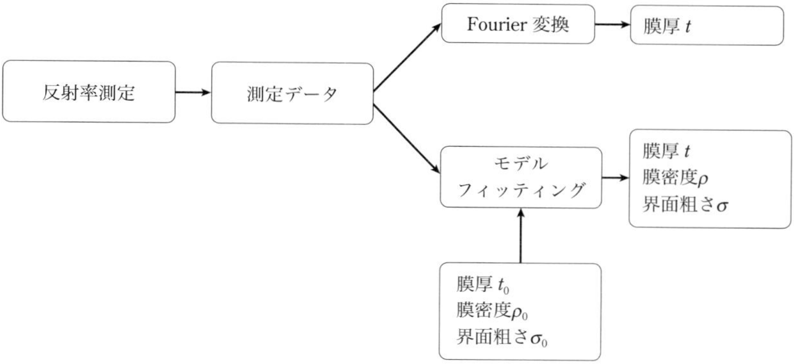

図 1.4　代表的な X 線反射率法の手順

ることもできる．X 線反射率法では，反射強度が弱くなる大きい反射角領域まで測定を行うため，強い X 線を利用することが好ましい．それに加え，X 線の入射角および反射角を正確に決めるために，発散角の小さい平行 X 線を用いることが望ましい．そのため，通常の X 線管球やローター光源に加え，放射光 X 線も利用されている．また，X 線と同様に波動性をもつ，中性子が利用される場合もある．中性子を使った反射率法については第 9 章において説明する．

X 線反射率法の分析手順を，図 1.4 に示す．まず，試料表面に X 線を入射し，膜の内部で屈折や干渉により反射した X 線の強度分布を測定する．そして，その測定データを多層膜モデルなどによるシミュレーションと比較・最適化することにより膜厚，密度，表面・界面粗さ(ラフネス)を決定する．X 線反射率法の原理は，X 線の電子による散乱を利用し，物質中の電子密度分布を求めるものであるが，電磁波は磁場成分を通じて物質中の電子のスピンや軌道角運動量とも相互作用するため，特殊な条件下では，薄膜の磁化分布を調べることもできる．測定可能な薄膜の膜厚は，測定条件にも依存するが，1 nm ～数百 nm の領域であり，特に薄い膜の分析に適する．

膜厚と同時に膜の密度，表面・界面粗さを測定できることが X 線反射率法の特徴である．一般に薄膜の密度は，その膜の作製法に直接依存しており，薄膜の稠密性や特性の良い指標になる．表面・界面粗さに関しては，原子間力顕微鏡(atomic force microscopy, AFM)などでは表面粗さしか測れないのに対し，本方法では X 線の透過により表面に加え，膜内部の界面粗さの測定も可能である．また，透過型電子顕微鏡(transmission electron microscopy, TEM)などの電子顕微鏡では，一度の測定で 100 μm 以下の局所領域しか観察できないのに対し，本方法では mm ～ cm という広い面積での平均的な膜厚，密度，表面・界面粗さを得ることができる．さらに X 線反射率法は，試料が平坦であれば材料の種類を選ばないことが大きな特徴であり，半導体薄膜，金属薄膜，アモルファス膜，有機膜のような固体だけでなく，液体の表面や界面の評価を行うことも可能である．また，膜厚評価法として代表的な，可視光を用いるエリプソメトリーと異なり，本方法では不透明な膜の解析も可能である．それに加えてX線の波長が試料の粗さのスケールに近いため，粗さの測定原理も直接的である．これらの特徴から，X線反射率法は薄膜の解析技術の1つとしてユニークな存在となっている．その反面，測定には散乱角の走査が必要であり，一試料の測定には通常10分以上の時間がかかる．さらに，結果を求めるためにはモデル解析が必要であることも難点である．しかし，最近では迅速な測定手段や，Fourier法などのモデルフリーな解析法も提案されており，今後より広い範囲の薄膜材料評価に適用されていくことが予想される．

1.3　膜密度はどのように決まるか

反射率法では，通常，各入射角における反射強度を測定し，そのプロファイルを解析するという手順で，試料の光学的屈折率を求める．一方，X線や中性子においては，光学的屈折率と膜密度には原子レベルで決まる単純な関係があり，その関係から膜密度が求まる．以下では，X線についてその関係を見ていく．

X線は可視光と同様に電磁波であるため，その伝播現象はMaxwell方程式により記述される．ここでは，入射X線が平面波かつ単色(monochromatic)である場合を考える．この場合，屈折率がnである媒質中を伝播する電磁波の電場ベクトル$\boldsymbol{E}(\boldsymbol{r})$は，以下のように表される(章末の補遺参照)．

$$\boldsymbol{E}(\boldsymbol{r}) = \boldsymbol{\varepsilon} E_0 \exp[-i(n\boldsymbol{k}_0 \cdot \boldsymbol{r} - \omega t)] \tag{1.2}$$

ここで，$\boldsymbol{\varepsilon}$は偏光方向の単位ベクトル，E_0は電場強度である．$\boldsymbol{k}_0$は真空中の電磁波の伝播方向を向いた波数ベクトルであり，波長λとは以下の関係がある．

$$|\boldsymbol{k}_0| \equiv k_0 = 2\pi/\lambda \tag{1.3}$$

電磁波の運動量は$\hbar\boldsymbol{k}_0$，エネルギーは$\hbar c k_0$で表される．ここで，$\hbar = h/2\pi$，hはプランク定数である．時間に依存しない電磁波の空間伝播は，以下のHelmholtz方程式により記述される．

$$(\Delta + {k_0}^2 n^2)\boldsymbol{E}(\boldsymbol{r}) = 0 \tag{1.4}$$

ここで，屈折率nには以下の関係がある．

$$n = v/c = \sqrt{\varepsilon\mu}\big/\sqrt{\varepsilon_0\mu_0} \tag{1.5}$$

vは媒質中の電磁波の速度，cは光速，ε，μおよびε_0，μ_0は媒質中および真空中の誘電率と透磁率である．一般に，可視光を含めた電磁波における，吸収効果まで含めた

複素屈折率 $\tilde{n}$ は，以下のように表される．

$$\tilde{n} = n - i\kappa \tag{1.6}$$

ここで，κ は消衰係数(extinction coefficient)と呼ばれ，吸収効果を表す．一般に屈折率にはエネルギー依存性がある．図 1.5 に Si，Cu および H_2O の広いエネルギー領域における屈折率 n と消衰係数 κ を示す．

電磁波の散乱には，電磁波のエネルギー領域ごとに関与する現象が異なる．可視光や紫外線など，30 eV 以下の低エネルギーの電磁波に対しては，物質の比誘電率 $\varepsilon/\varepsilon_0$ は物質の構造を反映した特有の値をもち，また波長に依存して大きく変化する．一方，比透磁率 μ/μ_0 は，非磁性材料では波長によらずほぼ 1 である．この場合，低エネルギーの電磁波では，物質の屈折率は真空の屈折率(＝ 1)から大きく変化する．一方，X 線を含め 30 eV ～ 100 keV のエネルギーをもつ電磁波に対して，物質の屈折率は，1 よりわずかに小さくなることがわかる．これが図 1.1 において，屈折率が 1 より大きい光と，1 より小さい X 線とでは，屈折方向が異なった原因である．

一般に波動の吸収や散乱には，その波長に対応したサイズの物質構造が強く影響する．電磁波においても物質の屈折率は，X 線領域の電磁波と，可視光領域の電磁波とで大きく異なる．これは，可視光などの低エネルギー領域の電磁波に対する誘電率の起源は原子のまわりの電子雲が印加電場により原子のまわりで変位することによる電子分極がほとんどであり，また，さらに低いエネルギー領域の電磁波ではイオン分極や配向分極も寄与するため，誘電率の値は物質の化学構造や化学結合状態により大きく変わる一方，化学結合のエネルギーより大きい X 線領域の電磁波に対しては，物質中の電子がほとんど自由電子としてふるまい，分極は電子の個数に比例した非常に小さな値となるためである．

X 線領域の電磁波に対しては，物質の屈折率 n は 1 に近いため，吸収を含めた複素屈折率 $\tilde{n}$ は通常次のように表される．

$$\tilde{n} = 1 - \delta - i\beta \tag{1.7}$$

ここで，δ は真空の屈折率(＝ 1)からのずれであり，正の値をもち，エネルギー依存性があるため，屈折率の分散項と呼ばれる．一方，β は X 線の減衰を表す項であり，エネルギー依存性をもち，吸収項と呼ばれる．分散(dispersion)とは，光学の分野で，物質の屈折率が光の波長(色)によって変わる現象からきており，プリズムは太陽の光を虹色に分散させる．可視光の領域では，図 1.5 からもわかるように，波長が短くなる(エネルギーが高くなる)と，屈折率が大きくなる物質が多かったため，これらを正常分散と呼び，逆に小さくなる物質は異常分散と呼ばれる．後述するが，図 1.5 の挿入図のように，吸収端付近では分散項および吸収項は大きく増減するため，歴史的に δ と β を異常分散項と呼ぶこともあるが，現在では共鳴現象として理解されており，

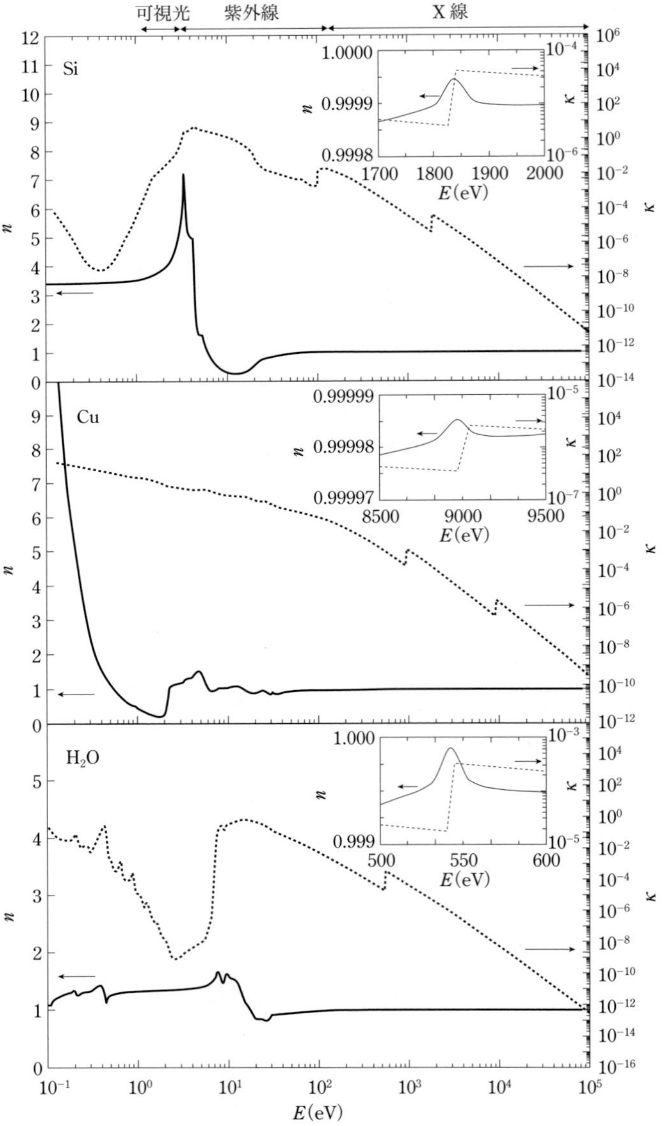

図 1.5 Si, Cu, H_2O の屈折率 n と消衰係数 κ
挿入図は 1 つの吸収端近傍を拡大したもので，横軸はリニアである．
(CXRO データベースを利用)

特に異常な現象ではない．式(1.7)と式(1.6)を比較すると，

$$n = 1 - \delta \tag{1.8}$$

$$\kappa = \beta \tag{1.9}$$

である．よく使われる線吸収係数 μ_L(cm^{-1})は β との間に，

$$\beta = \lambda\mu_L / 4\pi \tag{1.10}$$

の関係があり，質量吸収係数 μ_M(g^{-1} cm^2)と物質の質量密度 ρ_M(g cm^{-3})の間には，

$$\mu_L = \mu_M \cdot \rho_M \tag{1.11}$$

の関係がある．X 線領域では δ は 10^{-5} 程度の非常に小さい値であるので，

$$n^2 = \varepsilon/\varepsilon_0 = 1 + \chi_0 = (1-\delta)^2 \approx 1 - 2\delta \tag{1.12}$$

と近似でき，δ と電気感受率 χ_0 の間には，

$$\chi_0 = -2\delta \tag{1.13}$$

の関係がある．以下では，この δ，β 値がどのように決まるのかを見ていく．なお，2 章以降では，X 線の複素屈折率は簡単に n と表記する．

1.3.1　1 個の電子による散乱

1 個の自由電子による X 線の散乱は，Maxwell 方程式から計算でき，Thomson 散乱と呼ばれている．Thomson 散乱は，図 1.6 に示すように，電磁波に共振した電子が双極子輻射により同じ振動数の球面波を放出するもので，エネルギーの変化がない弾性散乱であり，干渉性をもつ(コヒーレント，coherent)という特徴がある．X 線反射率法や回折法はこの散乱を利用している．Thomson 散乱の断面積 σ_T は，エネルギーに関係なく一定であり，その微分断面積は以下のように表される．

$$\mathrm{d}\sigma_T/\mathrm{d}\Omega = \left(e^2/4\pi\varepsilon_0 m_e c^2\right)^2 P \equiv r_e{}^2 P \tag{1.14}$$

ここで，e は電子の電荷，m_e は電子の質量である．dΩ は検出領域の立体角であり，散乱角を θ，方位を ϕ とすると，$\sin\theta\mathrm{d}\theta\mathrm{d}\phi$ となる．定数 r_e は X 線に対する電子の Thomson 散乱長あるいは古典電子半径とも呼ばれ，長さの次元をもっており，次式で表される．

$$r_e = e^2/4\pi\varepsilon_0 m_e c^2 = 2.82 \times 10^{-6}\ (\mathrm{nm}) \tag{1.15}$$

ここで，一般の散乱理論によれば，散乱体が小さい場合，その散乱強度は，その散乱体を中心とする球状ポテンシャルの半径 r_S の大きさとして表現することができ，その半径は散乱長(scattering length，SL)と呼ばれる．散乱長は位相も含めると複素数になり，一般的には角度依存性もある．一方，1 個の散乱体による散乱とマクロな屈折率などを関係付けるためには，単位体積中に含まれる散乱体の個数が関係するため，散乱長に散乱体の個数密度をかけた散乱長密度(scattering length density，SLD)が使われることがある．散乱長を用いると，X 線と中性子において，似たような解析が行

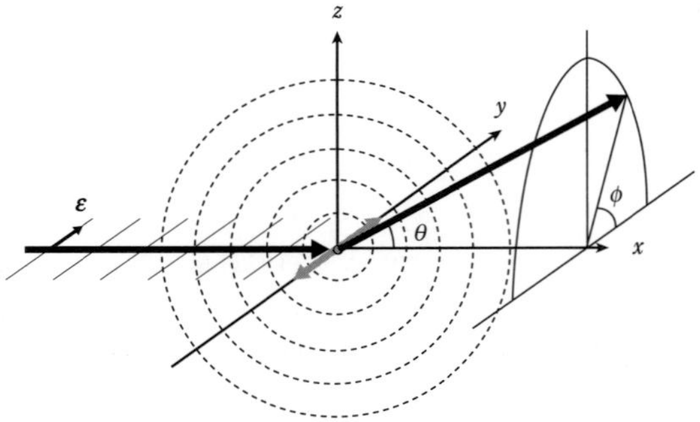

図 1.6　Thomson 散乱の偏光特性
水平方向に偏光した電磁波により電子が振動し，球面電磁波を放出する．垂直面上の位置からは電子の全振動が寄与し，水平面上では振動の射影成分しか寄与しない効果が偏光因子となる．

えることが多い．また P は偏光因子であり，図 1.6 に示すように，電場の偏光ベクトルを $\boldsymbol{\varepsilon}$ とすると，直線偏光では以下の角度依存性をもつ．

$$P = \sin^2\phi + \cos^2\theta\cos^2\phi$$
$$= \begin{cases} 1 & (\text{散乱面と偏光面が垂直な場合}(\phi=\pi/2)：\sigma(\mathrm{S})\text{偏光}) \\ \cos^2\theta & (\text{散乱面と偏光面が平行な場合}(\phi=0)：\pi(\mathrm{P})\text{偏光}) \\ (1+\cos^2\theta)/2 & (\text{無偏光の場合}(\phi\text{ 方向の平均値})) \end{cases} \tag{1.16}$$

放射光の X 線は，光源となる電子の運動方向に対応した偏光特性をもつが，通常の X 線管からの X 線は偏光していない．式(1.16)は，偏光面と散乱面が垂直な散乱位置からは電子の全振動の寄与が見えるのに対し，平行な位置ではその射影成分しか見えないと解釈される．特に $\phi = 0°$，$\theta = 90°$ 方向では電子の振動が見えなくなるため，散乱強度は 0 になる．この特徴は，放射光利用蛍光 X 線分析において，弾性散乱からのバックグラウンドを低減するのに利用されることもある．Thomson 散乱の全断面積 σ_T は，式(1.14)を全立体角で積分することにより，以下の値になる．

$$\sigma_\mathrm{T} = r_\mathrm{e}^2\int_0^{2\pi}\mathrm{d}\phi\int_0^{\pi}P\sin\theta\,\mathrm{d}\theta = (8\pi/3)r_\mathrm{e}^2 = 0.665\times10^{-24}\,\mathrm{cm}^2 = 0.665\ \mathrm{barn} \tag{1.17}$$

ここで，1 barn(＝ $10^{-24}\,\mathrm{cm}^2$)とは電子 1 個のおよその X 線散乱断面積であり，断面積の単位として利用される．

一方，X 線領域のエネルギーでは，電磁波が光子として電子と衝突する Compton 散乱や，2 光子過程である X 線ラマン散乱がある．これらの散乱は，光子のエネルギーが保存しない非弾性散乱であり，非干渉性(インコヒーレント，incoherent)という特徴があり，X 線反射率測定においては，広く分布するバックグラウンド散乱となる.

1.3.2　1 個の原子による散乱

一方，電子による X 線散乱について，物質は原子から構成され，複数の電子が原子核のまわりに雲のように分布していることを考慮する必要がある．そこで，原子番号が Z である 1 個の原子による X 線の散乱を考え，その散乱振幅を電子の散乱長 r_e を単位として表したものを原子散乱因子 f と呼ぶ．ここで，原子核は電荷をもっているが，重いために X 線による振動はほとんどなく散乱には寄与しない．そのため，X 線の散乱振幅は，原子核のまわりの個々の電子からの散乱を加えたものになる．散乱方向を記述するために，入射 X 線の波数ベクトル $\boldsymbol{k}$，散乱 X 線の波数ベクトル $\boldsymbol{k}'$ から定義される，以下の散乱ベクトル $\boldsymbol{q}$ を用いると便利である.

$$\boldsymbol{q} = \boldsymbol{k}' - \boldsymbol{k} \tag{1.18}$$

$$|\boldsymbol{q}| = 4\pi/\lambda \cdot \sin(\theta/2) \tag{1.19}$$

Thomson 散乱による原子散乱因子は，原子核のまわりの電子雲の密度分布 $\rho_e(\boldsymbol{r})$ を積分することで，以下のようになる.

$$f_0(\boldsymbol{q}) = \int_V \rho_e(\boldsymbol{r}) \exp(i\boldsymbol{q}\cdot\boldsymbol{r}) \mathrm{d}\boldsymbol{r} \tag{1.20}$$

ここで，$\exp(i\boldsymbol{q}\cdot\boldsymbol{r})$ は図 1.7 に示すように，基準となる電子 A からの散乱 X 線と，$\boldsymbol{r}$ だけ離れた電子 B からの散乱 X 線の経路長の違いによる干渉効果を考慮したものである．一般に，波動の干渉現象を扱う場合，位相の絶対値は重要ではなく，その位相差のみを考慮すればよい．そのため，この積分における位置ベクトル $\boldsymbol{r}$ の原点は，どこにとってもよい．式(1.20)は電荷分布の散乱ベクトル空間への Fourier 変換と解釈できる．ここで，散乱角が大きい場合には，電子分布の位置の違いによる散乱位相差

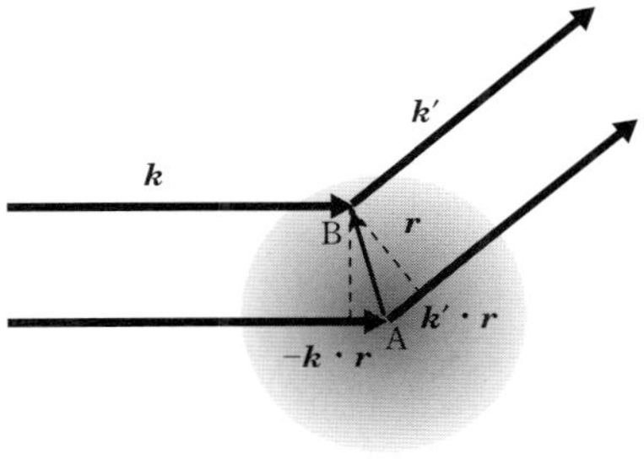

図 1.7　原子核のまわりに分布する電子による電磁波の散乱
基準位置 A と A から r だけ離れた位置 B にある電子からの散乱の位相差は，$(\boldsymbol{k}'-\boldsymbol{k})\cdot\boldsymbol{r} = \boldsymbol{q}\cdot\boldsymbol{r}$ である.

が大きくなるため，散乱角依存性（$\boldsymbol{q}$ 依存性）をもつ．一方，散乱角が小さい場合には，位相差はなくなるため，その積分は単純に軌道電子数の総和となり，角度0°におけるThomson散乱項 $f_0(0)$ は，相対論による小さい補正を除いた近似では，全電子数となる．

$$f_0(0) \approx Z \tag{1.21}$$

ところが，実際には軌道電子は原子核に束縛されており，特にK殻やL殻などの内殻電子は束縛が強いため，正確には上述の自由電子としては扱えない．そのため古典モデルにおいて軌道電子は，束縛され，減衰項をもった調和振動子として扱う必要がある．この束縛効果によって，原子散乱因子には分散補正が生じる．これは後述するように，入射X線エネルギーに依存した複素数となり，$f'+if''$ と表す．よって，補正を加えた原子散乱因子は以下のようになる．

$$f = f_0 + f' + if'' \equiv f_1 + if_2 \tag{1.22}$$

ここで，$f_1 = f_0 + f'$，$f_2 = f''$ である．分散項は原子に固有の値であり，各エネルギーでの数値や近似式が実験や理論計算により得られている[1~5]．分散項には散乱角依存性はないと近似できる．これは，K殻やL殻電子は原子の中心付近に集中しており，散乱による位相差が小さいためである．

1.3.3 一様な物質による散乱

屈折率と密度との関係を調べるために，散乱源である電子が一様な密度 ρ_e で分布する物質にX線が入射した場合を考えると，X線の伝播は以下の式で与えられる[6]．

$$(\Delta + k_0{}^2)\boldsymbol{E}(\boldsymbol{r}) = 4\pi\rho_e r_e \boldsymbol{E}(\boldsymbol{r}) \tag{1.23}$$

この式を式(1.4)と比較すると，

$$n^2 = 1 - 4\pi\rho_e r_e / k_0{}^2 \tag{1.24}$$

が得られるが，右辺の第2項は小さいことを考慮すると，

$$n = 1 - 2\pi\rho_e r_e / k_0{}^2 \tag{1.25}$$

となるので式(1.8)より，

$$\delta = 2\pi\rho_e r_e / k_0{}^2 \tag{1.26}$$

の関係が得られる．さらに，電子密度 ρ_e は原子数密度 ρ_A を用い，以下のように表される．

$$\rho_e = \rho_A f_0 \tag{1.27}$$

また ρ_A は質量密度 ρ_M と原子量 A，アボガドロ数 N_A を用いて，

$$\rho_A = (N_A/A)\rho_M \tag{1.28}$$

で表されるため，式(1.25)は以下のようになる．

$$n=1-\left(r_{\mathrm{e}}\lambda^2/2\pi\right)f_0\left(N_{\mathrm{A}}/A\right)\rho_{\mathrm{M}} \tag{1.29}$$

この結果と式(1.7)を比較すると，

$$\delta=\left(r_{\mathrm{e}}\lambda^2 N_{\mathrm{A}}/2\pi\right)\rho_{\mathrm{M}}f_0/A \tag{1.30}$$

が得られる．この式に分散補正を考慮すると，以下の関係が得られる．

$$\delta=\left(r_{\mathrm{e}}\lambda^2 N_{\mathrm{A}}/2\pi\right)\rho_{\mathrm{M}}f_1/A \tag{1.31}$$

$$\beta=\left(r_{\mathrm{e}}\lambda^2 N_{\mathrm{A}}/2\pi\right)\rho_{\mathrm{M}}f_2/A \tag{1.32}$$

もし試料が多元素から構成されている場合，全体の原子数に対する各原子の割合を w_i とすると，

$$\delta=\left(r_{\mathrm{e}}\lambda^2 N_{\mathrm{A}}/2\pi\right)\rho_{\mathrm{M}}\sum_i w_i f_{1,i}\Big/\sum_i w_i A_i \tag{1.33}$$

$$\beta=\left(r_{\mathrm{e}}\lambda^2 N_{\mathrm{A}}/2\pi\right)\rho_{\mathrm{M}}\sum_i w_i f_{2,i}\Big/\sum_i w_i A_i \tag{1.34}$$

という関係が得られる．

以上から，f_1 は 1 個の原子の X 線散乱に寄与する電子数であり，その値は，内殻電子が原子に束縛されている効果により，全電子数よりわずかに小さくなっている．また f_2 は，1 個の原子による X 線の吸収効果を表すものと理解できる．この δ，β は，散乱長 r_{e} に密度がかかったものであるため，X 線における物質の散乱長密度とも呼ばれる．

上記の式から，試料の構成原子がわかっていれば原子散乱因子 f_1，f_2 が決まる．その結果，質量密度が決まるだけで試料の屈折率は計算でき，反射率プロファイルを計算することが可能になる．上記の導出により，X 線反射率計算のパラメータとして，式(1.25)のように電子数密度を用いたり，散乱長密度 δ や β を用いる場合もあるが，散乱長は物質固有の固定値であるのに対して密度は試料の作製法により異なること，δ や β からは構成元素の情報が直接見えないことや，数値が 10^{-5} 程度と小さく扱いづらいことなどから，ここでは，物性値として馴染みのある質量密度 ρ_{M}(g cm^{-3})をパラメータとし，散乱長は固定値として計算を行うことにする．さらに式(1.31)において，どのような元素でも $f_1/A\approx Z/A\approx 1/2$ であることから，δ は実質的には ρ_{M} に大きく依存することがわかる．表 1.2 に数種類の物質についての原子散乱因子や δ，β の数値を示した．空気は通常の物質に比べて密度が 3 桁以上小さいため，真空として扱ってよいことがわかる．原子散乱因子については実験や計算に基づいた各種の表が報告されている．これらの値は孤立原子に対応するものだが，共鳴領域以外のエネルギー範囲では問題なく使用できる．

表 1.2　物質の密度と X 線波長 0.154 nm における原子散乱因子および δ, β の値の例
これらの数値は，利用する物質定数や散乱因子データに依存する．

	ρ_M (g cm^{-3})	Z	A	f_1	f_2
air	0.0013	7.2	14.4	7.2	0.02
Si	2.33	14	28.1	14.2	0.3
Ti	4.54	22	47.9	22.2	1.8
Ni	8.9	28	58.7	24.8	0.5
Ag	10.5	47	107.9	47.1	4.3
Au	19.3	79	197.0	74.3	7.2
	f_1/A	δ	β	ρ_e (electrons nm^{-3})	ρ_A (atoms nm^{-3})
air	0.50	4.2×10^{-9}	0.01×10^{-9}	0.4	0.05
Si	0.51	0.76×10^{-5}	0.02×10^{-5}	712	50
Ti	0.46	1.34×10^{-5}	0.11×10^{-5}	1266	57
Ni	0.42	2.41×10^{-5}	0.05×10^{-5}	2267	91
Ag	0.44	2.93×10^{-5}	0.26×10^{-5}	2758	59
Au	0.38	4.67×10^{-5}	0.45×10^{-5}	4393	59

1.3.4　共鳴散乱

入射 X 線のエネルギーが，電子の結合エネルギーに一致すると共鳴が起こる．特に結合力の強い K 殻や L 殻などの内殻電子では強い共鳴が起こり，図 1.5 の消衰係数に大きい段差が生じる．このエネルギーを吸収端と呼ぶ．共鳴散乱過程は，上述の Thomson 散乱とは異なった物理過程であり，図 1.8 に示すように，入射 X 線により励起された電子が元の軌道に戻る過程で，吸収したエネルギーと同一の X 線を放出するものである．

実際に物質の吸収端近傍のエネルギーで起こる共鳴散乱過程では，励起された電子のエネルギーが物質の化学結合エネルギーに近いため，周囲の原子の影響が無視できない．そこで，試料の吸収端付近での正確な散乱因子が必要な場合，実験的に求める必要がある．共鳴散乱は，本来，量子力学的な現象であるが，ここでは束縛された電子を古典的な調和振動子モデルにより説明し，分散項を求める方法を示す．

まず，y 方向に偏光した入射 X 線の電場は，以下のように表せる．

$$\boldsymbol{E}_{\text{in}} = \boldsymbol{\varepsilon}_y E_0 \exp(i\omega t) \tag{1.35}$$

$\boldsymbol{\varepsilon}_y$ は y 方向の単位ベクトルである．この入射 X 線の電場により振動する，原子核に束縛された 1 個の電子の運動は，束縛エネルギーを $\hbar\omega_{0i}$，減衰係数を Γ_i とすると，以下のようになる．

$$\ddot{y} + \Gamma_i \dot{y} + \omega_{0i}{}^2 y = -(eE_0/m_e)\exp(i\omega t) \tag{1.36}$$

この解として，$y(t) = y_0 \exp(i\omega t)$ を代入すると，

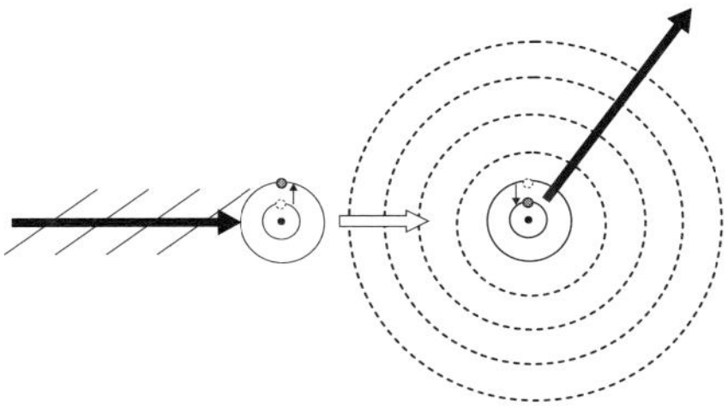

図 1.8　共鳴散乱過程
共鳴散乱は，古典的には軌道電子がエネルギーの高い状態に励起した後，基底状態に戻る過程であるが，正確には量子力学的な過程であり，実際に2つの過程が順次に起こるわけではない．

$$y_0 = -\frac{eE_0}{m_e}\frac{1}{{\omega_{0i}}^2 - \omega^2 + i\omega\Gamma_i} \tag{1.37}$$

が得られる．この振動電子(電流)により放出された球面電磁波 E_{rad} の半径を r とすると，時間 t における散乱電場は

$$E_{rad}(r,t) = \frac{e}{4\pi\varepsilon_0 c^2 r}\ddot{y}(t - r/c) \tag{1.38}$$

であるので，

$$\ddot{y}(t - r/c) = -\omega^2 y_0 \exp(i\omega t)\cdot\exp(-i\omega r/c) \tag{1.39}$$

より，以下のようになる．

$$\begin{aligned} E_{rad}(r,t) &= \frac{-e^2\cdot E_0\exp(i\omega t)}{4\pi\varepsilon_0 m_e c^2}\frac{\omega^2}{\omega^2 - {\omega_{0i}}^2 - i\omega\Gamma_i}\frac{\exp(-i\omega r/c)}{r} \\ &= -r_e\frac{\omega^2}{\omega^2 - {\omega_{0i}}^2 - i\omega\Gamma_i}\frac{\exp(-ikr)}{r}E_{in} \end{aligned} \tag{1.40}$$

ここで，$E_{in} = E_0\exp(i\omega t)$ である．原子散乱因子 f_i は，前述のように，r_e を単位として定義されるため，以下の関係が得られる．

$$f_i = \frac{\omega^2}{\omega^2 - {\omega_{0i}}^2 - i\omega\Gamma_i} \tag{1.41}$$

この式から，入射電磁波のエネルギーが高い場合，$\omega \gg \omega_{0i}$ より $f_i = 1$ であり，Thomson 散乱(式(1.14))になる．一方，$\omega \ll \omega_{0i}$ および $\Gamma \to 0$ の場合，$f_i = -(\omega^2/{\omega_{0i}}^2)$ となるため，全断面積は以下のようになる．

$$\sigma_R = (8\pi/3)(\omega/\omega_{0i})^4 {r_e}^2 \tag{1.42}$$

これを Rayleigh 散乱と呼ぶ．これは，太陽光が大気やほこりで散乱される場合にも成り立ち，この現象により波長の短い青色の光が波長の長い赤色の光より多く散乱さ

れ，空が青く見える．

式(1.41)を，$\Gamma_i \ll \omega_{0i}$ であることを用いて変形すると以下のようになる．

$$f_i = 1 + \frac{{\omega_{0i}}^2 + i\omega\Gamma_i}{\omega^2 - {\omega_{0i}}^2 - i\omega\Gamma_i} \approx 1 + \frac{{\omega_{0i}}^2}{\omega^2 - {\omega_{0i}}^2 - i\omega\Gamma_i} \tag{1.43}$$

よって調和振動子モデルでの分散項は，以下のように表せることがわかる．

$$f_i' + if_i'' = {\omega_{0i}}^2 / \left(\omega^2 - {\omega_{0i}}^2 - i\omega\Gamma_i\right) = {E_{0i}}^2 / \left(E^2 - {E_{0i}}^2 - iE\Delta_i\right) \tag{1.44}$$

ここで，$\Delta_i = \hbar\Gamma_i$ である．図 1.9 に 1 個の調和振動子モデルでの分散項を式(1.44)で計算したものを示す．ここでは E_{0i} = 1000 eV，Δ_i = 10 eV とした．この例では，式(1.44)から，共鳴点($E = E_{0i}$)における散乱断面積は $(E_{0i}/\Delta_i)^2 = 10^4$ 倍になる．

実際に軌道電子が励起する際には，いくつかの遷移過程があるので，その各強度を $g(\omega_{0i})$ とすると，f' はすべての共鳴状態を足し合わせたものになる．

$$f'(\omega) = \sum_i g(\omega_{0i}) f_i'(\omega, \omega_{0i}) \tag{1.45}$$

一方，実際の物質は吸収端近傍において，化学結合による電子構造の変化や，放出光電子の散乱による XAFS(X-ray absorption fine structure)振動の効果などにより，材料固有の散乱因子形状をもつ．実験的に正確な原子散乱因子を得るためには，吸収端近傍のエネルギーをもつ強度 $I_0(E)$ の X 線を，厚さ x の箔状試料に入射し，透過 X 線の強度 $I(E)$ を測定する．その結果から，

$$I(E) = I_0(E)\exp(-\mu_L x) \tag{1.46}$$

の関係を用い，試料の線吸収係数 μ_L を得ることができる．ここで，式(1.10)および

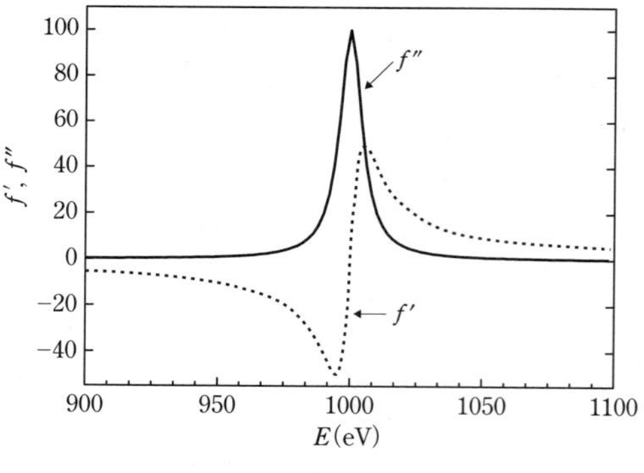

図 1.9　1 個の調和振動子モデルによる分散項の計算値
E_{0i} = 1000 eV, Δ_i = 10 eV とした．この場合, f'' は共振点では 100 倍になる．

式(1.32)より，

$$f''(E)=\frac{A}{2r_e\lambda N_A\rho_M}\mu_L \tag{1.47}$$

の関係が得られる．μ_L を用いるとこの式(1.47)から f'' を求められることがわかる．実際の測定においては，式(1.47)の係数を決めるために，吸収端から少し離れたエネルギーでの f'' を文献値や計算式の値を利用して，測定値を規格化する場合が多い．一方，実部 f' を求めるには，以下の Kramers−Kronig(K−K)の関係式[7]を用いることが多い．

$$f'(E)=-\frac{2}{\pi}p\int_0^\infty \frac{E'f''(E')}{E'^2-E^2}\mathrm{d}E' \tag{1.48}$$

$$f''(E)=\frac{2}{\pi}p\int_0^\infty \frac{E'f'(E')}{E'^2-E^2}\mathrm{d}E' \tag{1.49}$$

ここで，p は Cauchy の積分を意味する．この関係式は，電気感受率に対応する原子散乱因子の，因果律および解析性から得られる一般的な関係である．つまり，分散項が生じるのは電場により電子やイオンが移動するためであり，電場がかかる前は分極は 0 であるべきという因果律がある．また，屈折率はもともと実数であるが，複素数に拡張したものであるため，実部と虚部とは因果律による解析性により制限が付き，K−K の関係式が得られる．f' と f'' はこれらの式により関係付けられているので，上記の f'' を用い，式(1.48)から f' を求めることができる．この関係は，原子散乱因子のほか，屈折率の δ と β の間にも成り立つため，このことを利用して反射強度から薄膜の複素屈折率を測定する反射 XAFS という分析法もある．K−K の関係式の積分を実行する方法としては，数値積分法，McLaughlin法[8]，二重 Fourier 変換法[9]などが知られている．図 1.10 は，Fe 箔の K 吸収端付近の吸収率測定データからバックグラウンドを差し引き，Cromer−Liberman の計算式[5]による f'' のエッジジャンプ(段差状の変化)に，測定値のエッジジャンプの大きさを規格化した後，K−K の関係式から f' を計算した例である．

以上，反射率と質量密度との関係を説明した．図 1.11 はそのまとめである．一方，膜の屈折率は，物質からの反射 X 線プロファイルにより決まる．質量密度がどのように反射 X 線プロファイルに反映されるかについては，次節で示す．

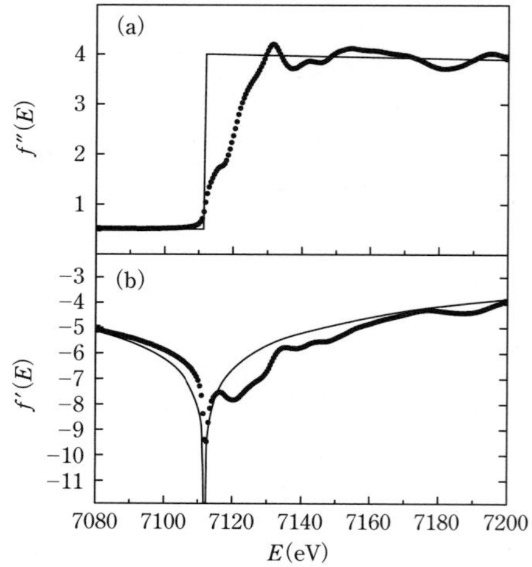

図 1.10　(a) Fe 箔の X 線吸収量の測定値を孤立原子に対する f'' の理論計算値に規格化し，試料の $f''(E)$ を求めたもの
(b) (a) を K−K 変換することにより，実際の試料の $f'(E)$ を求めたもの
実線は孤立原子の計算値，点は測定から得られた原子散乱因子の分散項であり，周辺原子の影響が見られる．

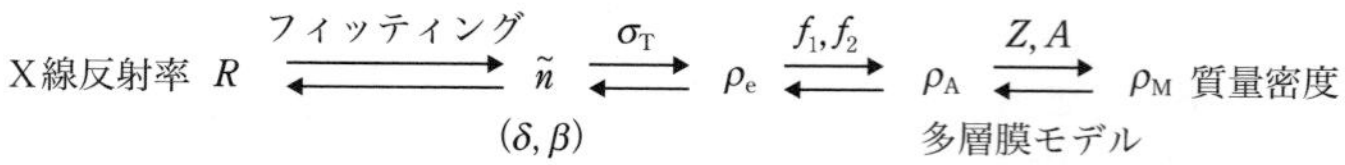

図 1.11　X 線反射率と質量密度の関係
右向きの矢印は測定値から質量密度が決まる過程であり，左向きの矢印は多層膜モデルの質量密度から X 線反射率を計算する過程である．X 線反射率のモデルフィッティングにおいては，この過程が繰り返される．

1.4　膜厚はどのように決まるか

ここでは，X 線反射率法において，膜厚がどのように決まるのかということについて述べる．前述のように，物質は X 線に対し，固有の複素屈折率 $\tilde{n}$ により特徴付けられている．ここではまず，図 1.12 のように X 線が平坦な基板に入射する場合を考える．光学の分野では，試料法線からの角度 θ を入射角と呼ぶが，X 線反射率法においては，X 線を試料表面に対し $0°$ から数度程度の浅い角度範囲で入射することが多いので，以下では視射角 (glancing angle) あるいは斜入射角 (grazing angle) と呼ばれる，試料表面と X 線のなす角 α を使うことにする．なお，この角度は X 線回折にお

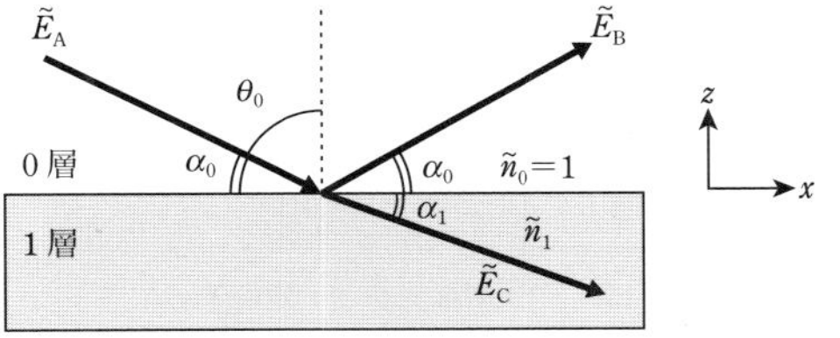

図 1.12　平坦な基板に入射した X 線の反射と透過
光学では通常 θ_0 を入射角と呼ぶが，X 線反射率法では α_0 を入射角と呼ぶ．

ける $\theta/2\theta$ 走査の定義と同じであるため，θ と表記されることもあるが，X 線回折とは角度領域が異なるため，ここでは α を用いる．

図 1.12 のように入射 X 線と反射 X 線が対称に反射する場合を，鏡面反射(specular reflection)と呼ぶ．ここでは大気(真空)を 0 層，物質を 1 層と番号を付ける．各層の中で多重反射がない場合の隣りあう i 層と j 層の界面における X 線の反射振幅，透過振幅をそれぞれ Fresnel 反射振幅 $\tilde{r}_{ij}^{\mathrm{F}}$ および Fresnel 透過振幅 $\tilde{t}_{ij}^{\mathrm{F}}$ と呼ぶ．入射光と反射光を含む平面は入射面と呼ばれ，入射面と電場の振動方向が垂直な波を σ(s) 偏光，入射面に平行な波を π(p) 偏光と呼ぶ．垂直方向の電束密度の連続性から，σ および π 偏光の場合について，以下の Fresnel の関係式が成り立つ．

$$\tilde{r}_{ij}^{\mathrm{F},\sigma} = \frac{\tilde{n}_i \sin\alpha_i - \tilde{n}_j \sin\alpha_j}{\tilde{n}_i \sin\alpha_i + \tilde{n}_j \sin\alpha_j}, \quad \tilde{r}_{ij}^{\mathrm{F},\pi} = \frac{\tilde{n}_j \sin\alpha_i - \tilde{n}_i \sin\alpha_j}{\tilde{n}_i \sin\alpha_i + \tilde{n}_j \sin\alpha_j} \tag{1.50}$$

$$\tilde{t}_{ij}^{\mathrm{F},\sigma} = \frac{2\tilde{n}_i \sin\alpha_i}{\tilde{n}_i \sin\alpha_i + \tilde{n}_j \sin\alpha_j}, \quad \tilde{t}_{ij}^{\mathrm{F},\pi} = \frac{2\tilde{n}_i \sin\alpha_i}{\tilde{n}_j \sin\alpha_i + \tilde{n}_i \sin\alpha_j} \tag{1.51}$$

一方，界面での面内方向の X 線電場の連続性から，以下の Snell の式が成り立つ．

$$\tilde{n}_i \cos\alpha_i = \tilde{n}_j \cos\alpha_j \tag{1.52}$$

この式を Fresnel の関係式に代入すると，以下の関係が得られる．

$$\tilde{r}_{ij}^{\mathrm{F},\sigma} = \frac{\sin(\alpha_i - \alpha_j)}{\sin(\alpha_i + \alpha_j)}, \quad \tilde{r}_{ij}^{\mathrm{F},\pi} = \frac{\tan(\alpha_i - \alpha_j)}{\tan(\alpha_i + \alpha_j)} \tag{1.53}$$

これらの式から，X 線反射率のように入射角が小さい領域では σ 偏光の式と π 偏光の式はほぼ同じになるため，以下では σ 偏光の式を用いる．図 1.12 において，i 層は大気(真空)であるから，$\tilde{n}_0 = 1$ であり，式(1.52)は以下のようになる．

$$\cos\alpha_0 = \tilde{n}_1 \cos\alpha_1 \tag{1.54}$$

よって，$\tilde{r}_{01}^{\mathrm{F}}$ は，基板の $\tilde{n}_1$ が与えられれば，任意の角度 α_0 について計算できる．ここで，屈折に関係しない $\tilde{n}_1$ の虚部を無視すると，視射角 α が小さい場合，

$$\alpha_0{}^2 = \alpha_1{}^2 + 2\delta_1 \tag{1.55}$$

となる．この式から図 1.13 のように，反射角 α_1 が 0°，つまり全反射となる場合の α_0

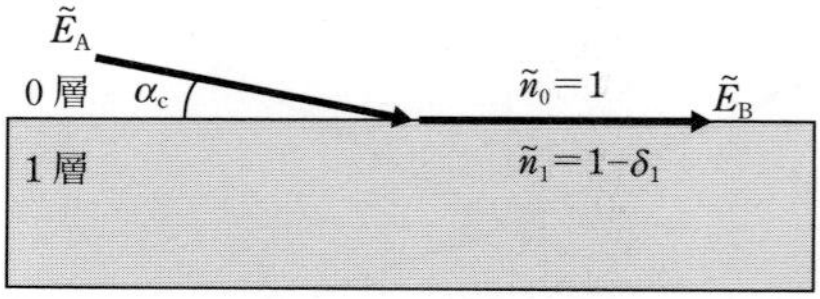

図 1.13　全反射臨界角での電磁波の伝播

は全反射臨界角と呼ばれる．これを α_c と書くと，式(1.55)より以下の関係がある．

$$\alpha_c = \sqrt{2\delta_1} \tag{1.56}$$

一方，この角度より浅い視射角では $\alpha_1{}^2 = \alpha_0{}^2 - 2\delta_1$ は負になるため α_1 は虚数になり，電磁波は深さ方向には染み出すのみで透過せず，表面方向に伝播する．これをエバネッセント波といい，全反射 X 線分析では，基板からのバックグラウンド散乱の低減に利用されている．

式(1.31)を使って，式(1.56)を具体的な表現にすると，

$$\begin{aligned}\alpha_c &= \lambda\sqrt{r_e N_A/\pi}\sqrt{f_1/A}\sqrt{\rho_M} = 2.324\cdot\lambda\sqrt{f_1/A}\sqrt{\rho_M}\\ &\sim 16\cdot\lambda(\text{nm})\cdot\sqrt{\rho_M(\text{g cm}^{-3})}(\text{mrad}) \sim \lambda(\text{nm})\cdot\sqrt{\rho_M(\text{g cm}^{-3})}(\text{deg})\end{aligned} \tag{1.57}$$

ここで，2 行目では $f_1/A \sim 1/2$ と近似した．全反射臨界角は密度が大きい物質ほど大きい．X 線の反射と透過は，式(1.50)，(1.51)および(1.52)で説明が尽くされているが，全反射臨界角付近で特徴的な変化をするので，解析的に調べてみる．大気と基板の場合，式(1.50)と(1.53)より

$$\tilde{r}_{01}^{\mathrm{F}} = \frac{\sin\alpha_0 - \tilde{n}_1\sin\alpha_1}{\sin\alpha_0 + \tilde{n}_1\sin\alpha_1} = \frac{\sin\alpha_0 - \sqrt{\tilde{n}_1{}^2 - \cos^2\alpha_0}}{\sin\alpha_0 + \sqrt{\tilde{n}_1{}^2 - \cos^2\alpha_0}} \approx \frac{\alpha_0 - \sqrt{\alpha_0{}^2 - \alpha_c{}^2 - 2i\beta}}{\alpha_0 + \sqrt{\alpha_0{}^2 - \alpha_c{}^2 - 2i\beta}} \tag{1.58}$$

ここで，$\cos^2\alpha_0 \approx (1-\alpha_0{}^2/2)^2 \approx 1-\alpha_0{}^2$ を用いた．さらに，視射角 α_0 が α_c より十分大きい領域での漸近形は，

$$R = \left|\tilde{r}_{01}^{\mathrm{F}}\right|^2 \cong \alpha_c{}^4/16\alpha_0{}^4 \cong q_c{}^4/16q_0{}^4 \tag{1.59}$$

となり，反射率は視射角の 4 乗に反比例して急激に低下することがわかる．一方，$\tilde{t} = 1-\tilde{r}$ より，

$$\tilde{t}_{01}^{\mathrm{F}} = \frac{2\sin\alpha_0}{\sin\alpha_0 + \tilde{n}_1\sin\alpha_1} = \frac{2\sin\alpha_0}{\sin\alpha_0 + \sqrt{\tilde{n}_1{}^2 - \cos^2\alpha_0}} \approx \frac{2\alpha_0}{\alpha_0 + \sqrt{\alpha_0{}^2 - \alpha_c{}^2 - 2i\beta}} \tag{1.60}$$

基板表面の電場強度を $T_{01} = \left|\tilde{t}_{01}^{\mathrm{F}}\right|^2$ と書くと，基板中の電場強度 $T(-z)$ は

$$\begin{aligned}T(-z) &= T_{01}\cdot\left|\exp[i(\omega t - k_0 n_1 x\cos\alpha_1 + k_0 n_1 z\sin\alpha_1)]\right|^2\\ &= T_{01}\cdot\left|\exp[i(\omega t - k_0 x\cos\alpha_0)]\exp[i(k_0 n_1 z\sin\alpha_1)]\right|^2\\ &= T_{01}\cdot\left|\exp[i(k_0 z\cdot n_1\sin\alpha_1)]\right|^2 \equiv T_{01}\cdot\left|\exp[i\{k_0 z(A+iB)\}]\right|^2\\ &= T_{01}\cdot\exp(-2k_0 z\cdot B) \equiv T_{01}\cdot\exp(-z/\Lambda)\end{aligned} \tag{1.61}$$

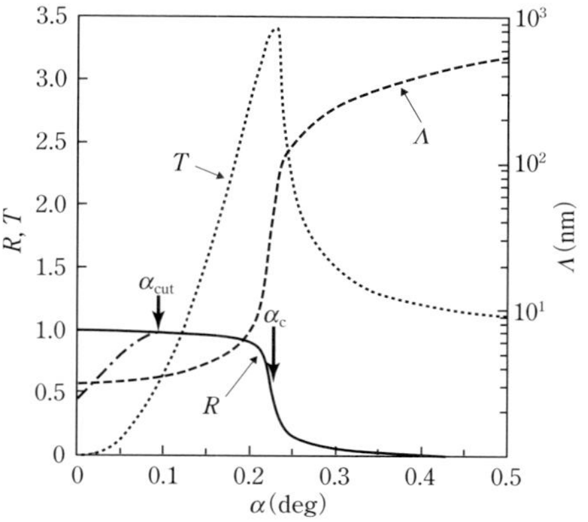

図 1.14 波長 0.154 nm の X 線における Si 基板の反射率 R，表面電場強度 T，侵入長 Λ の計算値
α_{cut} 以下では X 線が試料サイズより広がり，反射率が減少する.

となる．ここで，$n_1 \sin\alpha_1 \approx n_1\alpha_1 \equiv A + iB$ とした．この式から，物質へ入射した X 線の強度が 1/e となる深さである X 線侵入長 Λ は，以下のように計算できる.

$$\Lambda = \frac{\lambda}{4\pi}\sqrt{\frac{2}{\sqrt{({\alpha_0}^2 - 2\delta)^2 + 4\beta^2} - ({\alpha_0}^2 - 2\delta)}} \tag{1.62}$$

実際の計算の具体例を示すために，付録 1 に C++ による反射率計算プログラムを示した．図 1.14 は，付録 1 の反射率計算コードの(1)項を用いて計算した，X 線波長 0.154 nm での Si 基板の Fresnel 反射率 $R = \left|\tilde{r}_{01}^{\mathrm{F}}\right|^2$，および式(1.59)と(1.61)により計算した表面電場強度 $T = \left|\tilde{t}_{01}^{\mathrm{F}}\right|^2$ と侵入長 Λ を示したものである．全反射臨界角は，表 1.2 の δ からの計算値 0.22° に対応する．全反射臨界角より小さい角度では反射率はほぼ 1 であり，臨界角を超えると急激に減衰する．試料表面の電場強度は臨界角において 1 より大きい最大値をもつが，これは試料表面付近で入射 X 線と，電子の電荷が負であるため位相反転した反射 X 線が干渉し，定在波が生じているためである．全反射蛍光 X 線分析における基板の蛍光強度の視射角依存性は，この表面電場強度プロファイルに近くなる．全反射領域の X 線の侵入長は約 3 nm と浅いが，臨界角を超えると長くなる．ただし，これらの計算値は，試料表面の凹凸や発散角の影響などを考慮していないので，実分析での検出深さについては目安と考えるべきである.

1.4.1 Parratt による漸化式

図 1.15 のように，X 線平面波が基板上に形成された厚さ d の薄膜試料に入射する

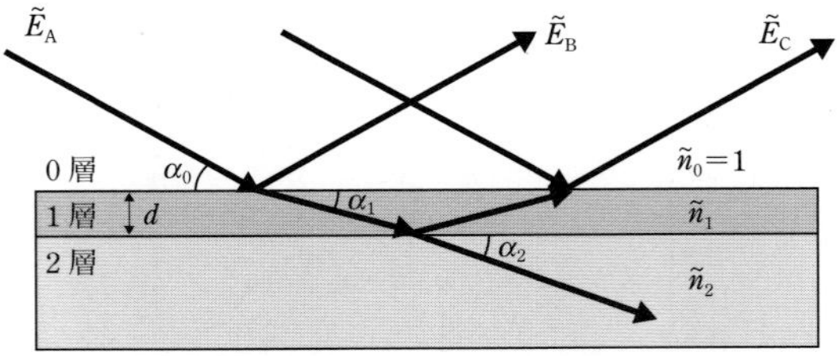

図 1.15 基板上に厚さ d の膜が形成された試料に X 線が入射した場合の反射と屈折
多重反射は記入していない.

と，屈折と反射を起こす．入射 X 線の振幅 $\tilde{E}_A$ を 1 とすると，反射 X 線の振幅 $\tilde{E}_B$，$\tilde{E}_C$ は以下のようになる.

$$\tilde{E}_B = \tilde{r}_{01}^F \tag{1.63}$$

$$\tilde{E}_C = \tilde{t}_{01}^F \tilde{r}_{12}^F \tilde{t}_{10}^F \exp(2ik_{1,z}d) \tag{1.64}$$

ここで，$\exp(2ik_{1,z}d)$ は膜中での光路長（経路長）の違い $2n_1 d \sin\alpha_1$ による位相差を表し，

$$k_{1,z} = -2\pi\tilde{n}_1 \sin\alpha_1/\lambda \tag{1.65}$$

である．基板（2 層）と薄膜（1 層）からの反射振幅の和を $\tilde{r}_{01}$ と書くと，

$$\tilde{r}_{01} = \tilde{E}_B + \tilde{E}_C = \tilde{r}_{01}^F + \tilde{t}_{01}^F \tilde{r}_{12}^F \tilde{t}_{10}^F \exp(2ik_{1,z}d) \tag{1.66}$$

となる．式（1.50）と（1.51）より，$\tilde{t}_{01}^F \tilde{t}_{01}^F = 1-(\tilde{r}_{01}^F)^2$ であるから，$(\tilde{r}_{01}^F)^2 \ll 1$ と近似すると，

$$\tilde{r}_{01} \approx \tilde{r}_{01}^F + \tilde{r}_{12}^F \exp(2ik_{1,z}d) \tag{1.67}$$

となり，反射 X 線強度 R は $R=|\tilde{r}_{01}|^2$ で与えられる.

式（1.67）は，反射振幅が，表面反射成分と基板界面での位相差を含んだ反射成分との干渉よりなることを表している．ここで位相差は，式（1.65）により視射角 α の関数なので，異なる視射角で反射強度を計測すると，反射強度は $d\sin\alpha$ の関数で振動する．この振動は Kiessig フリンジ[10)] と呼ばれている．この振動周期から，膜厚 d を求めることができる.

ここで，干渉の大きさを決める r_{12}^F について調べてみる．式（1.50）において $\tilde{n} \approx 1$，$\sin\alpha \approx \alpha$ と近似すると，

$$r_{12}^F \approx (\alpha_1 - \alpha_2)/(\alpha_1 + \alpha_2) = ({\alpha_1}^2 - {\alpha_2}^2)/(\alpha_1 + \alpha_2)^2 \tag{1.68}$$

となるが，式（1.55）より ${\alpha_i}^2 = {\alpha_0}^2 - 2\delta_i \ (i=1,2)$ であるから，$\delta = 2\pi r_e \rho_e / k^2, \alpha \approx q/2k$ を用いると，

$$r_{12}^F \approx -2(\delta_1 - \delta_2)/(\alpha_1 + \alpha_2)^2 \approx 4\pi r_e (\rho_{e,2} - \rho_{e,1})/q^2 \tag{1.69}$$

となる．これは，界面での反射振幅が上層と下層の（電子）密度差に比例することを示す．つまり，界面あるいは表面における密度差が大きい場合に干渉振動は大きくなる.

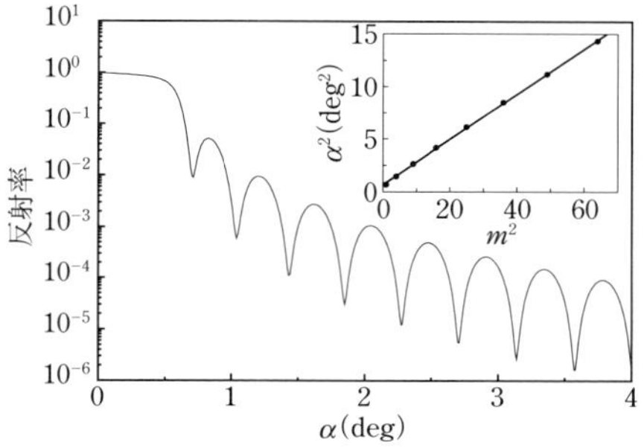

図 1.16 W 膜 10 nm からの X 線反射率の計算値
挿入図はピーク角度とピーク番号 m の二乗をプロットしたもの．粗さはゼロに設定している．

一方，全反射臨界角が密度差ではなく密度のみで決まるのは，片方が真空(大気)だからである．以上から，膜の質量密度は，具体的には式(1.56)の全反射臨界角と，式(1.69)による干渉振動の大きさにより決まるのである．

ところで，式(1.67)は多重反射を考慮していないが，多重反射を加算した単層膜の反射率の正確な表現は Parratt により以下のように与えられている[11]．

$$\tilde{r}_{01} = \frac{\tilde{r}_{01}^{\mathrm{F}} + \tilde{r}_{12}^{\mathrm{F}} \exp(2ik_{1,z}d)}{1 + \tilde{r}_{01}^{\mathrm{F}} \tilde{r}_{12}^{\mathrm{F}} \exp(2ik_{1,z}d)} \tag{1.70}$$

図 1.16 に，膜厚 10 nm の W 膜を Si 基板上に形成した試料について，付録 1 の反射率計算コードの(2)項を用いて計算した反射率を示す．

一方，多層膜の場合，多重反射を考慮した $N-2$ と $N-1$ 層の界面の反射振幅は，以下のようになる．

$$\tilde{r}_{N-2,N-1} = \frac{\tilde{r}_{N-2,N-1}^{\mathrm{F}} + \tilde{r}_{N-1,N} \exp(2ik_{N-1,z}d_{N-1})}{1 + \tilde{r}_{N-2,N-1}^{\mathrm{F}} \tilde{r}_{N-1,N} \exp(2ik_{N-1,z}d_{N-1})} \tag{1.71}$$

この式を基板界面から順次計算することにより，反射率が求められる．付録 1 の計算コードでは Parratt という関数に対応している．図 1.17 は，1 nm の W 膜と 5 nm の Si 膜のペアを 10 回積み上げた試料について付録 1 の反射率計算コードの(4)項を使って計算したもので，全膜厚に対応する狭いフリンジと，周期 6 nm 間隔の超格子ピークが見られる．このような多層膜構造は X 線反射ミラーに利用される(7.3 節で詳述)．

1.4.2 マトリックス法

一方，反射率の計算方法として，上記の Parratt による漸化式のほかに，F. Abeles

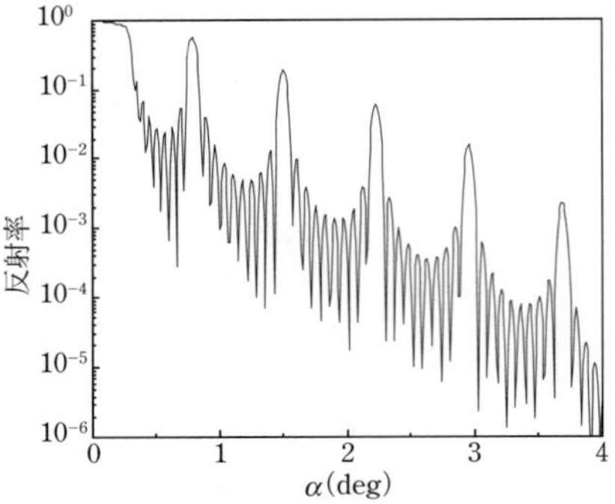

図 1.17 Si 基板上に[W 膜(1 nm)/Si 膜(5 nm)]×10 の積層膜を形成した試料の X 線反射率の計算値

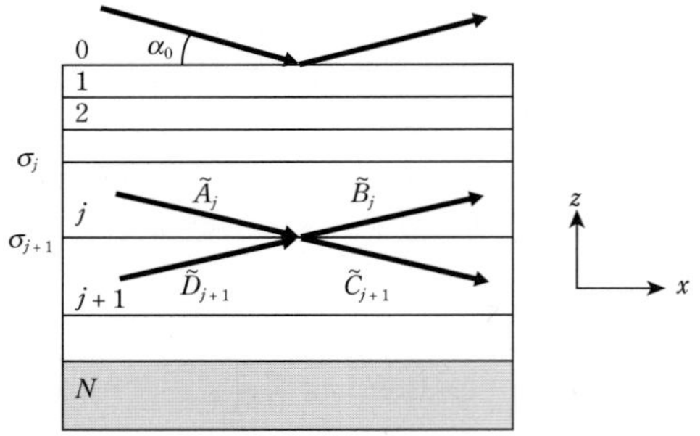

図 1.18 各層の表記
0 は空気，N は基板としている．σ_j，σ_{j+1} は界面粗さである．

によるマトリックス法がある[12]．この方法は，多重反射を直接加算せず，界面での電場とその微分の連続性を利用した転送マトリックスをかけることにより電場を逐次的に計算するもので，見通しが良い．ここでは，積層膜を，図 1.18 のように表記する．

ここでも σ 偏光の式を使う．j 層と j+1 層の界面に入射する電場 A の x 成分 $E_{j,x}^{A}$ は，式(1.2)において $k=n\cdot k_0$ として，以下のようになる．

$$\begin{aligned} E_{j,x}^{A} &= \tilde{A}_j \exp(-ik_{j,x}\cdot x) = \tilde{A}_j \exp(-ik_j \cos\alpha\cdot x) \\ &= \tilde{A}_0 \exp(-ik_0 \cos\alpha_0 \cdot x) \end{aligned} \tag{1.72}$$

ここでは 2 行目に Snell の式(式(1.52))を使っている．一方，z 成分 $E_{j,z}^{A}$ は，以下のようになる．

$$E_{j,z}^{A} = \tilde{A}_j \exp(-ik_{j,z} \cdot z) = \tilde{A}_j \exp(ik_j \sin\alpha_j \cdot z)$$
$$= \tilde{A}_j \exp\left(i\sqrt{{k_j}^2 - {k_0}^2 \cos^2\alpha_0} \cdot z\right) \tag{1.73}$$

ここでも，2 行目に Snell の式（式(1.52)）を使っている．S_j を

$$S_j \equiv \sqrt{{k_j}^2 - {k_0}^2 \cos^2\alpha_0} \tag{1.74}$$

で定義し，電場 B，C，D も同様に表すと，j 層と j+1 層の z 方向の全電場は，以下のようになる．

$$E_{j,z} = \tilde{A}_j \exp(iS_j z) + \tilde{B}_j \exp(-iS_j z) \tag{1.75}$$

$$E_{j+1,z} = \tilde{C}_{j+1} \exp(iS_{j+1} z) + \tilde{D}_{j+1} \exp(-iS_{j+1} z) \tag{1.76}$$

界面において $E_{j,z} = E_{j+1,z}$， $\partial E_{j,z}/\partial z = \partial E_{j+1,z}/\partial z$ であることから，以下の関係が得られる．

$$\begin{pmatrix} \tilde{A}_j \\ \tilde{B}_j \end{pmatrix} = \frac{1}{2} \begin{pmatrix} p_{11} & p_{12} \\ p_{21} & p_{22} \end{pmatrix} \begin{pmatrix} \tilde{C}_{j+1} \\ \tilde{D}_{j+1} \end{pmatrix}$$

$$\begin{aligned} p_{11} &= (1 + S_{j+1}/S_j)\exp[i(S_{j+1} - S_j)\cdot z] \\ p_{12} &= (1 - S_{j+1}/S_j)\exp[-i(S_{j+1} + S_j)\cdot z] \\ p_{21} &= (1 - S_{j+1}/S_j)\exp[i(S_{j+1} + S_j)\cdot z] \\ p_{22} &= (1 + S_{j+1}/S_j)\exp[-i(S_{j+1} - S_j)\cdot z] \end{aligned} \tag{1.77}$$

この式を，基板中の電場を $\tilde{D}_N = 0$ および $\tilde{C}_N = 1$ として表面まで解くと，反射率 R は以下のように得られる．

$$R = \left|\tilde{B}_0/\tilde{A}_0\right|^2 \tag{1.78}$$

マトリックス法の具体例は，計算コードでの Vidal という関数に対応しており，その文献 13 に準拠した．

以上，多層膜の反射率には膜厚に依存した干渉振動が現れること，多層膜モデルからはその膜厚と複素屈折率に依存した反射率が計算できることを述べた．以下では，具体的に膜厚を求めるための方法について述べる．

1.4.3 単層膜の膜厚

図 1.15 のような単純な単層膜の場合，干渉振動の m 番目のピーク角度 α_m は，式(1.67)において $\exp(2ik_{1,z}d) = 1$ から決まることから， $n_1 \sin\alpha_1 = \sqrt{{n_1}^2 - \cos^2\alpha_m}$ より，

$$2d\sqrt{\sin^2\alpha_m - 2\delta} = m\lambda \tag{1.79}$$

が得られ，角度が小さいことを使うと，

$${\alpha_m}^2 - {\alpha_c}^2 = m^2(\lambda/2d)^2 \tag{1.80}$$

の関係が得られる．よって，横軸に m^2，縦軸に ${\alpha_m}^2$ をプロットすることにより，そ

の傾きから膜厚 d を求めることができる．この処理に最小二乗法を用い，高精度化することもできる[14]．図 1.16 の挿入図は，このプロットを示している．ただ，この方法では m の割り当て方に任意性がある．ここで，さらに近似を進めると，m+1 についての式(1.80)との差から，

$$\alpha_{m+1}{}^2 - \alpha_m{}^2 = (2m+1)(\lambda/2d)^2 \tag{1.81}$$

ここで振動間隔を $\Delta\alpha \equiv (\alpha_{m+1} - \alpha_m)$ と定義し，

$$\alpha_m \approx m \cdot \Delta\alpha \tag{1.82}$$

という近似を用いると，膜厚は反射率の振動間隔 $\Delta\alpha$ を用いて以下の式から概算することができる．

$$d \approx \lambda/2\Delta\alpha \tag{1.83}$$

この式は，実空間での長さと散乱空間での角度との関係を示す式と見ることもできる．

1.4.4　多層膜の膜厚

多層膜の場合には，振動構造は複雑になるため，振動プロファイルを抽出し，Fourier 変換による空間周波数から各層の膜厚を求める方法がある[15]．詳細は第 3 章において説明する．

この方法は，膜の屈折率などを正確に考慮していないために誤差はあるが，ピークの同定を正しく行えば，ほぼ正しい膜厚を与える．この膜厚は，後に述べるモデルフィッティングの初期値として用いることもできる．この方法から得られる膜厚ピークは，各層の膜厚以外に，それらの膜厚の和や差の位置にもピークが現れる．図 1.19(a)は，付録 2 のソフト(1)項のコメント部分をはずし，Si 基板 /W(10 nm)/Si(4 nm)/W(10 nm)

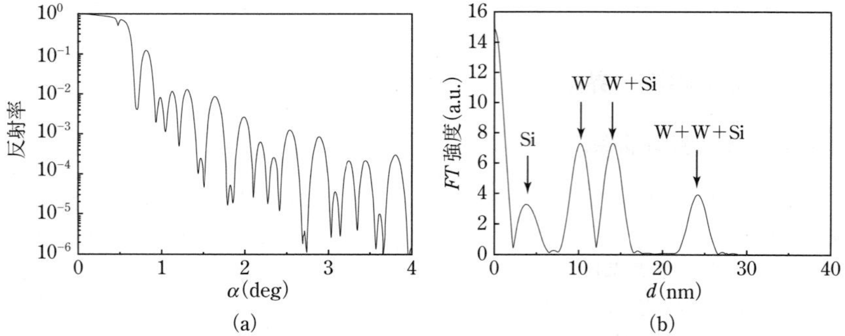

図 1.19　積層膜(Si 基板 /W(10 nm)/Si(4 nm)/W(10 nm))の反射率シミュレーション(a)と，それを Fourier 変換した膜厚分布(b)

の積層膜による反射率をシミュレーションしたもので，図 1.19(b)はそのデータを付録 2 の(4)項により Fourier 変換した膜厚分布を示している．

1.4.5　モデルフィッティングによる膜厚

曖昧さなく膜厚を求めるためには，多層膜モデルによるデータフィッティングを行う．この方法は，多層膜モデルに基づき，前述の計算式による反射率計算を行い，測定強度プロファイルと一致する膜厚，密度，粗さを同時に求める方法である．計算では位相を含んだ複素振幅を用いているため，モデルを利用することで反射 X 線振幅の位相回復を行っていると考えることができる．この方法は非線形最小二乗法などのデータフィッティングを必要とするため，その初期値として 1.4.3 項および 1.4.4 項からの推定膜厚を利用する場合がある．モデルフィッティングの具体的な技術は，1.10.3 項において説明する．

以上において，X 線反射率法により膜厚を決める場合，求めたい層の屈折率は，他の層の屈折率とは異なっている必要があり，屈折率が近い層からなる試料では層の分離が難しくなり，膜厚の決定精度は悪くなる．

1.4.6　評価できる最小膜厚と測定角度範囲

測定角度領域と, 得られる膜厚精度との目安を考える場合, 式(1.83)の関係を使うと，最大測定角度と最小膜厚の関係が得られる．

$$d_{\min} \approx \lambda/2\alpha_{\max} \tag{1.84}$$

たとえば $\lambda = 0.154$ nm のとき，$d_{\min} = 1$ nm の精度が必要な場合，$\alpha_{\max} = 4.4°$ 以上の有効な測定角度範囲が必要であると考えられる．反射強度は角度とともに急激に減少するので，高い角度まで測定するためには，強い入射 X 線のみならず，表面・界面粗さの小さい試料が要求される．

1.5　膜の表面・界面粗さはどのように決まるのか

実際の膜の表面や界面は，上で仮定したような平坦で密度が急峻に変化する完全なものではなく，図 1.20 に示すように界面拡散や凹凸のある不完全なものであることが多い．図 1.20(a)の場合，界面は平坦であるが，密度が連続的に変化している．一方図 1.20(b)では，層密度は一定であるが，界面に凹凸がある．いずれの場合でも，z 方向の平均密度は変化し，この変化幅を界面粗さ(ラフネス)と呼ぶ．一方両者では散乱現象が異なるので，別々に考える必要がある．なお，以下では主に表面粗さを議論するが, 界面粗さについても同様の議論が成り立つため，以下では界面粗さと記述する．

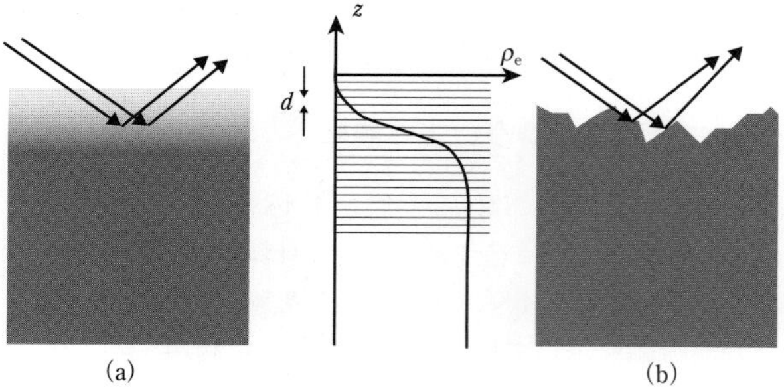

図 1.20　密度勾配のある界面(a)と凹凸のある界面(b)
z 方向の平均密度は同じように変化しても，散乱分布は異なる．

1.5.1　界面の密度が連続的に変化する場合

図 1.20(a)のような，界面に密度勾配のある場合(graded interface)について，反射率への影響を調べてみる．そのためにまず視射角が臨界角に比べ大きい領域について，多重散乱を無視し，屈折率の虚部による吸収効果も無視するという運動学的近似を行うことで，反射率の解析的な近似式を求める．まず密度勾配のある界面を厚さ d の薄い層に分割する．式(1.69)を 1，2 から $j-1$，j に一般化すると，

$$\begin{aligned} r_{j-1,j}^{\mathrm{F}} &\approx -2(\delta_{j-1}-\delta_j)/(\alpha_{j-1}+\alpha_j)^2 \\ &\approx 4\pi r_{\mathrm{e}}(\rho_{\mathrm{e},j}-\rho_{\mathrm{e},j-1})/q^2 \end{aligned} \tag{1.85}$$

となる．ここで，鏡面散乱では $2ik_z d_m = iqd_m$ であるから，全層からの寄与 r^{F} は，位相の変化 $\exp(iqd)$ をかけ，これらの和をとることにより，

$$r^{\mathrm{F}} \approx 4\pi r_{\mathrm{e}} \sum_{j=1}^{n} \frac{(\rho_{\mathrm{e},j}-\rho_{\mathrm{e},j-1})}{q^2} \exp\left(iq\sum_{m=0}^{j} d_m\right) = 4\pi r_{\mathrm{e}} \sum_{j=1}^{n} \frac{(\rho_{\mathrm{e},j}-\rho_{\mathrm{e},j-1})}{q^2} \exp(iqz_j) \tag{1.86}$$

となる．厚さを無限小にすると以下の積分になる．

$$r^{\mathrm{F}} = \frac{4\pi r_{\mathrm{e}}}{q^2} \int_{-\infty}^{+\infty} \frac{\mathrm{d}\rho_{\mathrm{e}}(z)}{\mathrm{d}z} \exp(iqz)\mathrm{d}z \tag{1.87}$$

この被積分関数には，表面や界面など，電子密度が変化する場所のみが寄与することがわかる．ここで基準となる基板の密度を

$$\rho_{\mathrm{e}}(z \to -\infty) \equiv \rho_{\mathrm{e},\infty} \tag{1.88}$$

とし，以下に示す基板の Fresnel 反射率の漸近形

$$R^{\mathrm{F}} = (4\pi r_{\mathrm{e}} \rho_{\mathrm{e},\infty})^2/q^4 \tag{1.89}$$

を使うと，

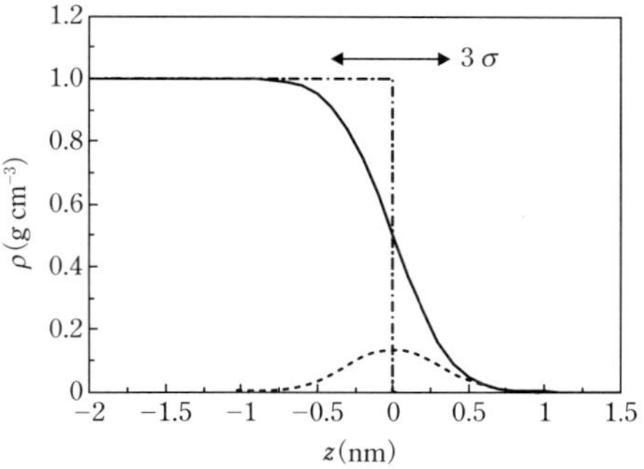

図 1.21　界面プロファイルの例
一点鎖線は急峻な界面としたとき，実線は相補誤差関数で近似したときのもの．点線は Gauss 関数．ここで用いた界面粗さ σ は 0.3 nm である．

$$R(q)=\left|r^{\mathrm{F}}(q)\right|^2=R^{\mathrm{F}}(q)\left|\frac{1}{\rho_{\mathrm{e},\infty}}\int_{-\infty}^{+\infty}\frac{\mathrm{d}\rho_{\mathrm{e}}(z)}{\mathrm{d}z}\exp(iqz)\mathrm{d}z\right|^2 \tag{1.90}$$

が得られる．これは運動学的近似での反射率の式である．ここで，規格化した電子密度プロファイルを以下のように書く．

$$\rho_{\mathrm{e}}^{N}(z)=\rho_{\mathrm{e}}(z)/\rho_{\mathrm{e},\infty} \tag{1.91}$$

もし，界面が図 1.21 の一点鎖線のように急峻であれば，$\mathrm{d}\rho_{\mathrm{e}}^{N}(z)/\mathrm{d}z=\delta(z)$ となるため，$R(q)=R^{\mathrm{F}}(q)$ となるが，通常の界面密度プロファイルは完全に急峻ではなく，以下の相補誤差関数 $erfc(x)$ を使って近似できることが多い．

$$\rho_{\mathrm{e}}^{N}(z)=erfc(z/\sqrt{2}\sigma) \tag{1.92}$$

ここで，σ は界面幅である．一方，粗い界面での密度ゆらぎの確率分布は，密度プロファイルの微分から得られる．ここで相補誤差関数の微分は Gauss 確率密度分布

$$\frac{\mathrm{d}\rho_{\mathrm{e}}^{N}(z)}{\mathrm{d}z}=\frac{1}{\sqrt{2\pi\sigma^2}}\exp\left[-(z/\sigma)^2/2\right] \tag{1.93}$$

であることから，式(1.90)の積分を実行すると，

$$R(q)=R^{\mathrm{F}}(q)\exp\left(-q^2\sigma^2\right) \tag{1.94}$$

が得られる．右側の指数項 $\exp(-q^2\sigma^2)$ を減衰項と呼ぶ．これは式(1.92)の誤差関数による密度プロファイルにより，反射強度が理想界面の反射強度から減衰する効果を示している．より一般的には，減衰項 $\xi(q)$ は，界面密度プロファイル $p(z)$ の微分

$$\xi(z)=\mathrm{d}p/\mathrm{d}z \tag{1.95}$$

になっているので，他の界面密度関数の積分形をプロファイル関数として用いることもできる．たとえば tanh 関数や exp 関数，直線勾配などで，試料構造に近い分布が

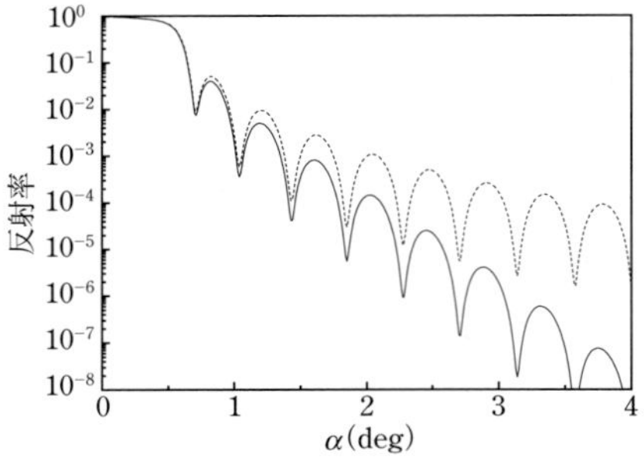

図 1.22　W膜／Si基板の反射率
点線は表面・界面粗さがいずれも 0 nm の場合，実線は 0.5 nm の場合.

利用されている.

ここで，減衰項のべきは，

$$q^2\sigma^2 \propto (\sigma \cdot \sin\alpha)^2 \tag{1.96}$$

であることから，$\alpha \to 0$ では $q^2\sigma^2 \to 0$ になり反射強度の減衰はなく，視射角が大きくなると減衰は大きくなる．よって，この減衰効果を，実測値を再現する値に決めることにより界面粗さ σ が評価できる.

図 1.22 は付録 1 の反射率計算コードの(2)項において，W表面および Si 基板界面の粗さをいずれも $\sigma = 0$ および $\sigma = 0.5$ nm に設定した場合の反射強度を比較したものである.

1.5.2　界面凹凸がある場合

実際の表面・界面は，面内に凹凸が存在することがほとんどである．ここでは，図 1.20(b)のように，電子密度は均一であるが凹凸が分布した表面に，X線が入射した場合を考える．この場合には，照射面の凹凸による傾きにより，視射角 α_i と出射角 α_f は必ずしも一致しない．このような鏡面条件(specular)からはずれた条件(off-specular)に現れる散漫散乱を用いることにより，凹凸が統計的に評価できる．一般に，表面を含む試料の照射体積 V からの散乱X線強度は，運動学的近似において以下のようになる.

$$r(q) = -r_\mathrm{e}\int_V \rho_\mathrm{e} \exp(i\boldsymbol{q}\cdot\boldsymbol{r})\mathrm{d}r \tag{1.97}$$

式(1.97)の「−」符号は，電子の電荷が負であるため，散乱により位相が反転したことによる．一方，Gauss の定理を使うと，

$$\int_V \nabla \boldsymbol{A} \cdot \mathrm{d}\boldsymbol{r} = \int_S \boldsymbol{A} \cdot \mathrm{d}\boldsymbol{S} \tag{1.98}$$

であり，$\nabla \boldsymbol{A} = \exp(i\boldsymbol{q} \cdot \boldsymbol{r})$ となるように $\boldsymbol{A}$ を以下の式で表す．ここで，$\boldsymbol{n}_z$ は z 方向の単位ベクトルである．

$$\boldsymbol{A} = \boldsymbol{n}_z \exp(i\boldsymbol{q} \cdot \boldsymbol{r})/iq_z \tag{1.99}$$

その結果，式(1.97)は以下の表面積分になる．

$$r(q) = -r_\mathrm{e}\rho_\mathrm{e}(1/iq_z)\int_S \exp(i\boldsymbol{q} \cdot \boldsymbol{r})\mathrm{d}x\mathrm{d}y \tag{1.100}$$

この積分において下部の表面はX線が減衰するため，実際に積分に寄与するのは，上部表面のみである．表面での高さ分布を $h(x,y)$ とすると，$\boldsymbol{q} \cdot \boldsymbol{r} = q_z h(x,y) + q_x x + q_y y$ より，

$$r(q) = -r_\mathrm{e}\rho_\mathrm{e}(1/iq_z)\int_S \exp[iq_z h(x,y)]\exp[i(q_x x + iq_y y)]\mathrm{d}x\mathrm{d}y \tag{1.101}$$

となる．散乱の微分断面積(微分散乱断面積)は

$$\begin{aligned}\frac{\mathrm{d}\sigma}{\mathrm{d}\Omega} &= |r(q)|^2 \\ &= (r_\mathrm{e}\rho_\mathrm{e}/q_z)^2 \cdot \int \exp(i[q_x(x-x') + q_y(y-y')])\mathrm{d}x\mathrm{d}x'\mathrm{d}y\mathrm{d}y'\end{aligned} \tag{1.102}$$

となる．ここで，$h(x,y) - h(x',y')$ は相対距離 $x-x'$, $y-y'$ のみの関数であると仮定すると，

$$\int \mathrm{d}x\,\mathrm{d}y \equiv S_0 \tag{1.103}$$

$$\frac{\mathrm{d}\sigma}{\mathrm{d}\Omega} = (r_\mathrm{e}\rho_\mathrm{e}/q_z)^2 S_0 \int \langle \exp(iq_z[h(0,0) - h(x,y)]) \rangle \exp[i(q_x x + q_y y)]\mathrm{d}x\mathrm{d}y \tag{1.104}$$

となる．山括弧は界面での統計平均をとることを意味する．ここで高さ分布がGauss分布であると仮定すると，

$$\frac{\mathrm{d}\sigma}{\mathrm{d}\Omega} = (r_\mathrm{e}\rho_\mathrm{e}/q_z)^2 S_0 \cdot \int \exp\left(-q_z^2 \left\langle [h(0,0) - h(x,y)]^2 \right\rangle / 2\right)\exp[i(q_x x + q_y y)]\mathrm{d}x\mathrm{d}y \tag{1.105}$$

となり，界面凹凸は高さの統計平均関数

$$g(x,y) \equiv \left\langle [h(0,0) - h(x,y)]^2 \right\rangle \tag{1.106}$$

により特徴付けられる．ここで，任意の二ヵ所の位置における界面の高さに，(1)まったく相関がない場合と(2)相関がある場合を考える．

(1)　凹凸に相関がない場合

この場合，

$$\left\langle [h(0,0) - h(x,y)]^2 \right\rangle = 2\left\langle h^2 \right\rangle - 2\langle h(0,0) \rangle \langle h(x,y) \rangle = 2\left\langle h^2 \right\rangle \tag{1.107}$$

となるので，微分散乱断面積は，

$$\frac{\mathrm{d}\sigma}{\mathrm{d}\Omega}=(r_{\mathrm{e}}\rho_{\mathrm{e}}/q_z)^2 S_0 \exp\left(-q_z{}^2\sigma^2\right)\int \exp[i(q_x x+q_y y)]\mathrm{d}x\mathrm{d}y \equiv \left(\frac{\mathrm{d}\sigma}{\mathrm{d}\Omega}\right)^{\mathrm{F}} \exp\left(-q_z{}^2\sigma^2\right) \tag{1.108}$$

となる．ここで，

$$\sigma=\sqrt{\langle h^2\rangle} \tag{1.109}$$

は高さ分布の二乗平均で，$(\mathrm{d}\sigma/\mathrm{d}\Omega)^{\mathrm{F}}$ は Fresnel 散乱微分断面積である．このように，高さ変動に相関が完全にない場合，反射X線は鏡面条件を満たし，強度が減衰するだけなので，密度勾配のある場合(式(1.94))と同じになり，両者を区別することはできない．

(2) 凹凸に相関がある場合

通常の凹凸分布は完全にランダムではなく，その高さ分布に相関がある場合が多い．この場合，

$$\left\langle [h(0,0)-h(x,y)]^2 \right\rangle = 2\left\langle h^2\right\rangle - 2\langle h(0,0)\rangle\langle h(x,y)\rangle \equiv 2\sigma^2-2C(x,y) \tag{1.110}$$

と書ける．ここで，

$$C(x,y)=\langle h(0,0)\rangle\langle h(x,y)\rangle \tag{1.111}$$

を高さ—高さ相関関数と呼ぶ．この場合，

$$\begin{aligned}\frac{\mathrm{d}\sigma}{\mathrm{d}\Omega}&=(r_{\mathrm{e}}\rho_{\mathrm{e}}/q_z)^2 S_0 \exp\left(-q_z{}^2\sigma^2\right)\cdot\int[1+(\exp\left[q_z{}^2C(x,y)\right]-1)]\ \exp[i(q_x x+q_y y)]\mathrm{d}x\mathrm{d}y\\ &\equiv\left(\frac{\mathrm{d}\sigma}{\mathrm{d}\Omega}\right)^{\mathrm{F}}\exp\left(-q_z{}^2\sigma^2\right)+\left(\frac{\mathrm{d}\sigma}{\mathrm{d}\Omega}\right)^{\mathrm{diffuse}}\end{aligned} \tag{1.112}$$

と書け，散乱は鏡面散乱(specular scattering)に加え，散漫散乱(diffuse scattering)を含むことになる．散漫散乱は鏡面条件以外でも起こるため，鏡面反射のまわりに「散漫」に分布する．ここで，面内一方向の散乱強度に注目すると，散漫散乱に関係する項は，$\int(\exp\left[q_z{}^2C(x)\right]-1)\ \exp(iq_x x)\mathrm{d}x$ である．$C(x)$ は表面の構造によりいろいろなモデルが可能である．最も簡単なモデルは Gauss 分布であり，

$$C(x)=\sigma^2\exp\left(-x^2/\xi^2\right) \tag{1.113}$$

と書ける．ここで，σ は凹凸の大きさである．ξ は高さ—高さ相関長であり，相関のある範囲を表す．またフラクタル表面のモデル[16,17]として

$$C(x)=\sigma^2\exp\left[-(x/\xi)^{2h}\right] \tag{1.114}$$

もよく使われる．h は Hurst パラメータと呼ばれ，$0<h<1$ の値をとり，値が小さいほど荒れた表面，1に近いほど規則的な表面を表す．これらのパラメータ σ，ξ，h を，散漫散乱の測定により求めることで，凹凸を含めた表面が評価できる．

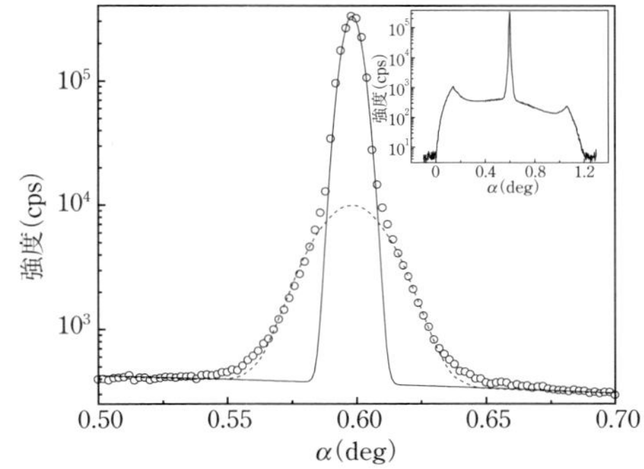

図 1.23　凹凸の大きいシリカ膜の鏡面条件まわりの散乱強度分布
検出器を 1.2° に固定し，α を 0.6° 付近でロッキング測定したもの．鏡面反射(実線)と散漫散乱(点線)がある．挿入図はより広範囲の測定であり，Yoneda wing が見える．

散漫散乱の測定例を図 1.23 に示す．これは波長 0.14 nm の X 線を用い，凹凸の大きいシリカ膜について，検出器を 1.2° に固定し，視射角 α を 0.6° のまわりで走査(ロッキング測定という)したものである．中央に鏡面散乱成分があり，その下に幅の広い散漫散乱がある．挿入図はさらに広い領域で測定したものであり，翼のような構造が見える．これは Yoneda wing[18] と呼ばれるもので，両側のピークは，視射角が全反射臨界角と一致したために X 線が試料表面に沿って進み，図 1.14 に示したように，表面電場強度 T が最大になることから凹凸による散漫散乱が増強されたものである．

以上の議論から，散乱ベクトルが試料面に垂直方向である鏡面条件で測定する通常の反射率のみでは，界面に密度勾配があるのか，凹凸があるのかを分離することはできないが，その周辺部に生じる散漫散乱を測定することにより，それらを分離して評価することは可能であることがわかる．

1.5.3　動力学的補正

以上の多重散乱および屈折効果を考慮しない運動学的議論から，界面密度の密度勾配，あるいは界面凹凸による鏡面反射強度の減衰因子は $\exp\left(-q_{z,j-1}{}^2\sigma_j{}^2\right)$ で与えられることがわかった．この式では，角度依存性は上層の散乱ベクトルの z 成分 $q_{z,j-1}$ のみの関数であり，屈折効果は入っていないことがわかる．この議論を反射および透過振幅に適用すると，その減衰効果を含めた振幅は，

$$\tilde{r}'_{j-1,j} = \tilde{r}_{j-1,j} \exp\left(-q_{z,j-1}{}^2\sigma_j{}^2/2\right) \tag{1.115}$$

$$\tilde{t}'_{j-1,j} = \tilde{t}_{j-1,j} \exp\left[-(q_{z,j-1} - q_{z,j})^2 \sigma_j{}^2/4\right] \tag{1.116}$$

という減衰因子の追加により与えられる．式(1.116)から，透過波も界面凹凸により減衰することを意味し，矛盾がある．Nevot と Croce[19]は，凹凸が Gauss 分布に従い，その空間周波数が高い場合について，Helmholtz 方程式(1.4)を解くことにより，以下の凹凸の効果を導いた．この指数部を Nevot–Croce の減衰項という．

$$\tilde{r}'_{j-1,j} = \tilde{r}_{j-1,j} \exp(-q_{z,j-1} q_{z,j} \sigma_j{}^2/2) \tag{1.117}$$

$$\tilde{t}'_{j-1,j} = \tilde{t}_{j-1,j} \exp\left[+(q_{z,j-1} - q_{z,j})^2 \sigma_j{}^2/4\right] \tag{1.118}$$

前者の結果と異なる原因は，後者の結果が動力学的計算により得られたものであるためである．その後，Vidal と Vincent[13]はマトリックス法に対応する式(1.117)，(1.118)を得た．また，Sinha らは，屈折効果を動力学的な一次近似で含めた DWBA(distorted wave Born approximation)からも，上記の減衰項 $\exp\left(-q_{z,j-1}q_{z,j}\sigma_j{}^2/2\right)$ が得られることを示した[16]．また de Boer は二次近似において全散乱強度が保存することを示した[20〜22]．この Nevot–Croce の減衰項(式(1.117)，(1.118))を利用することにより，全反射臨界角の付近での反射率プロファイルが改善され，一般の反射率計算に利用されている．付録の反射率計算コードにはこの Nevot–Croce の減衰項を用いている．

1.6　いろいろな反射率計算法

通常，上記の減衰項 $\exp\left(-q_{z,j-1}q_{z,j}\sigma_j{}^2/2\right)$ を用いて測定プロファイルを再現することにより，j 層の界面粗さ σ_j を求めることができる．X線の波長は 0.1 nm 付近であるため，X線反射率法は 0.1 nm 〜数 nm の界面粗さを評価するのに適しており，上述の減衰項が適用できる界面粗さは 10 nm 程度以下である．この方法は膜厚に対して界面粗さが小さい $\sigma \ll d$ という場合を想定しているが，たとえば薄膜界面での元素拡散により広い幅で密度が変わっている場合や，極薄 Si 酸化膜のように，分割層の厚さ d が界面粗さ σ より小さくなり，$\sigma \ll d$ という条件が成り立たない場合がある．以下ではこのような場合などにおける反射率の計算法について述べる．

1.6.1　密度スライス法

比較的薄い膜で，図 1.24 のように界面粗さが大きい場合，$\sigma \ll d$ という条件が成り立たない場合がある．この場合，一層を膜密度の変化に対応する薄膜に再分割して計算すればよいが，独立な層に分割すると，決定すべきパラメータの数が多くなりすぎたり，求めた密度プロファイルが不連続になったりする．そこで，密度プロファイル関数を利用する方法がある[23]．

多層膜において，j 層の上下界面の位置を z_j，z_{j+1}，界面粗さを σ_j，σ_{j+1} とし，挟ま

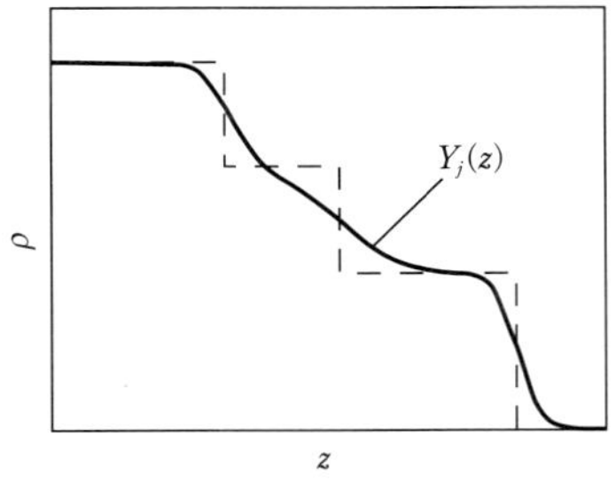

図 1.24　界面粗さが層の厚さより大きい試料の例
密度分布は明確な階段状ではなくなる.

れた j 層の密度プロファイル関数 $Y_j(z)$ を以下の誤差関数($erf(x)$ は誤差関数を表す)や tanh 関数, 直線勾配など, 試料構造に近いものを用いて, 連続関数として作成する.

$$Y_j(z) = erf(z/\sqrt{2}\sigma_j) \tag{1.119}$$

$$Y_j(z) = \tanh(z\pi/2\sqrt{3}\sigma_j) \tag{1.120}$$

$$Y_j(z) = 1/2 + z/2\sqrt{3}\sigma_j, \ |z| < \sqrt{3}\sigma_j \tag{1.121}$$

この密度プロファイル関数を用い, 全層を粗さのない, 一定の厚さをもつ十分に薄い層に分割し, Parratt の方法を適用することにより, 反射率が計算できる. この場合, 計算パラメータは, プロファイル関数の密度パラメータのみになるので, 容易に反射率が計算できる. ただし, この方法では密度分布を, たとえば 0.1 nm 程度の薄い層に分割するために層数が増え, 一般的には計算時間がかかる. 付録 2 の(5)項においては, 誤差関数を用いた密度プロファイルのスライス計算の例を示した.

1.6.2　分子・原子分布モデル

LB 膜やゲート Si 酸化膜などでは, 膜の密度分布は, その膜厚方向の個々の分子や原子からの電子分布の寄与を反映していると考えられる[24]. そこで, 図 1.25 のように, 分子や原子が規則正しく並んでいる極薄膜の場合, 分子や原子の位置 z_{0i}, およびそのまわりの電子分布 $\rho_e^A(r)$ を与えることにより, 膜厚方向の電子密度が以下のように得られる.

$$\rho_e(z) = \sum_A \sum_{z_{0i}} \rho_e^A(z - z_{0i}) \tag{1.122}$$

これに熱振動などの補正を加えた電子密度分布を用い, 前項で述べた密度プロファイル関数を作成することにより, 分子・原子構造を基本とした反射率が計算できると考えられる.

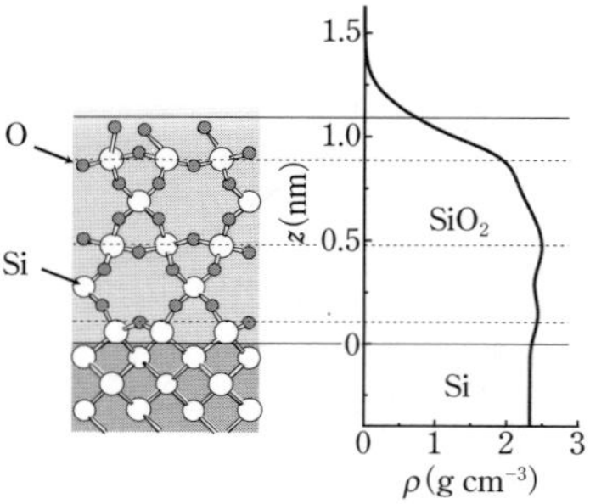

図 1.25　ゲート Si 酸化膜の原子構造(左)と反射率による密度の測定結果(右)の例

1.6.3　溶液中の試料からの反射率

近年では X 線反射率測定の多様化により，液液界面や，液体中の試料表面の観察など，通常の分析法では測定の難しい環境での観察も進んでおり，温度や電圧を加えたときの，その場観察の研究例も増えている[25, 26]．図 1.26 はその測定配置の例であり，反射配置および透過配置が選択できる．付録の計算プログラムでは，これらの場合に対応できるように，最上層として周囲環境を指定するようになっている．一方，計算結果は界面での反射強度であるため，実測の反射強度と比較するには，X 線が溶液を通過することによる減衰を測定配置に応じて考慮する必要がある．

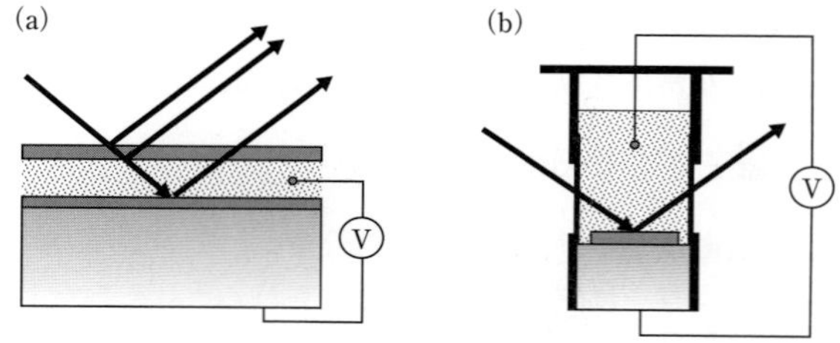

図 1.26　溶液中の固体表面の反射率測定配置
(a)反射配置，(b)透過配置．

1.6.4　マルチコントラスト法

測定試料が同じでも，波長，ビームの種類，試料まわりの環境などの測定条件を変えることにより，散乱長を変えることができる．これを利用すると，異なった条件で測定した複数の反射率を同時に解析することで，解析結果の精度・信頼性を向上させることができ，一般にマルチコントラスト法と呼ばれる．具体例では，質量密度が近い層どうしでも，複数のX線波長を使い散乱長のコントラストを大きくすると，層の分離が可能になる．また，X線と中性子線では，散乱長の元素依存性がまったく違うことを利用し，両者で測定したデータを同じ構造モデルで同時に解析することで信頼性を向上させることができる．磁性試料の中性子測定の場合でも，磁場の向きを変えた反射率を同時に解析することで，磁気モーメントが任意性なく分離できる．

1.7　結晶からの反射率

規則的な原子からの反射率を考える場合には，X線結晶回折からのアプローチが可能になる．この場合，鏡面反射は000反射ピークと解釈される．反射率計算には，多重散乱効果を含んだDarwinの動力学的理論を基礎とした方法が報告されている[27〜29]．ここでは内容の詳細には論及しないが，この方法の利点は反射率とBragg反射およびCTR(crystal truncation rod)散乱までが統一的に得られることである．図1.27は，Si(001)基板の原子構造を基に，X線波長0.154 nmでの反射率を計算したものである．反射率とともに，Si 004 BraggピークまわりのCTR散乱が見えている．今後，より広いダイナミックレンジでの測定により，結晶表面や界面の構造解析において，新しい情報が得られる可能性がある．

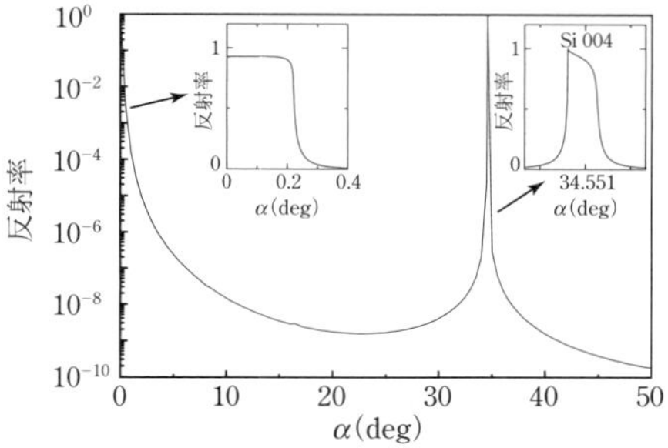

図 1.27　Si(001)結晶基板の反射率計算結果

1.8　共鳴磁気反射率

これまでは，X線の電場により電荷をもつ電子が振動し，電気双極子輻射により発生した散乱X線による現象を議論してきた．一方，X線の磁場は電子のスピンと相互作用する．それを利用すると，薄膜中や界面の磁化分布を調べることができる．ここでは共鳴磁気反射率の基礎を示す．

X 線の磁場は，式(1.2)の電場に対応して，以下のように振動する．

$$\boldsymbol{B}(\boldsymbol{r})=\frac{(\boldsymbol{k}\times\boldsymbol{\varepsilon})}{\omega}E_0\exp[-i(\boldsymbol{k}\cdot\boldsymbol{r}-\omega t)] \tag{1.123}$$

つまり，磁場は電場および電磁波の進行方向に直交している．電子はスピンをもっているので，磁場中では図 1.28 のように歳差運動をするが，磁場が振動すると，電子の歳差運動の向きも振動し，磁気双極子輻射を起こす．

磁気双極子輻射を起源とするスピン散乱の全断面積 σ_s は，以下のようになる[30, 31]．ここで，σ_T は Thomson 散乱断面積である．

$$\sigma_s=\frac{8\pi}{3}r_e{}^2\cdot\frac{1}{4}\left(\frac{\hbar\omega}{m_ec^2}\right)^2=\frac{\sigma_T}{4}\left(\frac{\hbar\omega}{m_ec^2}\right)^2 \tag{1.124}$$

この式から，電荷散乱と磁気散乱が同程度になるのは $\hbar\omega=2m_ec^2=1.02$ MeV という γ 線領域である．10 keV の X 線の場合，係数 $(\hbar\omega/m_ec^2)^2$ は，$(10/511)^2\cong4\times10^{-6}$ 程度とかなり小さい．さらに，原子の軌道を占める電子は，多くの場合，スピンが逆方向の電子と対(ペア)になっており，スピン磁気モーメントは打ち消されるため，磁性をもたない．一方，Fe や Co などの遷移金属では 3d 電子軌道に不対電子があり，Nd，Sm，Gd などの希土類元素では 4f 軌道に不対電子がある．このスピンにより物質が磁性をもつため，これらの不対電子を磁性電子と呼ぶ．鉄の場合，結合状態により変化するが，26 個の電子のうち，2 個程度が磁性電子であり，磁気散乱に寄与できる．このようなことから，純粋な磁気散乱を測定することは，信号強度の点から，磁気的な規則構造があるなどの特殊な場合以外は難しかった．そのため X 線磁気散乱の実験が始まったのは比較的最近のことである[32]．

一方，X 線と中性子を比較すると，中性子は全体として電荷はもっていないが，そ

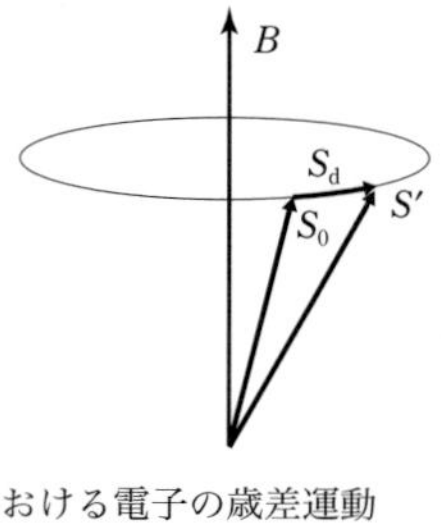

図 1.28　磁場中における電子の歳差運動
磁場 B 中でスピン S_0 は S' に歳差運動する．振動磁場中では変位 S_d は符号を変え，磁気双極子となる．

の内部は電荷とスピンをもつクオーク(quark)から構成されているため，磁気モーメントをもっており，物質の磁気モーメントと磁気散乱を起こすことから，従来より磁性体の分析に用いられている．中性子の磁気散乱断面積と比べると，同じ入射線強度の場合，X 線の断面積は約 4 桁小さいが，最近の SPring-8 を筆頭とする第 3 世代放射光施設からの強いアンジュレータ光を用いると，中性子と比較できる散乱強度が得られるようになってきている．

最近，X 線の吸収端においては，磁気散乱振幅と電荷散乱振幅の干渉項が，共鳴現象により増幅され，その大きさは上記の純粋な磁気散乱振幅よりもずっと大きいことが見出され[33]，それを利用した磁気円二色性分光(magnetic circular dichroism, MCD)による磁気モーメントの測定や，その磁気散乱因子を基礎とする X 線共鳴磁気反射率の開発が進んでいる．MCD からは，スピン磁気モーメントと軌道磁気モーメントが元素別に得られ，共鳴磁気反射率からは，元素ごとの磁気モーメントの深さ方向の分布が得られることが特徴である．ここで，共鳴散乱を含んだ原子散乱因子は，以下のように書ける[34]．

$$f = f_{\text{non-res}}^{\text{chg}} + f_{\text{non-res}}^{\text{mag}} + f_{\text{res}} \tag{1.125}$$

$f_{\text{non-res}}^{\text{chg}}$ は上述の Thomson 散乱による電荷散乱因子である．$f_{\text{non-res}}^{\text{mag}}$ は，非共鳴状態での純粋な磁気散乱因子であり，以下のようになる．

$$f_{\text{non-res}}^{\text{mag}} = ir_{\text{e}}(\hbar\omega/mc^2)[\boldsymbol{f}_{\text{L}} \cdot \boldsymbol{L}(\boldsymbol{q}) + \boldsymbol{f}_{\text{S}} \cdot \boldsymbol{S}(\boldsymbol{q})] \tag{1.126}$$

$\boldsymbol{L}(\boldsymbol{q})$ および $\boldsymbol{S}(\boldsymbol{q})$ は軌道角運動量およびスピン角運動量密度の Fourier 変換項で，$\boldsymbol{f}_{\text{L}}$ および $\boldsymbol{f}_{\text{S}}$ は散乱方位に関係する係数ベクトルである．この純粋な磁気散乱項は小さい．

一方，f_{res} は共鳴状態での散乱因子である．共鳴散乱は本来，量子論的現象であるので，ここでは量子力学で扱う．電子と電磁場が相互作用する系 $|\psi\rangle$ の時間変化は，相互作用がない無摂動のハミルトニアン H_0 に，相互作用の摂動 H' を加えた，以下の Schrödinger 方程式により表せる．

$$i\hbar\frac{\partial}{\partial t}|\psi\rangle = (H_0 + H')|\psi\rangle \tag{1.127}$$

この系が，始状態 $|\text{i}\rangle$ から終状態 $|\text{f}\rangle$ へ単位時間内に遷移する確率 $T_{\text{f,i}}$ は，二次の摂動までで以下のように書ける．

$$T_{\text{f,i}} = \frac{2\pi}{\hbar}\left|\langle \text{f}|H'|\text{i}\rangle + \sum_n \frac{\langle \text{f}|H'|n\rangle\langle n|H'|\text{i}\rangle}{E_{\text{i}} - E_n}\right|^2 \delta(E_{\text{i}} - E_{\text{f}})\rho(E_{\text{f}}) \tag{1.128}$$

ここで，$|n\rangle$ は中間状態であり，$\rho(E_{\text{f}})$ は終状態の状態密度である．一次の摂動であ

る第1項は，Fermiが黄金律と呼んだ項である．ここで，電子の運動量オペレータを $\hat{p}(=-i\hbar\partial/\partial x)$，電磁場のベクトルポテンシャルを $\boldsymbol{A}$ と表すと，電気的相互作用の摂動ハミルトニアン H' は，無摂動の電子のハミルトニアン $\hat{p}^2/2m_e$ において，$\hat{p}\to\hat{p}-e\boldsymbol{A}$ と置き換えることで，以下のように得られる．

$$H'=-\frac{e}{m_e}\hat{p}\cdot\boldsymbol{A}+\frac{e^2\boldsymbol{A}^2}{2m_e} \tag{1.129}$$

次に電磁場を量子化し，最も断面積の大きい電気双極子遷移の近似を使うと，一次の摂動からの散乱断面積は以下のようになる．

$$\mathrm{d}\sigma^{(1)}/\mathrm{d}\Omega=(\boldsymbol{\varepsilon}_f^*\cdot\boldsymbol{\varepsilon}_i)^2 r_e{}^2\left|\langle f|\exp(i\boldsymbol{q}\cdot\boldsymbol{r})|i\rangle\right|^2+4\pi^2\alpha_f\hbar\omega\left|\langle f|\boldsymbol{\varepsilon}_i\cdot\boldsymbol{r}|i\rangle\right|^2 \tag{1.130}$$

ここで，$\boldsymbol{\varepsilon}_i$，$\boldsymbol{\varepsilon}_f$ は始状態と終状態の単位偏光ベクトルであり，$\alpha_f=e^2/4\pi\varepsilon_0\hbar c=1/137.04$ は，無次元の微細構造定数である．右辺の第1項は $e^2\boldsymbol{A}^2/2m_e$ から生じたThomson散乱や非弾性のCompton散乱などを含む．$(\boldsymbol{\varepsilon}_f^*\cdot\boldsymbol{\varepsilon}_i)^2$ は偏光因子 P であり，直線偏光の場合は式(1.16)になる．また，$\langle f|\exp(i\boldsymbol{q}\cdot\boldsymbol{r})|i\rangle$ は原子散乱因子 $f(\boldsymbol{q})$ であり，式(1.20)の古典論の結果と一致する．一方，第2項は $\hat{p}\cdot\boldsymbol{A}$ によるX線光電吸収項であり，X線吸収分光(XAFS)の基礎式となる[35]．これらの式は，ベクトルポテンシャル $\boldsymbol{A}$ は，生成演算子 $a^\dagger{}_{k'}$ と消滅演算子 $a_{k'}$ の一次結合で書かれるため，$\boldsymbol{A}$ を含む項は吸収を記述し，$\boldsymbol{A}^2$ を含む項は $a^\dagger{}_{k'}$ $a_{k'}$（吸収・生成）により散乱を記述していると解釈される．一方，二次の摂動による散乱断面積は，以下のようになり，共鳴散乱を表す．

$$\mathrm{d}\sigma^{(2)}/\mathrm{d}\Omega\equiv r_e{}^2|f_{\mathrm{res}}|^2=\frac{\hbar^2\omega^4}{c^2}\alpha_f{}^2\left|\sum_n\frac{\langle f|\boldsymbol{r}\cdot\boldsymbol{\varepsilon}_f^*|n\rangle\langle n|\boldsymbol{r}\cdot\boldsymbol{\varepsilon}_i|i\rangle}{(\hbar\omega-E_{0n})+i(\Delta_n/2)}\right|^2 \tag{1.131}$$

ここで，$\boldsymbol{r}\cdot\boldsymbol{\varepsilon}$ は偏光に依存した双極子，Δ_n は状態 $|n\rangle$ の共鳴エネルギーの半幅を示す．図1.29はこれらの3過程を示したものである．

ここでは，試料の磁化方向を量子化の z 軸に選び，電子の軌道角運動量を L，その

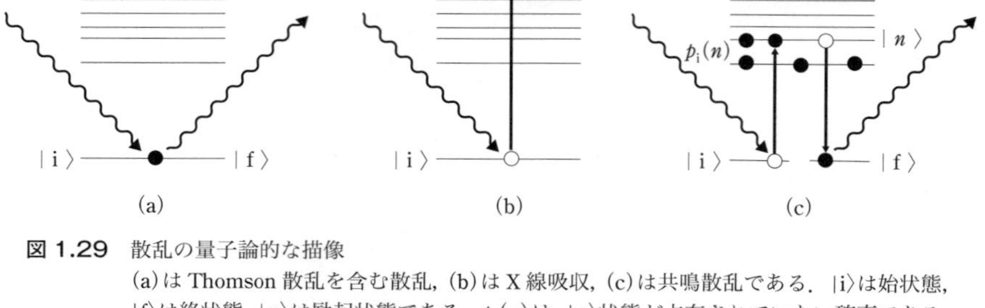

図1.29　散乱の量子論的な描像
(a)はThomson散乱を含む散乱，(b)はX線吸収，(c)は共鳴散乱である．$|i\rangle$は始状態，$|f\rangle$は終状態，$|n\rangle$は励起状態である．$p_i(n)$は，$|n\rangle$状態が占有されていない確率である．

z 成分を M と表す．上式の共鳴散乱振幅の部分において，電磁場をベクトル球関数で展開すると以下のようになる[36]．

$$f_{\mathrm{res}} = (3\lambda/8\pi)\{(\boldsymbol{\varepsilon}_{\mathrm{f}}^{*}\cdot\boldsymbol{\varepsilon}_{\mathrm{i}})[F_{1,1}+F_{1,-1}] \\ -i(\boldsymbol{\varepsilon}_{\mathrm{f}}^{*}\times\boldsymbol{\varepsilon}_{\mathrm{i}})\cdot\boldsymbol{m}[F_{1,1}-F_{1,-1}] \\ +(\boldsymbol{\varepsilon}_{\mathrm{f}}^{*}\cdot\boldsymbol{m})(\boldsymbol{\varepsilon}_{\mathrm{i}}\cdot\boldsymbol{m})[2F_{1,0}-F_{1,1}-F_{1,-1}]\} \tag{1.132}$$

ここで，$\boldsymbol{m}$ は磁気モーメント単位ベクトルである．$F_{L,M}$ は始状態 $|\mathrm{i}\rangle$ から励起状態 $|n\rangle$ への電気双極子遷移係数であり，以下で定義される．

$$F_{L,M}(\omega) = \sum_{\mathrm{i},n} \frac{p_{\mathrm{i}}p_{\mathrm{i}}(n)\Gamma_x/\Gamma(n)}{(E_n - E_{\mathrm{i}} - \hbar\omega)/(\Gamma(n)/2) - i} \tag{1.133}$$

ここで，p_{i} は始状態の占有確率，$p_{\mathrm{i}}(n)$ は励起状態が占有されていない確率である．Γ_x/Γ は $|n\rangle$ から $|\mathrm{i}\rangle$ への遷移の部分幅である．式(1.132)の第 1 項は電荷共鳴散乱を示し，第 2 項は磁気円二色性を生じさせる共鳴磁気散乱項であり，第 3 項は磁気線二色性(magnetic linear dichroism，MLD)を生じさせる共鳴磁気散乱項である．ここで，電気双極子遷移を調べるためには，進行方向($\boldsymbol{\varepsilon}_{//}$)に角運動量をもつ円偏光 X 線が適している．円偏光 X 線の偏光ベクトル $\boldsymbol{\varepsilon}^{+}, \boldsymbol{\varepsilon}^{-}$ は，進行方向に垂直な 2 つの直線偏光ベクトル $\boldsymbol{\varepsilon}_1, \boldsymbol{\varepsilon}_2$ を用いて以下のように表現できる．

$$\boldsymbol{\varepsilon}^{+} = -1/\sqrt{2}(\boldsymbol{\varepsilon}_1 - i\boldsymbol{\varepsilon}_2) \\ \boldsymbol{\varepsilon}^{-} = 1/\sqrt{2}(\boldsymbol{\varepsilon}_1 + i\boldsymbol{\varepsilon}_2) \tag{1.134}$$

円偏光 X 線は，上記偏光ベクトルを用いて次のように表せる．

$$\boldsymbol{E}^{\pm} = \boldsymbol{\varepsilon}^{\pm}\cdot E_0 \exp[-i(\boldsymbol{k}\cdot\boldsymbol{r} - \omega t)] \tag{1.135}$$

ここで，右ねじ方向の円偏光 $\boldsymbol{E}^{+}$を＋ヘリシティ，左ねじ方向の円偏光 $\boldsymbol{E}^{-}$を−ヘリシティと呼び，それぞれ＋ 1，−1 の角運動量をもつ．円偏光 X 線を吸収した電子の遷移先は，角運動量が保存されることから選択的に決まる．この表式から，円偏光 X 線を試料に透過させる MCD 測定においては式(1.132)の第 2 項で $i(\boldsymbol{\varepsilon}_{\mathrm{f}}^{\pm *}\times\boldsymbol{\varepsilon}_{\mathrm{i}}^{\pm}) = \pm\boldsymbol{\varepsilon}_{//}$ となることから，左右円偏光を切り替えることにより，X 線進行方向の磁気モーメントに比例した散乱の符号が逆になることがわかる．この X 線吸収量の差分が MCD 信号となる．左右円偏光による X 線吸収量データに総和則(sum rule)を適用することにより磁気モーメントが得られる[35]．円偏光 X 線を利用する実験の場合，式(1.132)を電荷散乱項と磁気散乱項に整理すると，

$$f_{\mathrm{res}} = (\boldsymbol{\varepsilon}_{\mathrm{f}}^{*}\cdot\boldsymbol{\varepsilon}_{\mathrm{i}})(f'_{\mathrm{chg}} + if''_{\mathrm{chg}}) - i(\boldsymbol{\varepsilon}_{\mathrm{f}}^{*}\times\boldsymbol{\varepsilon}_{\mathrm{i}})\cdot\boldsymbol{m}(f'_{\mathrm{mag}} + if''_{\mathrm{mag}}) \tag{1.136}$$

と書ける．この共鳴状態での電荷散乱因子 $f'_{\mathrm{chg}}, f''_{\mathrm{chg}}$ は，X 線吸収測定により式(1.48)および(1.49)から求めることができる．また，共鳴磁気散乱因子 $f'_{\mathrm{mag}}, f''_{\mathrm{mag}}$ は MCD

吸収測定データを使い，同様に式(1.48)を適用して求められる．図 1.30 は，図 1.10 の Fe 箔に垂直に磁場を印加し，Fe の K 吸収端付近で MCD 測定を行い，そのデータを K–K 変換し，磁気散乱因子を計算したものである．

一方，磁気散乱効果は，軟 X 線領域で大きくなる．図 1.31 は FeCo 薄膜について，MCD 測定から得られた，Fe の L 吸収端付近の電荷および磁気散乱因子である[37]．

以上の共鳴状態を利用した共鳴磁気反射率測定の一例は，図 1.32 のような配置で測定する．ここで，円偏光を表す基底ベクトルとして，σ 偏光ベクトル $\boldsymbol{\varepsilon}_\sigma$ および π

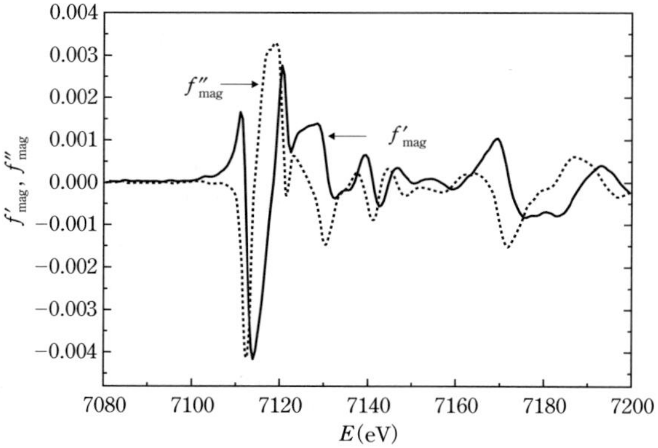

図 1.30　Fe 箔の K 吸収端付近の磁気散乱因子
実線は f'_{mag} であり，点線は f''_{mag} である．K 吸収端エネルギーでは，多くの励起準位が寄与し，複雑な形状となる．

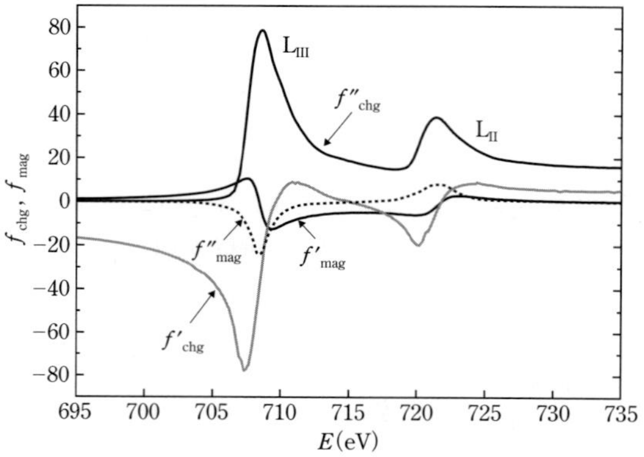

図 1.31　Fe の L_{III}($2p_{3/2} \to 3d$) および L_{II}($2p_{1/2} \to 3d$) 吸収端付近の電荷および磁気散乱因子
散乱因子は L_{III} および L_{II} 吸収端の共鳴構造が反映されている．

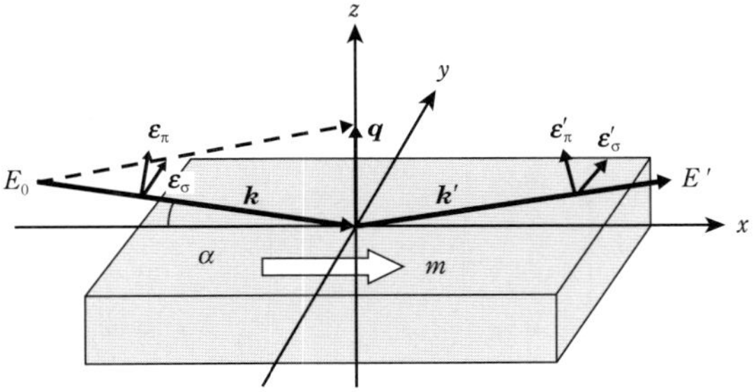

図 1.32　円偏光X線を用いた磁気反射率測定配置
X線方向に平行な磁気モーメント成分が磁気散乱に寄与する.

偏光ベクトル $\boldsymbol{\varepsilon}_\pi$ を用いる．電荷散乱では偏光は保存されるが，磁気散乱では偏光は回転する．ここで，式(1.136)からわかるように，磁気散乱の場合，散乱因子は入射および出射の偏光ベクトルや磁気モーメントの方位により値が変わるため，複素屈折率は異方性をもったテンソル $n_{ij}(i,\ j=1\sim3)$ になる．そのため，電磁波の伝播は，以下の式になる．

$$\sum_{j=1}^{3}[\delta_{ij}\Delta-\nabla_i\nabla_j+k_0{}^2n_{ij}{}^2]E_j(\boldsymbol{r})=0 \tag{1.137}$$

反射率の計算は，上式に基づき，ヘリシティに拡張したマトリックス法で，以下の行列式により解くことができる[38]．

$$\begin{pmatrix} T_j^+ \\ T_j^- \\ R_j^+ \\ R_j^- \end{pmatrix} = \begin{pmatrix} & & \\ & C_{j,j+1} & \\ & & \end{pmatrix} \begin{pmatrix} T_{j+1}^+ \\ T_{j+1}^- \\ R_{j+1}^+ \\ R_{j+1}^- \end{pmatrix} \tag{1.138}$$

ここで，$T_j^\pm$ は j 層の ± ヘリシティの透過振幅，$R_j^\pm$ は反射振幅であり，$C_{j,j+1}$ は屈折率や膜厚から決まる行列である．図 1.33 は，例として，Si 基板上に Fe 薄膜 10 nm がある試料で，面内に，入射方向と平行に，磁場を印加した場合の，Fe−K 吸収端での，± ヘリシティの円偏光X線による反射率 $I^\pm$ および磁気散乱効果を示す非対称度 $(I^+-I^-)/(I^++I^-)$ の計算結果を示したものである．ここで，用いたK吸収端エネルギーは 7112 eV である．硬X線実験では，大気中で測定が可能であり，Gd など希土類元素の研究などがある[39]．

一方，図 1.34 は，同じ試料構造の Fe−L_{III} 吸収端での反射率計算である．L_{III} 吸収

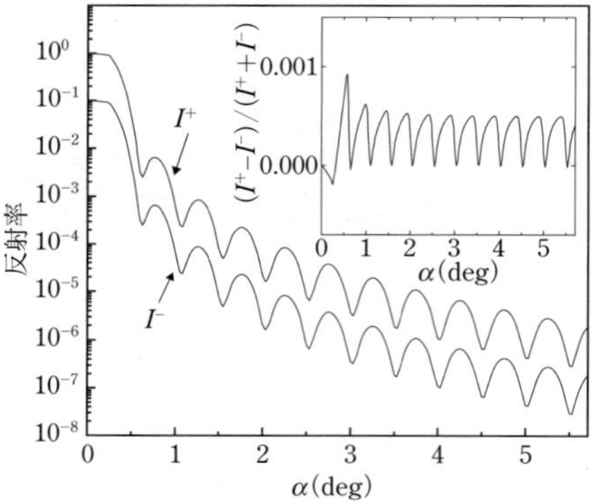

図 1.33 Fe−K 吸収端での反射率と非対称度
反射率は見やすさのため 1 桁ずらして表示している.

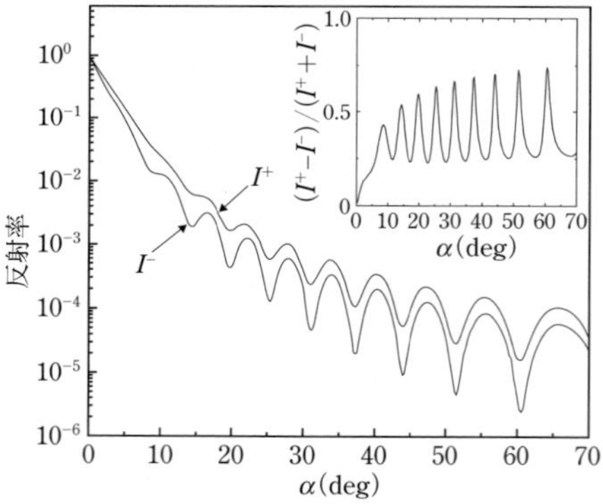

図 1.34 Fe−L_{III} 吸収端での反射率と非対称度
K 吸収端と比べると磁気散乱の寄与が大きい.

端でのエネルギーには 708.5 eV を用いた. L 吸収端の測定は, 軟 X 線領域になるため, 真空中での測定になる.

以上から, 測定した共鳴磁気反射率プロファイルを計算値と比較することにより, 膜中の磁化分布や界面での磁化の変化を調べることができる[37, 40].

1.9 コヒーレンスとコヒーレント回折

これまでの説明において, X 線はコヒーレント(干渉性)であることを前提にしてきた．しかし，通常のX線源は部分的コヒーレントであり，一部のコヒーレントな領域(コヒーレンスボリューム)内でのみ干渉が起こり，全体の強度は各部分のインコヒーレントな統計和となる．この節では，コヒーレンスの説明と，コヒーレンシーを利用した新しい研究を紹介する．

コヒーレンスには空間的コヒーレンスと時間的コヒーレンスがある．空間的コヒーレンスの定義では，同じ位相で出発した2つの波の位相が逆位相になる，つまり，波長が半波長ずれるまでの距離によりこれを評価し，コヒーレンス長と呼ぶ．このコヒーレンス長は，進行方向 ξ_L(longitudinal coherence length)および横方向 ξ_T(transverse coherence length)に分けられる．時間的コヒーレンス長 ξ_t は，空間的コヒーレンス長を波の速さで割ることで与えられ，これを用いたX線光子相関分光法(X-ray photon correlation spectroscopy，XPCS)も開発されている(8.5節参照)[41]．

波動の進行方向のコヒーレンス長 ξ_L は，図1.35のように，2つの波の波長の差を $\Delta\lambda$，波長が半波長ずれるまでの周期数を N とすると，

$$N\Delta\lambda = \lambda/2 \tag{1.139}$$

の関係があり，これを使うと，

$$\xi_L = N\lambda = \frac{1}{2}\frac{\lambda^2}{\Delta\lambda} = \frac{\lambda}{2}\left(\frac{\lambda}{\Delta\lambda}\right) = \frac{\lambda}{2}\left(\frac{E}{\Delta E}\right) \tag{1.140}$$

が得られる．

一方，横方向のコヒーレンス長 ξ_T は，図1.36のように，波長が同じ2つのX線が横方向に d だけずれた位置から出発し，角度 $\Delta\theta$ をもって距離 L の位置で交差する場合を考えると，

$$\xi_T \cdot \Delta\theta = \lambda/2 \tag{1.141}$$

の関係があり，これにより，

$$\xi_T = \frac{1}{2}\frac{\lambda}{\Delta\theta} = \frac{\lambda}{2}\left(\frac{L}{d}\right) \tag{1.142}$$

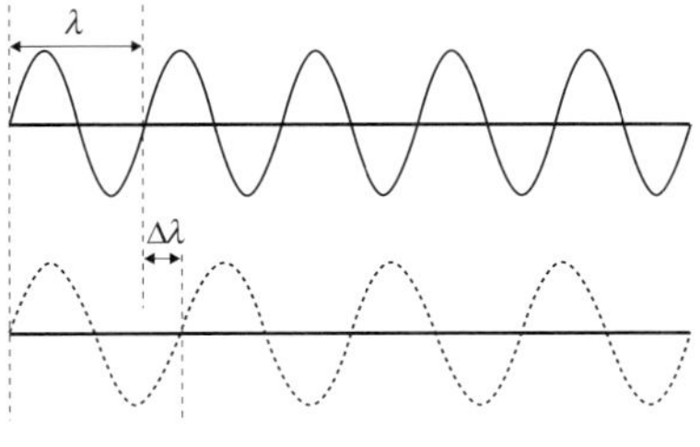

図1.35 進行方向のコヒーレンス長

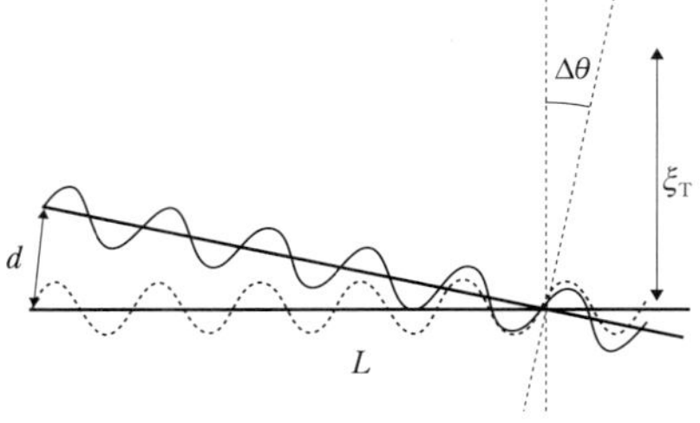

図1.36 横方向のコヒーレンス長

が得られる．ここで，d は具体的には試料より上流の光源のピンホール径に対応する．

これらの式を見ると，コヒーレンス長は波長に比例し，エネルギー幅に反比例して長くなる．一方，光源のサイズ d が小さいか，光源からの距離が大きい場合，コヒーレンス長は長くなることがわかる．これが，干渉実験の光源には長波長がよく選ばれる理由である．たとえば，レーザーは発光の原理が原子励起と光共振器によるため，光の平行性が高く，可視光の He−Ne レーザーのコヒーレンス長は，装置の構成にもよるが，1 m 程度である．一方，市販X線装置の場合，波長 0.154 nm，エネルギー分解能 $E/\Delta E = 10^3$，発散角 $\Delta\theta = 1$ mrad として式(1.140)と(1.142)により数値を見積もると，$\xi_L = \xi_T = 77$ nm となる．X線結晶回折などでは，試料となる結晶の単位格子サイズは数サブ nm ～数 nm であることから，原子からの回折波はこのコヒーレンスボリューム内で問題なく干渉が起こる．放射光の場合，発散角として $\Delta\theta = 100\ \mu$rad，エネルギー分解能として Si 二結晶モノクロメータの代表値 $E/\Delta E = 10^4$ を用いると，$\xi_L = \xi_T = 770$ nm と約1桁長くなる．一方，近年各国で開発が進んでいる自由電子レーザー(free electron laser，FEL)[42]などでは，コヒーレントなX線が利用できる．

図 1.37 のようにX線を試料に照射した場合，通常のインコヒーレントなX線による散乱(a)では，1.5.2 項で議論したように，狭いコヒーレンス領域内の凹凸で干渉が起こり，強度は減衰するが，全体の強度分布はそれらのインコヒーレントな統計和となるため，スムーズな分布になる．一方，コヒーレントなX線を利用すると，試料照射部分からの反射X線は，照射の全領域で干渉を起こす．このような場合，試料表面の凹凸などの不均一構造は広い領域まで干渉し，図 1.37(b)に示すように，検出器面においては2次元的な鋭い強度のちらつき(スペックル)が現れる．この強度分布は試料の面内方向の広い構造情報を反映していると考えられ，この分布を解析することで，従来の反射率法では扱えなかった広い試料面内での凹凸や密度の不均一性などを2次元的にイメージングすることが可能になる[43]．

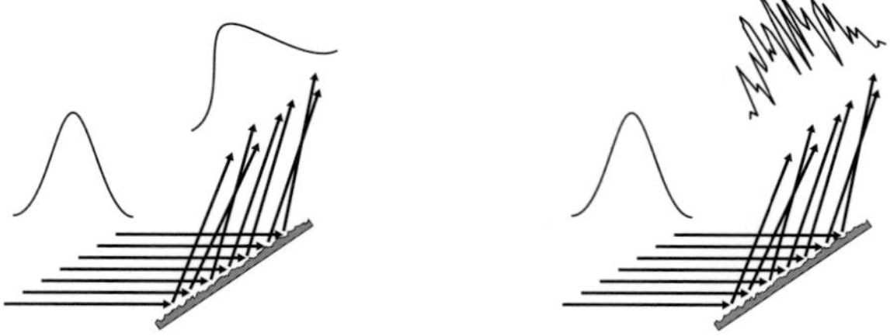

図 1.37 コヒーレンスが小さい光源(左)と大きい光源(右)
コヒーレンスが大きい光源ではスペックルが現れる．

最近では，コヒーレント回折現象を用いたイメージング技術はコヒーレント回折イメージング(coherent diffraction imaging, CDI)と呼ばれ，研究が進展している．以下ではこれらの原理と，その研究を紹介する．

CDI は，試料の微小部分にコヒーレント X 線を照射し，散乱された強度を 2 次元の検出器で測定し，散乱波の位相を回復することにより，試料のイメージングを行う技術であり，その進展は，FEL などのコヒーレント光源の開発，CCD などの高精度な 2 次元検出器の開発，位相回復のコンピュータアルゴリズムの開発[注1]などに支えられている．

FEL では，結晶回折への利用も考えて，波長 0.1 nm 付近の X 線の利用を想定している．このような短波長では有効なレンズがないため，CDI は通常レンズ・レスの構成になる．このことは逆に，分解能がレンズの性能に依存しないという利点にもなる．CDI の測定配置には透過配置と反射配置があるが，まず透過配置から説明する．

透過配置では，図 1.38(a)に側面図を示すように，光源からピンホールで絞ったコヒーレント X 線は，コヒーレンス長よりもサイズが小さい不透明なフレーム(枠)の中に設置された試料を透過し，試料直後に複素透過振幅 u を与える．この波面は下流に設置した 2 次元検出器面まで伝播され，強度分布が測定される．ここで試料と検出器の距離を十分遠くすると，散乱は Fraunhofer 回折となり，その複素振幅 U は，既知の位相因子 $\exp\left[i\pi(X^2+Y^2)/\lambda Z\right]$ を除くと試料透過振幅の Fourier 変換 FT になっており，測定強度はその絶対値の 2 乗 $|FT[u]|^2=|U|^2$ に対応する．測定強度から位相が回復できれば，得られた複素振幅 U を逆 Fourier 変換することで実空間での透過振幅 $u=FT^{-1}[U]$ を得ることができる．

位相回復の方法には，Gabor によるホログラフィー(1949 年)を用いるものと，用いないものがある．図 1.38(a)は通常の測定配置，図 1.38(b)はホログラフィーを用いる場合の配置である．(b)では，試料の近くに小さい(デルタ関数的な)ピンホールを空け，参照光 R を生成する．すると検出器上の複素振幅は試料からの U と R の和になり，その絶対値は $|U+R|^2=|U|^2+|R|^2+UR^*+U^*R$ のように干渉項が現れる(* は複素共役)．R はデルタ関数の Fourier 変換であるため，位相のみが単調に変わる平面波($R=\exp(-i2\pi\sqrt{X^2+Y^2}/\lambda Z$)であり，試料からの透過振幅との干渉項(ホログラム)には，参照波と透過振幅との位相差が反映される．(c)は(a)の配置で円形開口の場合の回折強度であり，(d)は(b)の配置での参照光との干渉によるホログラムであ

[注1] 最近のコンピュータプログラムではいわゆるスクリプト型プログラミング言語(IDL, MATLAB, Python, R など)の利用が進んでいる．スクリプト言語では，変数自体がオブジェクトであり，自分自身の型やサイズなどのメタ情報をもっているため，型の厳密な定義が不要であり，簡単な記述で効率的に解析アルゴリズムを開発することが可能になる．

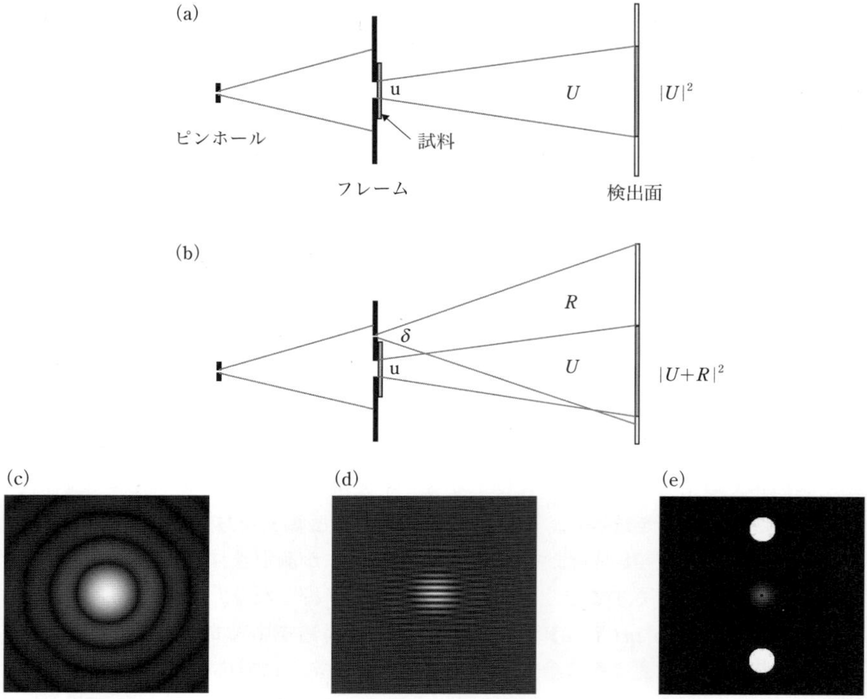

図 1.38 (a),(b)CDI 測定配置の側面図．(a)は通常のレンズ・レス透過配置，(b)は参照光のあるホログラフィー配置である．(c)は(a)の配置における検出器面での試料なしの円形の穴(開口)による強度分布であり，中心部は Airy disk と呼ばれる．(d)は(b)の配置において，円形の穴に加え，デルタ関数的な参照光がある場合の回折強度であり，干渉によりホログラムパターンが現れる．(e)は(d)を逆 Fourier 変換し，再現された円形開口の実像と虚像．

る．ホログラムの強度を逆 Fourier 変換すると，(e)のように $\boldsymbol{u}, \boldsymbol{u}^*$(円形開口)および自己相関項(中央部)が再現される[44,45]．ホログラフィー法では，Fourier 変換を行うだけで任意性のないイメージが得られるが，その利用には参照光源をうまく作製する必要がある[46]．

一方，図 1.38(a)の配置で得られた強度から直接位相が回復できれば便利であるため，その技術は古くから研究されてきた．J. R. Fienup は測定データの外側を十分広い枠(フレーム)で覆うなどして孤立させた領域において，回折強度の各ピクセルの位相を繰り返し法により求める方法(hybrid input output, HIO)を考案した[47]．この方法では，回折強度の平方根から振幅を求め，各ピクセルの位相はランダムに与えることで，複素振幅の初期値を作成し，それを実空間に逆 Fourier 変換し，その強度がフレーム領域においてすべて 0 になることなどの拘束条件を付ける．一方，Fourier 空間では回折強度は測定値になるように拘束して位相を更新する．この変換を，実空間と Fourier 空間で交互に繰り返すことで，誤差を減少させる方法が HIO である．この方法では，初期条件の選び方で，得られた結果が変わる可能性が残る．

他に最近発展している方法として，Ptychography（発音は tie–COG–rafee）がある．この方法は，もともと STEM（走査 TEM）用として 1969 年に Hoppe らによって考案されたものである[48]．電子などの粒子には波動性があり，その波長には，

$$\lambda = h/p = h/\sqrt{2mE} \tag{1.143}$$

の関係がある．この式から 100 V で加速された電子の波長は 0.123 nm になり，X 線と近いことがわかる．この方法の特徴は，有限なサイズの入射波により試料を照射し，次に，その領域の一部（約 60%）がオーバーラップするように試料（あるいは入射波）を横方向に移動させて照射することにより，少なくとも 2 個以上の強度データを利用する点である．図 1.39 において，細いコヒーレント X 線を試料の照射領域 A に当て，試料を透過した X 線（複素透過関数）を $\boldsymbol{u}$ とする．ここで，検出器面に現れる回折強度を I_1，I_2 とすると，

$$I_1 = |FT[A(r_1)u(r_1)]|^2, \quad I_2 = |FT[A(r_2)u(r_2)]|^2 \tag{1.144}$$

と表せるが，オーバーラップ領域に対しては照射関数が横方向にシフトしたことになり，Fourier 変換のシフト定理

$$FT[A(r_1 - r_2)] = FT[A(r_1)]\exp(-i2\pi f r_2) \tag{1.145}$$

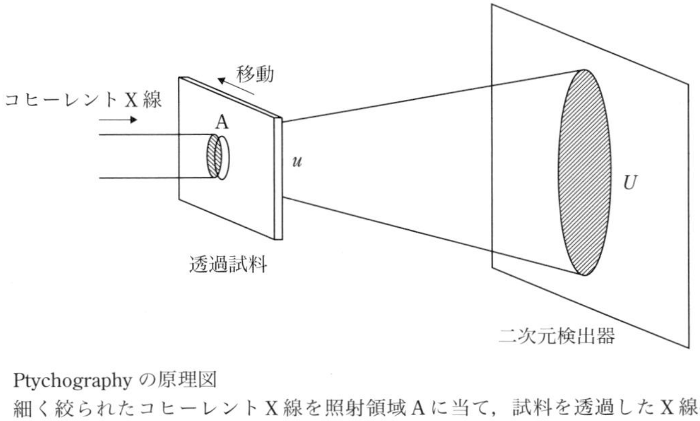

図 1.39　Ptychography の原理図
細く絞られたコヒーレント X 線を照射領域 A に当て，試料を透過した X 線振幅を $\boldsymbol{u}$ とし，それが検出器まで伝播した振幅を U とする．試料（あるいは照射領域）を横方向に走査し，照射領域がオーバーラップするように測定を行う．オーバーラップ領域では，照射関数の相対的な位相のみが異なるため，位相回復計算での拘束条件となる．

により位相のみが変わるため，式(1.144)，(1.145)はオーバーラップ拘束条件となり，繰り返し法により位相を求めることができる．この方法では，HIOでのフレーム条件の代わりに，同じ照射関数が試料の透過関数と干渉して畳み込まれ(fold)，領域をオーバーラップさせることによりお互いの位相を拘束している．最近，この方法は，透過関数に加えて，照射関数も同時に最適化できるように改良され[49, 50]，さらにコンピュータ・トモグラフィ(computed tomography，CT)や小角X線散乱(small angle X-ray scattering，SAXS)への利用も広がっている[51]．

一方，入射波が透過できない試料のイメージングにおいては，反射配置での測定が必要になる．インコヒーレントな通常のX線を使う反射率イメージングについては，CTと類似の方法が桜井により報告されている[52]．一方，反射配置でのCDIの研究は，透過配置ほど進んではいないが，ナノ粒子の歪み評価[53]，ホログラフィーの利用[54]や，全反射付近でのCDIイメージング[55]などが報告されている．これらには，反射率に含まれる下層からの干渉情報は十分に反映されていないようである．他方，最近の他の研究分野を見渡すと，L1ノルム最小化によるスパースモデリング，LeRUなど非線形の活性化関数を利用するディープラーニングなど，いくつかの「トリック」による「マジック」が多く出現している．反射率においても，新たな「トリック」の導入により，表面構造の3次元計測「マジック」が遠からず出現するものと考えられる．

1.10 実際の測定とデータ解析の基礎

以上，X線反射率に関連する種々の原理や方法を説明した．ここでは，実際の測定とデータ解析の基礎について述べる．

1.10.1 何桁まで測定するか？

X線反射率法により測定できる最大膜厚は，式(1.83)で示した膜厚と角度の関係から，測定のステップ角により決まる．一方，最小膜厚についても，同じ式から反射率測定の最大角により決まる．ここで，測定強度は反射強度とバックグラウンド(BG)の和として決まるため，この最大角は反射強度がBGと区別できる角度から決まる．

一方，反射X線は界面粗さを無視すると，高角領域では式(1.59)から$R^{\mathrm{F}}(\alpha) \sim 1/q^4 \sim 1/\alpha^4$のように視射角の4乗に反比例して減衰する．小角散乱では，これをPorod則と呼び，この傾きが測定された場合，表面・界面は平坦で密度勾配もないと判断される．

多くの場合，反射強度には，さらに表面粗さによる減衰項(式(1.94))が加わるため，入射角によるX線反射率の減衰は急激である．この急激な減衰は，X線領域の電磁波に対する物質の屈折率が1に非常に近いため，もともと反射X線が小さく，さらに角度が大きくなるとほとんどのX線が試料中に透過してしまうことが原因である．一方で，この強い透過性は，埋もれた界面が分析できる理由となっている．

そこで，高角領域まで測定を行うには，①強い強度をもつ入射X線源の使用，②BGの低減と除去，③表面粗さの小さい試料の選択，が重要である．これらから反射強度が何桁とれるかが決まる．①はローター光源や集光ミラー，放射光源の利用など，②はスリット調整や検出器まわりの散乱防止などに工夫することが重要である．

何桁まで測定するかは，試料の種類や要求精度，測定条件などによって変わるが，代表的なX線源について，目安となるX線強度，BG，測定桁数を表1.3にまとめた．これらの値は調整などによりさらに向上するが，通常約5桁以上の測定データがあれば，解析は容易になる．図1.40は，波長0.14 nmの放射光X線により膜厚1 nmのSiO_2膜を$2\theta = 40°$まで12桁測定した例である．

表 1.3 測定桁数

	X線管球	ローター光源	放射光（偏向部）	放射光（挿入光源）
強度(cps)	> 1×10^5	> 1×10^6	> 5×10^7	> 1×10^{10}
BG(cps)	～1	～1	～5	～10
測定桁数	> 5	> 6	> 7	> 9

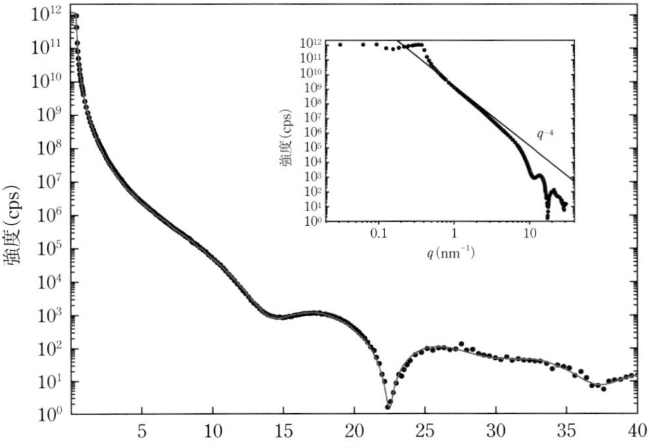

図 1.40 波長0.14 nmの放射光X線により膜厚1 nmのSiO_2膜を$2\theta = 40°$まで強度幅12桁まで測定した例
挿入図は，同図の横軸をqでプロットし，強度をq^{-4}の傾きと比較したもの．

広い桁数での反射率測定は，検出器のダイナミックレンジが限られているため，通常は測定の角度領域ごとに入射線強度を調整し分割測定を行い，それらを連結処理することが多い．ここで，各測定データは，その計数強度に応じて数え落とし補正が正しく行われていることが必要である．

1.10.2　多層膜モデルの作成

これまで説明したように，X 線反射率は光学現象であり，多層膜の構造がわかっていれば，その層厚 t, 複素屈折率 $\tilde{n}$, 粗さ σ というパラメータにより Parratt の式を使って正確に反射率を計算できる．一方，反射率の測定データから，それらのパラメータを求めることは逆問題を解くことになる．具体的には，試料に対応する多層膜モデルを作成し，そのモデルパラメータを，計算値が測定値を全領域にわたって再現するように，最適化することにより決める．もし，モデル構造が実際の試料構造と異なっている場合，最適化は成功しない．工業材料などのように試料構造が既知の場合，多層膜モデルの作成は容易に思われるが，次のような注意点がある．

反射率は表面や界面構造にきわめて敏感であり，他の分析方法では見えないような構造も反映される．図 1.41 は基板上に A，B の二層膜が形成された試料の例である．図 1.41(a) は解析前に想定した構造であるが，実際の試料構造は図 1.41(b) のように，より複雑なものになっている場合がある．その場合には，干渉フリンジに，単純な構造では再現できない，複雑なモジュレーションや減衰効果が現れるため，以下の層を追加したモデルを適用する必要がある．

(i) 表面層

一般に試料の表面層は，下部の均一な薄膜層とは構造が異なっていることが多い．この原因は，金属薄膜の場合，表面が酸化されるためであり，1 〜 3 nm 程度の酸化

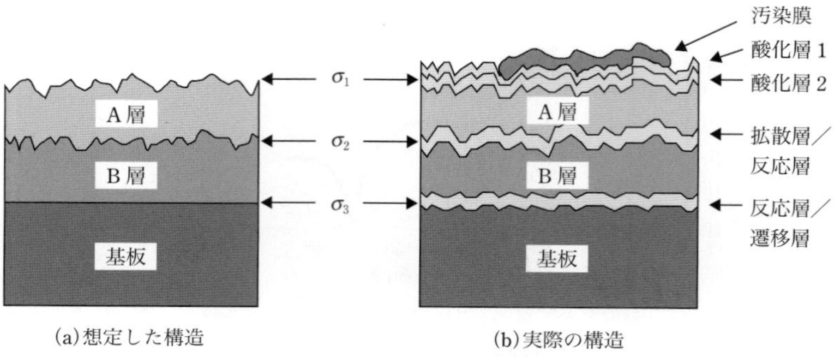

図 1.41　想定した試料構造 (a) と実際の構造 (b)

膜が形成されていることが多い．一方，表面が劣化して低密度層になっていることもある．もし密度が連続的に変化していると思われる場合には，表面層を多層に分割したモデルが必要になる場合がある．膜がSi酸化膜のように安定した材料である場合，このような表面層はないが，長時間(1ヵ月程度)放置した試料表面には水分やオイルによる汚染膜が形成されていることがある．また，長時間X線を当てていると，カーボンが付着したり，測定装置のゴニオメータやローター光源からのオイルが付着する場合がある．これらは厚さが1 nm程度で密度が1付近であることが多い．これらの汚染に関しては，なるべく新しい試料を用い，長時間のX線照射は避けることが重要である．

(ii) 界面層

基板と薄膜の界面や薄膜間の界面にも反応層や拡散層が存在することが多い．これも1～2 nm程度のものが多く，視射角に対する強度プロファイルに長周期の変動を与える．測定値と計算値の一致が悪い場合，シミュレーションにより，この層が存在するとどのようなプロファイルの変化が起こるかを確認するとよい．

(iii) 膜厚の不均一性

膜厚が場所により変わっているような試料では，1.9節で説明したように，X線照射領域(フットプリント)内の局所的な反射率は統計的に平均化される．このとき，フットプリントの面積は$1/\sin\alpha$に比例するため，低い角度では干渉フリンジが広い面積で平均化され，強度振動が弱くなる一方，高角で明確になることがある．このような場合には，入射X線のサイズを絞って測定すると改善される場合がある．

1.10.3 モデルの最適化

A. 最適化の方法

もし測定データが，モデルパラメータ$\boldsymbol{p}$の多項式で表せる線形な関係であれば，連立方程式を解くことでパラメータが計算できるが，Parrattの漸化式はsin，cos関数やべき乗を含んだ非線形の式であることから，それに対応したアルゴリズムが必要になる．

通常の場合，測定強度$I(\alpha_i)$と初期モデルによる計算強度$I_{\mathrm{cal}}(\alpha_i, \boldsymbol{p})$との差分などから誤差$E(\boldsymbol{p})$を計算し，反復法によりその最小点を探す．反射率のフィッティングでは，広い強度領域において計算と一致させるため，強度の残差を角度領域でなるべく均一に反映させることが必要であるため，以下のような強度のlog値が使われることが多い．

$$E(\boldsymbol{p})=\sum_i\left[(\log I(\alpha_i)-\log I(\alpha_i,\boldsymbol{p}))^2/w_i^{\,2}\right] \tag{1.146}$$

ここで，w_i は重みであり，データの分散から決められるが，1としてもよい．パラメータ空間において，誤差の最小点を探す方法はよく研究されており，初期パラメータが最小点の近傍にある場合には，シンプレックス法やLevenberg-Marquardt法が有効である．以下ではこの方法での最適化や注意点について説明する．

一方，誤差の形状が複雑で，複数の極小点をもつ場合や，よい初期パラメータが不明な場合には，上記の方法では最小点に到達しないことがある．この場合には大域的最適化の手法が必要であり，4.4節において説明される．

これまでの説明を整理すると，反射率 $R(\alpha)$ の計算式は以下のようになる．

$$R(\alpha) = M(\alpha, \boldsymbol{p}), \quad \boldsymbol{p} = (t, \tilde{n}, \sigma), \quad \tilde{n} = g(\rho, \mathrm{SL}) \tag{1.147}$$

ここで，M は積層モデル関数であり，$\boldsymbol{p}$ はモデルパラメータ，t，$\tilde{n}$，σ は，各層の膜厚，複素屈折率，粗さであり，複素屈折率 $\tilde{n}$ は質量密度 ρ と散乱長SLの関数である．いくつかの解析ソフトでは，反射率の計算に散乱長密度(SLD)をフィッティングパラメータとして直接利用しているが，散乱長は1.3.3項で説明したように物質固有の固定値(入力値)である．一方,質量密度は試料の作製法に依存する変数(出力値)である．この分離を明確にしておくと，同じ試料を複数の波長で測定したり，入射ビームをX線と中性子とで測定した複数のデータを同時に解析するマルチコントラスト法において，散乱長は複数になるが，質量密度は1つのパラメータとして同じ構造モデルを使うことができる．

一般に，測定反射率の多層膜モデル解析に利用される最適化ライブラリに必要な機能として，

(1)パラメータ値の探索範囲を合理的な範囲内に制限できること．

(2)各パラメータを固定，関係付ける，フィッティングする，などが選べること．

などがあげられる．(1)は，最適値に近い可能性のある領域のみを探索するために必要である．(2)は，最適化の過程で，パラメータ数をなるべく少なくするために必要となる．これらの条件を満足するフィッティング・ソフト[56)]や既存の解析ソフト[57)]を選ぶとよい．

B.　最適化の手順

実際の角度走査の測定強度データ $I(\alpha)$ を，反射X線強度を入射X線強度で割った反射率 $R(\alpha)$ にフィッティングする場合，入射X線強度を規格化することが必要になる．この方法として，入射X線強度 I_0 を別の検出器により測定しておき，その強度で反射X線強度を割ることにより反射率を求める方法が考えられるが，実際には入射強度をモニターする透過型検出器と，反射強度を測定するシンチレーション検出器などでは計数のダイナミックレンジやシグナルの応答特性の違いがあったり，入射X線が試料からはみ出すことがあるため，直接規格化することには注意が必要である．

一方，モデル計算による反射 X 線強度 $I(\alpha)$ は，以下のように表せる．

$$I(\alpha)=I_0\cdot R(\alpha)+\mathrm{BG}(\alpha) \tag{1.148}$$

ここで，I_0 は入射 X 線強度，$R(\alpha)$ は反射率，$\mathrm{BG}(\alpha)$ はバックグラウンドである．そこで，測定値は規格化せずに，I_0 をパラメータとして測定反射強度を再現させるとよい．具体的には，図 1.42 に示すように，全反射領域の反射強度をモデル計算と一致させ，強度 I_0 を固定する．全反射領域は強度も強く，式(1.97)により表面・界面粗さの影響も少ないため，調整に都合がよい．この場合，極低入射角領域では，X 線の縦幅を w_z とすると X 線照射長 L_x は，

$$L_x=w_z/\sin\alpha \tag{1.149}$$

に広がるため，試料サイズ L_s より照射長が広がり，図 1.14 に一点鎖線で示したように，強度が減衰するので，$\alpha_\mathrm{cut}\approx w_z/L_\mathrm{s}$ 以下の角度領域は使わない．この式から，全反射領域の強度プロファイルを正確に測定するには,試料サイズは大きいほうがよい．

一方，測定において，視射角原点は正確に調整されていることが望ましいが，もし角度のずれ $\Delta\alpha_0$ があるような場合には，Si 基板などの密度がよくわかっている試料であれば，逆に既知の全反射臨界角から，角度のずれを補正することもできる．

バックグラウンド項 $\mathrm{BG}(\alpha)$ は，試料と検出器を鏡面反射からずらした条件での強度測定から見積もることができ，通常は散乱強度に比例したものになるが，実際にこの項が影響するのは，反射強度が弱くなる高角領域のみであるため，通常，角度に依存しない一定値 BG で近似しても問題ない．この値は，高角領域での測定強度の漸近

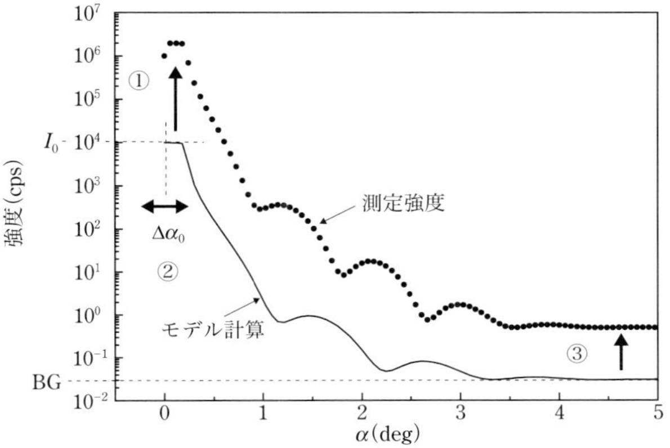

図 1.42　測定強度とモデル計算とを一致させる手順
①全反射領域を用いてモデルの強度を一致させる．
②視射角にずれがある場合には補正する．
③バックグラウンド強度を測定値に一致させる．

値として求めることができる.

C.　初期値の選択

以上の解析手順により，反射率の低角部の全反射強度および高角部でのバックグラウンド強度を固定し，後はその間の振動プロファイルをモデルにより再現すればよい．ところが，反射率プロファイルは，干渉現象であるため，膜密度 ρ や，膜厚 t，粗さ σ の違いにより複雑に変わる．一般に，単層膜や二層膜など，パラメータの数が少ない試料では，簡単に結果が得られるが，三層構造以上では，初期値が不適当であると，正しくない局所解に落ち込む場合がある．この場合，単層膜の標準試料を測定し，その密度や粗さを初期値に用いるとよい．それができない場合は，バルク材料の密度を用いるとよい.

一般に，局所解が得られる一因は，X 線構造解析一般に存在する位相問題に関係している．つまり，反射強度 $R(\alpha)$ は測定から得られるが，それは反射振幅の二乗 $|\tilde{r}(\alpha,\rho,t,\sigma)|^2$ として得られるため，反射振幅の位相は異なるが，強度が近い別の解 $\tilde{r}(\alpha,\rho',t',\sigma')$ が存在すると，区別がつきにくいためである．反射率に，なぜ別の位相が現れるかについては，たとえば，試料中の 2 層の密度(屈折率)の大小が逆転した場合，式(1.69)からわかるように，界面での位相は逆になる．また，界面での粗さが，実際とずれた場合，散乱波と透過波の割合が異なり，別の位相となる．あるいは，膜厚が大きく異なると，位相の反転も起こる.

以上から，解析者が各層の密度の変化範囲と他の層の密度との大小関係を制限したり，粗さの層ごとの変化に自然な値を用いたり，ある程度正しい初期膜厚を使うなど，物理的にもっともらしい初期パラメータの組み合わせを選ぶことにより，この問題を回避することができる.

一方，反射強度の全体的な形状と計算による形状との一致が悪ければ，シミュレーションにより，測定データの特徴を再現できるモデル構造に修正する．また，界面粗さなど，フィッティングに敏感ではないパラメータは，フィッティングの初期では固定にしておく．通常，表面粗さ σ_S，膜厚 t_i，界面粗さ σ_I の順で最適化を行うとよい.

D.　質量密度の相関を避ける

これまで，質量密度は膜の屈折率から絶対値として決まることを示した．ところが，膜の屈折率は反射 X 線プロファイルをモデル計算と一致させることにより決まるため，実際には，視射角原点の誤差や測定データのばらつきなどの理由により，誤差が入る．視射角原点のずれは，式(1.56)において，密度に比例する δ により決まる全反射臨界角がずれる効果となるため，密度に誤差を与える．また，式(1.69)からわかるように界面からの反射振幅は，上層と下層の密度差に比例するため，それにともなう強度振動の幅は，相対的な密度差に左右される．そのため，ある層の密度パラメータ

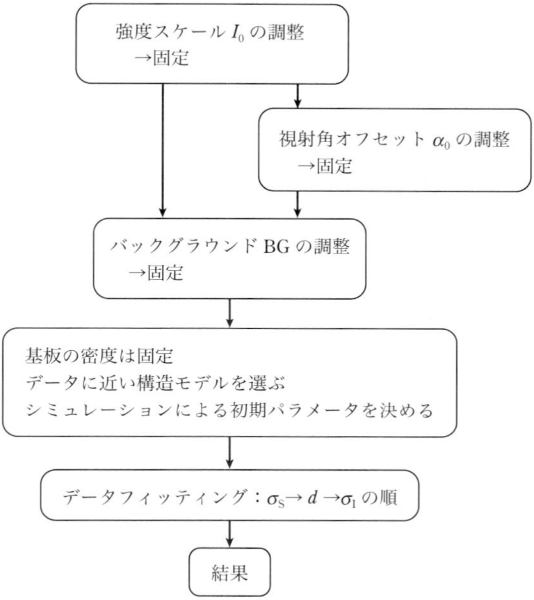

図 1.43　測定データをモデルフィッティングする際の手順
σ_S は表面粗さ，d は膜厚，σ_I は界面粗さである．

が変化すると，それに隣接する膜の密度も変化するという相関が起こり，密度の絶対値に誤差が大きくなる．

これに対処するためには，密度基準となる層を決め，その密度を固定するとよい．具体的には，基板の密度を固定することが多く，その密度が既知でない場合，基板のみの試料の測定を行い，実験的にその密度を決めるとよい．

以上の点に注意することにより，局所解に落ち込むことなく，任意性のない，正しい解に収束させることができる．図 1.43 に解析の流れをまとめておく．

補遺：表記法について

波の伝播は，sin と cos の実関数を用いて記述できるが，計算の便宜上，三角関数を複素数に拡張した指数関数で表現すると，空間部と時間部が分離できて見通しが良い．ところが，拡張された虚部は直接観測できないので，その虚部の符号は任意に選ぶことができる．多くの文献で用いられている波動の表記は，以下に示す(A)と(B)の 2 種類に大きく分類できる．(A)の表記は，X 線の回折や散乱，あるいは電気工学

<table>
<tr><th></th><th>(A) X 線回折・散乱，電気工学</th><th colspan="2">(B) 物理，光学，中性子散乱</th></tr>
<tr><td>電場ベクトル $\boldsymbol{E}$</td><td>$\boldsymbol{E} \approx \exp[-i(\boldsymbol{k}\cdot\boldsymbol{r}-\omega t)]$
$=\exp[i(\omega t-\boldsymbol{k}\cdot\boldsymbol{r})]$</td><td colspan="2">$\boldsymbol{E} \approx \exp[i(\boldsymbol{k}\cdot\boldsymbol{r}-\omega t)]$
$=\exp[-i(\omega t-\boldsymbol{k}\cdot\boldsymbol{r})]$</td></tr>
<tr><td>散乱ベクトル $\boldsymbol{q}$</td><td>$\boldsymbol{q}=\boldsymbol{k}'-\boldsymbol{k}_0$</td><td colspan="2">$\boldsymbol{q}=\boldsymbol{k}_0-\boldsymbol{k}'$</td></tr>
<tr><td>複素屈折率 $\tilde{n}$</td><td>$\tilde{n}=n-i\kappa=1-\delta-i\beta$</td><td colspan="2">$\tilde{n}=n+i\kappa=1-\delta+i\beta$</td></tr>
<tr><td>原子散乱因子 f</td><td>$f=f_0+f'+if''$</td><td>$f=f_0+f'+if''$</td><td>$f=f_0+f'-if''$</td></tr>
<tr><td>f_1</td><td>$f_1=f_0+f'$</td><td>$f_1=f_0+f'$</td><td>$f_1=f_0+f'$</td></tr>
<tr><td>f_2</td><td>$f_2=f''\,(f''>0)$</td><td>$f_2=f''\,(f''<0)$</td><td>$f_2=-f''\,(f''>0)$</td></tr>
<tr><td>屈折率の分散項 δ</td><td colspan="3">$\delta=(r_e\lambda^2N_A/2\pi)\rho_M f_1/A$</td></tr>
<tr><td>屈折率の吸収項 β</td><td colspan="3">$\beta=\lambda\mu/4\pi=(r_e\lambda^2N_A/2\pi)\rho_M f_2/A$</td></tr>
<tr><td>原子散乱因子 $f(\boldsymbol{q})$</td><td colspan="3">$f(\boldsymbol{q})=\int_V \rho(\boldsymbol{r})\exp(i\boldsymbol{q}\cdot\boldsymbol{r})\mathrm{d}\boldsymbol{r}$</td></tr>
</table>

に利用されることが多い．一方，(B)の表記は，物理関係の光学や量子力学，あるいは中性子散乱に利用されることが多い．(B)においては，さらに f'' を正と選ぶ表記と負と選ぶ表記がある．これらは，どれを用いても問題はないが，(A)と(B)では複素量の複素部の符号は，すべて反対になる．実際に測定される実数量は，複素数から計算する場合もあるので，これらの表記は一貫して同じものを使う必要がある．屈折率の吸収項 β はいずれも正である．

本書では，(A)の表記を用いている．Henke の数値表では[58]，分散項の実部は $f_1(=Z+f')$ で与えられているので，f' の符号を気にする必要はない．一方，f_2 は正の値である．

参考文献

1) *International Tables for X-Ray Crystallography*, Vol.I ～ IV, Kynoch Press, Birmingham
2) http://www-cxro.lbl.gov
3) E. D. Palik ed., *Handbook of Optical Constants of Solids*, Academic Press, New York (1985)
4) S. Sasaki, *KEK Report*, 88−14 (1989)
5) D. T. Cromer and D. Liberman, *J. Chem. Phys.*, **53**, 1891 (1970)
6) J. Daillant and A. Gibaud, *X-ray and Neutron Reflectivity*, Springer-Verlag, Berlin, Heidelberg (2009), Chapter 1
7) R. de L. Kronig, *J. Opt. Soc. Am.*, 12 (1926)
8) K. Ohta and H. Ishida, *Appl. Spectrosc.*, **42**, 952 (1988)

9) C. W. Peterson and B. W. Knight, *J. Opt. Soc. Am.*, **63**, 1283(1973)
10) H. Kiessig, *Ann. Phys.*, **10**, 769(1931)
11) L. G. Parratt, *Phys. Rev.*, **95**, 359(1954)
12) F. Abelès, *Le Journal de Physique et le Radium*, **11**, 307(1950)
13) B. Vidal and P. Vincent, *Appl. Opt.*, **23**, 1794(1984)
14) A. Segmuller, *Thin Solid Films*, **18**, 287(1973)
15) 桜井健次，日本金属学会報，**32**，323(1993)
16) S. K. Sinha, E. B. Sirota and S. Garoff, *Phys. Rev. B*, **38**, 2297(1988)
17) J. P. Schlomka, M. Tolan, L. Schwalowsky, O. H. Seeck, J. Stettner, and W. Press, *Phys. Rev. B*, **51**, 2311(1995)
18) Y. Yoneda, *Phys. Rev.*, **131**, 2010(1963)
19) L. Nevot and P. Croce, *Rev. Phys. Appl.*, **15**, 761(1980)
20) D. K. G. de Boer, *Phys. Rev. B*, **49**, 5817(1994)
21) D. K. G. de Boer, *Phys. Rev. B*, **51**, 5297(1995)
22) D. K. G. de Boer, A. J. G. Leenaers, *Physica B*, **221**, 18(1996)
23) M. Tolan, *X-ray Scattering from Soft-Matter Thin Films*, Springer-Verlag, Telos(1999), p.26
24) J. Als-Nielsen, D. Jacquemain, K. Kjaer, F. Leveiller, M. Lahav and L. Leiserowitz, *Physics Reports*, **246**, 251(1994)
25) H. You, C. A. Melendres, Z. Nagy, V. A. Maroni, W. Yun, and R. M. Yonco, *Phys. Rev. B*, **45**, 11288(1992)
26) M. Mezger, H. Reichert, S. Schöder, J. Okasinski, H. Schröder, H. Dosch, D. Palms, J. Ralston and V. Honkimäki, *Proc. Natl. Acad. Sci. USA*, **103**, 18401(2006)
27) S. Nakatani and T. Takahashi, *Surf. Sci.*, **311**, 433(1994)
28) T. Takahashi and S. Nakatani, *Surf. Sci.*, **326**, 347(1995)
29) W. Yashiro, Y. Ito, M. Takahashi and T. Takahashi, *Surf. Sci.*, **490**, 394 (2001)
30) J. Stohr and H. C. Siegmann, *Magnetism*, Springer(2006)
31) M. Blume, *J. Appl. Phys.*, **57**, 3615(1985)
32) F. de Bergevin and M. Brunnel, *Phys. Lett. A*, **39**, 141(1972)
33) K. Namikawa, M. Ando, T. Nakajima and H. Kawata, *J. Phys. Soc. Jpn.*, **54**, 4099(1985)
34) J. P. Hannon and G. T. Trammell, M. Blume and D. Gibbs, *Phys. Rev. Lett.*, **61**, 1245(1988)
35) 日本XAFS研究会 編，XAFSの基礎と応用，講談社(2017)
36) D. Gibbs, D. R. Harshman, E. D. Isaacs, D. B. McWhan, D. Mills and C. Vettier, *Phys. Rev. Lett.*, **61**, 1241(1988)
37) N. Awaji, K. Noma, K. Nomura, S. Doi, T. Hirono, H. Kimura and T. Nakamura, *J. Phys.: Conf. Ser.*, **83**, 012034(2007)
38) S. A. Stepanov and S. K. Sinha, *Phys. Rev. B*, **61**, 15302(2000)
39) 細糸信好，日本応用磁気学会誌，**28**，680(2004)

40) S. Roy, C. Sanchez-Hanke, S. Park, M. R. Fitzsimmons, Y. J. Tang, J. I. Hong, D. J. Smith, B. J. Taylor, X. Liu, M. B. Maple, A. E. Berkowitz, C.-C. Kao and S. K. Sinha, *Phys. Rev. B*, **75**, 014442 (2007)
41) P. -A. Lemieux and D. J. Durian, *J. Opt. Soc. Am. A*, **16**, 1651 (1999)
42) http://xfel.riken.jp/, https://lcls.slac.stanford.edu/, http://www.xfel.eu/
43) J. A. Pitney, I. K. Robinson, I. A. Vartaniants, R. Appleton and C. P. Flynn, *Phys. Rev. B*, **62**, 13084 (2000)
44) I. McNulty, Dissertation (1991)
45) S. Eisebitt, J. Lüning, W. F. Schlotter, M. Lörgen, O. Hellwig and W. Eberhardt, *Nature*, **432**, 885 (2004)
46) N. Awaji, K. Nomura, S. Doi, S. Isogami, M. Tsunoda, K. Kodama, M. Suzuki and T. Nakamura, *Appl. Phys. Express*, **3**, 085201 (2010)
47) J. R. Fienup, *Appl. Opt.*, **21**, 2758 (1982)
48) W. Hoppe, *Acta Crystallogr.*, **A25**, 495 (1969)
49) A. M. Maiden and J. M. Rodenburg, *Ultramicroscopy*, **109**, 1256 (2009)
50) P. Thibault, M. Dierolf, O. Bunk, A. Menzel and F. Pfeiffer, *Ultramicroscopy*, **109**, 338 (2009)
51) F. Pfeiffer, *Nature Photonics*, **12**, 9 (2018)
52) 桜井健次，蒋 金星，平野馨一，放射光，**30**，211 (2017)
53) I. Robinson and R. Harder, *Nature Materials*, **8**, 291 (2009)
54) S. Roy, D. Parks, K. A. Seu, R. Su, J. J. Turner, W. Chao, E. H. Anderson, S. Cabrini and S. D. Kevan, *Nature Photonics*, **5**, 243 (2011)
55) T. Sun, Z. Jiang, J. Strzalka, L. Ocola and J. Wang, *Nature Photonics*, **6**, 586 (2012)
56) たとえば，Levenberg−Marquardt 法では MPFIT がある．これは IDL 言語版のほかに C 言語版や Python 版も見つけることができる．
・https://www.physics.wisc.edu/~craigm/idl/fitting.html
・https://www.physics.wisc.edu/~craigm/idl/cmpfit.html
また，大域的最適化では，遺伝的アルゴリズムの differential evolution 法など，多くの方法がある．
・http://www1.icsi.berkeley.edu/~storn/code.html
・https://docs.scipy.org/doc/scipy-.18.1/reference/generated/scipy.optimize.differential_evolution.html
57) 以下の SPring−8・サンビーム HP からは，反射率解析の GUI ソフトと例題がダウンロードできる．
・https://sunbeam.spring8.or.jp/
58) B. L. Henke, E. M. Gullikson and J. C. Davis, *Atomic Data and Nuclear Data Tables*, **54**, 181−342 (1993)

2
X 線反射率の測定装置と測定方法

2.1　X 線反射率測定装置に必要な条件

前章で述べたように，X 線反射率曲線は，入射する X 線の試料表面への視射角を全反射臨界角以下である 0.1 〜 0.2° 程度から数度程度の角度まで変化させたときの，試料からの反射 X 線強度を測定することによって得られる．全反射領域では入射 X 線とほぼ同じ強度の反射 X 線が観測される一方，高角になるに従い，反射 X 線強度は急激に低下する．したがって，反射率を測定できる範囲は反射率測定装置の入射 X 線強度およびバックグラウンドによって決まってくる．また，全反射近傍の低角で X 線を入射すると，X 線が試料表面に長く広がってしまうため，できるだけ視射角方向に幅の狭い X 線ビームを使うことが望ましい．さらに，反射率測定における 1° 以下の低角入射において，正確に試料表面への視射角を制御するためには，平行性の高いビームが必要である．つまり，①高輝度，②高い平行性，③狭いビーム幅をもつ X 線を使い，また同時に，できるだけ④バックグラウンドの低い測定系を採用することが X 線反射率測定の基本となる．

放射光は平行性が高く，また高輝度の X 線ビームが得られるため，理想的な X 線源である．しかし，X 線反射率法は，前章で説明したように，多層膜の膜厚や密度を非破壊で簡便にしかも精度良く測定できる方法であるため，放射光のような大規模施設に行かずに，通常の実験室にある装置を用いて測定したいという強い要求がある．また実際，実験室の装置でも適切に設計されたものを用いれば，基本的には，膜構造を決めるために十分良質の X 線反射率データを取得することが可能である．そこで，本章では，X 線反射率測定を行うための一般的な測定方法に加え，通常の実験室における測定装置の詳細やそれを用いた測定における注意点に関しても説明する．

視射角を α, 全反射臨界角を α_c としたとき, 表面が理想的な平面における反射率は,全反射領域のほぼ 1 から α を増加させるに従って $(\sin\alpha_c/\sin\alpha)^4$ で減衰する．また，表面の粗さにより反射率はさらに急速に減衰していく．膜構造に起因する干渉縞は，この減衰曲線に対するモジュレーションとして現れる．したがって，X 線反射率の測定は，この急速に減衰する反射強度の変化を正確に測定する必要がある．また，表面における電磁波の境界条件より，X 線反射率で測定する鏡面反射においては，図 2.1 に示すように視射角と出射角が厳密に等しくなる．このため，反射率の測定においては，この 2 つの角度を同期させて走査し，反射 X 線の強度を正確に測定していく必要がある．反射率の測定装置においては，このような走査を正確に行うために，いくつかの方法が採用されている．

まず代表的なのは，通常の二軸 X 線回折装置を使う方法である．このとき，入射 X 線ビームは固定され，試料に対する視射角を 1 つの回転軸（試料軸：θ）で走査し，反射 X 線強度を測定するための検出器を載せた回転軸（2θ）をその 2 倍の速さで走査する[*1]．いわゆる $\theta/2\theta$ 走査による測定である．これは，放射光のように入射 X 線の方向を動かすことが難しいときに適した測定法である．

もう 1 つは，試料を固定し，入射 X 線の方向と検出器の位置を同時に 1 対 1 の速さで走査する方法である．この方法には，測定中に試料が動かないという利点があり，たとえば試料表面を水平に保つことにより，液体表面への適用も可能になる．また，反射率測定に必要な α の角度範囲は数度程度であるので，360° の回転軸でなく，タンジェンシャルバーによる駆動も可能である．これは，走査範囲はあまり広くとれないが，非常に高精度な測定を実現することが可能な機構である．そのほか，平行ビームではなく集光ビームを使い，反射率のプロファイル全体を同時に測定する方法なども試みられている．そのような新しい試みに関しては，第 5 章で述べることとする．

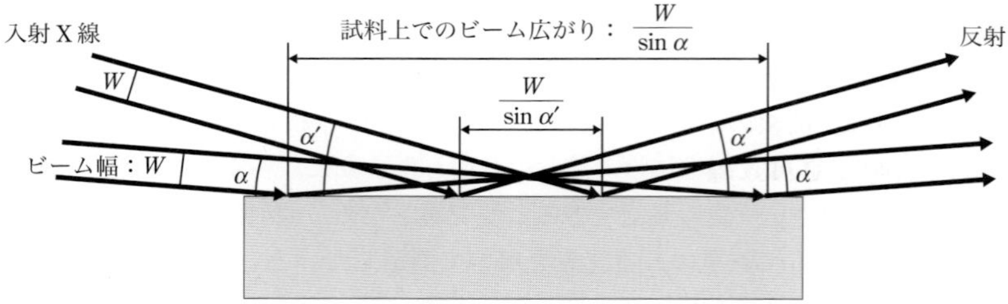

図 2.1　X 線反射率法では視射角と出射角が等しい鏡面反射を測定する．また，小さい視射角のため，試料上の照射領域が広がる．

[*1] ここで用いた θ，2θ 軸とは X 線回折装置の試料回転軸に対する名称で，これらの軸によって反射率測定における視射角 α を制御している．

本章では，主に一般的な平行ビームを使った測定方法を取り扱うこととし，そこで要求されるX線の平行度やビームサイズなどの具体的な点について説明する．まず，X線の試料表面での広がりについて考える．現実問題として，入射X線ビームを無限に小さくすることは不可能であり，どうしても有限な広がりをもつことになる．ここでは，図2.1における入射X線と反射X線を含む(紙面に平行な)面内における入射X線の広がりをビーム幅W，それと直交する(紙面に垂直)方向の広がりをビーム高さHと定義する．このとき，ビーム幅Wは視射角をαとすると，試料表面で斜めに投影されて広がり，試料上での長さは$W/\sin\alpha$となる．これを入射X線のフットプリントと呼ぶ．たとえば$\alpha = 0.2^\circ$のとき，フットプリントはWの300倍近く広がり，$W = 0.05$ mmとしても，試料表面では15 mm程度まで広がってしまうことになる．このことから，全反射領域からの反射率を正しく測定するためには，X線入射方向に15 mmの幅をもつ試料では$W = 0.05$，30 mmの試料でも$W = 0.1$ mm以下にしなければならないことがわかる．したがってX線反射率測定においては，通常，このような狭い幅のX線ビームを用いることになる．そのため，入射側に上で述べた点を考慮した幅の狭いスリットを挿入して実験を行う．一方，ビームの高さに関しては，試料上にそのまま投影される．しかし，高さ方向にビームの発散が大きい場合は，試料位置においてX線照射領域が図2.1における紙面に垂直な方向に大きく広がってしまい，試料をはみ出して不要な散乱を拾う可能性がある．そのような場合，入射ビーム側に高さ方向の発散を2°程度に抑えるソーラースリットを使うのも有効である．

次に重要な点はビームの視射角方向の発散角度(平行度)である．放射光のように常に平行性の高い高輝度X線が使える場合には問題にならない．しかし，実験室線源からのX線は発散光であるため，測定に用いる光学系によって，得られるX線の強度と平行度は相反する関係になる．そのため，測定すべき試料に適した光学系の選択を考える必要がある．その際の最も重要なファクターは薄膜の膜厚t(多層膜の場合は総膜厚)である．X線反射率に現れる干渉縞は，それぞれ表面と膜界面で反射したX線の干渉であり，X線の波長をλとすると，干渉縞の周期は近似的に$\lambda/2t$となる．たとえば，X線にCu Kα線($\lambda \approx 0.154$ nm)を用い，$t = 500$ nmの膜を測定すると，この間隔は約0.009°となるため，発散角0.01°のビームによる測定では，図2.2(a)に示すように干渉縞が鈍ってしまいほとんど観測できない．このような膜厚の厚い膜において，干渉縞の振幅をある程度定量的に測定するためには，発散角0.002°程度の平行ビームが必要になる．逆に，2 nm程度の超薄膜では，図2.2(b)に示すように間隔は2.2°まで広がる．このとき，正確を期して2周期の干渉縞を確認したいとすると，$\alpha = 4.5^\circ$程度までの測定が必要である．図2.2(b)では，表面および界面粗さをどちらもきわめて平坦な0.3 nmとして計算しているが，それでも$\alpha = 4.5^\circ$における反射率

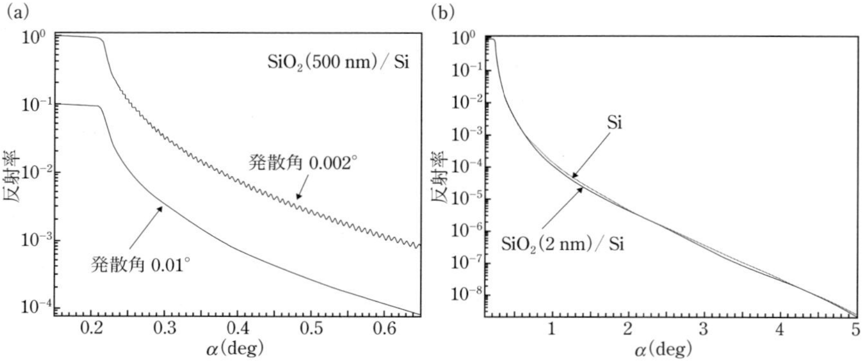

図 2.2　Si 基板上の SiO_2 膜の反射率シミュレーション
(a)膜厚の厚い試料(500 nm)に対し，異なる発散角の X 線で測定した結果．(b)厚さ 2 nm の膜における干渉縞の様子．X 線波長は 0.154 nm(Cu Kα)．SiO_2 の密度は 2.2 g cm^{-3} と仮定した．

は 10^{-8} まで低下している．当然のことながら，このような高ダイナミックレンジの測定には，強い入射 X 線強度が必要となる．一方で，前述のような膜厚の厚い試料と違い 0.01° 以上の発散角をもつ入射 X 線を用いても問題はなく，強度優先の入射光学系を採用することが可能である．

薄膜の積層構造を解析するうえでは，数桁に及ぶダイナミックレンジの反射 X 線強度を正しく測定し，定量性のある反射率曲線を得ることが不可欠である．次節以降では，X 線反射率測定を行うための装置や測定方法に関して詳しく説明していく．

2.2　X 線反射率測定装置の実際

ここでは，具体的な反射率測定装置を例に，それを構成する個々の要素に関して説明していく．図 2.3 に通常の実験室にある X 線源を用いて X 線反射率測定を行う際の装置の構成図を示す．まず, X 線源からの X 線は, モノクロメータ・コリメータによって，単色化・平行化される．次に，入射スリットによって測定に必要なビーム形状とし，試料ステージに置かれた試料表面に照射する．反射 X 線は，必要に応じてアッテネータで減衰させ，受光スリットを経て検出する．また，検出器前に置かれた散乱防止スリットも，低バックグラウンドで測定するには有効である．装置によっては，試料の X 線照射位置にナイフエッジを配置し，試料表面近くの非常に狭い幅でのみ X 線を通過させ，バックグラウンドを低減しているものもある．以下で，それぞれの要

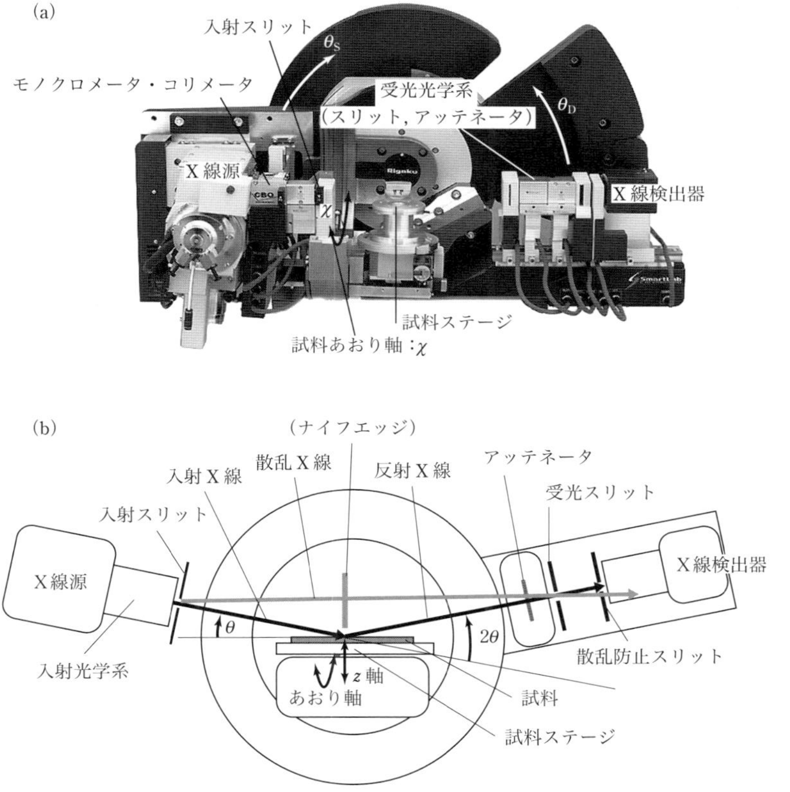

図 2.3　X 戦反射率測定装置の構成
θ は視射角 α と同じであり，視射角を走査している.

素に関して説明する.

2.2.1　X 線源

X 線反射率測定には，通常，X 線回折用の X 線管が使われ，X 線源形状がほぼ円形となるポイント取り出しと X 線源形状が細長い線状となるライン取り出しが使い分けられる. はじめに述べたように，0.1 mm 以下の幅の狭いビームを得るためにはライン取り出しが有利であり，多くの場合，そちらが採用されている. しかし，X 線ビームを縦方向にも絞り，狭い領域を測定する目的では，ポイント取り出しが使われることもある. 測定に必要なビームの幅は，入射スリットのサイズで決められる. また，X 線の波長としては，Cu ターゲットによる 0.154 nm が最も多く用いられているが，

第 3 章で述べる異常分散効果を利用する目的で，Co や Ni ターゲットなどを使うことによって他の波長が用いられることもある．

2.2.2　モノクロメータ・コリメータ

X 線管のターゲットから発生する発散 X 線から，モノクロメータ・コリメータを経由することによって，単色かつ平行な X 線ビームが取り出される．これらの X 線光学素子には，通常，Si や Ge などの完全性の高い単結晶が用いられ，ターゲットからの特性 X 線を結晶格子面による Bragg 反射を利用して，単色化および平行化する．その場合に用いられるいくつかの典型的な結晶配置を図 2.4 に示す．ここでは，実験室の X 線反射率装置で最もよく使われている Cu Kα 線を例にとって検討する．Cu Kα 線は，波長が 0.1540593 nm の Kα_1 線と 0.154442 nm の Kα_2 線で構成され（詳しく見てみるとそれぞれがさらに非常に近いダブレットになっている），Kα_1 線のスペクトル自然幅は約 2.3 eV，$\Delta\lambda/\lambda = 2.8\times10^{-4}$ である．これを，Si(111)面によって回折させた場合，Kα_1 線と Kα_2 線の角度差は Kα_1 線の Bragg 角 $\theta_{\mathrm{B}} = 14.2^\circ$ から，

$$\Delta\theta = \frac{\Delta\lambda}{\lambda}\times\tan\theta_{\mathrm{B}} = 2.48\times10^{-3}\cdot\tan(14.2^\circ) = 6.3\times10^{-4}\ \mathrm{rad} \qquad (2.1)$$

つまり，0.036° となる．この角度差は，厚さ 100 nm の干渉縞周期 0.044° に近く，そのような膜を測定するときには，Kα_1 線と Kα_2 線を同時に用いた場合，分解能が不十

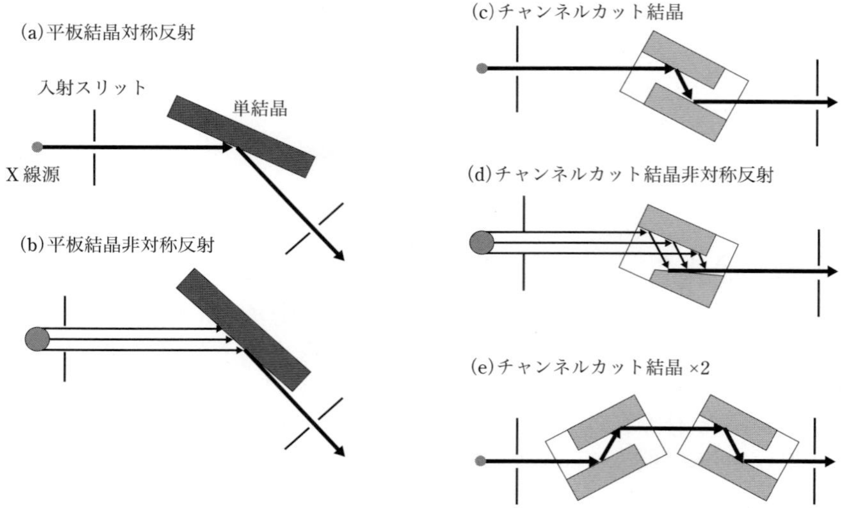

図 2.4　X 線の単色化・平行化のための結晶配置

分である．一方，$K\alpha_1$ 線のスペクトル幅(2.3 eV)による同様な計算で得られる発散角は 0.004° となり，これに結晶固有の X 線回折幅 $\varDelta$(Cu $K\alpha$ 線に対する Si(111)の回折幅は 0.002°)を考慮すると，$K\alpha_1$ 線のみを用いたときのビームの発散角 $\Delta\omega$ は以下のように計算される．

$$\begin{aligned}\Delta\omega &= \sqrt{\varDelta^2 + \left(\frac{\Delta\lambda}{\lambda}\tan\theta_{\mathrm{B}}\right)^2} \\ &= \sqrt{(3.5\times10^{-5})^2 + (7.0\times10^{-5})^2} = 7.8\times10^{-5}\ \mathrm{rad}\end{aligned} \tag{2.2}$$

この場合，$\Delta\omega$ = 0.0045° となり，100 nm の薄膜を解析するうえで，十分な平行性をもつ X 線が得られることがわかる．

そこで，$K\alpha_1$ 線のみを取り出すための条件を検討してみる．先に計算したように，Si(111)による Bragg 反射を用いた場合における $K\alpha_1$ 線と $K\alpha_2$ 線の角度差は 0.036° である．そこで，幾何学的な線源の大きさや入射スリットサイズによって，発散角を制限し，$K\alpha_2$ 線による回折が起こらないようにすればよい．たとえば X 線の焦点サイズを 0.05 mm，入射スリットのサイズをやはり 0.05 mm とし，それぞれから結晶までの距離を 100 mm とすると，幾何学的な発散角は 5×10^{-4} rad = 0.029° となり $K\alpha_1$ 線と $K\alpha_2$ 線の回折角度差より小さく，両者の分離が可能となる．これは，図 2.4(a)の平板結晶を用いても，図 2.4(c)のチャンネルカット結晶を用いても同様である．チャンネルカット結晶の特徴は，多数回反射しているので回折曲線のテール部分が急速に減衰することに加え，回折後も X 線ビームが平行にシフトするだけで，その方向が変わらない点にある．つまり，種類の異なる結晶に交換しても，測定用ゴニオメータの位置を少し平行に移動するだけで，調整が可能になる．

さらに数百 nm を超える厚い膜に対しては，特性線の自然幅による発散角をともなう光学系では，干渉縞を正確に測定できなくなる．その場合には，図 2.4(e)に示すいわゆる(+, +)配置を用いて，自然幅以下のビームを切り出す光学系が用いられる(もちろん，その分 X 線強度は失われる)．このような光学系を用いると，結晶面固有の回折角度幅をもつ平行ビームが得られ，たとえば Si(220)面による反射を用いれば，発散角 0.0015° 以下の平行ビームを作ることができ，1 μm 以上の膜厚測定も可能になる．

また，図 2.4(b)や(d)に示したようなビーム圧縮型の非対称反射を用いた光学系は，幅の狭いビームを X 線強度のロスを抑えて作ることができる利点をもち，ポイント光学系のような，X 線源焦点サイズがやや大きい場合に，反射率測定に必要なビーム幅の狭い入射 X 線を作ることができる利点をもっている．図 2.4 において X 線源の大きさを変えてあるのは，その結晶に適した X 線源サイズを象徴的に表現したものである．

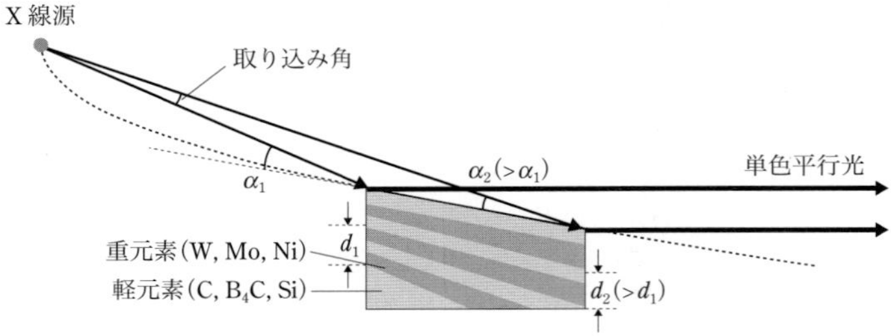

図 2.5　放物面多層膜によるX線の単色化・平行化

さらに近年，重元素と軽元素を交互に積層した人工多層膜を用いた光学系も広く使われるようになってきた[1,2]．人工多層膜は，図2.5に示すように，重元素と軽元素を交互に積層し，その周期構造によって結晶と同様，X線に対してBragg反射を生じることのできるものである．したがって多層膜は，それだけでも分光素子としての機能をもっている．それに加えて，格子面間隔 d を場所ごとにコントロールできる特性を生かし，膜を形成したSiウェハなどを，表面を曲面形状に加工した基板に貼り合わせ，多層膜による反射面への視射角 α が常に回折条件 $2d\sin\alpha=\lambda$ を満たすように，d の値に対して位置による傾斜をつけることが可能になった．たとえば，図2.5に示す放物面形状とすれば，X線源を放物面の焦点に置くことにより平行なX線ビームを作ることができる．これにより，Cu Kα 線などのターゲットからの特性X線を単色化したX線が得られるだけでなく，ビームの平行化も同時に実現することができる．

ただし，現状において実用的に製作可能な多層膜の面間隔 d は3～4 nm程度と特性X線波長に比べて非常に長いため，Bragg角が1～2°と小さな値となり，Kα_1 線とKα_2 線の分離は難しい．逆に言うと，X線ビーム中にKα_1 線とKα_2 線両方の特性X線成分が含まれ，その分だけ強いX線ビームを得ることができる．その場合の典型的なビームの発散角は，多層膜の材質によって異なるが，だいたい0.02～0.05°程度である．したがって，高い分解能が必要になる厚い膜の測定には適していないが，X線強度は結晶を用いた場合に比べて1桁程度強く，図2.2(b)で示したような非常に薄い膜のダイナミックレンジの広い測定や，強いX線強度を利用した短時間での測定に適している．また，多層膜の後に，図2.4で示したような結晶，特に図2.4(b)や(d)のビーム圧縮型結晶を配置することにより，1 mm程度に広がった放物面からの平行X線を，反射率測定に適した0.1 mm以下の幅の狭いビームに圧縮することができる．

最後に，Cu Kα 線を用いた場合の典型的な光学系におけるX線の発散角とおよその相対強度比を表2.1にまとめたので，実際の光学系選択の際に参照されたい．

表 2.1　Cu Kα 線を用いたときの，典型的な光学系による X 線発散角と相対強度

	相対強度	発散角／$\Delta\lambda/\lambda$	500 mm における発散
Mirror I(W/Si)	100	0.045°／2.5×10^{-3}(Kα_1, Kα_2)	0.39 mm
Mirror II(Ni/C)	100	0.03°／2.5×10^{-3}(Kα_1, Kα_2)	0.26 mm
Si(111)	5	0.0046°／2.8×10^{-4}(Kα_1)	0.040 mm
Ge(111)	10	0.0060°／2.8×10^{-4}(Kα_1)	0.052 mm
Si(111)1/10 圧縮	15	0.0074°／2.8×10^{-4}(Kα_1)	0.064 mm
Ge(111)1/10 圧縮	30	0.014°／2.8×10^{-4}(Kα_1)	0.12 mm
Ge(220)チャンネル ×2	1	0.0034°／1.4×10^{-4}	0.030 mm

2.2.3　ゴニオメータと試料ステージ

本章の冒頭で述べたように，ゴニオメータに関しては，試料表面に対する X 線の視射角度とそこからの X 線取り出し角度を等しくしながら走査できることが必要である．実際には，通常の X 線回折装置で容易に実現できる．測定に必要な分解能に関しては，採用した光学系(試料の膜厚)に依存するが，特別な高分解能(500 nm 以上の厚い膜の測定)を求めなければ，0.001° 程度あれば十分である．しかし，非常に厚い膜の解析や 2.3.4 項で述べるような表面の密度を正確に求めたい場合には，0.0001° あるいはそれ以上の分解能と精度をもつゴニオメータが必要な場合もある．

試料ステージについては，後述する測定方法と関連して，試料位置を μm 単位で正確に位置決めする必要がある．したがって，精密な z(図 2.3(b)参照，試料前後)軸は必須である．また，ライン光源を用いると，ビーム形状がたとえば幅 0.05 mm× 高さ 10 mm など，非常に細長くなるので，ビームの長手方向と試料表面を平行に調整するため，図 2.3 に示した試料あおり軸(χ 軸あるいは R_x 軸)もあることが望ましい．

ところで表 2.1 には，典型的な光学素子自身のもつ発散角をまとめたが，試料表面近くにナイフエッジを配置し，ビームサイズを絞ることによっても，分解能の向上は可能になる[3]．たとえば，ナイフエッジと試料表面の間隔を 0.05 mm，受光スリットの幅を 0.1 mm，受光スリットまでの距離を 250 mm とすれば，ビームの発散角(半値幅)は 0.023° となり，特別な光学素子を用いなくとも，幾何学的なスリットだけで多層膜ミラー程度の分解能を得ることができる．ナイフエッジの効果は，それだけでなく，X 線入射ビームから発生する散乱 X 線の防止や後で述べる試料前後位置の調整においても有効である．

2.2.4　X 線受光部

カウンターアーム(図 2.3(b)では 2θ 軸)上には，アッテネータ，受光スリット，X

線検出器などが配置されている．これまで述べてきたように，反射率測定では，全反射近傍の反射率がほとんど 1 の領域から 10^{-6} あるいはそれ以下の領域まで，反射 X 線の強度を定量的に測定しなければならない．測定装置として，2.2.2 項で述べた光学系をローター X 線源と組み合わせた場合，実験室においても毎秒 10^8 個の光子 (10^8 photons/sec，10^8 cps) を超える入射 X 線強度を得ることも難しくはなく，10^8 を超すダイナミックレンジの反射率データを得ることも十分可能である．そのとき，後述する通常の光子計数型の X 線検出器を用いた場合，全反射領域における 10^8 cps の光子の反射 X 線を直接計測することは不可能である．そのため，通常全反射に近い反射 X 線強度の強い領域では，アッテネータにより X 線強度を検出器で計数可能な強度まで減衰させて計測している．図 2.3 では，そのためのアッテネータを受光側のカウンターアーム上に配置している．ただし，これに関しては，入射側に配置することも可能である．特に，放射光のように X 線強度が強く，試料のダメージが心配されるような場合には，入射側に置くことによって試料への照射量を低減させることができる．

受光スリットは，試料表面で鏡面反射した X 線のみを通過させ，他の散乱線などのバックグラウンドを減らす役割をしている．したがって，X 線の発散がない理想的な条件では，入射スリットと同じ幅のものを用いればよい．しかし実際には，入射 X 線の発散や試料表面が完全な平面ではないなどの要因により，反射 X 線のビーム幅は受光スリット位置ではやや大きくなる．たとえば，発散角 0.01° のビームを用いたとき，受光スリット位置までの距離を 500 mm とすると，そこでの広がりは 0.087 mm となる．つまり，入射スリットとして，0.05 mm 幅のものを使っても，受光スリットにはそれ以上の幅をもつビームが到達していることになる．したがって，反射 X 線をカットしないで測定しようとすると，受光スリットサイズは，入射スリットサイズおよびビームの発散角と入射スリットと受光スリット間の距離を考慮して決める必要がある．図 2.6 にその関係を模式的に示す．参考のため，表 2.1 にスリット間距離を 500 mm としたときの，受光スリット位置におけるビームの広がりをそれぞれの光学

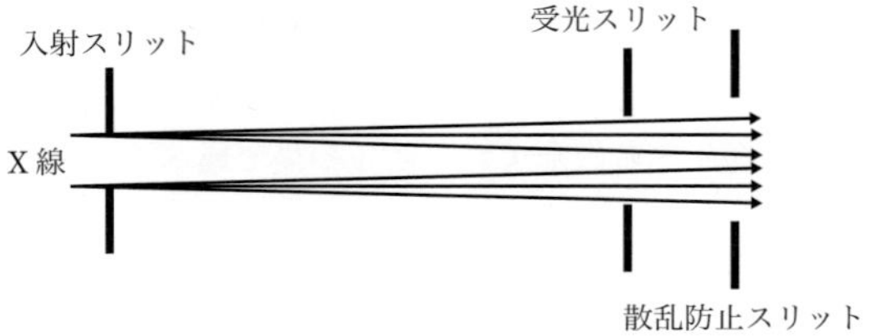

図 2.6　スリットの配置と X 線の発散による広がり

系に対応して示した．

X 線反射率法では視射角(α)がせいぜい数度の，いわゆる小角散乱領域を測定することになるため，散乱 X 線にも注意をする必要がある．たとえば，図 2.3(b) に示した入射スリットのエッジには，強い入射ビームが照射しており，そこから散乱線(寄生散乱ともいう)が発生していることがある．この散乱 X 線がある特定の角度において，受光スリットを通過して X 線検出器に到達することで，測定データに不自然なピークが見られることがある．また，X 線反射率は大気中でも測定可能であるが，その場合入射 X 線の通過する経路に存在する空気分子からの散乱 X 線が，反射強度の弱い領域でバックグラウンドとなり，測定データのダイナミックレンジを低下させる要因ともなる．このような試料以外からの散乱 X 線を防止するには，図 2.3(b) に示したように，試料表面近くに配置したナイフエッジが(試料を傷つけるリスクはあるものの)試料の上流(X 線源)側からの散乱を防ぐことができるため，バックグラウンドを減らす効果は高い．また，受光スリットと検出器の間に，受光スリットより少し幅の広い散乱防止スリットを配置することにより，同様に散乱 X 線を低減することができる．さらに広いダイナミックレンジが必要な場合には，試料周辺を真空や He 置換とすることにより，空気による散乱をなくすことが有効である．X 線反射率測定においては，これらの方法により，散乱 X 線を防止することが好ましい．

2.2.5　X 線検出器

今まで述べてきたように X 線検出器には，できるだけ高計数が可能で，かつバックグラウンドノイズの少ないものが適している．したがって，一般的には，低いバックグラウンドが実現できるシンチレーションカウンター(SC)やプロポーショナルカウンター(PC)など，X 線光子を 1 個ずつ計測する光子計数型の検出器が用いられる．反射率測定に光子計数型の検出器を用いる場合に最も注意すべき点は，光子信号の重なりによる数え落としの問題である．これは X 線を光や電子に変換するために要する時間とそれに合わせた信号増幅回路の時定数によって決まる．つまり，ある時間間隔よりも短い間に 2 個以上の光子が検出器に到達しても，それらを分離して数えることができず，1 個として数えることになるという問題である．この分離可能な最小時間 τ を検出器の不感時間(dead time)と呼ぶ．たとえば，最も一般的な NaI をシンチレータとした SC は，$\tau \sim 1\,\mu\mathrm{sec}$ であり，そのため最高計数率は数十万 cps 程度，高速の YAP をシンチレータとしたものでは，最高計数率はその数～ 10 倍となる．したがってこのような場合，先に述べたように反射強度が 10^8 cps に達するような全反射領域では，前項で述べたアッテネータを用いることにより，X 線強度を減衰させて測定する必要がある．

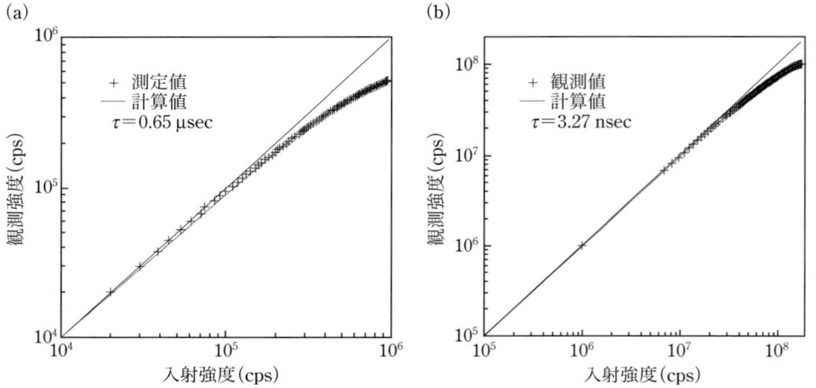

図 2.7　検出器の不感時間による計数直線性の低下
(a)典型的なNaIシンチレーション検出器，(b)高速計数が可能なアバランシェフォトダイオード．

さらにアッテネータを用いたとしても，数え落としの影響は図2.7に示すように，比較的計数率の低い段階から現れてくる．そのため，数え落としによって低下した計数率から，できるだけ正しい計数値を与えるよう補正することが必要である．通常のX線計測回路は窒息型と呼ばれる特性をもち，真の計数率 n(cps)に対し，実際に計数した計数率を n_{d} とすると，

$$n_{\mathrm{d}} = n \cdot \exp(-n\tau) \tag{2.3}$$

の関係がある[4]．したがって，不感時間 τ を知ることにより，測定された n_{d} からこの式を逆に解いて真の計数率を求める必要がある．しかしこの式は厳密に解くことができないので，通常以下のように，繰り返し代入すること(イテレーションと呼ぶ)によって数値的に解を求める方法が採られている．

$$n = n_{\mathrm{d}} \exp[n_{\mathrm{d}}\tau \exp[n_{\mathrm{d}}\tau \exp[n_{\mathrm{d}}\tau \exp[n_{\mathrm{d}}\tau \exp[\cdots]]]]] \tag{2.4}$$

この式の収束性は比較的良好で，実用的には数回から10回程度の繰り返しで，十分な精度の解が得られる．ただし，市販のX線回折装置によっては，このような計数率補正を自動で行っているものもあり(「計数直線性50万cps」などと記載されているもの)，その場合は，得られた測定値は補正後の値となっていると考えてよいが，念のため確認しておく必要がある．

もしそのような自動補正の回路がない場合，不感時間 τ を求め，計数率の補正を自ら行う必要がある．検出器の不感時間を測定するには，Chipmanの方法が有効である[5]．これにはまず，たとえば，スリット幅を変化させてX線強度の変化するプロファ

イルを，適当なアッテネータのある場合とない場合で測定する．このとき，2つのプロファイルは，ある一定のスケール因子 a（アッテネータの透過率）をかければ，その形状が一致するはずである．その条件から，次のようにしてアッテネータの透過率 a（両者のスケール因子）と検出器の不感時間 τ を同時に求めることができる．すなわち，アッテネータのある場合の点 j における真の計測値を n_j^a，アッテネータなしの場合の点 j における真の計数値を n_j とすれば，すべての測定点において常に $n_j^a = an_j$ の関係が成立するはずである．各点の測定値と真の値の間には，それぞれ先ほど示した $n_{\mathrm{d},j} = n_j \exp(-n_j\tau)$ および $n_{\mathrm{d},j}^a = n_j^a \exp\left(-n_j^a\tau\right)$ の関係があるので，これらの式を適当な τ を仮定したイテレーションによって解き，最小二乗法などによって a および τ を最適化することにより，検出器の不感時間 τ を決めることができる．

実際に，アッテネータを交換しながら分割して反射率曲線を測定した場合，それらのデータを接続し，全体の反射率曲線を得るためには，主に以下に述べる方法が使われる．

(1) あらかじめ，アッテネータの透過率を測定しておき，測定後にその透過率で割って真の計数値を求める．

(2) アッテネータの切り替え点で何点かオーバーラップして測定し，それらの点が最もよく重なるように，その都度透過率を決めて，全体のプロファイルを接続する．

本来であれば，アッテネータの透過率は一定であるので，(1)の方法が簡便であるが，数え落としの影響により，真の計数率が正しく補正されていないような場合，当然のことながらうまくつながらずプロファイルに段差が生じることがある．また，アッテネータの透過率を測定したX線の波長分布と，実際に測定しているX線の波長分布が異なっている場合にも，同様なことが起こる．たとえば，透過率の測定は，特性X線の $\mathrm{K}\alpha_1$ 線のみを用いる光学系で行い，実際の反射率測定では $\mathrm{K}\alpha_1$ 線と $\mathrm{K}\alpha_2$ 線の両方が含まれるような光学系を用いた場合，その波長分布の違いからアッテネータの透過率に差が出てしまうことがある．逆に以上のような点に注意を払い適切なパラメータを用いれば，どちらの方法を用いても，アッテネータによる反射率データの接続は可能である．

ところで近年，半導体を用いた光子計数型の検出器の利用が進んでいる．その例として，アバランシェフォトダイオード（APD）という半導体検出器を用いた超高計数率カウンターがあげられる[6]．これは，シリコンフォトダイオードに高い逆バイアス電圧を印加し，キャリアの移動度を上げるとともに，アバランシェによる信号増幅も行う検出器素子を用いるもので，数ナノ秒のパルス立ち上がり時間が得られる．そのため，図 2.7(b)に示すように 10^8 cps の高計数も可能で，アッテネータなしでダイナミックレンジの広い反射率測定ができる．また，ノイズレベルも 0.01 cps 以下が実現されており，X 線反射率測定にきわめて適した検出器といえる．ただし，欠点は，素子の製作上，大面積化が難しく，現状では，3×5 mm 程度の大きさが最大で[6]，ライン光源で典型的な高さ 10 mm のビームがはみ出してしまう点である．

ここまでは，通常の走査型装置における測定方法に関して述べてきたが，近年，高速な測定を目的に反射率プロファイルを同時に測定する方法がいくつか提案されている．その場合，1 次元検出器や 2 次元検出器，あるいは，エネルギー分解能の高い検出器が用いられるが，それらに関しては第 5 章で述べる．

以上，X 線反射率の構成に関して，実験室での装置を中心に説明してきた．放射光においては，高輝度で平行な X 線ビームが得られるため，ここで説明してきた X 線入射光学系の構成とは異なっている．しかし，入射スリット以降，試料部分や受光部分に関しては，基本的に同様な考え方で装置の構成を決めていくことができる．ただし，放射光では波長が任意に選択できるため，膜厚を高い精度で測定しようとした場合，選択した波長のキャリブレーション(たとえば吸収端を用いるなど)が必要となる．

2.3　反射率の測定方法

測定のポイントは，試料の形状や膜構造にあわせたスリット条件やコリメータ結晶などの光学系の選択と試料装着後の位置・角度調整である．これらを的確に行うことにより，定量的に，信頼のおけるデータを取得することができる．

2.3.1　光学系の選択

光学系の分解能は，測定したい膜厚や必要な角度精度によって選択される．もちろん，どんな場合でも平行性が高く強度が強いビームが得られれば，選択の余地なくその光学系を用いればよい．しかし，それが容易に実現できるのは放射光だけであり，通常の実験室における測定では，X 線を有効に利用するためにも光学系の選択は重要なポイントである．その基本は，図 2.2 において示したように，①数 nm 以下の薄い膜では広いダイナミックレンジ，② 500 nm 以上の厚い膜の解析には入射 X 線の発散角 0.005° 以下の高い平行度が必要，という点である．これらの選択には，表 2.1 にまとめた各光学系におけるビーム発散角と相対強度を参照していただきたい．

また，全反射臨界角以下の低角入射においては，X 線のはみ出しを考慮して，入射スリットサイズを決める．ただし，反射率測定においては，ほとんどの場合，入射スリットサイズとして 0.05 mm 幅のものを使い，また，薄膜で強度(ダイナミックレンジの広い測定)が必要な場合に 0.1 mm 程度の幅のものを使うことが多い．このとき，

2.1 節で述べたように視射角 0.2° で，試料上の照射領域の長さ(フットプリント)は，15 ～ 30 mm となる．ただし，全反射近傍における X 線のはみ出しに関しては，後で述べるように照射面積補正を行うことも可能であり，小さい試料の測定がまったく不可能ということではない．

測定に先立ってまず，装置のモノクロメータ・コリメータ結晶などの光学系を調整・最適化する．反射率測定における標準的なスリットサイズは，入射スリットが 0.05 ～ 0.1 mm 幅，受光スリットは X 線ビームの発散を考慮して選択する．発散が非常に少ない放射光のような場合には，受光スリットに入射スリットと同じ幅のものを用いても，ビームを大きくカットすることはない．しかし，現実的に実験室線源で採用される光学系では，表 2.1 に示したような発散角により，図 2.6 で示したような受光スリット位置での広がりをもつ．たとえば，図 2.4(d)に示したような Si(111)非対称反射を用いてビーム幅を 1/10 に圧縮する光学系の場合，受光スリットまでの距離を 500 mm とすると，X 線の発散角による受光スリット位置におけるビームの広がりは 0.064 mm となる．このとき，入射スリットと受光スリットにそれぞれ 0.05 mm および 0.1 mm 幅のものを使うと入射ビームの 90％以上を検出することができる．もちろん，ビームを切らないためにもう少し幅の広い受光スリットを用いてもよい．しかし，逆にビーム幅の何倍もあるような極端に幅の広いスリットを使ってしまうと，①後で述べる試料の角度調整測定時におけるピーク幅が広がりすぎる，②バックグラウンドの増加をまねく，などの問題点が生じる．

また繰り返しになるが，2.2.4 項で述べたように，受光側光学系として，スリット 1 枚のみで測定を行うと，入射スリットのエッジなどからの(寄生)散乱が不要なピークを作る場合がある．これを防ぐには，検出器直前に受光スリットより少し広めの散乱防止スリットを配置するのが効果的である．装置によっては，同様な目的で，図 2.3(b)に示した試料表面近くにナイフエッジを配置する装置の構成も有効である．

測定後には，まず試料を装着しない状態で，検出器の角度走査を行い，その原点($2\theta = 0°$ の位置)を確認しておく．これは，手差し方式のスリットの場合，必ずしも位置再現性が十分でなく，スリットの差し替えによって原点がずれることがあるだけでなく，場合によっては，光学系調整などによって，X 線ビーム位置がわずかに移動することがあるからである．

2.3.2　試料位置調整

X 線反射率を正しく測定するための最大のポイントは，試料のセッティングにある．ここでは，その点に関して，できるだけ詳しく説明する．

まず，試料を試料ステージにセットする．その際，図 2.3 に示したような X 線源と

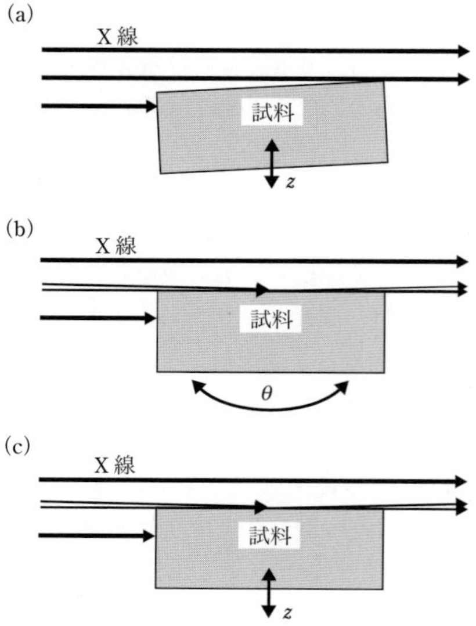

図 2.8　試料前後(z軸)位置調整の手順

検出部がそれぞれ試料を中心に回転する試料水平型の測定装置であれば，試料をステージ上に置くだけでよいが，試料を垂直に配置する装置の場合には，その固定方法にも気をつける必要がある．たとえば，試料を強く固定しすぎると，試料表面が変形してしまうこともある．したがって，あまり力を加えないで，試料が動かない程度に固定する必要がある．最近では，半導体ウェハなどの固定用に，反射率測定にも有効な，多孔質セラミックスを使った真空吸着板なども市販されている．

次に，$2\theta = \theta = 0$のゴニオメータ位置で試料の前後(z軸)位置を調整し，試料表面をビーム中心に配置する．その手順を図2.8に示す．まずはじめにz軸走査を行って，X線強度が半分となる位置を探す．ただしこのとき，図2.8(a)に示すように，通常は試料表面とX線ビームの方向が平行でないため，試料表面の中心位置がビーム中心にいるとはかぎらない．そこで，その位置でθ軸回転による走査を行う．そのとき，図2.8(b)で示すような試料表面と入射X線ビームが平行のときに強度が最大になるはずである．ここで，最大強度位置にθ軸を位置決めし，再び図2.8(c)で示すようなz軸走査を行い，再び強度が1/2になる位置を探す．以上でまず，試料前後(z軸)位置が最適化されたことになる．必要に応じて，以上の操作を2回から3回程度繰り返して，zおよびθの最適位置が変化しないことを確認するとよい．

ところで，先に述べた方法で試料位置の調整を行った場合にθ軸およびz軸をどの

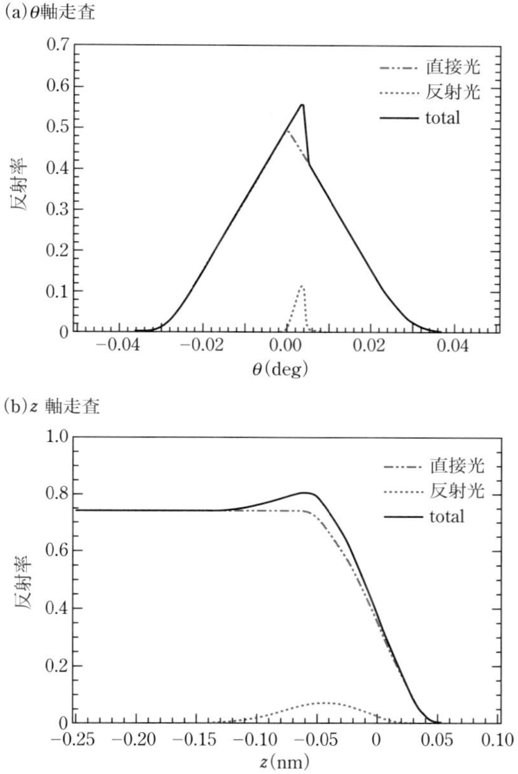

図 2.9　試料位置調整時の走査プロファイル
(a)θ 軸走査，(b)z 軸走査.

点に位置決めすればよいかという点に関して注意すべき点を述べておく. X 線ビームと試料表面が図 2.8(b)で示すような状況において試料回転(θ 軸)の走査を行うと，本来，試料表面がブラインドになる位置関係において，表面での全反射によって，ビームの一部が受光スリットを通過して検出器に到達する．そのため，図 2.9(a)に示すように，試料によって遮られた直接光による三角形(試料が小さい場合は X 線が試料固定板などに遮られ，三角形の両側あるいは片側が切り立った崖のような家の屋根に似た形状になることもある)のプロファイルに，点線で示した反射光が重畳した形となる．このとき，反射光によるプロファイルの変化に関しては，入射光の平行性や幅，受光スリットの幅などによって変化する．したがって，この操作だけでは，試料表面とX線ビームを完全に平行にすることは難しく，視射角の調整は，後で述べる反射X線を使った方法で行う．

同様に，試料前後軸の走査においても，反射X線の影響で図 2.9(b)に示すようなX線強度がいったん盛り上がったプロファイルとなることがある．この現象は，入射X線ビームの発散角が比較的大きく，図 2.6 に示すように受光スリット位置において広がった入射X線ビームの一部を受光スリットによってカットしたような場合に起こりやすい．このようなプロファイルが現れた場合，最大強度の半分ではなく，強度が盛り上がる前のフラットな部分の半分になる位置に試料前後位置を決めたほうがよいことが，X線経路のシミュレーション(レイトレースと呼ぶ)によりわかっている．しかし，必ずしもそれだけでは十分ではない．上記のような方法による位置決めは，簡便ではあるが，後で述べるように，試料の反りなどの形状によっては，試料表面をX線ビーム中心に正しく位置決めできない場合がある．そのような誤差を防ぐための方法のいくつかは 2.3.4 項で説明する．

ところで，X線反射率曲線は，横軸に試料に対するX線の視射角 α，縦軸にX線反射率をとることによって得られるものである．したがって，横軸であるX線の視射角を正確に決めることが，反射率測定の基本である．そのために通常は，以下のような反射X線を用いた調整方法を採っている．まず，図 2.10(a)に示すように，カウンターを適当な全反射域 2θ に配置する．続いて，試料回転軸を走査することにより反射X線を測定し，図 2.10(b)に示すようなプロファイルを得て，θ 軸をそのピークの中心に配置する．鏡面反射はX線の視射角と出射角が厳密に等しいため，このときの視射角 α は，検出器角度 2θ のちょうど半分となる．これによって，反射率曲線の横軸を設定すればよい．

ところで，このとき設定する α は，試料のうねりなどの影響を少なくするため，できるだけ高角でかつ反射率が一定の領域，つまり，基板あるいは膜の全反射臨界角度 α_c より少しだけ低角にする．たとえば，Cu Kα 線を用い Si の反射率を測定する場合，臨界角度が約 0.22° であることから，それより少し小さい $\alpha = 0.2°$ 程度を選択するとよい．参考のため，近似的ではあるが，膜(基板)密度(g cm^{-3})，原子番号 Z，原子量 A，X線波長 λ(nm)から全反射臨界角 α_c(deg)を計算する式

$$\alpha_c = 1.33 \times \lambda \sqrt{\rho Z / A} \tag{2.5}$$

を与えておく．

ここで注意しておかなければならない点は，図 2.10(a)で示すように鏡面反射はどの試料角度でも生じており，ピークプロファイルを作るのは，受光スリットによって反射X線が制限されることが原因であるということである．つまり，図 2.10(b)で示すような，θ 軸走査のピークの広がりは入射X線の発散角だけでなく，受光スリット

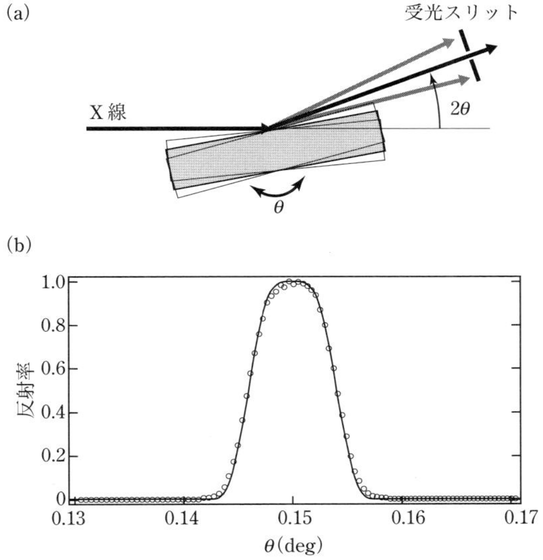

図 2.10 X 線視射角調整による測定の概念図(a)と得られる走査プロファイルの例(b)

の幅によっても変わってくる．そのため，受光スリットの幅が X 線のビーム幅に比して何倍も広いと，試料への視射角決定精度が低下するおそれがある．また，ピーク位置決定に関しては，図 2.10(b)に示すピークプロファイル全体の中心位置(実用的には半値幅中心)を採用する方法が適していると考えられる．

さらに反射率測定においては，X 線ビームの形状が，たとえば幅 0.05 mm× 高さ 10 mm といった非常に細長い形状をしていることが多い．その場合，試料表面とスリットで規制されるビームの長手(高さ)方向が平行でないと，ビームの上下位置で試料への視射角度が異なってしまい，分解能の低下要因となる．そこで，図 2.3 で示した試料あおり軸(χ 軸)を用いて，試料の傾き(チルト角)を調整し，試料表面とビームの長さ方向を平行にすることが望ましい．そのために，反射率最大の試料回転位置において，試料あおり軸を走査し，最大強度の位置に調整する．その後もう一度，試料回転軸を走査することにより，再びピークの中心位置に試料回転軸を配置する．X 線反射率測定の要である．視射角の正確さを期するため，くれぐれも最後の手順を忘れないでいただきたい．

以上で基本的な試料位置の調整は終了である．あとは，解析に必要な角度範囲を θ 軸，2θ 軸について 1 対 2 の速度比で走査することにより反射率曲線を測定することができる．ほとんどの場合，このような二軸同時走査による方法で薄膜構造を解析するための十分なデータが取得可能である．しかし，散乱 X 線による影響を抑え，高角領域まで高い精度で反射率データを取得したい場合，測定時間はかかるが，各検出器の位置において試料回転軸の走査を行い，それぞれのピークのバックグラウンドを除いた積分強度を測定していく方法が採られることもある．また，2.5 節で紹介するように，2 次元検出器のような位置敏感な検出器により，鏡面反射とバックグラウンドを同時に検出することも可能である．

2.3.3　試料位置調整誤差の影響

ところで，以上の調整は，X 線のビーム中心と試料表面の位置が一致していることが前提となっている．そこでここでは，試料表面位置がビーム中心から z 方向に h だけずれた場合の誤差について，図 2.11 を基に考える．このとき，X 線の照射位置は表面に平行方向に $h/\sin\alpha$ だけずれ，ゴニオメータ半径(試料中心位置から受光スリットまでの距離)を L としたとき，それが近似的に $h/\sin\alpha$ だけ短くなる．したがって，2θ 軸の回転角と実際の回折角のずれを $\Delta\theta$ とすると，

$$L\sin 2\theta=\left(L-\frac{h}{\sin\alpha}\right)\sin(2\theta+\Delta\theta) \qquad (2.6)$$

の関係が成り立ち，角度のずれは近似的に $\Delta\theta \approx 2h/L$ で計算される．例として，$\alpha=0.2^\circ$，$L=250$ mm，試料調整位置のずれ h が 0.01 mm であったとすると，$\Delta\theta=0.0046^\circ$ となる．先に見たとおり，物質の X 線に対する臨界角は 0.2 ～ 0.5° 程度であるので，0.01 mm の位置ずれによる角度誤差は容易に 1% に達してしまう．つまり，試料位置調整の誤差は，得られる X 線反射率曲線の角度精度に直接大きな影響を与えることになる．

特に，凹に反っている試料に対し図 2.8 で示した方法に従って調整した場合，入射 X 線は試料の端で遮られ，試料中心での位置ずれが非常に大きくなるおそれがある．たとえば，20 cm ウェハが大きく反ってしまった場合，中心部分が数十 μm 凹んでしまうことは容易に起こりうる．このように，試料前後位置が 0.07 mm 程度後ろへ下がった場合と，同じ試料を光学的な変位センサーを用いて，誤差数 μm 以下で正しく

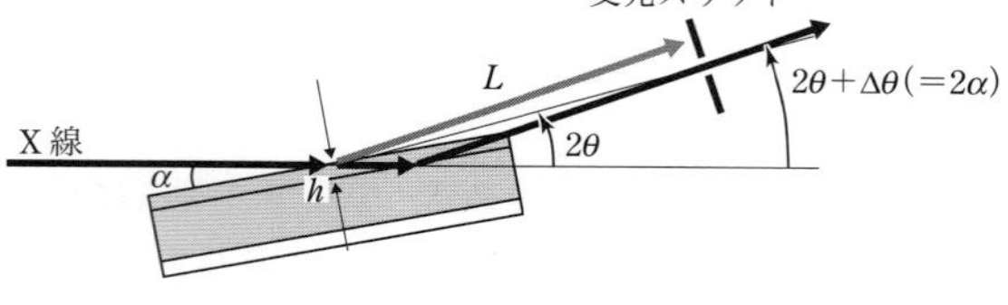

図 2.11　試料位置のずれ h が与える角度誤差 $\Delta\theta$

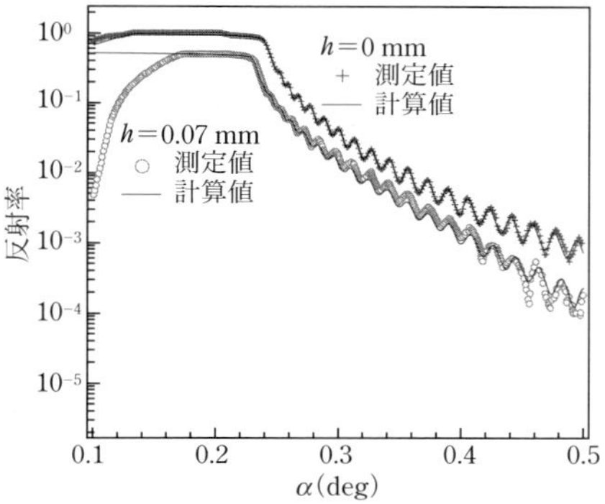

h(mm)	0	0.07
膜厚(nm)	208.8	203.4
密度(g cm^{-3})	2.72	2.53

図 2.12 試料前後位置のずれがX線反射率に与える影響の例

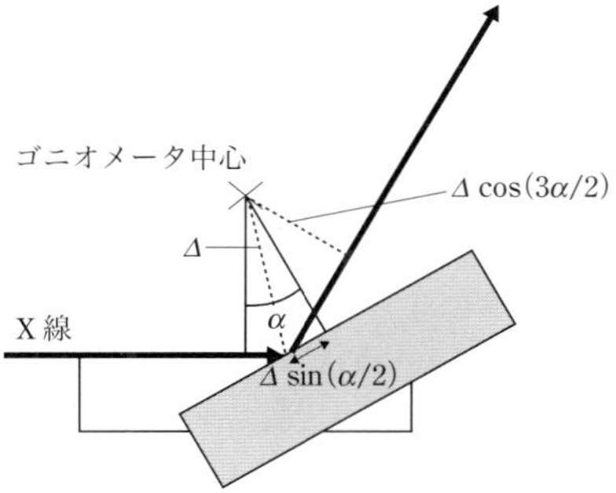

図 2.13 ゴニオメータ中心とX線ビーム中心がずれた場合の影響

位置決めした場合に測定した2つの反射率曲線の比較を図2.12に示す．また，それぞれのデータからX線反射率解析のためのシミュレーションによって求めた膜厚と密度の結果も示す．この場合，臨界角が5%程度低角側に現れてしまい，密度に換算すると10%程度低く見積もられてしまう．また，膜厚に対する影響も無視できないことがわかる．このような試料の反りの影響は試料が大きいほど顕著になる．したがって，同程度の曲率半径をもっていても，試料サイズが20 mm以下であれば凹みの量は1 μm以下となり，湾曲による誤差はほとんど無視することができる．

試料位置調整そのものではないが，ゴニオメータの回転中心とX線のビーム中心を合致させる調整も重要である．もしこの両者がΔだけずれていたとすると，図2.13に示すように，試料の回転にともなってX線の照射位置が移動するという問題が生じる．ただし，2θ軸の原点がゴニオメータ中心に対してではなく，X線ビームの中心に合わせられていたとすると，回転にともなう回折角のずれ $\Delta\theta$ は以下のように計算される．まず，試料の回転にともなう照射位置のずれは，図 2.13 で示すように，$\Delta\sin(\alpha/2)$ となる．したがって，ゴニオメータ中心とビーム中心のずれ Δ を回折角方向に投影した長さの変化は $\alpha \ll 1$ の条件で，

$$\Delta - \Delta\cos(3\alpha/2) = \Delta[1-\cos(3\alpha/2)] \approx \Delta 9\alpha^2/8 \qquad (2.7)$$

となり，それによる角度変化は $\Delta\theta = \Delta 9\alpha^2/8L$ となる．この値はたとえば，$\Delta = 0.1$ mm，$L = 250$ mm とした場合，$\alpha = 5°$ のときに，$\Delta\theta \approx 0.0002°$ 程度の値となる．したがって，Δ を数十 μm 以下に抑えることができればX線反射率測定においては，あまり大きな誤差要因とはならないことがわかる．

2.3.4　高精度な試料位置調整法

前節で見たように，試料位置の調整に問題があると，X線反射率測定値の精度に大きな影響を与える．一方，最近では 200 mm や 300 mm もの径をもつ大きなウェハ上の薄膜をそのままの状態で測定したいといった場合が多くある．しかしながら成膜されたウェハは，基板と膜の熱膨張係数の差などにより，多くの場合反りをともなっている．前節で述べたように，反りをもつ試料に関しては，通常の試料位置調整方法では非常に誤差が大きくなる危険性がある．

これを防ぐうえで，光学的な変位センサーや顕微鏡を使ったシステムが有効である．まず，反りの影響のない十分厚い基板の試料や小さい試料を用いて，2.3.2 項で述べた試料位置調整を行い，X線ビーム中心の位置に試料表面が一致するように調整する．次に，その位置を変位センサーや顕微鏡の焦点位置として記録する．このような方法で，いったんビーム中心の位置を記憶しておけば，実際のウェハの測定においても，これらのセンサーによって 1 μm 程度の高精度な位置決めが可能である．このような方法は，成膜したウェハの膜厚管理などを目的とした反射率測定装置では，調整時間の短縮というメリットもあり，多くの装置で採用されている．

それ以外にも，あらかじめ調整されたナイフエッジとの距離を（たとえば 0.05 mm に）設定するといった方法によって，試料の位置決め精度を向上させることも可能である．

ところで 2.3.2 項で述べた試料位置調整においては，鏡面反射における出射角をスリットによる幾何学的な位置で決める方法を採っている．そのため，試料の前後位置のずれが，直接角度の測定精度に影響を与えてしまった．ここでは，そのような問題点を解決し，高精度で視射角を決める方法を紹介する[7]．

それは，図 2.14 に示すようなアナライザ結晶を使う方法である．ここでは，入射側のモノクロメータ・コリメータとして，高分解能のチャンネルカット結晶を 2 つ組

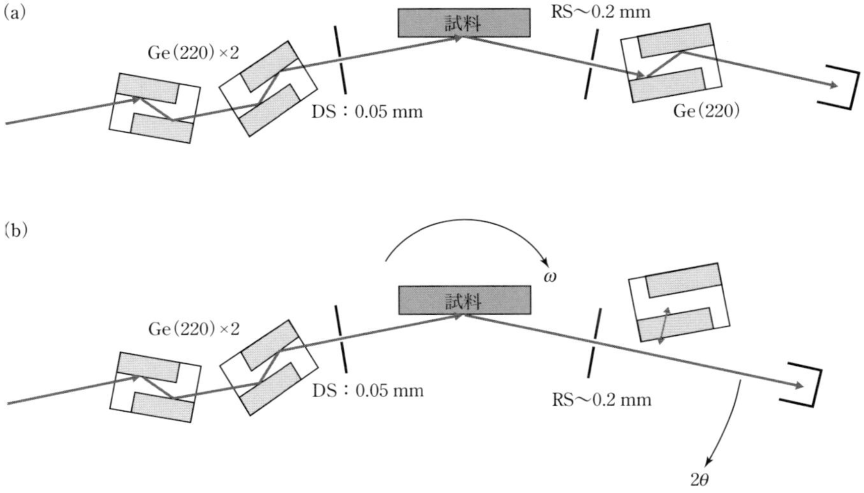

図 2.14　アナライザ結晶を用いた試料位置調整法
反射 X 線の幾何学的位置ではなく，角度を正確に検出する．

み合わせたものを使っているが，他の入射光学系であってもかまわない．まず，図 2.14(a)で示すように受光側に分光結晶(アナライザ結晶という)を配置した状態で，2.3.2 項で説明した試料位置調整を行う．このとき，受光側では，アナライザ結晶によって平行なビームのみが検出されるため，図 2.9 に示した非平行成分に起因する反射 X 線によるプロファイルの乱れは最小限に抑えられ，高い精度で試料前後位置が決められる．さらに，試料の反りなどによって試料前後位置がビーム中心からずれたとしても，アナライザ結晶は X 線ビームの位置ではなく，角度を直接検出しているため，入射光学系とアナライザ結晶の光学的な分解能によって決まる精度で，鏡面反射の角度を決定することができる．ちなみに，図 2.14 で示した光学系と高精度ゴニオメータを組み合わせれば，試料への X 線の視射角を 0.0001° 以下の誤差で決定することが可能である．ただし，アナライザ結晶を付けたまま測定を行うと，受光側の制限が強くなりすぎ，試料表面の微細なうねりや測定装置の精度に由来する角度走査における速度比が 1 対 2 からの微小なずれなどの影響によって，試料からの反射 X 線をすべてとらえられず，正しい反射率を得られなくなることがある．そのような場合には，図 2.14(b)で示すように，アナライザを待避し受光側をスリットに切り替えて測定することにより，反射 X 線をすべてとらえることが可能となる．

その適用例として，Si 基板の臨界角付近の反射率データを図 2.15 に示す．アナラ

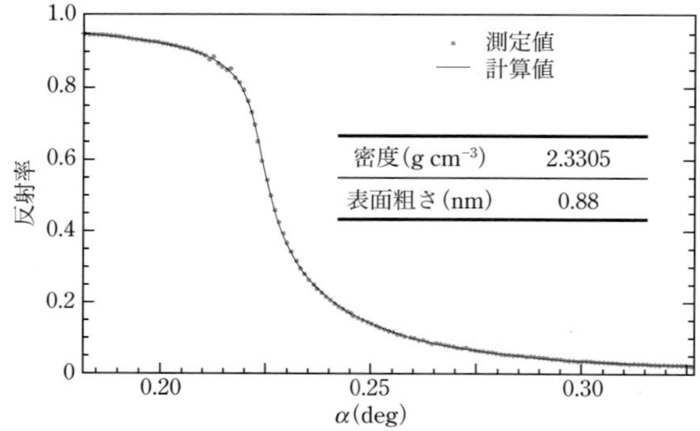

図 2.15　アナライザ結晶を用いた調整による測定例
Si の密度(臨界角)が高い精度で求められた.

イザを用いることにより，視射角をきわめて精度良く決定した結果，解析によって得られた電子密度から換算した Si の密度は，2.3305 g cm^{-3} となった．この値は，報告されている Si の密度 2.3290 g cm^{-3} と比べて，0.1% 以下の精度で一致している．このように，高精度で視射角を決め，臨界角を測定すれば，X 線反射率による精密な薄膜密度測定も可能であることがわかる．

2.3.5　試料表面の汚れによる影響

本書では，それぞれ固有な個々の試料の取り扱いについては記述できないが，反射率測定という観点から，試料の表面汚染が与える影響に関して，簡単に述べておく．1 章で述べたように，X 線反射率は 1 nm 以下の超薄膜に関しても感度をもっている一方，大気中で簡単に測定できるという特徴をもっている．そのため，逆に他の分析方法ではほとんど考えられない，「nm スケールの構造を大気中で測定してしまう」という状況が生まれる．このこと自身は，X 線法の大きな特徴であり，否定されることではないが，逆に，表面の汚染による測定データの変化に注意を払う必要が出てくる．

その端的な例として膜厚が 2 nm となるように Si 基板上に成膜した極薄酸化膜試料の X 線反射率データを図 2.16 に示す．1 つは成膜後数ヵ月間大気中に放置した試料，もう 1 つは同じ試料をホットプレートで加熱処理した試料を測定したものである．両者はまったく異なったプロファイルを与えていることがわかる．まず，加熱処理後のデータを見てみると，非常に薄い酸化膜による干渉縞が見られ，解析によってその厚さが 2.05 nm と，ほぼ狙い通りの酸化膜が形成されていることがわかった．一方，加熱処理前のデータには，$\alpha = 1.75°$ 付近に深いディップが生じている．このデータを

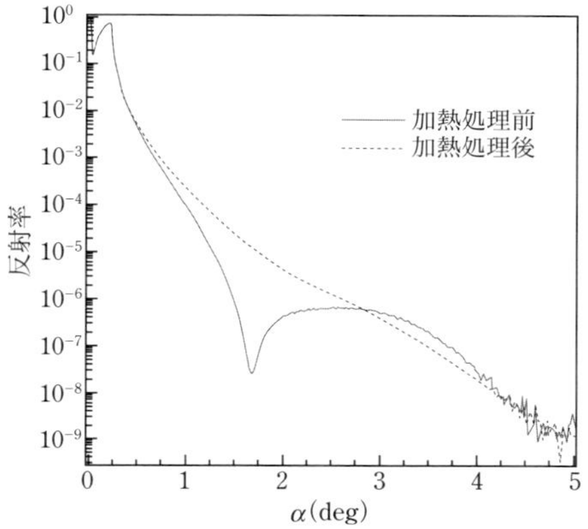

図 2.16　Si 基板上極薄酸化膜の X 線反射率測定データ
大気中にしばらく放置したものと，200°C のホットプレートで加熱し，表面の汚染を取り除いたもの.

解析したところ，このディップも薄膜による X 線干渉縞に由来しており，最表層に膜厚 1.3 nm, 密度 1.2 g cm^{-3} の薄膜が存在しているという結果が得られた．もちろん，これは成膜されたものでなく，表面の汚染により擬似的に薄膜として解析されたもので，熱処理で除かれることから，有機物系の付着物であると考えられる．また，この表面汚染層による干渉縞(特に $\alpha = 1.75°$ 付近の深いディップ)に遮られて，その下に存在する酸化膜を正しく解析することは不可能であった.

このような表面汚染による X 線反射率プロファイル変化の時間スケールは，試料の種類や測定雰囲気によって大きく異なる．しかし，極端な例では，X 線照射により試料表面や空気中の汚染物質が帯電して表面汚染が促進され，測定中に X 線反射率プロファイルに無視できない影響を与えることがある．このような問題は, たとえば, 測定を繰り返し行って反射率プロファイルに変化が出るかどうかで確かめられる．もし測定中の汚染が深刻な場合，真空中や He などの不活性ガス雰囲気下での測定が行えるような環境の整備が必要になる．X 線反射率そのものは，大気中で簡単に測定できる方法である．しかしその一方で，表面の nm 以下の構造変化にも感度をもつ，きわめて表面に敏感な測定方法である．このことを十分意識して，試料の管理や測定を行うことが，特に極薄膜測定においては重要である.

2.3.6　試料が小さい場合

これまで述べてきたように，X 線の全反射臨界角は 0.2 ～ 0.5° 程度の範囲にあり，その近傍では入射X線は試料表面で広がってしまう．したがって，試料上で 50 μm のビームを作ったとしても，臨界角よりある程度低角領域まで正しく測定しようとすると，20 ～ 30 mm 程度の大きさの試料が必要になる．しかし，実際の試料において，十分な大きさが確保できないことは往々にしてある．そのような場合，ビーム幅をさらに 30 μm，20 μm と細く絞って測定することが理想である．また，それが難しい場合でも，たとえば，膜厚だけであれば，ある程度高角領域の干渉縞周期から決定することもできる．また，次善の策であるが，試料の照射面積補正をすることが可能な場合もある．

いま，入射X線のビーム幅を W，試料のX線入射方向の長さを l とすると，視射角 α が $l < W/\sin\alpha$ の場合に試料からX線ビームがはみ出し，ビームが試料を照射している面積比は，$l\times\sin\alpha/\mathrm{W}$ となる．したがって，X線ビームがその幅の中で一様な分布をもつと仮定した場合，測定された反射強度 I に対し，

$$I_{\mathrm{c}} = \begin{cases} I & (l > W/\sin\alpha) \\ I \times \dfrac{W}{l\sin\alpha} & (l < W/\sin\alpha) \end{cases} \tag{2.8}$$

によって，補正を行えば，試料が十分に大きい場合の反射率曲線が得られることになる．この補正を，Si 基板上の薄い酸化膜をもつ試料に適用した例を図 2.17 に示す．この場合には，視射角 $\alpha = 0.35°$ 付近からはみ出しが生じていることがわかる．実際には，試料位置で約 0.07 mm の幅をもつビームを用い，長さ 10 mm の試料を測定したものである．さらに，照射領域補正を行ったデータを基に，SiO_2(6 nm)／Si の構造モデルを立てシミュレーションした結果を実線で示した．全反射臨界角付近のプロ

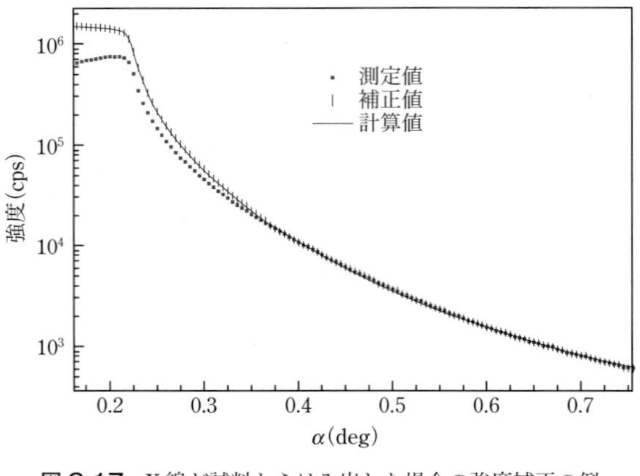

図 2.17　X線が試料からはみ出した場合の強度補正の例

ファイルが，補正によってよく再現されていることがわかる．

　このように，多少小さい試料であっても，ある程度工夫することによって，X 線反射率を用いた，より精度の高い膜構造解析が可能になる場合もある．

2.3.7　微小領域の X 線反射率

　今まで述べてきたとおり，X 線反射率は小さな視射角で試料を照射するため，微小領域の測定は困難である．それでも，X 線ビームの高さ H を小さく絞って，比較的小さい領域を測定したい場合が存在する．半導体プロセスで使われるシリコンのウェハエッジ測定などがその例である．その目的のために，図 2.18(a)に示すような微小焦点 X 線源と多層膜を 2 枚組み合わせた光学系が採用される．それぞれの多層膜は図 2.5 に示した構造をもち，表面形状によって平行ビームや集光ビームを形成する．

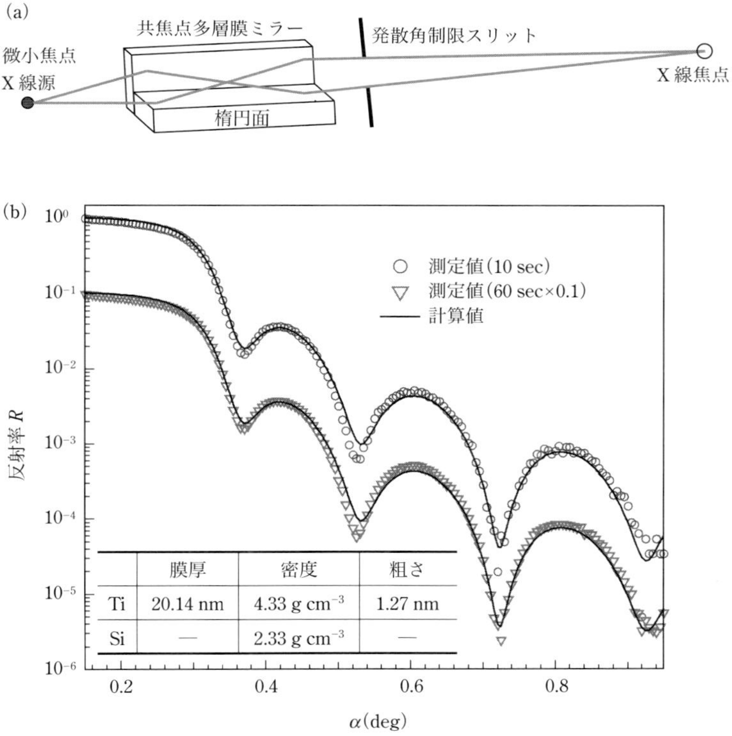

	膜厚	密度	粗さ
Ti	20.14 nm	4.33 g cm^{-3}	1.27 nm
Si	—	2.33 g cm^{-3}	—

図 2.18　微小部 X 線反射率測定
(a)光学系，(b)高速スキャンデータ

微小部測定においては，集光ビームの得られる楕円面ミラーを採用することにより，試料位置において，断面 $\phi = 0.1$ mm 以下のビームサイズを実現することができる．このとき，反射率測定に必要な分解能を得るために，視射角方向の発散角(ビーム集光角)をスリットによって制限して調整する．図 2.18(b)に，それによって測定した Si 上の Ti 薄膜の X 線反射率を示す．検出器に高速な固体検出器(APD など)を使うことにより，アッテネータなし，測定時間 10 sec の高速測定でも，シミュレーションによって膜厚の算出が可能な十分な反射率データが得られている．このような高速性を生かし，実際に半導体製造現場において，生産プロセスの管理などにも適用されている．さらに放射光においては第 6 章でも述べるように X 線ビームを 200 nm にすることも可能となり，高い空間分解能での測定が実現できる．

2.4　散漫散乱測定

X 線反射率を決めるパラメータの 1 つに，表面や界面の粗さがある．しかし，第 1 章で述べたように，視射角と出射角が等しい鏡面反射のみを測定している限り，それが，界面密度が連続的に変化する界面幅によるものなのか，表面・界面の凹凸によるものなのか判定がつかない．これを測定という観点から見ると，以下のように説明される．まず，図 2.19 に示すように試料に対して座標系を決める．ここで，$\boldsymbol{k}$ が入射 X 線，$\boldsymbol{k}'$ が反射(散乱)X 線の波数ベクトル，$\boldsymbol{q}$ が散乱ベクトルを表す．また，X 線の入射方向を x，試料表面の法線方向を z とした．簡単のため，図の面内での散乱を考えると，X 線の視射角と出射角をそれぞれ，α_i と α_f として，散乱ベクトルの各成分は次のように書ける．

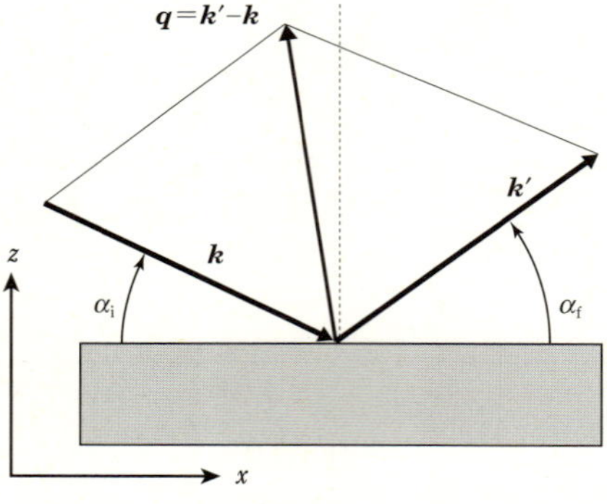

図 2.19　X 線散乱測定における散乱ベクトル

$$\begin{cases} q_x = k(\cos\alpha_\mathrm{f} - \cos\alpha_\mathrm{i}) \\ q_z = k(\sin\alpha_\mathrm{i} + \sin\alpha_\mathrm{f}) \end{cases} \tag{2.9}$$

一般に散乱によって何らかの構造を観測する場合，常にある（たとえば x）方向に沿った構造変化が，その方向成分の散乱ベクトルをもつ散乱を発生させる．したがって，界面において x 方向には一様な，z 方向への物質の拡散が起こった場合，散乱ベクトル q_x 成分をもつ散乱は現れない．一方，表面や界面に凹凸がある場合には，x 方向に沿って，たとえば表面の高さが変化していくため，その変化のスケールに応じた q_x 成分をもつ散乱が観測される．逆にいえば，q_x 成分をもつ散乱を観測しない限り，x 方向に変化していく構造を測定することはできない．

鏡面反射条件 $\alpha_\mathrm{i} = \alpha_\mathrm{f}$ においては，表面に平行な散乱ベクトル q_x は常にゼロであり，表面に平行な x 方向の構造変化に関する情報は含まれず，z 方向の平均的な密度変化としてのみ観測される．つまり，表面や界面における凹凸の観測をする場合には，q_x を変化させた測定を行えばよい．最もよく行われる測定は，散乱角 $\alpha_\mathrm{i} + \alpha_\mathrm{f}$ を一定に保って，視射角 α_i を変化させるロッキング測定と呼ばれる方法である．いま，オフセット角 $\Delta\alpha = (\alpha_\mathrm{i} - \alpha_\mathrm{f})/2$ を導入すると，q_x，q_z は，

$$\begin{cases} q_x = 2k\sin\left(\dfrac{\alpha_\mathrm{i} + \alpha_\mathrm{f}}{2}\right)\sin(\Delta\alpha) \\ q_z = 2k\sin\left(\dfrac{\alpha_\mathrm{i} + \alpha_\mathrm{f}}{2}\right)\cos(\Delta\alpha) \end{cases} \tag{2.10}$$

と書き換えられる．$\Delta\alpha = 0$（$q_x = 0$）が鏡面反射である．反射率を測定する領域では多くの場合 $\cos(\Delta\alpha) \approx 1$ が成立するので，ロッキング測定において，q_z はほとんど変化しないことがわかる．また，q_x には，$\sin(\Delta\alpha)$ の前に $\sin[(\alpha_\mathrm{i} + \alpha_\mathrm{f})/2]$ が積の形でかかっており，これによって低角領域においては，q_x は非常に小さな値になる．たとえば，Cu Kα 線を用いて $\alpha = 1°$ で測定を行うと，$\Delta\alpha = 0.5°$ において $q_x = 0.012\ \mathrm{nm}^{-1}$ となる．これは，周期に換算すると約 500 nm に相当する．つまり，反射率の散漫散乱から得られる面内方向の構造スケールは，主に数百 nm に相当することがわかる．

最後に散漫散乱に関連して，反射率や散漫散乱を定量的に解析するための測定上の注意点を挙げておく．鏡面反射では，入射ビームとほぼ同等のビーム幅をもった反射ビームが受光スリットへ到達するため，受光スリットの幅をある程度以上広くしても，ほぼ同様な結果が得られる．一方，表面や界面の凹凸による散漫散乱は，ほとんどの場合，広い角度範囲に分布して存在する．したがって，その強度は，ほぼスリットサイズに比例することになる．散漫散乱を定量的に解析し，表面や界面における凹凸の情報を得ようとしたとき，理論的な計算は，散乱断面積として与えられるため，X 線

の入射強度や試料から見た受光スリット(面積 S_R)の立体角 $d\Omega = S_R/L^2$ は重要である．また，表面や界面における凹凸が大きな試料の場合，反射率測定において，高角側で反射強度が弱くなったときには，散漫散乱の比率が非常に大きいこともある．そのような場合には，ロッキング測定(あるいは検出器走査)によって，きちんと鏡面反射を測定していることの確認が必要な場合もある．

2.5　平行 X 線ビームと 2 次元検出器の組み合わせによる測定

最近では，素子サイズが 0.1 mm×0.1 mm あるいはそれ以下で，素子が 2 次元的に多数(たとえば 30 万ピクセル)並べられた図 2.20(a)に示す光子計数型半導体検出器が開発され[8]，X 線回折や散乱測定などの多くのアプリケーションに適用されてきた[9]．ここでは，今まで述べてきた平行ビームによる X 線反射率測定に，2 次元検出器を使用した場合の有効性に関して紹介する．この検出器の 1 ピクセルあたりの最大計数率は，通常の検出器同様 10^6 cps 程度であるが，反射率測定における X 線は検出器上で 0.2 mm×10 mm 程度の広がりをもっていることが多い．その場合，2×100 = 200 ピクセル程度の範囲に広がって検出されることになり，$200\times10^6 = 2\times10^8$ cps の最大計数率となる．したがって，2.2.5 項で説明した APD 同様，アッテネータなしで広いダイナミックレンジの反射率測定が可能になる．その例を図 2.20(b)に示す．7 桁を超え

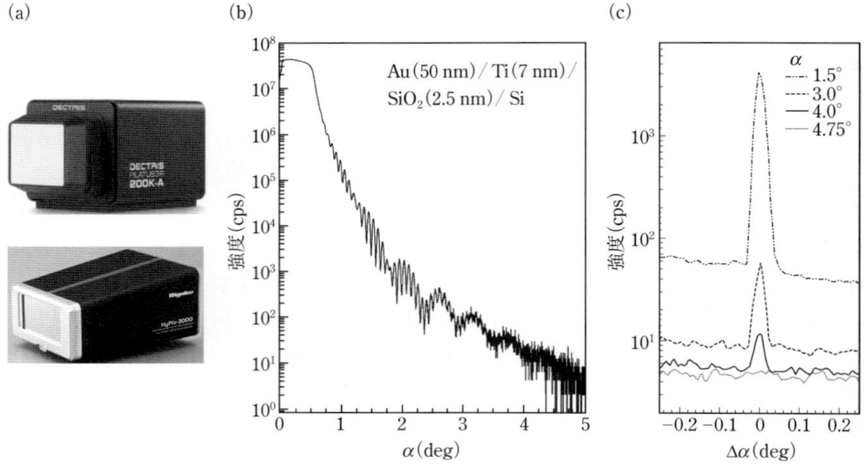

図 2.20　(a)市販されている光子計数型 2 次元検出器，(b)それによって，アッテネータなしで測定した X 線反射率曲線，(c)いくつかの α 位置における検出器上の X 線強度パターン，鏡面反射と同時に散乱線(バックグラウンド)が観測される．

るダイナミックレンジのX線反射率が，アッテネータなしで測定可能となっている．

もう1つ，2次元検出器の位置敏感性を生かした反射率測定の利点に関して述べておく．この場合，検出器の前に，図2.3で示したスリットを配置することなく，散乱角方向の分解能を得ることができ，対応するピクセル(反射X線が到達している領域)のみの信号を抽出することが可能となる．さらに，1回の測定で，反射X線だけでなく，本来反射X線が到達しない(視射角と出射角が異なった)バックグラウンド領域の信号も同時に検出することができる．したがって，高角度の弱い信号領域において，バックグラウンドX線を引くことにより，今まで以上に広いダイナミックレンジの反射率を測定することが可能になる．実際，図2.20(c)に示すように，$\alpha = 4.0°$においては信号と同程度のバックグラウンドが存在し，さらに$\alpha = 4.75°$においては反射率信号がほとんどなくなっていることがわかる．以上のような利点からも，X線反射率測定においても，今後2次元検出器が活用される場面が増えてくるものと考えられる．

以上，本章では，X線反射率測定のための基本的条件，測定装置の詳細，測定方法，測定値に含まれる誤差要因などについて記述した．正しいデータの取得によって，より精度の高い薄膜構造解析が可能になることを理解し，測定を行っていただきたい．

参考文献

1) M. Schuster and H. Gobel, *Adv. X-Ray Anal.*, **39**, 57(1997)
2) 表 和彦，藤縄 剛，X線分析の進歩，**30**，165(1999)
3) V. Holy, U. Pietsch and T. Baumbach, *High-Resolution X-Ray Scattering from Thin Films and Multilayers*, Springer-Verlag, Berlin, Heidelberg(1999), Chapter 2
4) K. Omote, *Nucl. Instr. Meth.*, **A293**, 582(1990)
5) D. R. Chipmann, *Acta Cryst. A*, **25**, 209(1969)
6) S. Kishimoto, *Nucl. Instrum. Methods A*, **309**, 603(1991), S. Kishimoto, Y. Yoda, M. Seto, S. Kitao, Y. Kobayashi, R. Haruki and T. Harami, *SPring-8 User Exp. Rep.,* No.3, 105(1999A)
7) K. Omote and Y. Ito, *Mater. Res. Soc. Symp. Proc.*, **875**, O8.2.1(2005)
8) リガクジャーナル，**45**(1)，26(2014)
9) 大淵敦司，リガクジャーナル，**45**(2)，1(2014)

散漫散乱の干渉効果

通常のX線反射率法では鏡面反射($\alpha_\mathrm{i} = \alpha_\mathrm{f}$)を測定しているため，2.4節で説明したとおり，面法線方向の構造変化(膜構造)のみが観測可能で，反射率による膜構造解析に使われる粗さのパラメータσは，界面の拡散によるものなのか，凸凹によるものなのかを決めることはできない．ここでは，後者による効果が顕著に現れる例を紹介する．表面や界面に凸凹が存在すると，その乱れによって，図2.18で示した$\alpha_\mathrm{i} \neq \alpha_\mathrm{f}$($q_x \neq 0$)の方向への散乱が生じる．これは，完全に平坦な界面からは発生しないもので，散漫散乱と呼ばれる．いま，試料として図(a)で示す周期dの多層膜を考えると，個々の界面の凹凸で生じた散乱X線のうち，同じ方向に散乱したX線の光路差が波長λ(の整数倍)と等しい場合，それぞれの界面からの散乱が干渉効果によって強め合う．このとき上下界面間の光路差は，$\delta L = d(\sin\alpha_\mathrm{i} + \sin\alpha_\mathrm{f})$であるので，その条件は以下のように表される．

$$\delta L = d(\sin\alpha_\mathrm{i} + \sin\alpha_\mathrm{f}) = n\lambda = n\frac{2\pi}{k} \Rightarrow q_z = k(\sin\alpha_\mathrm{i} + \sin\alpha_\mathrm{f}) = n\frac{2\pi}{d} \qquad (n：整数)$$

一方，これを鏡面反射における回折条件

$$2d\sin\alpha = n\lambda = n\frac{2\pi}{k} \Rightarrow q_z = 2k\sin\alpha = n\frac{2\pi}{d}$$

と比較すると，逆空間内で$q_z = n2\pi/d$を満たす領域において，$\alpha_\mathrm{i} \neq \alpha_\mathrm{f}$であっても($q_x$の値によらず)，干渉効果によって反射・散乱強度が強められることを示している．そこで，周期多層膜構造をもつ試料に対して，鏡面反射以外の領域を含む，逆空間マップを測定した結果を図(b)に示す．実際に，周期多層膜に起因する回折ピークと同じq_zの値をもつ狭い幅の(鏡面反射と直交する)領域において，干渉効果に由来するシャープで強い散漫散乱が観測されている．また，この散乱強度は，多層膜界面における凹凸構造に強く依存することも確かめられている．

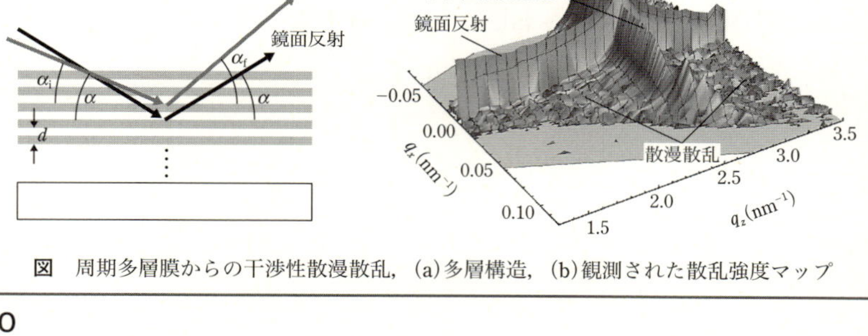

図　周期多層膜からの干渉性散漫散乱，(a)多層構造，(b)観測された散乱強度マップ

3
X線反射率のデータ解析法

3.1　はじめに

X線反射率プロファイルは複雑な振動構造をもっているため，多層膜の屈折率，膜厚，界面粗さをパラメータフィッティングから導出できる．しかし，積層数が1層増えるごとにフィッティングパラメータが3個増えるため，積層数を多くすると，フィッティングが適当に収束してしまうという課題がある．そこで，本章ではX線反射率のデータ解析法として，反射率の実験プロファイルと膜構造モデルを仮定して計算した反射率プロファイルのフィッティングについて述べる．データ解析を始める前に，実験上で考慮すべき点に関しては，「3.2　X線反射率のデータ解析の前に」で解説する．データ解析に用いる膜構造モデルの作り方，初期値の与え方に関しては，「3.3　最小二乗法フィッティングによる膜構造解析の手順」で解説する．ここでは，Parrattの漸化式，Sinhaの近似式だけでは扱えない膜構造の扱い方に関しても簡単に触れる．続く「3.4　単層膜の解析と精度の評価」，「3.5　多層膜の解析と精度の評価」では，実験データと仮定した膜構造モデル，パラメータから計算される理論反射率と，得られた解析値の誤差などについて解説する．Cu Kα_1線を用いたX線反射率測定では解析困難な膜構造や膜厚の解析方法，得られた膜厚の信頼性の評価法については，「3.6　多波長X線反射率法」から「3.8　3波長法による多層膜構造解析」において，事例を用いて解説する．「3.9　反射率解析の今後」では，現在の計算機科学の進歩にともなう，反射率解析技術の進歩について簡単に触れる．最後に「3.10　まとめ」で本章を簡単にまとめる．

3.2　X 線反射率のデータ解析の前に

実験を始める前に以下の実験装置情報を得る必要がある．

(1)使用 X 線の波長：λ

(2)入射 X 線の角度発散の分布：$G(\Delta\alpha)$

(3)入射 X 線の試料位置での大きさ：S_0

(4)反射率計の光学系の大きさ

　・試料—検出器前のスリットの距離：L

　・検出器前のスリットの幅：S_d

(5)基板の屈折率：δ_{sub}，$(\beta/\delta)_{sub}$

以下では，順を追って，これらの必要性を解説する．

3.2.1　使用 X 線の波長

X 線の波長は，X 線反射率を解析するうえでいわば膜厚の物差しとなる値であるため，非常に重要である．一方，$\Delta E/E$ に関しては，元素の吸収端付近以外では，屈折率の波長依存性が緩やかなため，大きな影響はない．

X 線の物質に対する屈折率は $n=1-\delta-i\beta$ で表される．いま，反射率の計算において前方散乱の近似式が成り立つ場合には，δ と β は次式で表すことができる．

$$\delta=\frac{r_e\lambda^2\rho N_A}{2\pi}\frac{\sum[x_j\{Z_j+f_j'(\lambda)\}]}{\sum[x_jA_j]} \tag{3.1}$$

$$\beta=\frac{r_e\lambda^2\rho N_A}{2\pi}\frac{\sum[Z_jf_j''(\lambda)]}{\sum[x_jA_j]} \tag{3.2}$$

ここで，r_e：古典電子半径，N_A：アボガドロ数，λ：X 線の波長，ρ：物質の密度，Z_j：元素 j の原子番号，A_j：元素 j の原子量，x_j：元素 j の元素組成，f'：原子散乱因子の異常分散による付加項の実部，f''：原子散乱因子の異常分散による付加項の虚部を表す．式(3.1)，(3.2)からも明らかなように，元素組成が変化しなければ，屈折率は密度に比例する．単元素膜の場合は $\delta\propto\rho$ が成り立つが，合金系の場合，元素組成が変化することなく密度だけが変化することはまれである．このため，X 線反射率のデータ解析法を示す本章では，物質の密度 ρ ではなく，X 線反射率法で直接求められる物理量である X 線の物質に対する屈折率 δ，β を用いて表示してある．

式(3.1)，(3.2)からわかるように，物質の屈折率は X 線の波長と物質の密度に依存するため，波長選択のポイントは，測定する積層膜試料中における隣接する膜の屈折

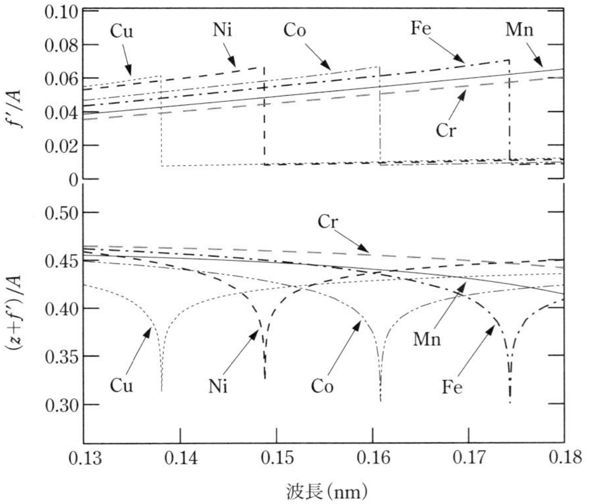

図 3.1　3d 金属元素の屈折率実部$(z+f')/A$および虚部f''/Aの波長依存性
佐々木による計算値で表示[1].

率差である．詳細は後述するが，界面での密度差が 10% 未満の場合，異常分散を利用しない限り，界面での反射強度が反射率プロファイルの振幅に与える影響は 1% 未満となる．通常の実験室で用いる X 線反射率測定装置では，振幅変化を 1% の精度で測定・解析することは非常に難しいと考えたほうがよい．もし，密度差が 10% 以上あるのであれば，界面で十分な反射強度が得られるため，入射 X 線の波長は自由に選択してよい．通常の実験室では，Cu Kα_1 線(λ = 0.15406 nm)を用いることが強度，使い勝手のうえでよいと考えられる．2 つの隣接する膜の密度が近い場合，屈折率差は小さくなり，界面での反射が弱くなるため，反射率による解析が困難になる．このような試料としては，磁性材料の積層体がある．磁性材料は 3d 金属やそれらの化合物であるため，密度の違いは 4% 程度である．図 3.1 に 3d 金属の屈折率の実部$(z+f')/A$および虚部f''/Aの波長依存性を示す．f'，f''には佐々木による計算値(後述)を用いた[1]．$(z+f')/A$が急激に小さくなっている波長が，元素の K 吸収端に対応している．Cr，Mn はこの波長領域に吸収端が存在しないため，この波長領域における変化量は 10% 以下である．一方，Fe，Co，Ni，Cu は吸収端の存在により大きく変化しており，吸収端近傍での値は，吸収端から十分離れた波長領域での値に対し，20 〜 30% 以上も小さくなっている．同様に，f''/Aも吸収端で大きく変化する．吸収端より短い波長領域では実部の 10% 程度であるが，吸収端より長い波長領域では

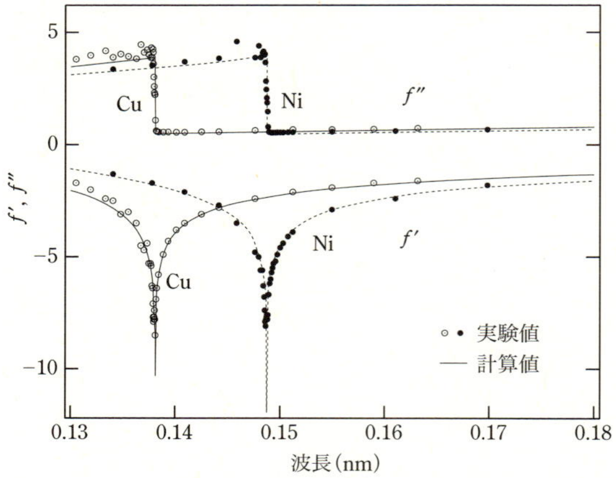

図 3.2 Ni, Cu の原子散乱因子の波長依存性の実験値と計算値の比較
計算値は佐々木の値[1]，実験値は Stanglemeier の値[2]．吸収端近傍の EXAFS 領域を除き，実験値と計算値は良く一致している．

1％程度に減少する．積層体の膜構造が与えられたとき，異常分散効果が大きく生じるような波長を選ぶことにより，積層構造の解析精度を向上させることができる．

反射率の解析における，f'，f'' のフィッティングは，佐々木の計算値の信頼性に依存する．Stanglemeier らによる放射光を利用した Ni, Cu の f'，f'' の実験値[2]と佐々木の計算値を比較した結果を図 3.2 に示す．実線が佐々木の計算値であり，丸印(●：Cu，○：Ni)が Stanglemeier らの実験値である．f' については，0.13 〜 0.18 nm の全波長域で Ni，Cu とも実験値と計算値は 0.5％以内の差で一致していることがわかる．f'' については，吸収端より短い波長領域では，EXAFS 現象のため，5％程度の不一致が見られるものの，それ以外の領域では良く一致している．佐々木の計算値は他の元素に関しても同程度の精度で行われていると考えられる．共鳴状態での原子散乱因子は，基本的には佐々木の計算値とは異なるが，ここで議論している波長における遷移金属の系では近似的に正しく，f'，f'' の値は佐々木の計算値を用いても実質的に問題はない．

なお，吸収端より短い波長領域で反射率を測定する場合，蛍光 X 線が発生するため，バックグラウンドが増加する傾向がある．このため，実験的に許されるのであれば，吸収端より長い波長を選択するほうが望ましい．

3.2.2 入射 X 線の角度発散の分布：$G(\Delta\alpha)$

通常の実験室で用いる X 線は，角度分布と強度分布をもつ．「入射 X 線の角度発散の分布」は試料に入射するX線ビームにおいて，異なる角度で入射するX線の強度分布である．視射角に広がりをもつX線が種々の角度で反射されるため，得られるX線反射率は，視射角の異なるX線による反射率プロファイルが重ね合わされていると考えられる．異なる角度で試料に同時に入射したX線の反射率を検出する場合，それらの反射強度が加算されて測定されるため，定性的には振動構造の振幅は小さくなる．反射率の理論式(式(1.71)，式(1.115)および近似式(3.23))でもわかるように[3~5]，振動構造の振幅は入射X線の角度発散のほかに，反射界面での屈折率差と界面粗さが影響する．このことは，角度発散を考慮しないでX線反射率を解析すると，界面粗さ，膜の屈折率(密度)が正しく解析できないことを示している．

図3.3はSiウェハ上にCrを183 nm，その上にCを467 nm積層した同一試料からのX線反射率である．観測された振動構造は650 nmの膜厚に対応していると考えていただきたい．分光結晶を変えることで，入射X線の角度発散を変えて測定している．角度発散の大きさは，大きいほうからGe(111) > Ge(220) > Ge(220)(+, +)配置 > Ge

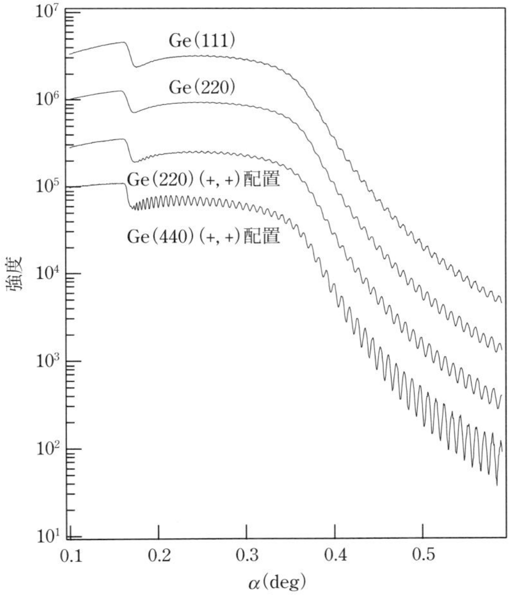

図3.3　入射X線の角度発散を変えて測定した反射強度
試料：C(467 nm)／Cr(183 nm)／Si基板．角度発散はGe(111)＞Ge(220)＞Ge(220)（＋，＋)配置＞Ge(440)（＋，＋)配置の順．

(440) (+, +)配置の順である．角度発散が小さいほど，振動構造の振幅が大きくなっていることがわかる．このように反射率データを正しく解析するためには，入射X線の角度発散の分布を得ておくことは必須である．

また，試料の膜厚が1 μmレベルになると，Ge(440) (+, +)配置，Si(220) (+, +)配置以外では振動構造は測定できなくなる．しかも，この場合の振動振幅は入射X線の角度発散の分布から計算される大きさより小さくなる．X線反射率における干渉振動は，試料表面で振幅分割されたX線と界面で反射されて表面に戻ってきた波の重ね合わせにより得られている．1 μmレベルの膜厚の試料では，表面で反射されたX線と膜中で反射されたX線の経路が重なり干渉した干渉強度と経路が重ならない非干渉強度の比と，X線の可干渉距離が，厚い試料の振動振幅を決める新たなパラメータとなる．これらについては1 μmを超えた膜の膜厚を評価する場合に考慮する必要性が出てくるが，ここでは，解析可能膜厚の上限を1 μmとすることで，この2つについては無視する．

実際の入射X線の角度発散の分布$G(\Delta\alpha)$は，たとえば，Gauss関数で表されるような分布となる．強度分布$G(\Delta\alpha)$を実測することもできる．$G(\Delta\alpha)$はSi単結晶の高次反射(たとえば，440反射など)のロッキング測定を行うことで得られる．X線反射率専用機のように，大きな角度まで2θ軸を動かすことができない場合でも，チャンネルカット型のSiモノクロメータ結晶を試料位置に置き，ロッキング測定を行うことで$G(\Delta\alpha)$を測定できる．測定した$G(\Delta\alpha)$を用いて，式(3.3)を計算することで，入射X線の発散を考慮に入れることができる．

$$
\begin{aligned}
\left|R^2\right| &= \int_{-\infty}^{\infty} G(\mathrm{d}\alpha)\left|R_1(\alpha+\mathrm{d}\alpha)\right|^2 \mathrm{d}\alpha \\
&= \sum_{\Delta\alpha} G(\Delta\alpha)\left|R_1(\alpha+\Delta\alpha)\right|^2
\end{aligned}
\tag{3.3}
$$

3.2.1項，3.2.2項で述べた2つのパラメータは，測定したい試料により決定する必要がある装置パラメータである．反射率測定の前に，この2つのパラメータを考慮して，装置条件を決定していただきたい．

3.2.3　入射X線の試料位置での大きさ：S_0

「入射X線の試料位置での大きさ」は入射X線の試料からのはみ出しの有無を計算するうえで必要な値である．視射角が非常に小さい領域において，入射X線と試料はほぼ平行に配置されるため，すべての入射X線が試料に照射されることはまずない．このため，全反射領域近傍では正しい反射強度が測定できないことはすでに述べた．試料からのはみ出しを考慮するにしても，はみ出さない角度領域で測定するにしても，試料位置での入射X線の大きさを知らなければ判断できない．近似的には入射スリットの幅で代用できるが，開き角が大きな光学系の場合，入射 X 線は入射スリット幅の 2 倍程度に広がる．

入射 X 線の試料位置での大きさ S_0 を実測するには，X 線反射率測定の試料軸立てで実施する，半割スキャン(試料と X 線を平行にあわせた状態で，試料が X 線を横切るように行う走査測定のこと)のプロファイルの微分をとる．その半値幅を $2S_0$ とするとよい．試料からの全反射を避けるため，試料の表面凹凸は大きいほうが望ましい．

3.2.4　反射率計の光学系の大きさ：L，S_d

「反射率計の光学系の大きさ」は試料の湾曲を考慮した反射率を計算するうえで必要な値である．試料に湾曲がある場合，試料で反射されたすべての X 線を検出器に取り込むことができなくなり，全反射領域近傍での正しい反射強度を測定できない．一方，全反射角度は屈折率の実部 δ により決まるため，δ を精度良く求めるためには，フィッティングによる解析範囲に全反射角度領域を含めることが重要である．このため，反射率の解析において，入射 X 線のはみ出しと同時に試料湾曲の影響も考慮されていることが望ましい．ここでは，試料サイズ $2W$，曲率半径 r_0 の円筒状試料の場合の反射率計算の補正法を示す．図 3.4 に小さい試料において入射 X 線側に凸の湾曲がある場合の X 線光路を示す．幅 $2S_0$ の平行な X 線ビームが試料に入射すると仮定する．入射スリット面上で幅 $2S$ の X 線ビームは，試料面上 P_1−P_2 で反射され，距離 L だけ離れた検出器前のスリット面上 Q_1−Q_2 に到着する．

$2S = 0.05$ mm のとき，$r_0 \geq 1.0\times10^4$ mm，$\alpha \leq 0.2°$ という条件下では，$x_1 - x_2 \fallingdotseq S/\sin\alpha$，$\Delta z_1 = \Delta z_2 \fallingdotseq 0$，$\alpha_1' = \alpha_2' \fallingdotseq S/(r_0 \sin\alpha)$ の近似が成り立つ．このときの X 線ビームの広がり D は次式のようになる．

$$D = 2S + \frac{4SL}{r_0 \sin\alpha} \tag{3.4}$$

$D \leq 2S_d$，すなわち $S_0 \leq S_d/\{1 + 2L/(r_0 \sin\alpha)\}$ であれば，X 線ビームはすべて検出器に入射，計測されることになる．また，試料表面で≒の X 線の広がりは $x_1 - x_2 = 2S/\sin\alpha$ となることから，試料サイズ $2W$ が見込める仮想的な入射スリットのサイズを S_s とすると，$S_0 \geq S_s$ であれば，入射 X 線ビームはすべて反射される．これらの条件から，湾曲のない無限に大きな試料からの反射強度を I_0，湾曲があり試料の大きさが有限な場合の反射強度を $I = I_0 \cdot F_r$ とすると，次式より F_r を求めて反射強度を補正することができる．

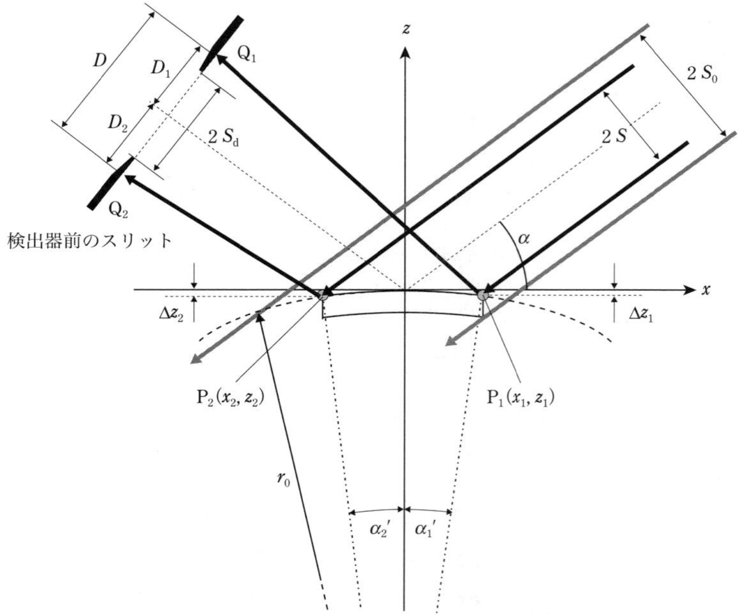

図 3.4　湾曲している小さな試料による X 線の反射の模式図
曲率半径 r_0 の表面に幅 $2S_0$ の X 線が入射し幅 $2S_d$ のスリットを通して反射 X 線強度を測定した場合．

$$
\begin{aligned}
&S_s = W\sin\alpha \\
&S = \frac{S_d r_0}{r_0\sin\alpha + 2L}\sin\alpha \\
&S_s \geq S \geq S_0,\ S \geq S_s \geq S_0 \rightarrow F_r = 1.0 \\
&S_0 \geq S \geq S_s,\ S \geq S_0 \geq S_s \rightarrow F_r = S_s/S_0 \\
&S_s \geq S_0 \geq S,\ S_0 \geq S_s \geq S \rightarrow F_r = S/S_0
\end{aligned}
\tag{3.5}
$$

図 3.5 に試料湾曲がある場合の反射率の計算例を示す．Si 基板上に 20 nm の NiFe 膜を成膜した試料の計算例である．$r_0 \geq 10\times10^4$ mm では，湾曲の影響はほとんど問題とならない．しかし，$r_0 \leq 5.0\times10^4$ mm では全反射領域だけでなく，$\alpha = 0.5°$ 付近の振動のピーク強度にも影響が生じていることがわかる．曲率半径 $r_0 = 5.0\times10^4$ mm とは，3 インチの Si ウェハで考えると，ウェハ中央に対してウェハ端が 14.5 μm たわんでいることに相当する．なお，全反射領域での反射強度の減少は，前述した単純な 2 つの条件だけでなく，試料表面が波打っていること，あるいは，計測時における試料

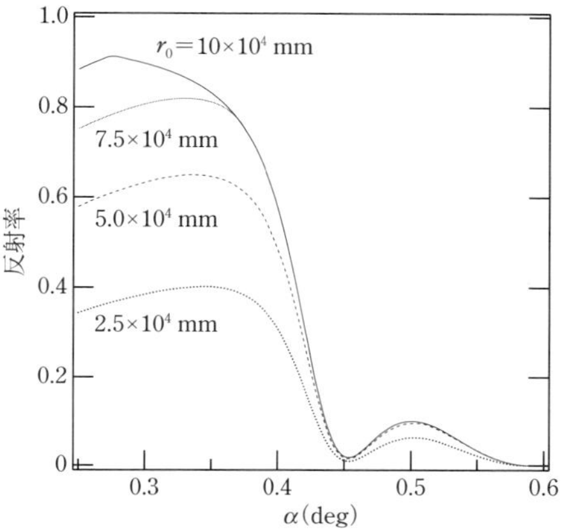

図 3.5　試料が湾曲している場合の X 線反射率
試料：NiFe(20 nm)／Si 基板．r_0 が大きくなるに従って
高角側まで影響を受けている．

軸立ての調整不足などでも生じる．現状ではこれらを区別することができないため，ここではこれらすべてを試料の湾曲という量で表す．

3.2.5　基板の屈折率：δ_{sub}，β_{sub}

理論式からわかるように，X 線反射率は各界面での屈折率差の二乗に関する情報を与えるため，解析を始める前に各層の屈折率を得ておき，屈折率差の符号をある程度制限しなければ，データフィッティングでの解析は収束しない．反射率を測定しているからには，試料の膜厚と密度が知りたい情報であるため，各層の屈折率を得ることは容易ではない．しかし，2 つの層だけは，比較的容易に正確な値を得ることができる．

(1) 空気(真空，$j = 0$ 層)は，$\delta_0 = 0$，$\beta_0 = 0$ である．

(2) 基板($j = N$ 層)はバルクなので，密度も組成も調べやすい．どうしてもわからない場合は，化学分析や二次イオン質量分析(SIMS)を利用して組成を調べ，$(\beta/\delta)_{\mathrm{sub}}$ を計算で求める．次に基板の反射率を測定し，臨界角 α_c から基板の屈折率の実部 δ_{sub} を求めることで，基板の屈折率を得ることができる．

データフィッティングにより反射率を解析する場合，この 2 つの層に関する屈折率をパラメータから外し，反射率解析で得られる屈折率差の積分の始点と終点の値を固定することで，多数の局所解が出てくることを避けることができる．

3.3　最小二乗法フィッティングによる膜構造解析の手順

筆者らは，本書を手にされている方のなかには，すでに最小二乗法により反射率を解析された経験があり，また，最小二乗法でうまく解析できなかったというような経験があると推測している．最小二乗法における基本的なプログラムの使用法はマニュアルなどに譲るとして，本節では，解析が難しい試料をどのような手順で解析を進めるかということに焦点を絞って述べる．最小二乗法以外の最適化法に関しては，後の章を参照していただきたい．

図 3.6 は実験的に取得した X 線反射率プロファイルから，最小二乗法を用いて膜構造を解析する際の手順である．図 3.6 に従って順に解析手順を解説する．

3.3.1　実験反射率の入力

X 線の視射角が全反射臨界角を超えると，反射率の測定値は急激に小さくなる．そのため，測定する反射率の強度範囲は 4 桁ないしそれ以上に及ぶ．視射角の小さい領域では反射強度が非常に大きい．しかし，薄い膜の情報は，反射強度が小さく，統計誤差の大きな視射角の大きい角度領域に含まれている．このため，測定された反射率の解析における重み付けは，測定強度やその平方根とすると，臨界角付近と，視射角の大きな領域では，データの重みが 3 ～ 4 桁異なるため，薄い膜の情報はほとんどの場合，得られなくなる．このため，薄い膜の情報を得るためには，視射角の大きな角度領域に重みを付ける必要がある．そこで，反射率の解析では，最大強度を 1 として規格化し，対数をとった反射率を縦軸として解析に用いる場合が一般的である．つまり，対数の重み付けがされていることになり，臨界角付近より高角領域に数倍重み付けされた形で解析されることになる．横軸に関しては通常，視射角が用いられるが，散乱ベクトルの大きさ $q(=4\pi\sin\alpha/\lambda)$ を用いる場合もある．

3.3.2　膜構造モデルと初期値の検討

最小二乗法による最適化では，膜厚，密度，界面粗さなどの情報が同時に得られるが, 正しい値に収束させるには正しい膜構造モデルと良い初期値の設定が必要である．

A.　屈折率の初期値

スパッタリング法や蒸着法で形成した積層膜を評価する場合，各構成要素の膜を事前に評価しておくことをお勧めする．このようなデータベースは一度作っておくと，非常に便利である．以下ではこのデータベースの作成方法に関して，簡単に述べる．

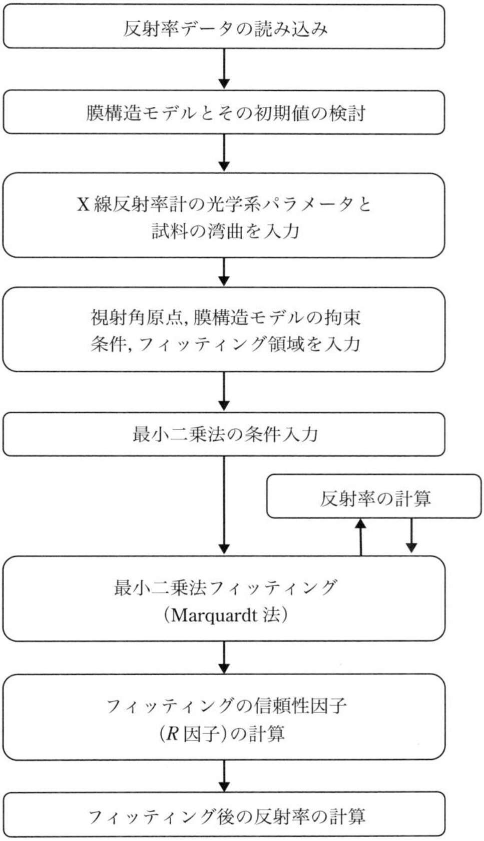

図 3.6　最小二乗法による層構造解析の手順

(i) 標準薄膜試料法

筆者らの場合は，標準試料と称して，Si 基板上に Ta（タンタル）を 10 nm 成膜し，その上に評価する材質の膜を 10 nm 程度，最後に Ta を 10 nm 成膜した試料を準備する．Si 基板上に Ta を成膜するのは，Si 基板上に直接評価したい材料を成膜すると，Si 基板上の薄い自然酸化膜と評価材の混合が生じ，界面が評価しにくくなるためである．10 nm の Ta 膜で挟む理由は，Ta は密度が大きい材料であるために筆者が扱っている 3d 金属との密度差が大きく，反射率においてコントラストが付きやすい厚い Ta 膜で挟むことで，評価材の上下の Ta は同じ密度と考えられるためである．また，

Ta は酸化されやすく, Ta の 50％程度の密度の厚く安定した酸化膜が形成されるため, 表面構造も評価しやすい．このようなことから，上記の構造の試料を用いている．

(ii) バルク材料法

バルク材料の密度がすでにわかっている場合，この数値を用いるとよい．ただし，20 nm 以下の薄膜の場合，バルクより密度が 10 ～ 20％程度小さくなる場合が多い．そのため，初期値としては，10％程度小さい値を用いるとよい．

(iii) 無標準試料法

標準試料の準備も難しく，バルク材料の密度もわからないような試料を評価する場合は，SIMS や，イオンエッチングしながらオージェ電子分光測定を行い，組成の深さ分布を調べることが有効である．測定された組成から β/δ を計算で求める．次に，化合物がないか, ICDD (International Center for Diffraction Data) が提供する PDF データベースなどを調べる．類似の組成で格子定数や密度が載っていれば，それを参考に密度を計算する．類似の化合物がない場合は，バルクの密度の元素が組成に合わせて混合していると近似して，密度を求める．この場合，求めた密度より実際の試料の密度が大きいか小さいかもわからないため，この値を初期値とする．

以上のように，初期値となる屈折率の実部と虚部を求める．このとき，前述したように, f', f'' の値には佐々木の計算値を用いることで，高い精度で屈折率を計算できる．

次に先ほど求めた屈折率の実部から，各膜の臨界角 α_c を求める．これと測定した実験反射率の臨界角 α_c^{exp} を比較する．最も高角側にある α_c^{exp} と最も大きな屈折率の膜の臨界角が一致するはずである．もし一致しないとすると，最も大きな屈折率の膜の膜厚が非常に薄いことを示している．その場合は，2 番目に大きな屈折率の膜と比較をする．実験反射率の臨界角と屈折率から計算された臨界角のペアが決まったなら，低角側にある別の実験反射率の臨界角について同様の作業を進め，すべての実験反射率についてペアを作る．もし，よく似た屈折率の材料が複数ある場合は，膜厚の厚い材料，膜厚が同じなら表面に近い材料で代表する．

次にペアとなった実験反射率の臨界角と屈折率を用いて，反射率をフィッティングする．フィッティングする実験反射率の範囲は，臨界角の前後で振動構造が見られない範囲とし，低角側から基板のみの構造を仮定してフィッティングする．このときのパラメータは屈折率の実部 δ である．得られた屈折率を最終的な初期値とする．

B.　界面粗さの初期値

次に，最も大きな臨界角と屈折率のペアに再度着目し，反射率のフィッティングをする．フィッティングする実験反射率の範囲は，臨界角の前後で振動構造が見られない範囲であるが，高角側に広くとる．今度のフィッティングパラメータは，界面粗さ σ である．得られた界面粗さをすべての膜の界面粗さの初期値とする．事前に基板の界面粗さが得られている場合，基板の界面粗さはその値に設定する．

初期値を得るためのフィッティングでうまく解析できない場合，磨いたガラス基板で 0.4 ～ 0.5 nm，Si 基板で 0.2 ～ 0.3 nm 程度の界面粗さを初期値とするとよい．

C.　膜厚の初期値

測定した実験反射率の最短周期の振動構造に着目する．すでに述べたように，この 1 周期長から求めることができる厚みは，測定試料全体の膜厚である．もし，予測された膜厚より 10%（または 5 nm）以上厚い場合，あるいは 10%（または 5 nm）以上薄い場合は，予測値を初期値として使うことは避けたほうがよい．これは，最小二乗法で最適化する場合，振動構造が出ないように最適化することでも残差を小さくできるため，これほどの膜厚誤差があると，膜厚より界面粗さによる残差が小さくなる場合があるためである．また，振動構造が最適化される場合も，屈折率差の大きな界面の上の層の膜厚が大きく変化する傾向があり，そのあとの振幅を最適化する場合に，局所解に落ち込みやすくなる．このような場合は，膜厚初期値は Fourier 変換法で得るのがよい．1 つ重要なことは，1 波長で測定した実験反射率を最小二乗法解析した場合，測定範囲に 0.5 周期分以上の周期構造が含まれていれば，膜として解析されるのに対して，Fourier 変換法では約 1.5 周期程度含まれなければ，Fourier ピークとして解析されないことである．薄膜層は Fourier ピークとして解析されないので，初期値は予測膜厚とし，全体膜厚が Fourier 解析から求めた膜厚となるように厚膜層の膜厚を修正し，初期値とするのがよい．

膜厚が許容範囲内で予測値より大きな値となった場合は，自然酸化により表面付近の膜の膜厚が増加した，基板と考えていた部分に加工層やコーティング層などがあった，などの原因が考えられる．基板部分に関しては，成膜前の基板の反射率を事前に測定・解析することで，正しい基板の構造と初期値を与えることができる．また，自然酸化膜に関しては，屈折率の初期値を得ることで，酸化膜の膜厚初期値を膜厚増加分とするとよい．基板に追加の層が存在せず，また，酸化膜が存在しない場合は，反射率プロファイルを Fourier 変換して膜厚の初期値を得る，同じ割合で各層の膜厚を厚くした値を初期値とするなどの方法が考えられる．

膜厚が許容範囲内で予測値より小さな値となった場合は，全体膜厚の振動構造が測定条件において測定されていない可能性が考えられる．この場合，反射率測定の測定角度ステップを小さくする，入射 X 線の開き角を小さくして再測定するなどの必要がある．測定条件を変えて再測定しても結果が同じ場合は，実際に試料膜厚が予測膜厚より薄いと考えられる．この場合は，Fourier 変換法を用いて膜厚の初期値を得る，または，同じ割合で各層の膜厚を薄くした値を初期値とするなどの方法が考えられる．

3.3.3　X 線反射率の光学系パラメータと試料湾曲

ここでは，3.2 節で説明した，下記の反射率計の光学系のパラメータを与える．
(1) 使用 X 線の波長：λ
(2) 入射 X 線の角度発散の分布：$G(\Delta\alpha)$
(3) 入射 X 線の試料位置での大きさ：S_0
(4) 反射率計の光学系の大きさ
　・試料—検出器前のスリットの距離：L
　・検出器前のスリットの幅：S_d

また，試料の曲率半径も与える．曲率半径は最小二乗法で求めることもできるが，得られた曲率半径にどの程度意味があるのかはわからない．そこで，曲率半径を考慮した反射率シミュレータを用いることで，曲率半径は 2 桁の有効桁数で求めることができる．通常の解析では，この桁数で十分である．

3.3.4　視射角原点，フィッティング領域，膜構造モデルの拘束条件

A.　視射角原点

理想的には，試料軸立てを精度良く実行することにより，視射角の原点補正は不要となる．実際の測定では，入射 X 線の広がりや試料の湾曲の影響により，視射角原点を高い精度で決めることは難しいが，実験技術でできるだけ誤差を小さくしておくことが非常に重要である．解析時に視射角原点を補正する方法としては，次の 2 通りの方法がよく用いられる．

(i) 基準層法

この方法は，積層膜中に屈折率が既知の材料が含まれている場合に利用される方法である．既知の層の屈折率を固定して解析し，膜構造がほぼ決まった時点で，視射角をフィッティングパラメータに加えて，解析する．反射率の解析では臨界角付近の重み付けが小さいため，解析の初期に視射角をフィッティングパラメータに加えることは，膜厚や他の多くの膜の屈折率が視射角補正値の影響を受けやすいため，収束を悪くする傾向がある．このため，視射角は，解析の最後に残差を小さくするパラメータ程度と考えたほうがよい．

(ii) 理論屈折率法

全反射領域から臨界角を超え，1 つ目の振動構造が見える前までの反射率プロファイルを，理論値の屈折率と設計膜厚を基に計算する．そして視射角補正値を変えて実験反射率と計算反射率を比較し，残差が最小となる補正量を視射角補正値とする．この方法は理論値を用いているため，補正値が正しいかどうかはわからない．そのため，

膜構造がほぼ決まった時点で，視射角をフィッティングパラメータに加えて最適化することで，膜構造と視射角補正量を解析することになる．

B.　フィッティング領域

フィッティング領域に関しては，解析のはじめは臨界角付近の狭い領域で最適化を進め，次第にフィッティング領域を広げていき，最終的に全体領域までフィッティング範囲を広げて解析することになる．

では，どの程度フィッティング領域を広げてよいか？　これには明確な答えはない．筆者が使っている Marquardt 法による最小二乗法アルゴリズム[6]では，後述する式(3.6)で計算した残差二乗和が 100 を超えない程度，できれば 50 以内に増加させることがポイントとなる．これは，残差二乗和が大きくなるとフィッティングパラメータの変化量が大きくなり，これまでフィッティングしてきた領域における合致の程度を多少無視しても重み付けの大きな高角領域を重視したフィッティングとなる傾向があるからである．このような場合，全反射領域や臨界角付近が一致しなくなる傾向がある．これまでのフィッティング結果の付近で局所解(最小値)を探すのであれば，残差二乗和が 100 を超えない程度に増加させるとよい．もし，フィッティング領域を広げた結果，残差が小さくならないのであれば，膜構造モデルと拘束条件を見直すべきである．

C.　膜構造モデルと拘束条件

最小二乗法で最適化する場合，できるだけ少ないパラメータで残差を小さくするとよい．パラメータが増えれば，フィッティングが良くなるのは当然であり，局所解も増え，正しい解析値を得にくくなる．

解析に用いる膜構造モデルは，積層数と積層膜の屈折率 δ_j，β_j と膜厚 d_j，界面粗さ σ_j を設定する必要がある．初期値の与え方はすでに示したが，フィッティングパラメータを減らす工夫も重要である．代表的な減らし方は，初期値に固定する以外に，次のような方法がある．

(i) j 層と k 層の屈折率をリンクさせる：$\delta_j = \delta_k$

(ii) 屈折率が上下の層の間に固定：$\delta_{j-1} < \delta_j < \delta_{j+1}$ または $\delta_{j-1} > \delta_j > \delta_{j+1}$

(iii) β_j/δ_j 値を固定

(i) に関しては，同じ材料の層が繰り返されている場合によく利用できる．(ii) は上下の層が混合して形成された層などに利用する方法である．これらは，屈折率以外にも，膜厚や界面粗さでも同様の拘束条件を与えるという点でもよい方法である．(iii) に関しては，少し説明が必要となる．よく用いられるのは，β_j 値を固定する方法である．ここで屈折率を与える式(式(1.31)，(1.32)，(3.1)，(3.2))を思い出していただきたい．δ，β とも，$r_e\lambda^2\rho N_A/2\pi$ が共通している．つまり β/δ 値は，原子散乱因子と元素の組成にだけ依存する値となるため，組成がパラメータとならない系であれば，固定できる量となる．

また，フィッティング領域が狭い場合，薄い膜の膜厚は決定できないことを利用し，薄い膜の膜厚を固定して解析することも，フィッティングパラメータを減らすよい方法である．フィッティング領域を狭めて解析している間，解析可能な膜厚（$d_{\mathrm{min}} \fallingdotseq \lambda/2\alpha_{\mathrm{max}}$）より薄い層に関しては，膜厚は固定できる量と考えられる．

D.　バックグラウンドと構造モデルの修正

解析がある程度進むと，固定していた薄い膜の膜厚をフィッティングパラメータとして，さらに解析を進めることになる．しかし，フィッティング領域を広げると，残差が大きく増加する，残差が減らないなどの問題に直面することになる．この場合，最初に確認すべきことは，バックグラウンドの影響である．これはバックグラウンド強度を計測することで確認できる．具体的な方法としては，反射率計に試料を設置し，試料軸立てをする．次に測定した最大視射角において，角度走査測定を行う．これにより鏡面反射とその周辺のバックグラウンド強度がわかる．バックグラウンドとして考えられるのは，試料からの蛍光X線と散漫散乱である．蛍光X線は視射角および出射角が臨界角と一致する場合を除き，全方向にほとんど等方的な強度分布を示す．また，散漫散乱は散乱ベクトルの−2乗で減衰するため，−4乗で減衰する鏡面反射に対しては，高角領域以外での影響が小さい．このため，測定された鏡面反射以外の部分の強度をバックグラウンドとして実験反射率から引くことが近似的に許される．これにより，高角領域の反射率変化が変わり，フィッティングが改善されることがある．

次に考えることは，モデルの見直しである．具体的には，膜の追加が考えられる．膜を追加する場合，上下の膜が混じる場合が一般的であることから，β/δ は上下の膜の間くらいの値を初期値とするのがよい．一方，δ に関しては，混合層の場合と反応層の場合で密度に関する考え方が異なるため，材料の特性から初期値を考えるのがよい．ただし，混合層の場合，密度は上下膜の間の値である場合が多いので，$\delta_{j-1} < \delta_j < \delta_{j+1}$（または $\delta_{j-1} > \delta_j > \delta_{j+1}$）と拘束条件を与えたうえで，初期値を3種類程度変えて試すのがよい．どの場合においても，残差二乗和が10%以上小さくなる場合は，膜の追加の効果があると考えられる．

類似の膜構造を複数評価する場合，1試料に関しては，断面TEM観察やSIMS，深さ方向のオージェ電子分光測定により膜構造の妥当性を確認することで，最終的な構造モデルの信頼性を確認することが重要である．

E.　最小二乗法の条件入力

最小二乗法の条件入力では，繰り返し回数，収束したと判定する残差二乗和の変化量と，各パラメータ初期値の変化量などを与える．解析のはじめは繰り返し回数を少なく，初期値の変化量を大きくする．解析を進めていくにつれて，回数を多く，初期値の変化量を小さく，収束判定の残差二乗和の変化量を小さくしていく．各パラメータ初期値の変化量に関しては，膜厚に与える値への注意が必要である．試料によっては膜厚が3桁程度異なる膜の積層体からなる．このような試料の場合，変化量を%で与えると，厚膜の膜厚が1%変化するだけでも，薄膜は100%以上変化することになりかねない．また，変化量を絶対値で与えた場合，厚膜の膜厚がほとんど変化しないことになり，振動構造の周期を最小二乗法のアルゴリズムが最適化できず，界面粗さを増やして振動のない反射率を与えるように最適化が進む．このような試料では，膜ごとに変化量を変えることが良い解析手順となる．また，別の対策としては，厚い膜と薄い膜が混在する試料の場合，膜厚の自然対数をフィッティングパラメータとするように最小二乗法の条件を変えることで,解析を容易にできる．ここに示した内容は,自身でフィッティングプログラムを作成する場合に参考にするとよいが，既存のプログラムを利用する場合には，薄い膜の膜厚を固定して，厚い膜厚をフィッティングし，最後に薄い膜厚をフィッティングするというように，解析手順を工夫することが重要である．

収束したと判定する残差二乗和(式(3.6)，後述)の変化量の最終値は，0.00001程度である．このレベルまで収束すると，最小二乗法のアルゴリズムやプログラム言語，CPUが異なっていても，実験における繰り返し誤差以内で同じ解析値が得られるためである．

F.　最小二乗法フィッティングと信頼性因子

最小二乗法による最適化プログラムで最小化すべき残差二乗和 χ^2 は,次式で表される．

$$\chi^2 = \sum_{i=1}^{N_p} \left[\log\{I_{\mathrm{exp}}(\alpha_i)\} - \log\{I_{\mathrm{cal}}(\alpha_i)\} \right]^2 \tag{3.6}$$

I_{exp} は規格化した実験反射率，I_{cal} は計算反射率であり，N_p はフィッティング範囲内のデータ点数である．反射率の測定値は全反射臨界角を超えると急激に小さくなる．測定する反射率の強度範囲は4桁ないし，それ以上に及ぶ．低角領域は反射強度が非常に大きい．しかし，薄い膜の情報は，反射強度が少なく，統計誤差の大きな高角領域に含まれている．このため，反射率の解析におけるデータの重みを測定強度やその平方根とすると，臨界角付近と高角領域では，データの重みが3～4桁異なるため，ほとんどの場合，薄い膜の情報は得られなくなる．このため，薄い膜の情報を得るためには，高角領域に重みを付ける必要がある．そこで，反射率の解析では，最大強度を1として規格化し，対数をとった反射率を縦軸として解析に用いている．つまり，対数の重み付けがされていることになり，臨界角付近より高角領域に数倍重み付けされた形で解析されることになる．

また，フィッティングの信頼性を示す指標として，次式で定義した R 因子が用いられる．

$$R(\%)=\sqrt{\frac{\chi^2}{\sum_{i=1}^{N_p}\left[\log\left\{I_{\exp}(\alpha_i)\right\}\right]^2}}\times 100 \tag{3.7}$$

実験において反射率の絶対値を正確に測定することは困難である．このため，実験反射率は，計測された反射強度の最大値で規格化した最大反射率を用いて解析することが一般的である．この場合，実験反射率，計算反射率をそれぞれ対数で表し，スケール因子として計算反射率に一定値だけ加減する補正により，実験値と計算値を比較する方法で解析している．

では，どの程度まで信頼性因子が小さくなればよいのか，ということについて少し述べる．フィッティングを悪くする要因としては，試料表面の湾曲や微小なうねりなどの面内方向のむらや，想定外の薄膜層の存在，界面粗さの非対称性などが考えられる．面内むらの影響は，入射 X 線の縦幅・横幅を小さくすることで，実験的に改善できる．薄膜層や非対称界面の影響は，フィッティング範囲を狭くすることで小さくできる．まずは，自分が知りたい最小膜厚よりフィッティング範囲を大きくしていないかを確認し，必要な範囲内で解析を進める．解析したい膜が薄く，信頼性因子が大きな場合は，薄膜層や非対称界面の影響を入れるため，膜の追加を考える．膜の追加に関しては，先に述べたように，膜の追加によりフィッティングが改良され，残差二乗和の減少が 10％以上である場合は，膜を追加した膜構造モデルを採用する．こうした検討を進め，信頼性因子が 2％程度またはそれ以下になることを目指す．実際はケースバイケースの判断が必要となるが，およその目安として，数％～ 7％の信頼性因子を得ることをフィッティングの目標とするとよい．非対称界面などの影響も薄膜として積層モデルで近似しているため，信頼性因子を明記したうえで，得られている膜構造を科学的な議論に使用することを推奨する．

G.　得られた膜構造の確認

最後に，解析で得られた膜構造の確からしさを調べる方法について紹介する[7]．Sinha らは膜厚が界面粗さに比べ十分厚いときの積層体内部の屈折率分布は，各界面の Fresnel の反射係数に対して次式のような界面粗さ補正を適用することにより良い近似で求められることを示した[8,9]．

$$\begin{aligned} F'_{j,j+1} &= F_{j,j+1}\exp\left(-\frac{8\pi^2\sigma_{j+1}{}^2}{\lambda^2}g_j\cdot g_{j+1}\right) \\ g_j &= \sqrt{n_j{}^2-\cos^2\alpha} \end{aligned} \tag{3.8}$$

しかし，図 3.7 に示すように薄い膜が積層されると，膜の両側の屈折率分布が相互に重なり，膜内の屈折率が膜本来の屈折率とは異なった値になる．この部分で膜自体

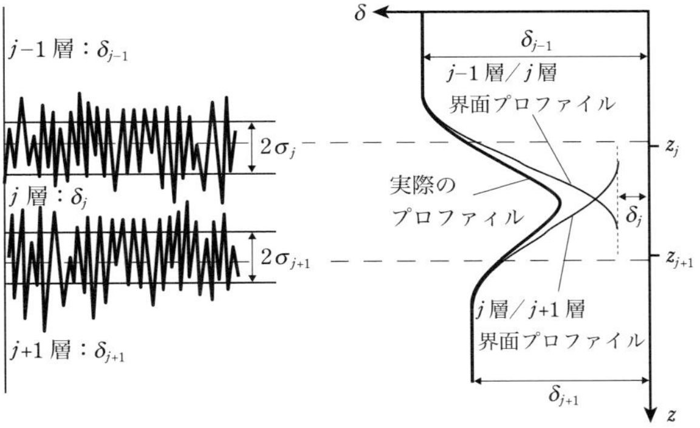

図 3.7 薄い膜の上下界面粗さが屈折率分布に与える影響の模式図

の屈折率や屈折率分布に矛盾がないかを確認することで，得られた膜構造モデルの確からしさがわかる．

積層体の屈折率の深さ分布は一般的に次式で計算できる($j = 0$ は空気，$j = N$ は基板)．$erf(x,y)$ は誤差関数を表す．

$$\begin{aligned} n(z) &= v_{N-1} + (n_N - v_{N-1})erf(z - z_{N-1}, \sigma_N) \\ v_j &= v_{j-1} + (n_j - v_{j-1})erf(z - z_{j-1}, \sigma_j) \\ v_2 &= v_1 + (n_2 - v_1)erf(z - z_1, \sigma_2) \\ v_1 &= n_1 erf(z, \sigma_1) \end{aligned} \quad (3.9)$$

Sinha らの近似式では X 線は界面だけで反射し，界面粗さに応じて反射強度が減衰すると近似している．実際の X 線は積層体内部の電子密度が変化すると反射が起こる．したがって，界面粗さをもつ界面で反射された X 線も，反射された深さに幅をもつことになる．

そこで，式(3.9)を用いて求めた屈折率分布から，膜厚 0.01 〜 0.05 nm，界面粗さ 0 nm の短冊状の膜構造モデルを作り，理論反射率を計算する．これにより積層体内部の屈折率変化による反射を考慮した正確な反射率の計算を行うことができる．得られた反射率の計算値と実験値との一致を確認することも，解析で得られた膜構造モデルの確からしさを確認する方法の 1 つである．

H. 非対称界面の取り扱い [10)]

これまでの解析では，凹凸をもつ界面や原子が相互拡散した界面のように，屈折率分布が対称的である界面を取り扱ってきた．しかし，試料によっては，一方向的な原子の拡散も考えられるため，界面近傍で非対称な屈折率分布をもつ界面も存在する．これまでの解析では，界面層を追加することで非対称界面を近似的に再現していたが，以下に示すような，界面の屈折率分布が非対称であるとして反射率を計算する方法も検討されている．

ここでは，tanh 関数のプロファイルを用いて，非対称界面を取り扱う方法を紹介する[11]．j 層／$j+1$ 層界面における，界面粗さを σ_j，界面の非対称性を h として，j 層／$j+1$ 層界面の屈折率分布を次式のように定義する．

$$n(z)=n_j-(n_j-n_{j+1})Y[a,b;(z-z_{j+1}-\Delta z_{j+1})]$$

$$a\equiv\frac{\pi}{2\sqrt{3}\sigma_j}\exp(-h),\quad b\equiv\frac{\pi}{2\sqrt{3}\sigma_j}\exp(+h) \tag{3.10}$$

$$\Delta z_{j+1}\equiv\frac{1}{b+a}\ln\left[\frac{b}{a}\right]$$

$$Y[a,b;(z-\Delta z_{j+1})]\equiv\frac{(b+a)}{\pi(b-a)}\sin\left[\frac{2\pi a}{b+a}\right]B_{t(z)}\left[\frac{2b}{b+a},\frac{2a}{b+a}\right] \tag{3.11}$$

式(3.10)の a，b は非対称界面の分布を表すパラメータで，界面粗さ σ_j，界面の非対称性因子 h により定義される．また，Δz_{j+1} は界面が非対称となったときの界面深さに関する補正項である．また，式(3.11)の $Y(a,b;z)$ に含まれる $B_x(\alpha,\beta)$ はベータ関数であり，次式で表される．

$$B_x(\alpha,\beta)=\int_0^x t^{\alpha-1}(1-t)^{\beta-1}\,\mathrm{d}t\quad(0<x\le 1)$$

$$t(z)=\frac{1}{1+\exp[-(b+a)z]} \tag{3.12}$$

なお，$h=0$ のとき，$a=b$，$\Delta z=0$ となり，$Y(a,b;z)$ は次式となる．

$$Y(a=b;z)=\tanh(az) \tag{3.13}$$

図 3.8 に式(3.10)～(3.12)で与えられる屈折率分布を示す．この屈折率分布が与えられるとき，Fresnel の反射係数は次式のように補正される．

$$F'_{j,j+1}=F_{j,j+1}\frac{1-\chi^+}{1-\chi^-}\frac{\sin(\pi\chi^-)}{\sin(\pi\chi^+)}$$

$$\chi^\pm=\frac{2a}{b+a}-i\frac{g_j\pm g_{j+1}}{b+a} \tag{3.14}$$

式(3.10)～(3.12)は tanh 関数を用いて非対称分布を与えているため，$h=0$ でも，式(3.9)で示した誤差関数の屈折率分布と若干異なる．このため，式(3.14)は，$h=0$ でも，式(3.8)と同じにならない，つまり得られる反射率プロファイルにも若干違いが生じる．また，この関数を用いる場合，非対称性因子 h により Δz_{j+1} の値が変化するため，膜厚の補正を忘れてはいけない．

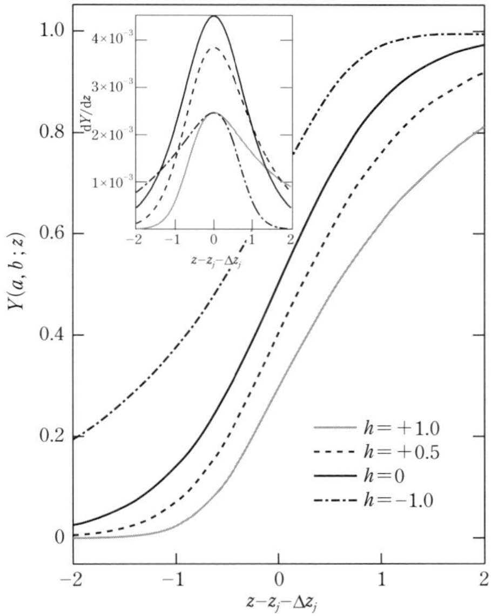

図 3.8 非対称界面を与える関数による j 層／$j+1$ 層の界面の屈折率分布
挿入図は非対称界面を与える関数の微分プロファイルである.

I. 相対屈折率プロファイル法

G 項で述べたように，Parratt の漸化式や Sinha の近似式では，X 線は界面でのみ反射するとしているが，実際の X 線は積層体内部の電子密度が変化すると反射が起こる．特に，界面粗さ ≧ 膜厚のような試料や拡散などにより非常に長い裾のある電子密度分布をもつような試料の場合は，Sinha の近似式ではうまく扱えない.

試料がこのような電子密度分布をもつと考えられる場合は，相対屈折率プロファイルを作る．$z=0$，$n(z)=n_0=0$ とし，完全に基板であると考えられる深さを $z=z_N$，$n(z_N)=n_N=n_{\mathrm{sub}}$ として，その間を膜厚 0.01 ～ 0.05 nm，界面粗さ 0 nm とした短冊状の膜構造モデルである．この膜構造を反射率フィッティングに用いる[12]．このモデルでは深さ z での屈折率は次式で表される.

$$n(z)=\sum_{j=1}^{N}(n_j-n_{j-1}) \tag{3.15}$$

この相対屈折率プロファイルのフィッティングパラメータは各層の屈折率だけになる．得られる反射率は，試料内部の屈折率変化にともなう反射が考慮されているため，非常に長い裾をもつような原子拡散モデルや，原子・分子の電子分布を反映していると考えられるモデル[13]，大きな凹凸界面の中に 2 種類以上の材料が存在するとした effective density モデル[14]が利用できる．ただし，相対屈折率プロファイルだけでは試料の構造を解釈できないため，試料の素性に合わせたモデルを選択し，相対屈折率プロファイルを理解する必要がある．

3.4　単層膜の解析と精度の評価[8]

ここでは，実際に X 線反射率法により単層膜を解析した例を示す．試料としては，ガラス基板上に Ni と Fe の合金(パーマロイ：$Ni_{0.8}Fe_{0.2}$，以下 NiFe と示す)膜の膜厚を変えて形成したものを用いた．X 線反射率測定の結果を図 3.9 に示す．点線は実験反射率，実線は最適化後の計算反射率である．各試料の設定膜厚は(a)15 nm，(b)

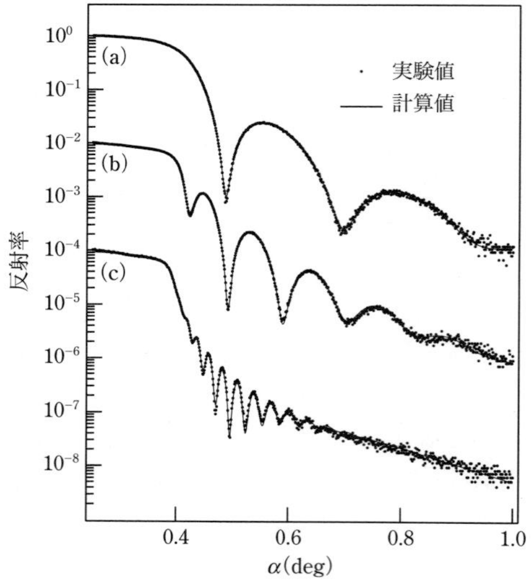

図 3.9　NiFe／ガラス基板試料の Cu Kα_1 による実験反射率と計算反射率
各試料の設定膜厚：(a)15 nm，(b)30 nm，(c)100 nm.

表 3.1　NiFe 膜の密度，膜厚，表面粗さの解析結果

試料 No.	密度(g cm^{-3})	膜厚(nm)	表面粗さ(nm)
(a)	8.48	15.3	1.85
(b)	8.49	29.3	2.46
(c)	8.46	101.3	3.61

30 nm, (c) 100 nm である．NiFe 膜は表面酸化されにくい材料であること，フィッティング角度範囲が狭いため表面酸化膜が反射率プロファイルに与える影響が少ないことなどから，解析では，表面酸化膜はないと仮定した．フィッティングの信頼性を示す R 因子は (a) 1.7%，(b) 1.6%，(c) 2.0% と全角度範囲で良好に一致している．表 3.1 に NiFe 層の密度，膜厚，表面粗さの解析値を示す．表 3.1 の密度は解析で得られた屈折率 δ から式 (3.2) を用いて，密度に変換した結果である．膜厚が増すと表面粗さが大きくなっていることがわかる．これは膜厚の増加による結晶粒の粗大化の影響である．膜厚は，設定膜厚とほぼ同じ値が得られている．また，膜の密度もいずれの試料とも良く一致している．また，試料 (b) を繰り返し測定し，実験とフィッティングの再現性から解析値の測定精度を求めた．その結果，膜厚は ±0.5% の精度で解析できていた．密度，表面粗さの解析精度は ±1% であった．

3.5　多層膜の解析と精度の評価[9)]

多層膜解析の例として，nm オーダーの薄膜を積層した磁性多層膜試料の解析結果を示す[8)]．試料は NiFe (5 nm)／Cr (d)／NiFe (5 nm)／Ta (10 nm)／Si 基板とした．括弧内は成膜時の設定膜厚である．図 3.10 に X 線反射率の測定結果を示す．試料にお

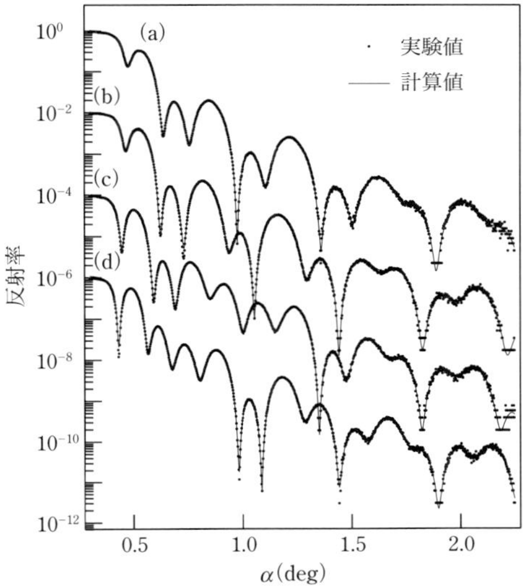

図 3.10　NiFe (5 nm)／Cr (d)／NiFe (5 nm)／Ta (10 nm)／Si 基板試料からの実験反射率と計算反射率
(a) d = 1 nm，(b) d = 2 nm，(c) d = 4 nm，(d) d = 6 nm.

表 3.2　NiFe(5 nm)／Cr(d)／NiFe(5 nm)／Ta(10 nm)／Si 基板試料の反射率解析結果

(a) 膜厚(nm)

	Cr(1 nm)	Cr(2 nm)	Cr(4 nm)	Cr(6 nm)
自然酸化膜	1.09	1.15	1.14	1.12
NiFe	4.54	4.55	4.73	4.55
Cr(d)	1.16	1.98	4.15	5.82
NiFe	4.87	5.03	4.90	4.05
Ta	9.80	9.94	10.10	9.65
界面層	1.47	1.11	1.59	0.87
R 因子	1.68%	1.63%	1.65%	1.55%

(b) 屈折率 δ($\times 10^{-6}$：上段)と密度($g\ cm^{-3}$：下段)

	Cr(1 nm)	Cr(2 nm)	Cr(4 nm)	Cr(6 nm)
自然酸化膜	14.2	13.4	15.0	15.0
	—	—	—	—
NiFe	23.9	23.7	24.1	23.8
	8.70	8.64	8.79	8.67
Cr(d)	22.0	21.7	21.3	21.1
	7.50	7.40	7.25	7.19
NiFe	23.9	23.7	24.1	23.8
	8.70	8.64	8.79	8.67
Ta	38.6	38.4	39.5	38.8
	16.3	16.2	16.7	16.5
界面層	10.4	13.8	11.2	11.9
	—	—	—	—
Si 基板	7.60	7.60	7.60	7.60
	2.34	2.34	2.34	2.34

(c) 界面粗さ(nm)

	Cr(1 nm)	Cr(2 nm)	Cr(4 nm)	Cr(6 nm)
空気／自然酸化膜	0.42	0.41	0.39	0.36
酸化膜／NiFe	0.46	0.50	0.40	0.37
NiFe／Cr(d)	0.51	0.39	0.56	0.66
Cr(d)／NiFe	0.19	0.34	0.52	0.57
NiFe／Ta	0.45	0.45	0.43	0.35
Ta／界面層	0.50	0.42	0.47	0.45
界面層／Si 基板	0.36	0.44	0.57	1.05

いて Cr の設定膜厚を変えており，それぞれ(a)1 nm，(b)2 nm，(c)4 nm，(d)6 nm とした．点線は実験反射率，実線は最適化後の計算反射率である．解析は，表面酸化膜，Ta／Si 基板の間の Si 基板上の自然酸化膜，Ta の成膜時のミキシングで形成されたと考えられる界面層を入れた膜構造モデルで行った．また，フィッティングパラメータの数を減らすため，二層ある NiFe の屈折率は同じ値となるようにリンクさせ，Si 基板の δ および膜の β/δ は固定して解析した．図 3.10 からわかるようにフィッティングはいずれの試料についても，全角度領域で非常に良好である．表 3.2(a)に X 線反射率の膜厚に関する解析値を，表 3.2(b)には屈折率と密度の解析値を，表 3.2(c)には界面粗さの解析値をそれぞれ示した．各膜は設計膜厚に対して ±0.2 nm 以内の誤差で作製されていることがわかる．また表 3.2(b)より，NiFe および Ta の密度は試料相互間で ±1% 以内の誤差で一致しており，バルクの密度とも誤差の範囲で一致していた．一方，Cr の密度は膜厚が厚い場合，バルクの密度と一致しているが，薄くなるに従って値が大きくなった．原因は不明であるが，Cr 膜の上下に密度の大きな物質があること，Cr の上下界面の粗さが 0.5 nm 程度あることから，膜の平均密度が見かけ上大きくなったものと考えられる．表 3.2(c)に示した試料の界面粗さは 2，3 の例外を除いて，0.35 ～ 0.55 nm の範囲にあった．

3.6　多波長 X 線反射率法[15)]

X 線反射率法では，評価対象の膜構成に応じた適切な波長の X 線を用いることが重要である．これまでは，単一波長による X 線反射率法について述べてきた．しかし，多層化，極薄膜化した積層膜からの反射率を最小二乗法により解析するときには，明確な極値が得られない，解析値が局所解へ落ち込むなどの問題が発生し，結果的に解析精度が低下する．そこで，X 線の膜中での位相変化や界面での反射強度が波長に依存することを利用して，複数の波長の X 線を用いて X 線反射率を同時に測定し，最小二乗法で解析する多波長 X 線反射率法が，多層化，極薄膜化した積層膜の解析に有効である．

多波長 X 線反射率法においても，適切な波長の組み合わせを選択することが重要であり，積層体のどの界面でも十分大きな反射強度が得られるようにすることが波長選択の指針となる．そのため，界面での反射強度の波長依存性を調べておくことが重要になる．また，複数の波長で反射率を測定する場合，反射率を視射角 α の関数としてではなく，散乱ベクトルの大きさ $q(=4\pi\sin\alpha/\lambda)$ で表すほうが，波長依存性がなく，反射率プロファイルを比較できるため見通しが良い．図 3.11 に示す模式図のように，基板上に $N-1$ 層の膜が形成されている系に X 線が入射した場合の反射率を

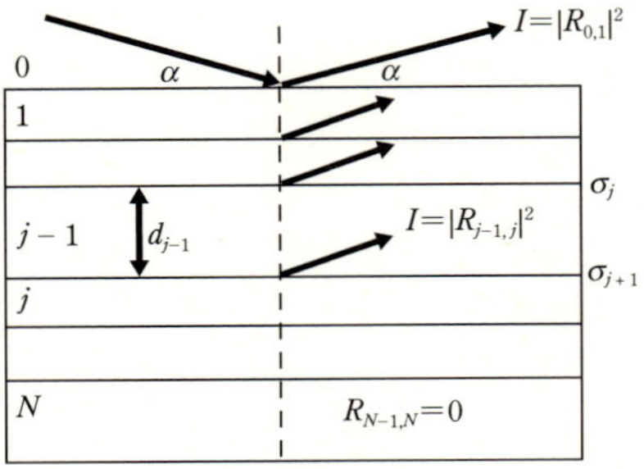

図 3.11　基板上に $N-1$ 層の膜を積層した積層体試料からの X 線反射の模式図
第 0 層は空気，第 N 層は基板である．

求める漸化式が Parratt により導出されている．界面が理想的に平坦な場合，膜 j($j=0$ は空気，$j=N$ は基板)の中央での振幅反射率 $R_{j-1,j}$ を散乱ベクトルの大きさを使って書き直すと次式のようになる．

$$R_{j-1,j}=a_j{}^4\frac{R_{j,j+1}+F_{j,j+1}}{R_{j,j+1}\cdot F_{j,j+1}} \tag{3.16}$$

$$a_j=\exp[-i(\gamma_j\cdot d_j)/4] \tag{3.17}$$

$$F_{j,j+1}=\frac{\gamma_j-\gamma_{j+1}}{\gamma_j+\gamma_{j+1}} \tag{3.18}$$

$$\gamma_j{}^2=q^2-2(\xi_j+i\eta_j) \tag{3.19}$$

式(3.19)の ξ_j, η_j は，j 番目の膜の屈折率 n_j の実部および虚部に関連した量で，次式のように表される．

$$n_j=1-\left(\frac{\lambda}{4\pi}\right)^2(\xi_j+i\eta_j) \tag{3.20}$$

$$\xi_j=\left(\frac{4\pi}{\lambda}\right)^2\delta_j,\ \eta_j=\left(\frac{4\pi}{\lambda}\right)^2\beta_j \tag{3.21}$$

ここでは，ξ, η は δ, β と区別するため，修正屈折率と呼ぶ．λ を nm 単位としたため，修正屈折率の単位は nm^{-2} となる．界面が理想的に滑らかで，$q^2\gg\xi,\eta$ の条件下では，式(3.16)の $R_{j-1,j}$ は次式のように近似できる．

$$R_{j-1,j}=a_j{}^4(R_{j,j+1}+F_{j,j+1}) \tag{3.22}$$

したがって

$$|R_{0,1}|^2\cong\sum_{j=1}^{N}\frac{(\Delta\xi_j)^2+(\Delta\eta_j)^2}{4q^4}+\sum_{j=2}^{N}\sum_{k=1}^{j-2}H_{j,k} \tag{3.23}$$

$$H_{j,k} \equiv \frac{1}{2q^4}\sqrt{\left\{(\Delta\xi_j)^2+(\Delta\eta_j)^2\right\}\left\{(\Delta\xi_k)^2+(\Delta\eta_k)^2\right\}}\cdot\cos(\phi+\phi')$$

$$\phi \equiv \gamma_k\cdot d_k+\gamma_{k-1}\cdot d_{k-1}+\cdots+\gamma_{j-1}\cdot d_{j-1}$$

$$\cong q(d_k+d_{k-1}+\cdots+d_{j-1}) \tag{3.24}$$

$$\tan\phi' = \frac{\left\{(\Delta\xi_j)^2\cdot(\Delta\xi_k)^2\right\}-\left\{(\Delta\eta_j)^2\cdot(\Delta\eta_k)^2\right\}}{\left\{(\Delta\xi_j)^2\cdot(\Delta\xi_k)^2\right\}+\left\{(\Delta\eta_j)^2\cdot(\Delta\eta_k)^2\right\}}$$

上式では $\Delta\xi_j=\xi_{j+1}-\xi_j$，$\Delta\eta_j=\eta_{j+1}-\eta_j$ である．式(3.23)の第 1 項は各界面からの反射 X 線強度の和であり，平均反射率を与える．第 2 項は 2 つの界面で反射した X 線の干渉による振動項で，cos 関数で振動する．ξ と η は振動の振幅に同じように寄与すること，j 層／$j+1$ 層界面，k 層／$k+1$ 層界面で反射した X 線の干渉に振動の振幅は $\sqrt{\left\{(\Delta\xi_j)^2+(\Delta\eta_j)^2\right\}\left\{(\Delta\xi_k)^2+(\Delta\eta_k)^2\right\}}$ に比例することがわかる．積層構造解析で求める各膜の膜厚 d_j，修正屈折率 ξ_j，η_j(密度 ρ_j)，界面粗さ σ_j は，この振動項に含まれているため，この振幅が大きいほど積層構造解析の精度が上がる．すなわち，$(\Delta\xi)^2+(\Delta\eta)^2$ が大きいことが，高精度な反射率解析の要件となる．図 3.12 に磁気ヘッドの一種である，GMR(giant magnetoresistive，巨大磁気抵抗)ヘッドを構成する薄膜の主要界面での $(\Delta\xi)^2+(\Delta\eta)^2$ の波長依存性を示す．波長には管球型 X 線源で容易に得られる特性 X 線を選んだ．Co Kβ 線は各界面でも $(\Delta\xi)^2+(\Delta\eta)^2$ は大きな値を示す．Cu Kβ 線は Cu の異常分散効果により Cu 界面では大きな値となるものの，他の

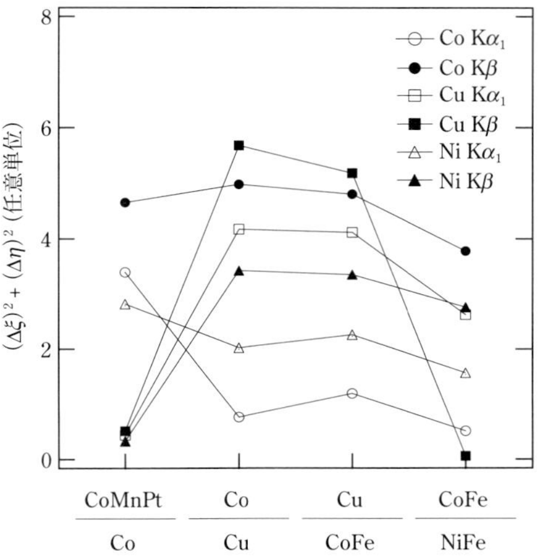

図 3.12　GMR ヘッド積層膜界面における種々の X 線波長に対する $(\Delta\xi)^2+(\Delta\eta)^2$

界面での$(\Delta\xi)^2+(\Delta\eta)^2$値は非常に小さく，GMRヘッド積層膜の反射率解析に向かないことがわかる．また他の波長の$(\Delta\xi)^2+(\Delta\eta)^2$値はこれらの中間である．ここでは，界面での反射を大きくするために$(\Delta\xi)^2+(\Delta\eta)^2$値を利用しているが，逆に，界面での反射を非常に小さく抑えることで，複数層を一層のように解析することも可能である．$(\Delta\xi)^2+(\Delta\eta)^2 \leqq 1\times10^{-4}$となると，この界面位置で解析値の極値を得ることは難しくなる．

3.7　2波長法による多層膜構造解析[16)]

次に多波長法の応用として，単一金属ターゲットからの特性X線を利用した2波長法の場合を考える．図3.12の結果だけからでは，どのターゲットが最適なのか，わからない．そこで，2波長法によるメリットを考える．2波長法の場合，界面での反射強度である，$(\Delta\xi)^2+(\Delta\eta)^2$が複数の波長で利用できる．このことから，2波長法の利得を定量的に評価するパラメータとして以下の式の第1項と第2項が考えられる．

$$\mathrm{AOM}=\frac{1}{2}\left[\left\{(\Delta\xi)^2+(\Delta\eta)^2\right\}_{\lambda_1}+\left\{(\Delta\xi)^2+(\Delta\eta)^2\right\}_{\lambda_2}\right] +\sqrt{\left\{(\Delta\xi)^2+(\Delta\eta)^2\right\}_{\lambda_1}\times\left\{(\Delta\xi)^2+(\Delta\eta)^2\right\}_{\lambda_2}} \tag{3.25}$$

AOM(analysis of merit)値は，2波長法の利得を表す値である．式(3.25)の第1項は，ある界面での反射強度が波長λ_1においてはほぼ0となるような場合でも，波長λ_2での反射強度で解析できる効果を示している．第2項は2波長での位相変化や，屈折率や反射強度の波長依存性を利用する解析の効果を示している．界面でのAOM値が大きいことは，波長λ_1，λ_2のいずれか，または両方が反射率に大きく寄与していることを意味しており，どの界面でもAOM値が大きいことは高精度解析の要件となる．図3.13はGMRヘッド構成膜各界面でのAOM値を求めた結果である．単一金属ターゲットという制約を付しているため，Cu Kα_1/Cu Kβ，Co Kα_1/Co Kβ，Ni Kα_1/Ni Kβの組み合わせのみを示した．この結果から，Cu Kα_1/Cu Kβの2波長法では，Cu界面の分離は非常に良いが，CoFe，NiFeの分離が難しいことがわかる．Co Kα_1/Co Kβの場合，CoMnPt／Co界面以外の界面でのAOM値が，図3.12のCo Kβの$(\Delta\xi)^2+(\Delta\eta)^2$と差がないことから，AOM値はCo K$\beta$のメリットであり，2波長法の効果でないことがわかる．これに対して，Ni Kα_1/Ni Kβの組み合わせでは，CoMnPt／Co界面のAOM値が小さいものの，GMRヘッド積層膜で最も重要なCu，CoFe，NiFe膜が関与している界面でのAOM値が相対的に大きく，単一金属ターゲット2波長法では，Ni Kα_1/Ni Kβの組み合わせが最も期待できるとわかる．

Ni Kα_1/Ni Kβ 2波長法の有効性を検証するため，ガラス基板上に形成したGMR

ヘッド構成膜を準備した．膜構成は Ta(3 nm)／$Cr_{0.36}Mn_{0.54}Pt_{0.10}$(20 nm)／u−$Co_{0.9}Fe_{0.1}$(3.9 nm)／Cu(2.3 nm)／d−$Co_{0.9}Fe_{0.1}$(1 nm)／NiFe(5 nm)／Ta(5 nm)／ガラス基板とした．括弧内は設定膜厚である．$Cr_{0.36}Mn_{0.54}Pt_{0.10}$ は反強磁性層である．以下では，$Cr_{0.36}Mn_{0.54}Pt_{0.10}$，$Co_{0.9}Fe_{0.1}$ をそれぞれ CrMnPt，CoFe と示す．また CoFe 層が複数である場合，基板よりの CoFe 層を d−CoFe，表面側にある CoFe 層を u−CoFe と表記する．同一試料について Ni Kα_1/Ni Kβ の 2 波長で反射率を測定し，Ni Kα_1/Ni Kβ 2 波長法の妥当性を検証した．また，比較のため，Cu Kβ/Co Kβ 2 波長法でも同一試料を測定した．表 3.3 に 2 波長法による X 線反射率測定に用いた X 線源の条件を示す．X 線反射率は X 線源で発生した X 線を Ge(111) 結晶で分光し，幅 0.1 mm，高さ 5 mm に成形した後，試料に入射し，鏡面反射した X 線を幅 0.2 mm，高さ 5 mm のスリットを通して NaI 検出器にて測定した．また，反射率の測定は走査角度ステッ

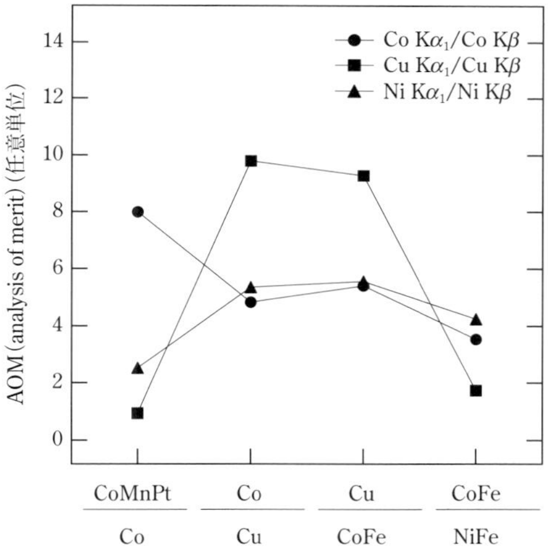

図 3.13　GMR ヘッド積層膜の各界面における種々の X 線ターゲットの特性 X 線に対する AOM 値

表 3.3　2 波長法による X 線反射率測定の実験条件

	Ni Kα_1/Ni Kβ 2 波長法		Cu Kβ/Co Kβ 2 波長法	
特性 X 線	Ni Kα_1	Ni Kβ	Cu Kβ	Co Kβ
波長(nm)	0.16579	0.15991	0.13922	0.16208
X 線発生装置出力	45 kV, 200 mA		50 kV, 250 mA	45 kV, 200 mA
入射 X 線強度(cps)	6.3×10^6	1.2×10^6	3.5×10^6	1.1×10^6
発散角(rad)	1.6×10^{-4}	1.8×10^{-4}	1.6×10^{-4}	1.6×10^{-4}

プが一定となる条件で測定した．これら光学系の条件は測定したすべての波長で同じとした．

解析は，視射角 α(deg)，$\Delta\alpha$ ＝一定の条件で測定されている反射率データを散乱ベクトルの大きさ $q(= 4\pi\sin\alpha/\lambda)$，$\Delta q \neq$一定に横軸を変換した q 表示反射率で行った．解析の手順は図 3.9 とほとんど同じである．2 波長となったため，視射角原点の補正量，入射 X 線の角度発散，フィッティング領域を波長ごとに入力すること，視射角の補正量は q 値で入力する点が異なる．

次に膜構造とその初期値，各パラメータに対するフィッティングの可否についてであるが，多波長化すると，各膜の屈折率も波長数分だけ増加する．そのまま増加させたのでは，解析精度の向上があまり期待できない．そこで，測定では試料の組成，波長は決まっているため，各波長での ξ と η を計算し，その比 $(\xi_{\lambda_2}/\xi_{\lambda_1})$，$(\eta_{\lambda_2}/\eta_{\lambda_1})$ を固定した．以上により，多波長法による反射率解析時の屈折率は，1 つの波長の ξ のみとなり 1 波長法解析時のパラメータ数より多くならない．一方，反射率データは測定波長数分だけ増加するため，解析精度の向上が期待できる．

最後に，フィッティングの良さの程度を示す，残差二乗和 χ^2 および R 因子は次式により求めた．

$$\chi^2 = \sum_i (\chi^2)_i$$
$$(\chi^2)_i = \sum_{k=1}^{N_i} \left[\log\left\{I_{\mathrm{exp}}^{\lambda_i}(q_k)\right\} - \log\left\{I_{\mathrm{cal}}^{\lambda_i}(q_k)\right\}\right]^2 \tag{3.26}$$

$$R(\%) = \sqrt{\frac{\sum_i (\chi^2)_i}{\sum_i \sum_{k=1}^{N_i} \left[\log\left\{I_{\mathrm{exp}}^{\lambda_i}(q_k)\right\}\right]^2}} \times 100 \tag{3.27}$$

実際の解析においては，積層構造モデルの設定が問題となる．Si 基板上に同じ膜構成，膜厚で作製した試料のオージェ電子分光による各元素の深さ分布分析結果と透過型電子顕微鏡による断面観察結果を基に，反射率解析の積層構造モデルを自然酸化層／Ta－CrMnPt 混合層／CrMnPt／u－CoFe／Cu／d－CoFe／NiFe／反応層／Ta／界面層／ガラス基板とした．Ta－CrMnPt 混合層は，透過電子顕微鏡観察の結果から CrMnPt 層上面の凹凸が非常に大きく，CrMnPt 層上に成膜した Ta 層の膜厚と同程度であること，オージェ電子分光分析の結果から，この領域に Ta，Cr，Mn，Pt が広い深さに分布していることから，Ta 単元素膜ではなく，Ta と CrMnPt が混合した層が存在していると考えたほうが実際的であると考え，挿入した層である．また，NiFe 層と Ta 層の間の反応層は，膜形成時に Ta と Ni がミキシングしているという，従来

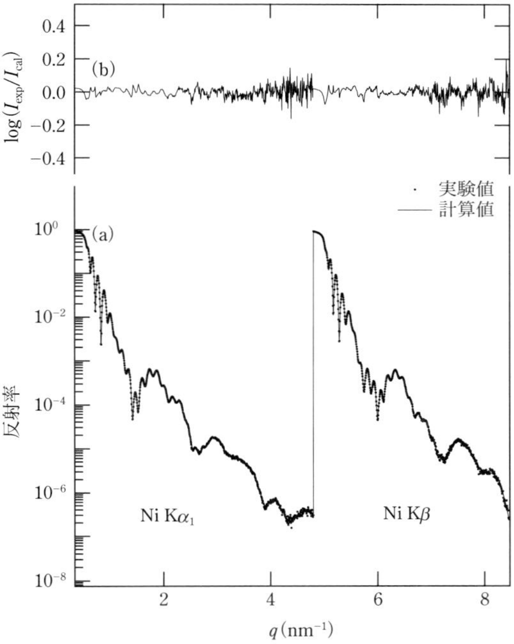

図 3.14　Ni Kα_1，Ni Kβ 2 波長法による GMR ヘッド積層膜の実験反射率と計算反射率
(a)反射率プロファイル，(b)実験値と計算値の比．
見やすいように，横軸は Ni Kβ の q を一定量だけずらして表示してある．

の電子顕微鏡観察や磁気測定の結果から挿入した層である．Ta とガラス基板間の界面層は，ガラス基板表面に 2 nm 程度の表面加工層(表面研磨によるものと考えられる)が存在しており，Ta 膜形成時にこの層に Ta 原子が拡散したと考えられる層を仮定するとフィッティングが非常に良くなるという従来の解析結果を参考に挿入した層である．

次に解析するうえで問題となるのが，各層の修正屈折率の初期値である．先に示したように，$\eta_{\lambda_1}/\xi_{\lambda_1}$，$R_\xi=\xi_{\lambda_2}/\xi_{\lambda_1}$，$R_\eta=\eta_{\lambda_2}/\eta_{\lambda_1}$ は膜の組成および原子散乱因子(f'，f'')を介して波長に依存するが，膜の密度に依存した値となり，単元素膜や，組成がわかっている膜の場合，比較的高い精度で理論値が求められる．ξ_{λ_1} 値に関しては，バルクの密度を基に計算した．また，組成が不明なガラス基板，Ta-CrMnPt 混合層，反応層，界面層の $\eta_{\lambda_1}/\xi_{\lambda_1}$，$R_\xi$，$R_\eta$ は，ガラス基板は実測値を，Ta-CrMnPt 混合層は自然酸化膜と CrMnPt の中間の値を，反応層は NiFe の値を，界面層はガラス基板の値を初期値とした．

視射角原点に関しては，第 1 波長，第 2 波長とも独立となるため，各波長での補正量が同じになる保証はない．それゆえ，解析では最初に，第 1 波長と第 2 波長との相対角度補正量を，実験反射率とフィッティング値を用いた計算反射率の残差二乗和 χ^2 が最小となるように求め，次に基準とする膜の ξ_{λ_1} が別の実験により求めた値と一致するように，q の補正量を決定した．今回は，ガラス基板上の Ta の ξ_{λ_1} を基準とし，単層膜（正確には Ta 酸化膜／Ta／界面層／ガラス基板）を測定して求めた，ξ_{Ta} (Ni Kα_1) $= 24.36\times10^{-2}$ nm^{-2} とした．GMR ヘッド構成膜について Ni Kα_1，Ni Kβ 線の 2 つの X 線を用いた 2 波長法による X 線反射率を解析した結果を図 3.14 に示す．図 3.14(a) は実験反射率と解析値を用いた計算反射率のフィッティングの様子を示した結果である．点線が実験反射率，実線が計算反射率である．(b) は両者の比である．横軸は $q = 4\pi\sin\alpha/\lambda$ であるが，Ni Kβ の反射率は，見やすいように，q を一定量だけずらして表示してある．縦軸は反射率，あるいは，比の値の対数で示した．(b) からわかるように，Ni Kα_1，Ni Kβ の反射率ともに q の全範囲にわたりフィッティングは良好である．表 3.4 には，各膜の修正屈折率の実部 ξ，膜厚 d，界面粗さ σ の解析値を示した．解析値は繰り返し再現性を評価するため，Ni Kα_1 の反射率を 2 回，Ni Kβ の反射率を 4 回測定し，それぞれの組み合わせで得られる 8 通りの解析結果の平均値である．誤差はこのときの標準偏差である．

また，修正屈折率から導出した密度も合わせて示した．この結果から Ni Kα_1/Ni Kβ 2 波長法により，屈折率は ±2% 以内の誤差で，膜厚は最も薄い 1 nm の d-CoFe 層および 2.3 nm の Cu 層で ±0.02 nm の繰り返し再現性で解析可能であること

表 3.4　Ni Kα_1/Ni Kβ 2 波長法による GMR ヘッド積層膜の解析結果

	ξ ($\times10^{-2}$ nm^{-2}) (Ni Kα_1)	密度 (g cm^{-3})	膜厚 (nm)	界面粗さ (nm)
空気	—	—	—	
				> 1.07±0.08
自然酸化膜	9.72±0.09	5.77	2.82±0.02	
				> 1.33±0.02
Ta-CrMnPt	18.71±0.04	—	5.12±0.02	
				> 1.61±0.03
CrMnPt	15.18±0.02	8.42	18.68±0.02	
				> 0.56±0.06
u-CoFe	14.23±0.02	8.22	3.91±0.01	
				> 0.59±0.02
Cu	15.74±0.02	8.56	2.16±0.02	
				> 0.48±0.02
d-CoFe	14.23±0.02	8.22	1.02±0.02	
				> 0.38±0.01
NiFe	15.36±0.02	8.21	3.91±0.02	
				> 0
反応層	16.03±0.02	8.57	1.15±0.02	
				> 0.55±0.05
Ta	24.36	15.37	4.85±0.01	
				> 0.45±0.03
界面層	7.19±0.09	—	3.59±0.06	
				> 0.73±0.05
ガラス基板	5.62	—	—	

がわかる．また，界面粗さは NiFe／反応層界面以外は ±0.05 nm 程度の再現性で求められていることがわかる．NiFe／反応層界面の界面粗さが 0 となっているのは，試料の実際の界面では，組成や密度が連続的に変化していると考えられる領域を 1 つの層として近似して，解析しているためと考えられる．上記のように，膜厚，界面，界面粗さとも繰り返し精度について満足すべき結果が得られている．

Ni Kα_1/Ni Kβ 2 波長法で得られた結果の妥当性を検証するため，同一試料を Co Kβ/Cu Kβ 2 波長法で解析した結果と比較，検討した．解析の手順などは，Ni Kα_1/Ni Kβ 2 波長法と同様にした．結果を表 3.5 に示す．2 つの 2 波長法で得られた主要な膜の解析結果は，密度で 1% 以内の誤差で一致しており，また，膜厚はいずれの膜も 0.1 nm 以内で一致していることがわかる．一方界面粗さについては，主要な膜の界面では，両結果は 0.04 nm 程度の誤差で一致していたが，NiFe／反応層界面については，Co Kβ/Cu Kβ 2 波長法では 0.2 nm，Ni Kα_1/Ni Kβ 2 波長法ではほぼ 0 と大きな違いが生じた．これは，前述のように NiFe 層と Ta 層の間に明確な 1 層の膜が存在していると仮定したことに原因があると考えられる．

次に，実験反射率と計算反射率の残差二乗和 χ^2 に対する d-CoFe 層の膜厚および Cu 層の膜厚の影響について調べた．結果を図 3.15 に示す．図 3.15(a) は残差二乗和 χ^2 の d-CoFe 層の膜厚依存性であり，図 3.15(b) は Cu 層の膜厚依存性である．d-CoFe 層および Cu 層の膜厚を解析値から意図的にずらした値に固定し，他のパラメータを再フィッティングしたときの残差二乗和の膜厚依存性である．いずれも横軸はフィッティング値から意図的にずらした量で示した．膜厚に対して残差二乗和が急峻に変化しているほど得られた極値の信頼性が高いといえる．2 波長法との比較のため，

表 3.5　Co Kβ/Cu Kβ 2 波長法による GMR ヘッド積層膜の解析結果

	ξ ($\times 10^{-2}$ nm^{-2}) (Co Kβ)	密度 (g cm^{-3})	膜厚 (nm)	界面粗さ (nm)
空気	—	—	—	> 0.93
自然酸化膜	7.52	—	2.52	> 1.50
Ta-CrMnPt	19.12	—	5.29	> 1.78
CrMnPt	15.25	8.43	18.76	> 0.58
u-CoFe	13.39	8.27	3.89	> 0.56
Cu	15.58	8.50	2.19	> 0.45
d-CoFe	13.59	8.27	1.03	> 0.37
NiFe	15.23	8.16	3.99	> 0.21
反応層	16.15	8.65	1.07	> 0.54
Ta	24.31	15.38	4.83	> 0.44
界面層	7.79	—	3.88	> 0.90
ガラス基板	5.56	—	—	

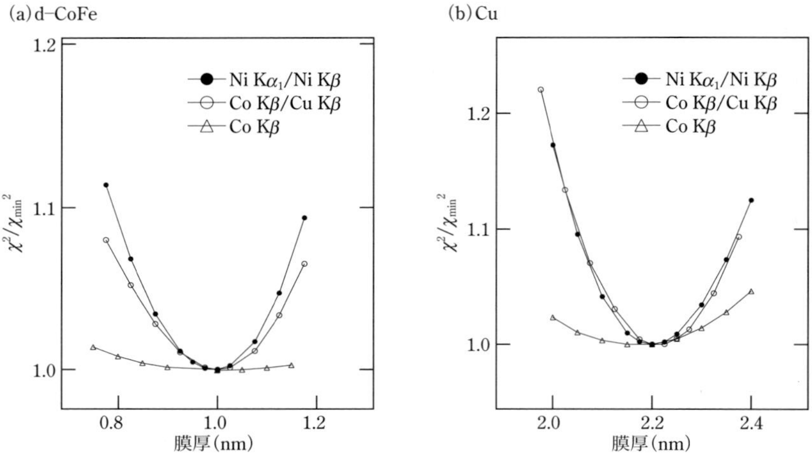

図 3.15　d-CoFe 層および Cu 層の膜厚と残差二乗和の相関の 2 波長法に用いる X 線による比較
1 波長法と比較して 2 波長法の方が残差に明確な極小値を与えることがわかる.

Co Kβ 1 波長法の結果も合わせて示した. d-CoFe 層, Cu 層とも 2 波長法では膜厚をフィッティング値からずらすと, χ^2 は急激に大きくなっているが, Co Kβ のみの 1 波長法では χ^2 の変化は非常に小さい. すなわち, 1 波長法では d-CoFe 層, Cu 層とも膜厚が非常に決めにくいことを示唆している. 一方, Ni Kα_1/Ni Kβ 2 波長法と Co Kβ/Cu Kβ 2 波長法との比較では d-CoFe, Cu の場合ともフィッティング値からずらしたときの変化は急激であり, フィッティング精度の点では同程度であると結論づけられる.

3.8　3 波長法による多層膜構造解析

試料としては, Si 基板上に RF スパッタリング法で形成した GMR センサーとして利用するスピンバルブ膜(以後 SV 膜と省略)を用いた. SV 膜の構成は, Ta(3 nm)／$Cr_{0.4}Mn_{0.5}Pt_{0.1}$(20 nm)／u-CoFe(3.9 nm)／Cu(2.3 nm)／d-CoFe(1 nm)／NiFe(5 nm)／Ta(5 nm)／Si 基板である. 括弧内は設定膜厚である.

X 線反射率の測定には(株)リガク製の X 線発生装置(RU300)とゴニオメータ(SLX-1)を用いた. 最初に Co ターゲットから発生した X 線を Ge(111) 分光器により, Co Kβ 線を取り出し, X 線反射率の測定を行う. 次に X 線発生装置のターゲットを Cu に交換し, Cu Kα_1, Cu Kβ 線による反射率測定を行った. 測定試料位置の再現性

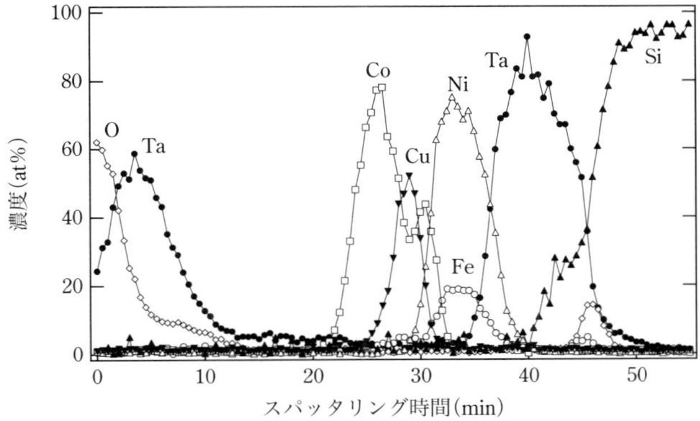

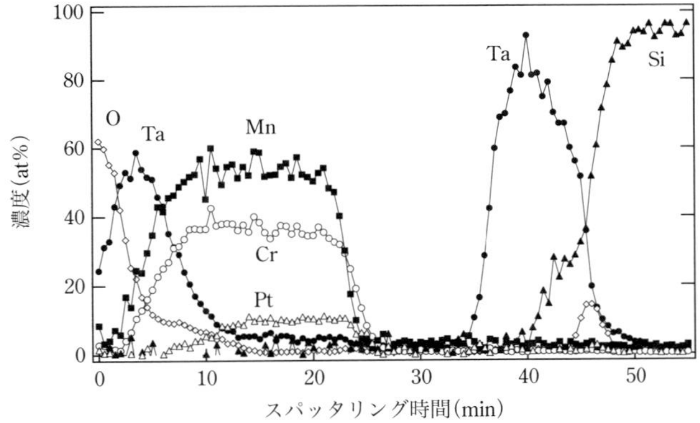

図 3.16　オージェ電子分光により分析した SV 膜試料における構成元素の深さ分布

については，この 3 波長切り替え測定を 2 回繰り返して測定した X 線反射率曲線が，X 線の視射角のゼロ点を補正することで一致することから，再現性ありと判断した．視射角のゼロ点は反射率解析時に補正した．

図 3.16 にオージェ電子分光による元素の深さ分析結果を示す．構成元素が多いため 2 つに分けて表示した．SV 膜の主構成部分の CrMnPt／u-CoFe／Cu／d-CoFe／NiFe はオージェ電子分光の深さ分解能が 1.5 nm 程度であるため，完全に分離できていない．しかし，元素分布の対称性から，反射率解析時のモデル構造としてこの膜構造で近似できる．オージェ電子分光分析の結果から，試料は表面側に Ta 酸化物があり，その下に Ta と Cr，Mn，Pt などの混合層が存在し，その後，一様な CrMnPt 層となっていることがわかる．このため，表面近傍の膜構造は酸化物／Ta，Cr，Mn，

Pt混合層(Ta−CrMnPt層)／CrMnPtで近似した．また，NiFe層とTa層の間にはTa，Ni，Feの混合層を仮定した[17,18]．Si基板とTa層の間には，Si，O，Taが広い深さ分布をもって複雑に分布している．これは，Si基板表面にある2nm程度の自然酸化膜と，成膜したTaが反応，混合したために，複雑な元素分布構造が発生したものと考えられる．この領域では，X線に対する屈折率が連続的に変化していると考えられるため，Ta層とSi基板の間に界面層を入れて解析し，界面層の分割数と最小二乗法解析の残差二乗和との相関を調べた結果から，分割数を3と決定し，最終的な膜構造を自然酸化膜／Ta−CrMnPt混合層／CrMnPt／u−CoFe／Cu／d−CoFe／NiFe／NiFe−Ta混合層／Ta／界面層1／界面層2／界面層3／Si基板と設定し，X線反射率プロファイルの解析をした．

図3.17に3波長での反射率を同時にフィッティングした結果を示す．点線が実験反射率であり，実線が計算反射率である．振動構造中の最小周期はSV膜全体の膜厚を反映した振動構造であるため，どの波長でもほぼ同じとなる．しかし，$q=2\sim3\,\mathrm{nm}^{-1}$の領域の反射率プロファイルは，3波長で大きく異なっていた．これは，各波長に対する界面での反射強度の違い，膜中での位相変化の違いが反映された結果と考えられる．解析結果は，(η/ξ)と$\xi(\mathrm{Cu\ K}\beta)/\xi(\mathrm{Co\ K}\beta)$，$\xi(\mathrm{Cu\ K}\alpha_1)/\xi(\mathrm{Co\ K}\beta)$の比は理論値に固定して解析したにもかかわらず，$q=2\sim3\,\mathrm{nm}^{-1}$の領域での3波長プロファイルの差異，全体プロファイルの微細構造までよく再現されており，R因子も1.07％と満足できる値となった．表3.6にこのときの解析値を示す．表3.6には，屈折率より求めた膜の密度も合わせて示した．u−CoFe，Cu，d−CoFeの膜厚は設計膜厚と0.25nm以内の差で一致している．また，NiFe層と混合層の合計膜厚はNiFe層の設計膜厚に近く，混合層の屈折率がNiFeに近いことから，混合層の主成分はNiFeで，一部Taが混入した層であると考えられる．一方，CMP層は設計膜厚と大きく異なっている．これはCrMnPt層上面の凹凸がかなり大きい(透過型電子顕微鏡観察の結果)ため，その上に形成したTaが凹凸に入り込み，Ta−CrMnPt層と観測されたため，CrMnPt層およびTa層の膜厚が薄く解析されたと考えられる．Ta層の密度はバルク密度の92％と小さい値となったが，SV膜を構成する主要な膜の密度はバルクに違い値が得られた．SV膜の界面粗さは0.4～0.5nmであった．

複数の反射率プロファイルを解析することで解析値の信頼性が向上することは自明であるが，SV膜試料の場合，いくつの異なる波長で測定した反射率を解析することで，十分信頼性のある解析値が得られるのかを検討した．図3.18は，d−CoFeおよび，Cu層の膜厚を解析値から意図的にずらした値に固定し，他のパラメータを再フィッティングしたときの残差二乗和の膜厚依存性である．固定した膜厚をフィッティング初期値と考えると，膜厚に対して残差二乗和が急峻に変化しているほど得られた膜厚

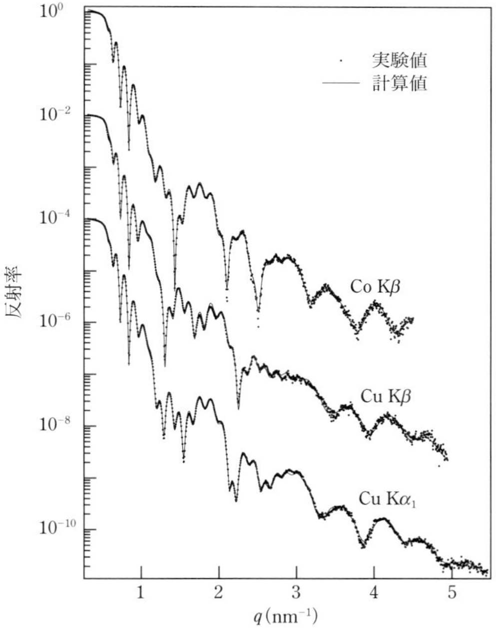

図 3.17　SV 膜試料を 3 波長で測定した反射率と解析結果から計算した反射率
見やすいように，縦軸は 2 桁ずつずらして表示してある．

表 3.6　3 波長法による SV 膜試料の解析結果

	$\xi(\times 10^{-2}\ \mathrm{nm}^{-2})$ (Co Kβ)	密度 ($\mathrm{g\ cm}^{-3}$)	膜厚 (nm)	界面粗さ (nm)
空気	—	—	—	
				> 0.91
自然酸化膜	5.81	—	2.67	
				> 1.71
Ta−CrMnPt	19.04	—	5.63	
				> 1.55
CrMnPt	15.65	8.65	18.18	
				> 0.54
u−CoFe	13.95	8.49	3.66	
				> 0.52
Cu	16.11	8.79	2.16	
				> 0.41
d−CoFe	13.95	8.49	1.00	
				> 0.46
NiFe	15.65	8.39	3.56	
				> (0.00)
混合層	15.82	—	1.13	
				> 0.75
Ta	24.09	15.2	4.77	
				> 1.23
界面層 3	14.20	—	0.01	
				> 0.18
界面層 2	13.26	—	0.72	
				> 0.27
界面層 1	5.43	—	4.29	
				> (0.15)
Si 基板	5.02	2.32	—	

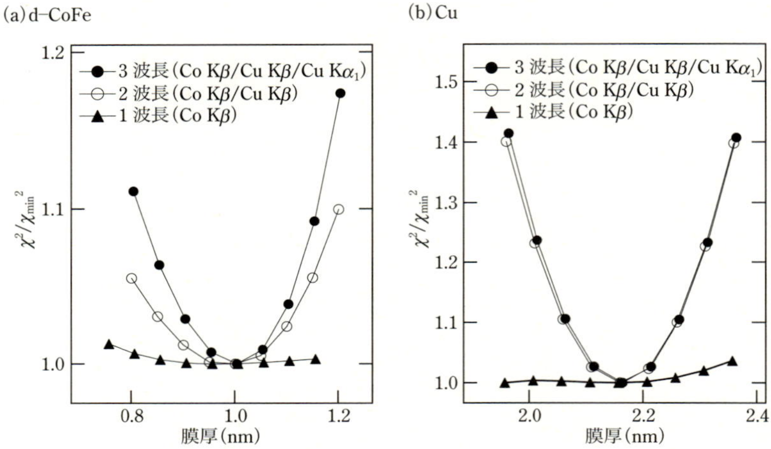

図 3.18　d-CoFe および Cu 層の膜厚と残差二乗和の相関の 1 波長法，2 波長法，3 波長法の比較

極値は初期値依存性が低いことを示している．このことは，得られた膜厚の誤差が小さいことも意味している．d-CoFe の場合，3 波長で最も急峻に変化しているが，Co Kβ/Cu Kβ の 2 波長法での解析値も明確な極値になっている．一方，Co Kβ の 1 波長法では残差二乗和の変化は非常に小さく，明確な極値になっていない．一方，Cu の場合，3 波長，2 波長とも残差二乗和は同程度に急峻に変化しており，明確な極値となっている．しかし，Co Kβ の 1 波長法では，d-CoFe の場合と同様明確な極値は存在していない．以上の結果から，3 波長法が最も初期値依存性を低く解析できること，また，2 波長法は 3 波長法に比べて初期値に依存しており，誤差が大きいことが予想されるが，SV 膜の層構造解析が可能と結論できる．一方，Co Kβ の 1 波長法の解析値は初期値に大きく依存するため，得られた解析値の誤差は大きいと考えられる．

3.9　反射率解析の今後

X 線反射率の解析結果の正しさは，膜構造モデルの確からしさに大きく依存している．そのためモデルフリー解析として，Fourier 変換法，Wavelet 変換法，エントロピー最大化（MEM）法が検討されている [19〜22]．また，最小二乗法における局所解の回避方法として遺伝的アルゴリズムが用いられている [23]．X 線反射率の解析法というソフトウエア的な面だけでなく，反射率測定法をモデルフリー解析に合わせる方法も検討されている．ここでは，Ru の異常分散を利用した差分反射率法 [22] を簡単に紹介する．

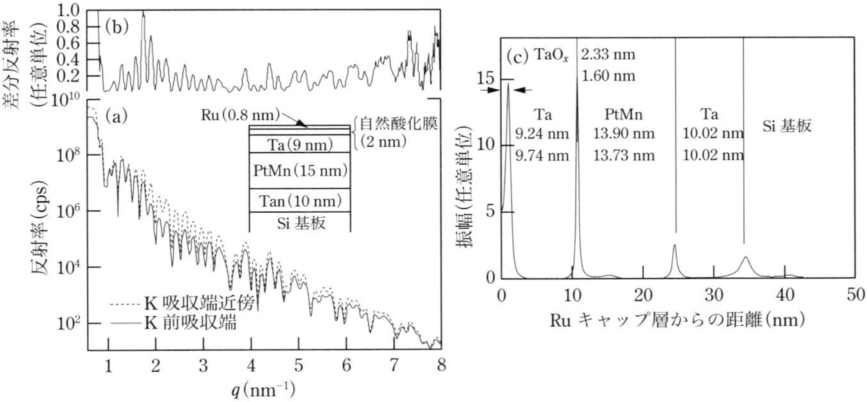

図 3.19　異常分散利用差分反射率法とエントロピー最大化(MEM)法の組み合わせによるモデルフリー解析
(a)Ru 吸収端前後で測定した実験反射率，(b)2 つのエネルギーで測定した X 線反射率の差分，(c)差分反射率を MEM 法で解析し，Ru キャップ層からの距離として各界面の位置を導出したグラフ．図中の膜厚は上段が最小二乗法解析の結果，下段が MEM 法による解析の結果．解析の精度は Ru の膜厚(0.75 nm)分を含めて約 1 nm.

図 3.19 に示すように，Si 基板上に Ta を 10 nm，PtMn を 15 nm，Ta を 10 nm 成膜した試料を用意し，反射率測定の前に，試料表面に 0.8 nm の薄い Ru 層を成膜した．Ru の吸収端前後で反射率を測定し(図 3.19(a))，Ru 層の異常分散効果を用いて，Ru 層と各界面の干渉強度だけを残した差分反射率を得た(図 3.19(b))．差分反射率を MEM 法で解析することにより各界面位置が Ru 層からの距離として示される図 3.19(c)が得られている．

また最近になって，データ解析の手法として注目されているベイズ推定を，反射率の解析に利用することも検討されている[24,25]．図 3.20(a)に示す三層膜モデル(界面粗さ：0)からの反射率をシミュレーションして実験データとし，ノンパラメトリックベイズ推定を用いて積層数を求めた結果が図 3.20(b),(c)である．積層数として 3 を与えている．図 3.20(d)はベイズ推定により最適化した密度分布である．D. S. Sivia らは，この解析方法を 2 種類混合ポリマー薄膜の中性子反射率解析に適用している[25]．将来的には，自動変分ベイズ法や機械学習などの新しい計算技術による X 線反射率データの解析，積層数を含めたモデル構造の最適化が可能となると考えられる．

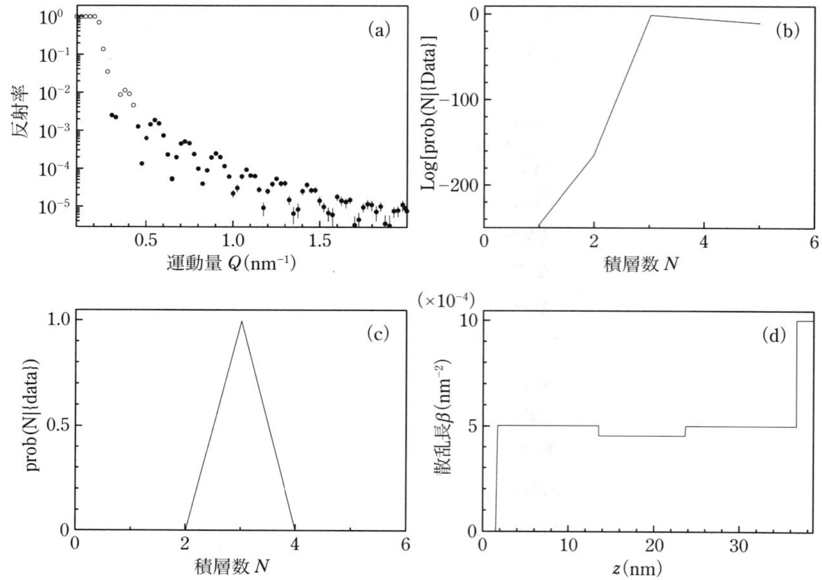

図 3.20 ベイズ推定による反射率解析
(a)シミュレーションした反射率データ，(b)(c)積層数の事後確率分布，(c)積層数3でフィッティングした密度分布.
[W. T. Grandy, Jr. and L. H. Schick eds., *Maximum Entropy and Bayesian Methods*, Springer, Dordrecht,(1991), p.157, Fig. 3 の一部を改変]

3.10 まとめ

本章では，反射率のパラメータフィッティングによるデータ解析法について述べてきた．どのような解析方法を用いても，最終的には実験反射率と解析で得た膜構造から計算される反射率を定量的に比較する必要がある．X線反射率の場合，信頼できる実験データから信頼できる解析値を得ると R 因子は2%未満になる．また，図3.15，図3.18で示したように，多層膜中の着目する膜の膜厚と残差二乗和の相関図を用いて，解析値の信頼性が可視化可能である．解析値の信頼性が低い場合は，信頼性が低い反射界面のコントラストを多波長法により上げることで，知りたい膜情報を含む実験反射率データを得ることで，信頼できる解析値が得られるようになる．また良い解析初期値を与えるためには標準試料での実験が必要である．X線反射率のデータを解析される読者の方には，解析結果だけでなく，実験データの信頼性にも着目し，信頼できる解析値を得ていただきたい．これによりX線反射率法は，10層を超える積層膜に含まれる0.5 nm程度の薄膜層の膜厚をも解析できる優れた計測技術となる．

参考文献

1) S. Sasaki, *KEK Report*, 88−14(1989)
2) F. Stanglemeier, B. Lengeler, W. Weber, H. Göbel and M. Schuster, *Acta Cryst. A*, **48**, 626 (1992)
3) L. G. Parratt, *Phys. Rev.*, **95**, 359(1954)
4) L. Nevort and P. Croce, *Rev. Phys. Appl.*, **15**, 761(1980)
5) S. K. Sinha, E. B. Sirota and S. Garoff, *Phys. Rev. B*, **38**, 2297(1988)
6) 渡部 力, 名取 亮, 小国 力, FORTRAN77による数値計算ソフトウェア, 丸善(1989), p.221
7) 上田和浩，百生秀人，平野辰己，宇佐美勝久，今川尊雄，X線分析の進歩，**33**，123(2002)
8) K. Usami, N. Kobayashi and A. Miyauchi, *Jpn. J. Appl. Phys.*, **32**, 3312(1993)
9) 宇佐美勝久，鈴木博之，日本応用磁気学会誌，**18**，38(1994)
10) M. Tolan, *X-Ray Scattering from Soft-Matter Thin Films*, Springer, Berlin(1999), p.22
11) W. F. J. Slijkerman, J. M. Gay, P. M. Zagwijn, J. F. van der Veen, J. E. Macdonald, A. A. Williams, D. J. Gravesteijn and G. F. A. van de Walle, *J. Appl. Phys.*, **68**, 5105(1990)
12) 土井 修，第5回産業利用報告会 S22(2008.09.18)
13) J. Als-Nielsen, D. Jacquemain, K. Kjaer, F. Leveiller, M. Lahav and L. Leiserowitz, *Physics Reports*, **246**, 251(1994)
14) M. Tolan, *X-ray Scattering from Soft-Matter Thin Films*, Springer-Verlag, Telos(1999), p.26
15) 宇佐美勝久，平野辰巳，小林憲雄，田島康成，今川尊雄，日本応用磁気学会誌，**24**，551(2000)
16) 宇佐美勝久，小林憲雄，平野辰己，田島康成，今川尊雄，X線分析の進歩，**32**，63(2001)
17) 田島康成，田所 茂，今川尊雄，成重眞治，木本浩司，平野辰己，宇佐美勝久，第21回日本応用磁気学会学術講演要旨集，p.335(1997)
18) 宇佐美勝久，上田和浩，平野辰己，星谷裕之，成重眞治，日本応用磁気学会誌，**21**，441(1997)
19) K. Sakurai and A. Iida, *Jpn. J. Appl. Phys.*, **31**, L113(1992)
20) E. Smigiel and A. Cornet, *J. Phys. D*, **33**, 1757(2000)
21) 上田和浩，X線分析の進歩，**38**，317(2007)
22) K. Ueda, *J. Phys.: Conf. Ser.*, **83**, 012004(2007)
23) A. Ulyanenkov, K. Omote and J. Harada, *Physica B*, **283**, 237(2000)
24) W. T. Grandy, Jr. and L. H. Schick eds., *Maximum Entropy and Bayesian Methods*, Springer, Dordrecht (1991), p.153
25) D. S. Sivia and J. R. P. Webster, *Physica B*, **248**, 327 (1998)

X線導波路

導波路と言えば，通常，光ファイバーを連想するであろう．はるか数km先まで光を減衰することなく伝搬させることができるため，現代の情報通信に欠かせないインフラとして広く浸透している．導波路の原理は，まさしく，光の全反射現象である．光ファイバーは屈折率の大きな物質(コア)を屈折率の小さな物質(クラッド)で覆った構造をしている．ファイバー内をファイバーとほぼ平行に進行する光は，全反射臨界角以下でコア／クラッド界面に進入し，そこで全反射するため，強度を損失することなく進行できる．

現在，研究が進められているX線導波路も，光ファイバーと同様にX線の全反射現象を利用しており，コアをクラッドで覆った構造をもつ．大きく異なる点は，X線をはるか遠方まで伝搬させられないことである．その理由は，可視光においては，ほぼ100％近く透明とみなせる物質が存在するのに対し，X線の場合には，最も透過率の高いBeでも，1 cmで10～50％程度の透過率しか示さないためである．このため，現状では，X線導波路を光ファイバー的な用途で利用するための研究は行われていない．むしろ，X線導波路はX線のビームを数nmオーダーの空間領域に圧縮し，それを微小光源として利用することが当面の研究課題となっている．小さな光源からのX線は可干渉性(コヒーレンス)が高く，X線ホログラフィーの光源としても利用できる．このような理由から，X線導波路は画期的な光学素子として注目を集めている．しかし，光ファイバーと同じように，任意の場所に減衰することなくX線を伝搬させることができれば，その魅力はさらに増すであろう．

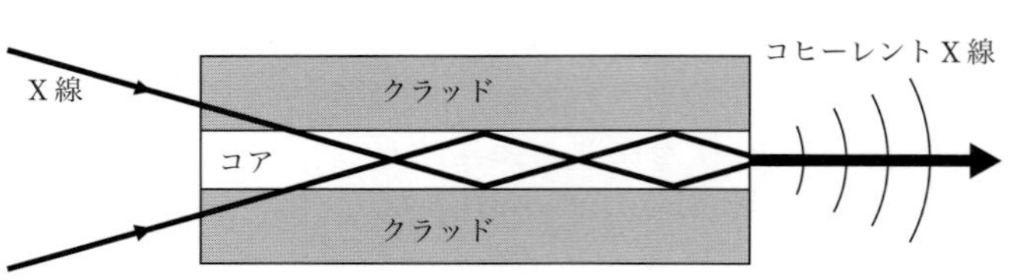

図　X線導波路の概念図
X線導波路の上流でX線を集光させ，コア内に圧縮し，それを高密度で伝搬させる．X線導波路の端面からコヒーレントなX線が得られる．コアが平板状のものと円筒状のものがある．

4

X線反射率のデータ解析の注意事項

4.1 はじめに

任意の層数の多層膜に対する理論的なX線反射率は，第1章で詳しく説明されているとおり，Parrattの式[1)]にNevot−Croceの表面・界面粗さの補正項[2)]を加えることにより表現される．X線反射率のデータ解析といえば，多くの場合，この計算を繰り返し，実験的に得られたプロファイルに最も良くフィットするような薄膜の構造パラメータ(層数，各層の厚さ，密度，表面・界面粗さなど)を見つけ出すことを指している．このデータ解析法は，アルゴリズムなどの細かな違いを別とすれば，非常に多くの分野で採用されている[3,4)]．この方法では，実験的に得られたデータのごく一部ではなく，特徴も含めたプロファイル全体にわたる計算との比較に基づいて(すなわちwhole pattern fittingの一種である)，非線形最小二乗法[5)]により実験値と計算値の差(残差)の二乗和が最小になるように薄膜の構造パラメータを最適化する．他の分野のデータ解析で最小二乗法フィッティングといえば，理論的に与えられる関数から各パラメータについての偏導関数を求め，改良の度合いを直接評価することである．X線反射率をParrattの式を用いて計算する場合は，漸化式を用い最も深い界面から順番に反射係数を求めていくような手順を採っており，いわゆる陽関数にはなっていない．そのため，別のアルゴリズムで実質的に各パラメータの改良を評価することのできるシンプレックス法やLevenberg−Marquardt法などがしばしば採用される．

第3章で解説されているとおり，こうした解析は，実際に大きな成功を収めている．きわめて薄い薄膜を多数積層した一見複雑で解析が困難に見える試料も含め，各層の厚さ，各界面の粗さなどを精密に決定することができており，その定量解析の水準は，他の薄膜解析技術と比較しても抜群に優れている．工業製品の品質管理・検査のように，基本的な積層構造と主要な構造パラメータがほぼ既知であるなかで，多数の測定試料の間で特定層の厚さに差異，ばらつきがどの程度あるかを調べるような応用では，特に威力を発揮する．一般論として，フィッティングに用いる積層構造モデル自体に疑う余地がほとんどなく，良い初期値が利用できる場合は，データ解析は非常に安定であり，その結果についても信頼性が高い．

以上のことはすべて正しく，まったくそのとおりなのであるが，実際に自身で作製した薄膜試料の X 線反射率法を測定し，フィッティングによってデータ解析を試みたが，結局うまくいかなかったという話をよく聞く．いかなる構造パラメータ(層数，各層の膜厚，各界面の粗さなど)を与えて計算を試みても，実験データを再現できるような理論的な X 線反射率のプロファイルが得られないというのが最もよくある問題であろう．しかし，次の段階として，実験データと複数の計算プロファイルが良好にフィットするようになり，与えている構造パラメータが異なるにもかかわらず，いずれも区別がつかないほど良い一致となり，どれが真の答えなのかがわからないという問題が浮上することもある．未知試料では，基本的な積層構造のモデルに必ずしも確信が持てないことがあるが，そのような中でも実験値をうまく説明できるような構造パラメータを見出すことができれば，それが唯一の解ではないにしても，少なくとも何かの手がかりにはなるのでは，という期待を持ってフィッティングを試みる事例はかなりあると考えられる．

本章では，このようにデータ解析は必ずしもうまくいかない場合があることを念頭においたうえで，データ解析の注意事項を説明する．

4.2　理論反射率の与えるプロファイルの一意性について

Parratt の式に Nevot−Croce の表面・界面粗さの補正項を加えたものを用いた計算で得られる理論的な X 線反射率は，そもそも仮定した構造パラメータと 1 対 1 に対応する関係にあるものなのだろうか．残念ながら，答えは否である．まず，この点を確認しよう．基板の Fresnel 反射率で規格化した X 線反射率 $R(q)/R^{\mathrm{F}}(q)$ は，運動学的近似のもとでは，次式のように，深さ z 方向の散乱長密度分布(あるいは電子密度分布)$\rho(z)$ の微分の Fourier 変換強度に関連づけられる．

$$\frac{R(q)}{R^{\mathrm{F}}(q)} \propto \left| \int_{-\infty}^{\infty} \left(\frac{\mathrm{d}\rho(z)}{\mathrm{d}z} \right) \exp(iqz)\,\mathrm{d}z \right|^2 \tag{4.1}$$

ここで，左辺は $|a(q)\exp[i\phi(q)]|^2$ のように，振幅成分 $a(q)$，位相成分 $\phi(q)$ からなる複素数の実部と虚部の二乗の和からなっていることに注意すると，定数の係数を別として，求めたい構造情報である散乱長密度分布(または電子密度分布)は

$$\rho(z) \propto \int_0^z \int_{-\infty}^{\infty} a(q)\exp[i\phi(q)]\exp(-qz)\mathrm{d}q\,\mathrm{d}z \tag{4.2}$$

のように表現できる．このとき，位相成分 $\phi(q)$ が完全に自由に選べるとすれば，$|a(q)\exp[i\phi(q)]|^2$ を類似したプロファイルにできるような $\rho(z)$ は何通りでもあることに気づくだろう．実際，人為的につくることさえできる．図 4.1 は，異なる薄膜構造でも，きわめて近い X 線反射率データが得られる例の 1 つである．

実際の実験で得られる X 線反射率は，反射強度を基にしており，複素数の実部と虚部の内訳はわからない．つまり，位相情報が入っていないため，構造を仮定すれば X 線反射率のプロファイルのシミュレーションはできるが，逆に，X 線反射率プロファイルだけがわかっていても，構造は一意的には求められないことになる．これは，X 線回折・散乱法全般に共通する問題であり，位相問題の名で知られている．第 1 章でも解説のあるとおり，さまざまな対策を講じることはできるが，実験データと構造情報が 1 対 1 対応ではないものの，ある程度の前提条件があるために，精密な構造パラメータが求められるということをよく認識しておこう．

全部で何層あり，どんな順でどんな化学組成の層があるかがわかっており，構造モデルそのものに疑いの余地がなく，ただ知りたいのはそれぞれの膜厚，密度と各界面の粗さのみである場合と，積層順はおろか，何層あるのかさえ確信が持てない場合が同列でないことは明らかであろう．後述するように，フィッティングは機械的に行うべきではなく，注意深い検討が常に必要である．その前提のもとでは，前者の場合に

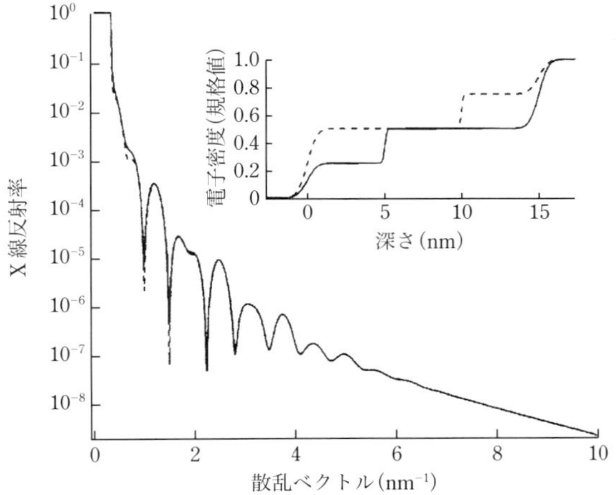

図 4.1 異なる薄膜構造でも，きわめて近い X 線反射率データが得られる例

は，高い正答率に至る可能性が高い．ただし後者の場合は，仮に良いフィットが得られるモデルが見つかったとしても，そのことだけをもってモデルの妥当性を主張するのは危険である．フィッティングを試みる以上は，実験値と良く一致する構造パラメータを探すのは当然である．適切なモデルと良い初期値がわかっていないときには，最初は良いフィットが得られないが，たとえ困難であると感じられたとしても，改良を繰り返すことによってそれは解決できる．しかし，重要なことは良いフィットであるかどうかだけではなく，得られた構造モデルとそのパラメータ群のもつ物理的もしくは化学的な意味については別途吟味しなければならないということである．

4.3　個々の構造パラメータの X 線反射率プロファイルへの寄与の仕方

良いフィットが得られたにもかかわらず，得られた構造モデルとその構造パラメータが正しいとは限らないケースについて，ここで少し考えてみよう．先述のとおり，層数，各層の密度，膜厚，それに表面と各界面の粗さをパラメータとする構造モデルを仮定し，Parratt の式に Nevot−Croce の補正項を加えた計算によって，X 線反射率のプロファイルはシミュレーションできる．非線形最小二乗法によるフィッティングでは，こうした計算を何度も繰り返して，実験データとよく合うような構造パラメータを探索する．このとき，各パラメータは，X 線反射率のプロファイルに対して対等ではなく，独特に寄与をする．すなわち，積層膜で見られる干渉縞の周波数成分は，後述するように，ほぼ各層の膜厚のみで決まっている．それに対して，干渉縞の振幅や，q の高い領域に向かう減衰の仕方は界面でのコントラスト(密度差，粗さ，拡散なども含めた界面の形状)によって支配されている．このことから，フィッティングの過程においても，個々のパラメータの影響の仕方に違いがあることがわかるだろう．特に，界面でのコントラストは，物理的意味を問わない調整パラメータとして用いられてしまうというリスクがある．

図 4.2 は，よくありがちな解析が困難な例を模式的に示している．実験で得られた X 線反射率のプロファイルを再現できるのは 1 つのモデルだけではなく，複数のモデルに可能性がある．どのモデルが正しいという自信を持ちきれない状況下で無理にモデルを仮定し，それぞれに悪くはないフィッティングが得られる場合，どう判断すればよいだろうか．相対的に良いフィッティングが相対的な正しさにつながるわけではない．単にフィッティングの度合いが良さそうだということではなく，そのようなモデルの物理的妥当性，フィッティングで得られたパラメータの物理的意味を吟味する必要がある．たとえば，得られた界面粗さがその層の膜厚よりも大きいとすればどうだろうか．得られた密度がバルクの密度よりも大きな値，あるいは安定に存在しえな

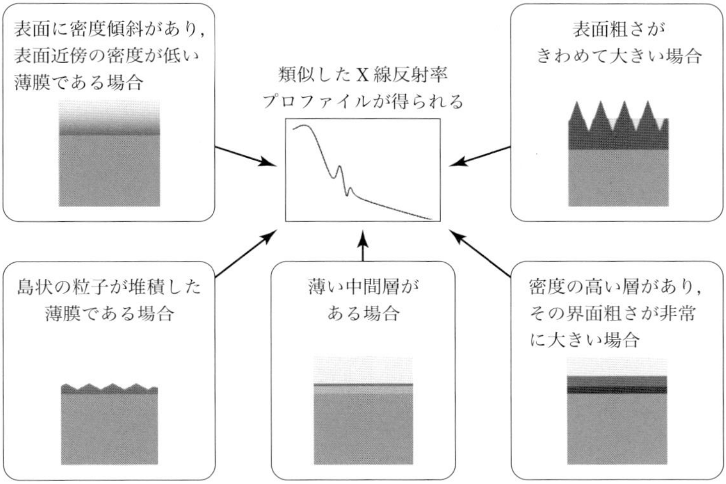

図 4.2 多層膜構造モデルによる解析が問題となる例
現実の試料では理想的な多層膜モデルからはずれる場合も少なくない．ところが，図中に示すようなすべての構造が，いずれも類似の反射率プロファイルを与えることがある．予備知識や情報がないときは，解析結果が正しいかどうかかを判断することは困難になる．

いくらい小さな値であったらどうだろうか．また，多数の層からなる試料では，コントラストが最も小さい界面の反射率プロファイル全体への寄与は大きくないだろう．どんなパラメータを仮定したとしても，それなりに説明できてしまう場合があるが，実験で用いられた q の範囲からカバーできる薄い膜厚の限界，同じく実験における q の分解能で決まる厚い膜の限界などに近い膜厚を議論する場合は，いくら良いフィットであっても再吟味が求められる．そのような非常に薄い，もしくは非常に厚い膜厚であるかどうかを主に論じたい場合には，実験条件から再検討する必要があろう．

そもそも，モデルに対するフィッティングを行う以上は，そのモデルの採否の妥当性に対する検討をまず先に行わなくてはいけない．もちろん，層数や各層の化学組成，密度，膜厚などを設計して作製された工業製品の薄膜・多層膜のような場合は，完成品と考えられるもの，あるいはそれに近いものをモデルとし，フィッティングによる検討を行うのはまったく差し支えない．これが本来のフィッティングによるデータ解析である．最近は，そのように単純には扱えない対象についても，何とかして解析したいというニーズが生まれているにもかかわらず，それにうまく対応する方法が十分提供されていないのが問題の本質ではないかと思われる．

妥当ではないモデルを用いて良いフィットを得ようとしたために，間違った解を得

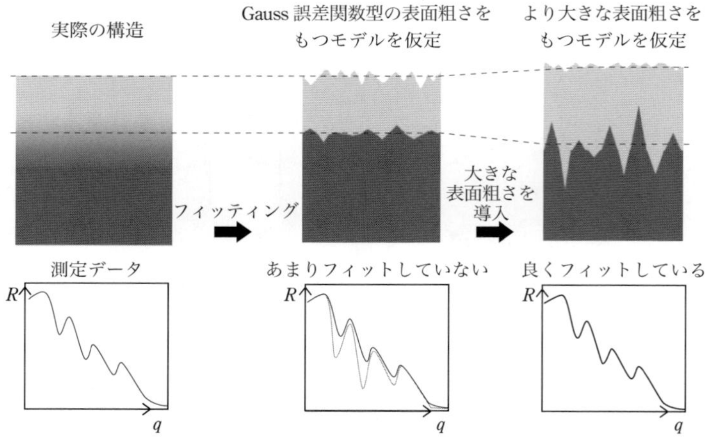

図 4.3　モデルが誤っているために誤った解析結果が得られる例
密度傾斜をもつ試料を Gauss 誤差関数型の表面粗さをもつモデルでフィッティングした結果の一例．初期段階ではあまり良くフィットしていないものの膜厚の値は正しく求められていたが，さらに良くフィットさせようとして大きな表面粗さを導入した結果，それに引きずられるように，膜厚の値も異なるものになってしまった．

てしまう危険性について，もう少し言及しよう．図 4.3 は，密度傾斜のある界面の取り扱いによりしばしば遭遇する問題を模式的に示している．界面の不完全さを，誤差関数などを用いた Gauss 型の界面粗さとして表現し，フィッティングに Nevot–Croce の補正項を用いることは広く行われている．実際，界面の物理形状として粗さがあり，それが不完全さに対応している場合はもちろん特段の問題はない．そうではなく，界面の物理形状は平坦でありながら，薄膜の密度が深さ方向に均一ではなく界面近傍で連続的に変化するような場合はどうだろうか．この場合には，当然，界面を挟んで基板側と薄膜側では対称ではなく，裾の引き方などは Gauss 関数と異なるであろう．それを無理に Gauss 関数でパラメータを当てはめようとすると，フィッティングの初期のあまり良いフィッティングに至っていない段階では，層の厚さは正しく求まっているにもかかわらず，フィッティングがあまり良くない部分を何とかして合わせようと努力した結果，かなり大きな値の界面粗さを導入することになり，最終的にはそれに引きずられて，厚さを見積もり間違える，というようなことが起こる．ほかにも，バルクの値よりも大きな密度の値が，大きな界面粗さの値とともに得られるというようなことも起こる．界面粗さをフィッティングの便宜的なパラメータとして安直に扱うのではなく，その意味をよく問わなくてはいけない．一方で，これは，界面近傍の構造を見通し良く解析できるような新しいデータ解析手法の開発が強く求められていることの証左でもある[5].

4.4 最小二乗法フィッティング計算に由来する問題

モデルフリー解析について説明する前に，まず局所解の問題に触れよう．図 4.4 は SiO_2／Si 薄膜について，パラメータを大きく変化させて残差の二乗和を計算したものである[6]．この図の場合には，少なくとも 3 つの局所解が存在する．SiO_2 層の膜厚として 43.4 nm，45.5 nm，47.6 nm という値が得られ，データ解析の手順，特に初期値の与え方によっては，真の値である 45.4 nm 以外の 2 つの値に達してしまう危険性がある．図 4.5 は，この 3 つの膜厚のそれぞれの場合の反射率の計算データと実験結果を比較したものである．いずれもかなり残差の二乗和が小さく実験値に漸近しているため，このうちの 1 つだけしか検討しなかった場合には，誤った判断をしてしまうおそれがある．

局所解に陥らないようにするため大域的最適化の技術が研究されているが，シミュレーテッド・アニーリング(焼きなまし法，SA 法)[7,8]は，有力な方法の 1 つとしてかなり以前より知られている．その名称からもわかるように，材料工学における結晶の

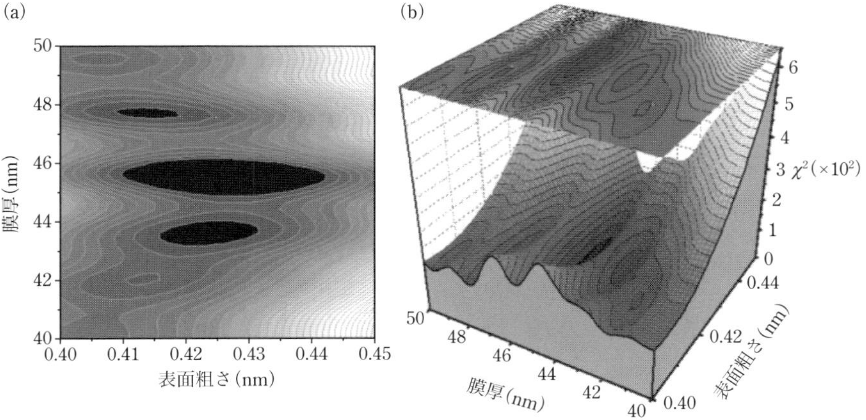

図 4.4 複数の局所解が存在する例
SiO_2／Si 基板についての X 線反射率データの残差の二乗和を SiO_2 層の厚さと表面粗さをパラメータにとって広い範囲にわたって計算したもの．(a)は等高線マップ，(b)は 3 次元プロットである．合計で 3 つの明らかな局所解が見られるが，そのなかで残差の二乗和が最も小さいのが真の解である．
［A. Ulyanenkov *et al.*, *Physica B*, **283**, 237(2000), Fig. 3］

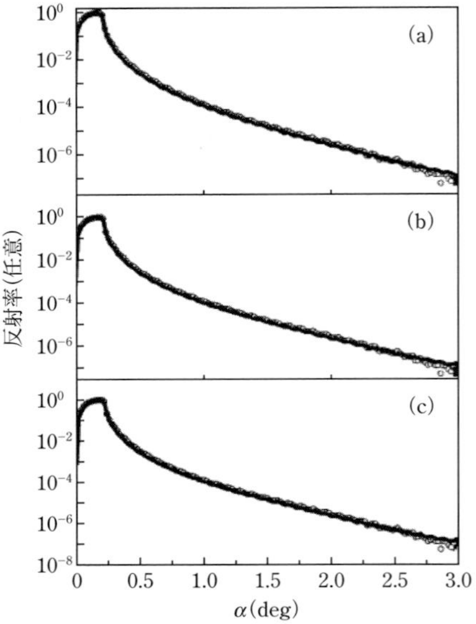

図 4.5　X 線反射率データのフィッティング局所解の比較
図 4.4 で見出された 3 つの局所解のそれぞれのパラメータが与える X 線反射率の計算値を実験結果と比較したもの．SiO_2 の膜厚は (a) 45.5 nm（真の値），(b) 43.4 nm，(c) 47.6 nm としている．
［A. Ulyanenkov *et al.*, *Physica B*, **283**, 237 (2000), Fig. 4］

歪みや欠陥を解放する技術になぞらえ，陥ってしまった局所解からの脱出を図るアルゴリズムである．昇温により原子は初期の位置から解放され，自由に移動できるようになるが，その後ゆっくり冷やすことで，初期の位置ではない別のもっと安定な（内部エネルギーがもっと小さな）位置に到達できる可能性がある．これをコンピュータ上の計算に置き換え，具体的には次のような手順をとる．(1) 温度 T の初期値と昇温ステップの回数を決める．(2) 現に得られている構造パラメータ群（X 線反射率の場合には，各層の密度，膜厚，各界面の粗さ）に対し，与えた初期温度 T に応じて変更操作を加え，新パラメータ群を取得する．このとき，実験データとの残差の二乗和が必ずしも改善されなくても一定の確率で受け入れる．(3) 温度 T を上昇させ，(2) の操作を繰り返し行い，パラメータ候補群の改良探索を行う．(4) 最初に決めた昇温ステップ数に達したら，温度を下げる．(5) 温度をゆっくり下げながら，(2) の操作を行う．それぞれの温度で，平衡状態とみなせるまで探索を繰り返し，その後に温度を下げ，同様の操作を繰り返す．

最近では，遺伝的アルゴリズム(genetic algorithm, GA)[6, 9〜12]により，多数の局所解を一気にチェックし，真の最小を見出す方法が有望であると考えられている．この方法では，薄膜の構造パラメータの組を1つの個体とみなし，広い範囲の値をパラメータとしてとるように設定した多数の個体を含む個体群を用意し，各個体に遺伝のメカニズムと同じような操作，すなわち，「選択」，「交配」，「突然変異」などの遺伝的操作を行うことによって大域的最適解を探索する．図4.4の例も遺伝的アルゴリズムによる検討で見出されたものである．

遺伝的アルゴリズムとはどのようなものであるかを見てみよう．図4.6は遺伝的アルゴリズムの一種であり，迅速性，効率性でも定評のあるdifferential evolution(DE)法のフローチャートを示している[10]．まず，X線反射率の実験データの測定点数がNで，そのうちj番目が$(\alpha_j,\ R_j)$のように与えられるとしよう．他方，前章までで述べられているとおり，Parrattの式にNevot−Croceの表面・界面粗さの補正項を加えた理論式によって，n個の薄膜の構造パラメータとしてパラメータベクトル$\boldsymbol{p}(=p_1, p_2,\cdots, p_n)$を与えれば，X線反射率を計算し，実験データと比較することができる．この比較の指標$E(\boldsymbol{p})$としては，平均平方誤差(mean square error, MSE)や平均絶対誤差(mean absolute error, MAE)などが用いられる．遺伝的アルゴリズムでは個体群を扱う．そこで，個体数をmとし，たとえば，$m=10n$のようにとって，m個のパラメータベクトルの集合$\boldsymbol{P}(=\boldsymbol{p}_0, \boldsymbol{p}_1, \boldsymbol{p}_2,\cdots, \boldsymbol{p}_{m-1})$を考える．

図4.6の初期化のところでは，適当であると考えられる構造パラメータの組を$\boldsymbol{p}_0$として与え，$\boldsymbol{p}_1, \boldsymbol{p}_2,\cdots, \boldsymbol{p}_{m-1}$の残り$m-1$個のパラメータの組は，あらかじめ決めた範囲内で，乱数によって発生させる．これら合計m個のパラメータの組の全部を指標$E(\boldsymbol{p})$で評価し，最良のものを選び出すことができる．それをベストフィットベクトル$\boldsymbol{b}(=b_1, b_2,\cdots, b_n)$と呼ぶことにするが，今後，より良いものが登場したときには，それと入れ替える．次に，ランダムに選んだパラメータベクトル$\boldsymbol{p}_a$と$\boldsymbol{p}_b$の差をとり，これを使ってベストフィットベクトル$\boldsymbol{b}$から突然変異させる．突然変異係数をk_mとして(良い収束が得られるよう経験的に決める．たとえば$k_m=0.7$など)，$\boldsymbol{b}'=\boldsymbol{b}+k_m(\boldsymbol{p}_a-\boldsymbol{p}_b)$のようにする．この$\boldsymbol{b}'$と$\boldsymbol{p}_0$を比較し，試行ベクトル$\boldsymbol{t}=(t_1, t_2, t_3,\cdots, t_n)$の各成分が，$\boldsymbol{b}'$か$\boldsymbol{p}_0$のいずれかからランダムに入るように交配する．こうして得られた試行ベクトル$\boldsymbol{t}$の評価$E(\boldsymbol{t})$が$E(\boldsymbol{p}_0)$より良ければ，その$\boldsymbol{t}$を新たな$\boldsymbol{p}_0$とする．そうでない場合は，次の世代にも$\boldsymbol{p}_0$を引き継ぐ．

この同じ操作を$\boldsymbol{p}_0$以外のパラメータベクトル$\boldsymbol{p}_1, \boldsymbol{p}_2,\cdots, \boldsymbol{p}_{m-1}$について，その都度新たに$\boldsymbol{b}'$を作りつつ行う，最終的に$E(\boldsymbol{b})$が減少しなくなるまで，つまり，広域的に最小となるまで以上の操作を繰り返す．

遺伝的アルゴリズムは，広範囲のパラメータの探査を効率的に行い，複数の局所解

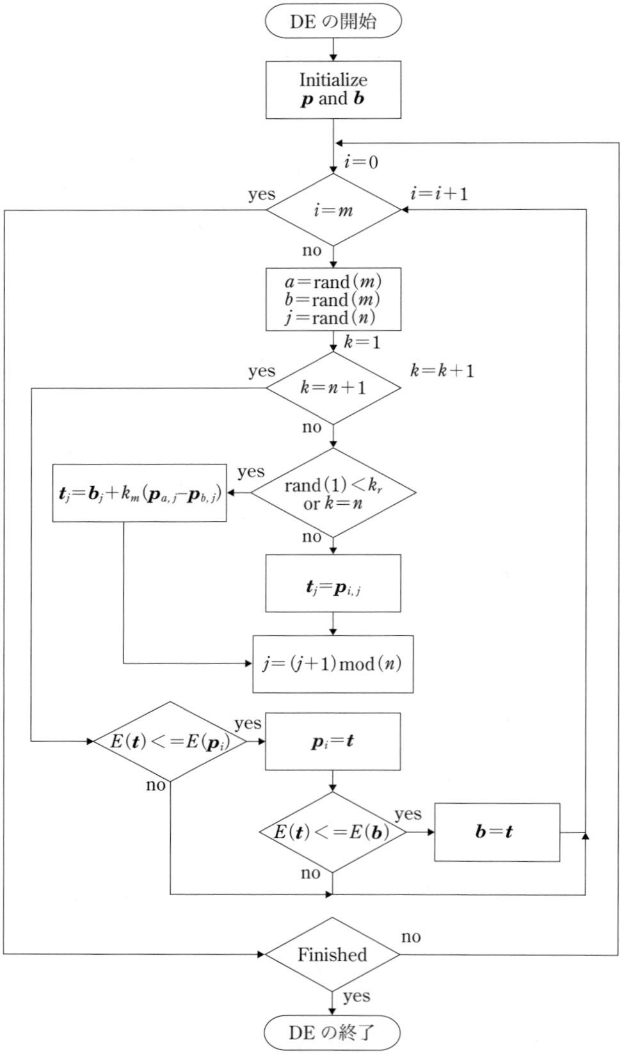

図 4.6　遺伝的アルゴリズムによる解析のフローチャート例
differential evolution(DE)法による解析の流れを示している．
［M. Wormington *et al.*, *Phil. Trans. R. Soc. Lond. A*, **357**, 2827(1999), Fig. 1］

を見つけ出すところまでは得意ではあるものの，その局所解ごとにそれぞれの近傍をさらに詳しく精密に探査して，最終的な解を得る手順は，実はそれほど簡単にはいかない．そこで，改良・拡張が継続的に試みられている．また，従来の非線形最小二乗法によるフィッティングとの組み合わせ使用も行われている．

ヘルシンキ工科大学の Tiilikainen は，統計解析の手法の 1 つである独立成分分析と遺伝的アルゴリズムを複合させたデータ解析法を考案し[13]，誤差解析など，関連する研究成果を 5 編の論文により報告している[14〜18]．

4.5　構造モデルに過度に依存しない解析の試み

4.5.1　位相を推定して導入する直接解法

X 線反射率測定により得られる結果は，結局のところ，試料表面近傍における深さ方向の電子密度分布を反映しているので，X 線反射率のデータから電子密度分布を直接求めようとする試みは以前から行われている[19, 20]．ここでは，Parratt の式で表されるような多層膜の界面における多重反射は考慮せず，単純に基板からの 1 回散乱のみを考慮する運動学的な近似を行おう．X 線反射率 R は散乱ベクトルの大きさ $q_z(=4\pi\sin\alpha/\lambda)$ の関数であり，基板の Fresnel 反射率 R^{F} を用いて

$$\begin{aligned} R(q_z) &= R^{\mathrm{F}}(q_z)|F(q_z)|^2 \\ &= R^{\mathrm{F}}(q_z)\left|\frac{1}{\rho_{\mathrm{e},\infty}}\int\frac{\mathrm{d}\rho_{\mathrm{e}}(z)}{\mathrm{d}z}\exp(iq_z z)\mathrm{d}z\right|^2 \end{aligned} \tag{4.3}$$

のように書ける．構造因子 F は電子密度 $\rho_{\mathrm{e}}(z)$ の微分の Fourier 変換であり，$\rho_{\mathrm{e},\infty}$ は平均密度である．この構造因子の部分に位相 ϕ を入れて書き直すと，次のようになる．

$$\begin{aligned} \frac{\mathrm{d}\rho_{\mathrm{e}}(z)}{\mathrm{d}z} &= \int F(q_z)\exp(iq_z z)\,\mathrm{d}q_z \\ F(q_z) &= |F(q_z)|\exp[i\phi(q_z)] \end{aligned} \tag{4.4}$$

ほとんど同じであるが，仮に何らかの方法で電子密度 $\rho_{\mathrm{e}}(z)$ を推定しえたとして，それを $\rho_m(z)$ としよう．このとき，式(4.4)と非常に似た関係式

$$\begin{aligned} \frac{\mathrm{d}\rho_m(z)}{\mathrm{d}z} &= \int F_m(q_z)\exp(iq_z z)\,\mathrm{d}q_z \\ F_m(q_z) &= |F_m(q_z)|\exp[i\phi_m(q_z)] \end{aligned} \tag{4.5}$$

から対応する位相 ϕ_m を得ることができるが，これは当然，式(4.4)の真の位相 ϕ と一致することはないであろう．ここでは

$$\phi(q_z) = \phi_m(q_z) + \Delta\phi(q_z) \tag{4.6}$$

で表される差 $\Delta\phi$ を生じることになる．以上を用いて，

$$\frac{\mathrm{d}\rho_{\mathrm{e}}(z)}{\mathrm{d}z} = \iint G(q_z)\rho'(z_1)\exp[iq_z(z-z_1)]\mathrm{d}z_1\mathrm{d}q_z$$
$$G(q_z) = \sqrt{\frac{R(q_z)}{R_m(q_z)}}\exp[i\Delta\phi(q_z)] \tag{4.7}$$

において位相差 $\Delta\phi$ が 0 となるような推定ができればよい．そこで，Hilbert phase ϕ_{H} の差を検討する．Hilbert phase は，

$$\phi_{\mathrm{H}}(q_z) = -\frac{2q_z}{\pi}\int_0^{\infty}\frac{\ln(|F(q_z')|/|F(q_z)|)}{{q_z'}^2 - q_z^2}\mathrm{d}q_z' \tag{4.8}$$

と定義され，したがって，その差 $\Delta\phi_{\mathrm{H}}$ は

$$\Delta\phi_{\mathrm{H}} = \frac{q_z}{\pi}\int_0^{\infty}\frac{\ln(|R_m(q_z')R(q_z)|/|R_m(q_z)R(q_z')|)}{{q_z'}^2 - q_z^2}\mathrm{d}q_z' \tag{4.9}$$

のようになる．この $\Delta\phi_{\mathrm{H}}$ が $\Delta\phi$ に近いものと仮定して計算を行う．すると，

$$\rho_{m+1}(z) = \int_{-\infty}^{z}\int_{-\infty}^{\infty}\int_{-\infty}^{\infty}\sqrt{\frac{R(q_z)}{R_m(q_z)}}\exp[i\Delta\phi(q_z)]\times\frac{\mathrm{d}\rho_m(z_1)}{\mathrm{d}z_1}\exp[iq_z(z_2-z_1)]\mathrm{d}q_z\,\mathrm{d}z_1\,\mathrm{d}z_2 \tag{4.10}$$

のようにして電子密度分布を $\rho_m(z)$ から $\rho_{m+1}(z)$ に改良することができ，これを用いて対応する反射率 R_{m+1} を計算できる．この式によるフィッティングを行い，その収束状況から式(4.5)以降の同様の操作を繰り返すか，打ち切るかを判定する．

このような方法で，実際にデータを解析した事例を見てみよう．図 4.7 は，ドイツ・キール大学の Tolan らにより行われた Si 基板上のヘキサン液層からの X 線反射率である[21]．図 4.8 は Hilbert phase 法により求められた電子密度分布で，これに対応する反射率計算結果は図 4.7 中の実線である．良いフィッティングを得るまでにだいぶ工夫をしたようであるが，良くフィットしていること自体はさほど驚くにあたらない．Tolan らも Parratt の式を用いた検討を当然行っており，その場合でも，同程度のフィッティングは得られる．しかし，図 4.8 で得られている界面近傍のプロファイルに注目してみよう．Gauss 型の界面粗さに修正を加えたくらいではなかなか得られない形状である．この結果は Lennard-Jones ポテンシャルを考慮した検討ともよく対応しており信憑性がある，というのが Tolan らの主張点である．

同種の逆問題の取り扱いについては，ゲッチンゲン大学の Salditt 教授のグループが，多層膜構造での界面を Gauss 誤差関数で表現する場合について，得られる解のユニークさに関する詳細な検討を行うとともに，反復法による解法を提案している[22]．

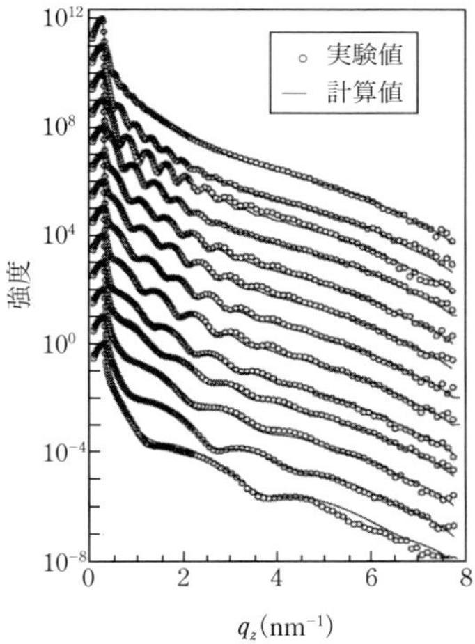

図 4.7　Si 基板上のヘキサン液層(2.5～35 nm)からの X 線反射率プロファイル
実線は図 4.8 の電子密度分布に対応する計算結果.
[K. Doerr *et al.*, *Physica B*, **248**, 263(1998), Fig. 1]

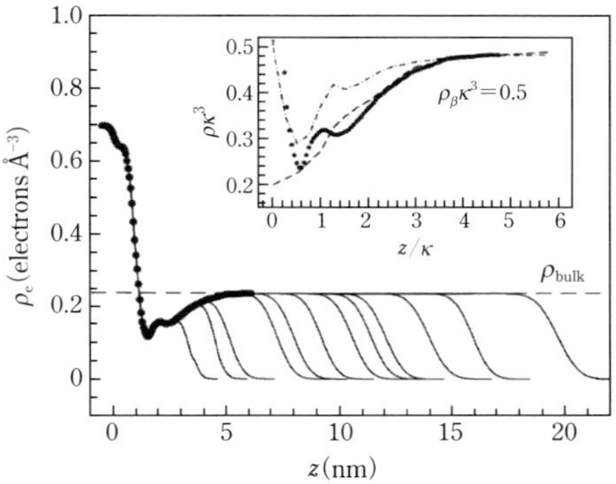

図 4.8　Si 基板上ヘキサン液層の電子密度分布
Hilbert phase 法により求められたもの. 挿入図は分子サイズ κ を考慮した換算密度の分布を示している. この解析では $\kappa=1.1$ nm としたときに最良の一致が得られている. ヘキサン分子の長さの文献値 0.9 nm に近い.
[K. Doerr *et al.*, *Physica B*, **248**, 263(1998), Fig. 3]

4.5.2　Fourier 変換法

Parratt の式に Nevot−Croce の表面・界面粗さの補正項を加えた理論式を用いて X 線反射率の計算をすると，パラメータ間，具体的には膜厚と表面・界面粗さとの間では，反射率プロファイルへの寄与の仕方に大きな違いがあることに気づくであろう．膜厚は振動周期，表面・界面粗さは振幅やプロファイル全体の減衰に影響する．前者は横軸，後者は縦軸への寄与が大きい．また密度は臨界角近傍の形状に影響を与えるほか，表面・界面粗さとかなり相関する．したがって，膜厚と表面・界面粗さや密度は，もともと対等に扱いにくいパラメータという見方もできる．両者を何とか分けて扱えないか，Fourier 変換法はそのような考えを背景として 1991 年に考案された[23]．

薄膜・多層膜の X 線反射率プロファイルの最も顕著な特徴の 1 つは干渉パターンであるから，その周期を抽出してみようと考えるのは自然な発想である．Kiessig は，1931 年にこうした X 線反射率の干渉パターンを初めて実験的に測定するとともに，直読で得られたピーク位置から周期を求め，薄膜の厚さを決定した[24, 25]．薄膜層が一層しかない場合，1.3.3 項に説明されている式を用いて，表面・界面粗さや密度を知らなくても，膜厚のみを独立に求めることができる[26, 27]．

Fourier 変換法は，上述のマニュアル操作による周期直読を大幅に拡張した方法である[23, 28〜39]．基板上に薄膜一層しかない最も単純なケースでは，マニュアル操作による周期直読も十分可能であるが，このときの X 線反射率は Parratt の式を使って，次のように書き表すことができる．

$$R(q_z)=|R_{1,2}|^2=\left|\frac{R_{2,3}+F_{1,2}}{R_{2,3}F_{1,2}+1}\right|^2 =\left|\frac{\exp(-i\gamma_2)F_{2,3}+F_{1,2}}{\exp(-i\gamma_2)F_{2,3}F_{1,2}+1}\right|^2 \tag{4.11}$$

ここで，$R_{j-1,j}$ と $F_{j-1,j}$ は，第 j–1 層と第 j 層の間の界面の反射係数ならびに Fresnel 係数で，式の中に表れる γ_j(ここでは j は 2 だけ)は，第 j 層の膜厚 d_j と臨界散乱ベクトル $\boldsymbol{q}_c$ を用いて

$$\gamma_2=q_z' d_2 =\sqrt{{q_z}^2-{q_c}^2}\,d_2 \tag{4.12}$$

のように書ける．式(4.11)は，$R \ll 1$ のとき，

$$R(q_z)=\frac{{F_{1,2}}^2+{F_{2,3}}^2+2F_{1,2}F_{2,3}\cos\gamma_2}{(1-{F_{1,2}}^2)(1-{F_{2,3}}^2)} \tag{4.13}$$

のように整理することができ，振動項は単純な三角関数で表現できる．式(4.12)からわかるとおり，γ_2 が補正された q_z と膜厚 d_2 の積になっている点が重要である．このことは反射率を横軸 q_z' の関数としてプロットしたうえで Fourier 変換を行うと，d_2 の分布が求められることを意味する．つまり，膜厚値に対応する単一ピークが得られる[23, 28, 29]．式(4.13)では，単純な表現とするため，表面・界面粗さの項，すなわち，Nevot−Croce の補正項をあえて含めていない．表面・界面粗さは，干渉パターンの振幅の減衰やプロファイル全体の形状には影響があるが，干渉パターンの振動周期を左右するものではないからである．厳密には，γ_2 の式の中には吸収効果による補正項が入る．しかし，反射率が小さな値のときはその効果は無視することができ，実際に干渉パターンが観測される領域では，反射率の絶対値が 0.1 以下であることがほとんどであり，問題にならない．図 4.9 は，SiO_2／Si 薄膜の X 線反射率について，Fourier 変換法により SiO_2 の薄膜の厚さを決定した例を示している．X 線反射率のデータは，通常は横軸を視射角として取得されているであろう．Fourier 変換法を適用するためには，まず，q_z' の関数としてプロットし直す必要がある．そして，干渉パターンを抽出するため，平均プロファイルを多項式により推定する(図 4.9(a)，破線)．

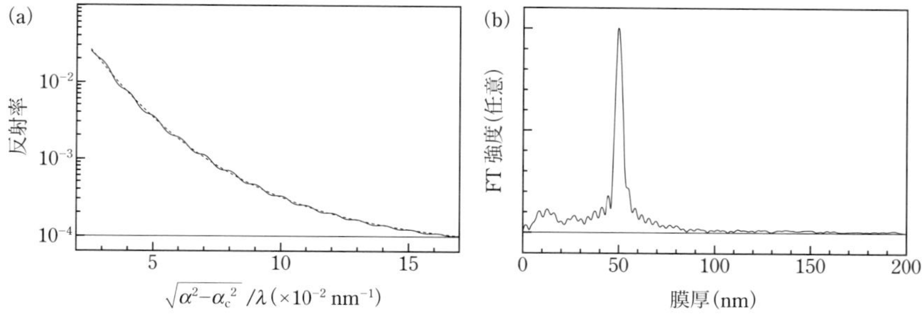

図 4.9　Fourier 変換法によるモデルフリーな膜厚決定の例
(a) SiO_2 (50.1 nm)／Si 基板についての X 線反射率データ (8 keV の X 線で測定) を臨界角の補正を考慮した q' の関数としてプロットしたもの，(b) (a)の図に見られる干渉縞を抽出して Fourier 変換した結果．膜厚に対応する位置で単一ピークが得られた．
[K. Sakurai *et al.*, *Jpn. J. Appl. Phys.*, **31**, L113 (1992), Fig. 2]

Fourier 変換法における強度とは，複素 Fourier 変換の実部と虚部の二乗和の絶対値の平方根で与えられる量であり，データ中に含まれているさまざまな周期の振動成分の内訳を示している．今の場合には，1 種類の周期の波しか含まれていないので，単一のピークが得られ，そのピーク位置から膜厚がわかる．

層数が増えると反射率の式の形は複雑になるが，基本的に同じ考え方で解析できる．基板上に薄膜が二層ある場合を計算してみよう[27]．

$$
\begin{aligned}
R(q_z) &= (A\cos\gamma_2 + B\cos\gamma_3 + C\cos(\gamma_2+\gamma_3) \\
&\quad + D\cos(\gamma_2-\gamma_3) + E)/F \\
A &= 2F_{1,2}F_{2,3}(1+F_{3,4}{}^2) \\
B &= 2F_{2,3}F_{3,4}(1+F_{1,2}{}^2) \\
C &= 2F_{1,2}F_{3,4} \\
D &= 2F_{1,2}F_{2,3}{}^2F_{3,4} \\
E &= F_{1,2}{}^2 + F_{2,3}{}^2 + F_{3,4}{}^2 + F_{1,2}{}^2F_{2,3}{}^2F_{3,4}{}^2 \\
F &= (1-F_{1,2}{}^2)(1-F_{2,3}{}^2)(1-F_{3,4}{}^2)
\end{aligned}
\tag{4.14}
$$

上の式では，D は十分小さな値をとり，無視できる．したがって，3 種類の周期の振動成分が干渉パターンに含まれることが理解できる．これは，基本的には，各層の膜厚とその和に対応するものである．X 線反射率のデータをそれぞれの層の膜の臨界散乱ベクトル(通常は単色 X 線の実験なので，実際は臨界角)で補正した別々の，q'_{z_2}，q'_{z_3} でプロットしたデータを Fourier 変換すると，どちらのデータでもピークが 3 つ立ち，そのうちの 1 つだけが左右対称なピークになる．その左右対称のピーク位置が膜厚を与える.

層の数が $N-1$ であるとき，界面の数は全部で N になる．干渉パターンに含まれる周期成分の総数，すなわち Fourier 変換を行ったときに出現するピークの数は，最大で ${}_NC_2 = N(N-1)/2$ になる．したがって，まったく未知の構造の薄膜試料であっても，実験データの Fourier 変換でピークの数がわかれば，おのずから層の数についての情報が得られることになる．もちろん，近い膜厚の層がいくつもある場合など，注意を払わなくてはいけないこともあるが，薄膜の構造を解析するうえで非常に助けになる．

図 4.10 は，基板上に薄膜が三層ある場合の X 線反射率のシミュレーションを行ったものである．すでに説明したように，臨界角の補正を行った q_z' を用いて Fourier 変換を行って得られたピーク位置を用いて各層の膜厚を求める方法を採るため，図 4.10(b)では，多数あるピークのなかで Cu 層に対応するものについてのみ正しい膜厚が得られる．しかし，他のピークにもついても，それほどかけ離れた悪い値になるわけでもない．そのようなことから，非線形最小二乗法によるフィッティングを行おうとする場合にも，こうして Fourier 変換でピーク位置を各層の膜厚の初期値として採用する方法は有力である．

Fourier 変換法は，1992 年に最初の論文が出版された後に，世界のいくつかのグループが独立に発見し，ほぼ同様の結論に達している[28～37]．4.2 節で触れた運動学的近似のもとでは，干渉パターンをもつ薄膜・多層膜からの X 線反射率と単純に減衰する膜構造をもたない場合の X 線反射率との比を，電子密度分布の微分の Fourier 変換で記述することができるので，自己相関関数(パワースペクトルの逆 Fourier 変換)を用いて，これまでの議論とよく似た解析を行うことができる．そのほか，異常分散などに着目して Fourier 変換法を拡張する試みも行われている[38]．

さまざまな応用も行われるようになってきている．図 4.11，図 4.12 は，インドの Sanyal らが Si 基板上の Fe 薄膜の熱処理による変化を X 線反射率法で調べたデータである[41]．X 線反射率データから何を読み取りたいかにもよるが，図 4.12 に示すように，熱処理による膜厚変化が Fourier 変換の結果にはっきりと出ており，この方法の有用性がよく理解できる．もちろん，データ解析はこれだけで終わるわけではない．電子密度分布や表面・界面粗さなども数値として得たいであろう．通常は，こうしたパラメータはフィッティングにより決定するわけであるが，今のように，Fourier 変換法により全膜厚や層数は先にわかるので，これを使って初期モデルを作ることにより，解析の質を相当に改善することができる．

Fourier 変換法は，実験で得られた X 線反射率のプロファイルと，理論的に予測されるパラメータを用いて計算して得られるプロファイルを比較するという通常の解析手順から，ひとまず独立した方法である．通常の方法の代わりに，これ 1 つでやろう

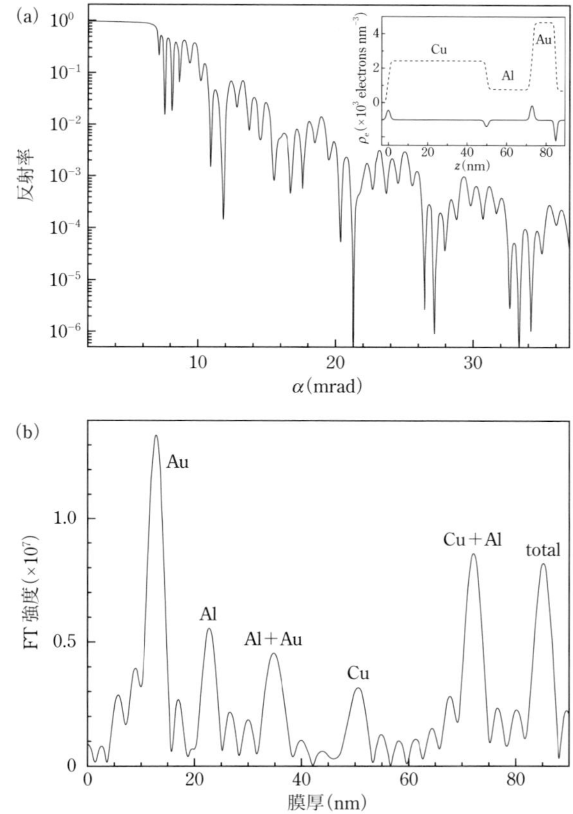

図 4.10　Fourier 変換法によるモデルフリーな膜厚決定の例(層数が増えた場合)
(a) Cu(50 nm)／Al(23 nm)／Au(12 nm)／Si 基板(粗さは Au／Si 界面が 0.35 nm，他の表面・界面は 0.5 nm)についての 8 keV X 線での反射率のシミュレーション．挿入図として，電子密度分布(破線)とその微分(実線)を示す．
(b) Cu の臨界角(6.8 mrad)の補正を考慮した q' の関数として(a)の図をプロットし直した後に Fourier 変換を行った結果．界面の数は 4 つあるため，6 つのピークが得られた．Cu 層に対応するピーク位置は厳密な膜厚を与える．
[K. Sakurai *et al.*, *Trans. Mater. Res. Soc. Jpn.*, **33**, 523(2008), Fig. 3]

と考える必要はない．研究段階の薄膜試料では，積層構造の細部がよくわかっていないことも少なくない．たとえば層数に確信がもてない場合もありうる．そのようなとき，X 線反射率のプロファイルに含まれる振動の周波数成分を Fourier 変換法で抽出するというだけで，層数や各層の膜厚にあたりをつけることができる．フィッティン

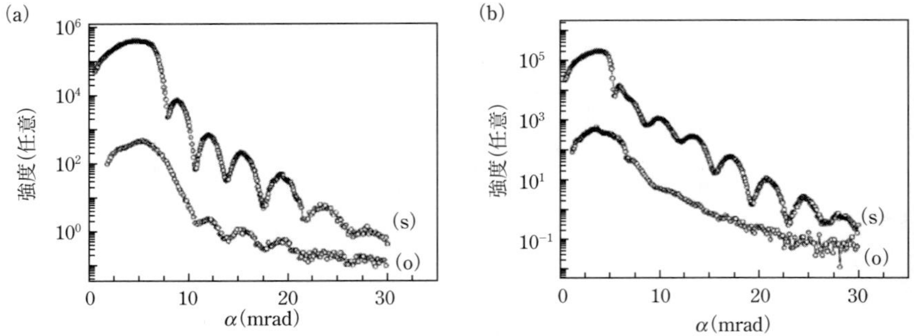

図 4.11 Si 基板上の Fe 薄膜からの X 線反射強度
(a)熱処理前，(b)熱処理後.
(s)は鏡面反射，(o)はオフセット走査による散漫散乱強度.
[S. Banerjee *et al.*, *J. Appl. Phys.*, **85**, 7135(1999), Fig. 1]

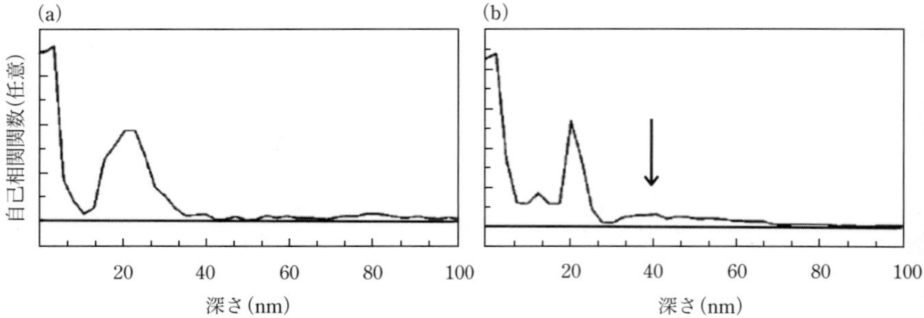

図 4.12 Si 基板上の Fe 薄膜からの X 線反射率データの Fourier 変換
熱処理前(a)の全膜厚が約 20 nm であること，熱処理後(b)に拡散が生じていることなどが一目瞭然である.
[S. Banerjee *et al.*, *J. Appl. Phys.*, **85**, 7135(1999), Fig. 2]

グを行う場合でも，まずこのような検討が先にあるほうが，はるかに楽になるだろう.

もちろん，層数が多いときは，非常に多くのピークが出てくるうえ，それらが互いに重なって，一筋縄でいかないこともある. 似通った厚さの層が多数含まれるようなケースは，それらをうまく識別するための工夫も必要になると考えられるが，一般論として，どのような解析方法を採用したとしても，難易度が高いことには変わりないであろう. Fourier 変換法によって周波数成分でふるいにかけられるという点は，本質的には複雑な問題を簡単にする効果がある.

Fourier 変換法による膜厚決定では，臨界角もしくは臨界散乱ベクトルの大きさ q_c

を用いている．臨界角は，どれくらいの精度で与えればよいのだろうか．もし多少ずれた値を使ったらどうなるだろうか．X 線による材料解析の経験が深い読者は，X 線反射率法における Fourier 変換法を見て，X 線吸収微細構造(EXAFS)法との類似性に思い当たるかもしれない．振動するプロファイルの周波数成分を抽出するところは，まさに共通している．また，EXAFS 法では，吸収端エネルギーを原点に，この X 線反射率法では q_c を原点にとるので，その原点のずれが心配になるが，EXAFS の場合と同じく，この問題は決着済みである．通常の角度走査型の X 線反射率測定では 0.1 mrad 程度もしくはそれ以下の精度で臨界角を決定できるであろう．リニアプロットで，全反射域の X 線強度の約 1/2 になる点の角度をとりあえずの臨界角とし，q_c を計算してはどうだろうか．仮に少しずれた値を使ったとしても，Fourier 変換で得られるピークの左右対称性をチェックしたときに値がずれていれば，それはすぐわかる．改めて修正した q_c によって再試行すればよい．

EXAFS 法のデータ解析との類似性に触れたが，Fourier 変換する前の振動成分の抽出過程でも，共通の方法を使用することもできる．X 線反射率のデータは対数プロットで扱うという点が異なるが，スムージングあるいは多項式当てはめなどによって平均プロファイルを推定して差し引く方法が用いられる．その際には，波打ち成分をもつような平均プロファイルにならないように留意すべきである．以上の方法だけでなく，q^4 もしくは別の係数をかけ算する，基板のみの理論 X 線反射率法で規格化するなど，いろいろな前処理が行われている．

Fourier 変換の計算には高速 Fourier 変換(FFT)のアルゴリズムが用いられることがおそらく非常に多いだろう．そのような演算パッケージは容易に入手でき，簡単に使用できる．Fourier 変換後のデータ間隔は，サンプリング数に依存する．膜厚に対応するピークの近くで多くのデータを得るためには，サンプリング数を相当多くする必要がある．しかし他方で，Fourier 変換は FFT のアルゴリズムを使用するのではなく，積分の数値計算を実行することによっても行うことができるので，この方法であれば，たとえば 0.001 nm 刻みで特定の膜厚分布のピーク近傍を詳しく描くといったことも問題なくできる．両者を併用すればよいであろう．

4.5.3 Wavelet 変換法

Fourier 変換法は，薄膜・多層膜からの X 線反射率に現れる干渉パターンを周波数解析することで，層の数や各層の厚さを素早く求めることのできる優れた方法である．だが，そこにも欠落しているポイントがいくつかあり，その新たな対策を考案することが重要になってきている．

第 1 には，積層順に関する情報の取得である．図 4.13 に示すように，Fourier 変換

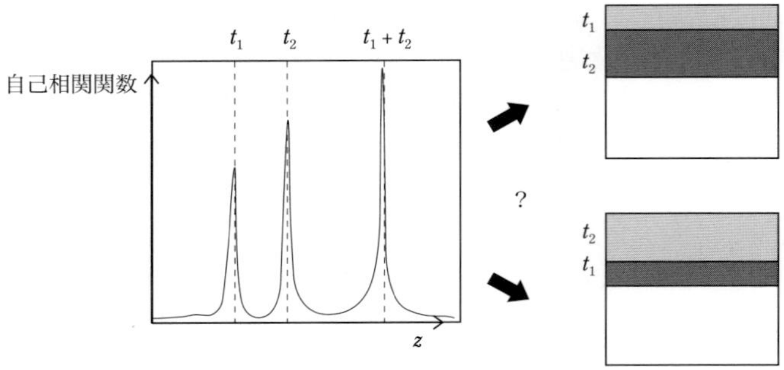

図 4.13 Fourier 変換法の弱点
Fourier 変換法はサンプリングした信号列に含まれる周波数成分(X線反射率では膜厚)を分析するものではあるが，どの周波数成分が先に現れ，どの周波数成分がその次に現れるのかといった順序(深さ方向の膜厚の順序)に関する情報は与えない.

では，どんな周波数成分が含まれるかによってどんな膜厚の層があるかは明瞭であるものの，積層の順序は明らかにはならない．図 4.1 で，厚さの異なる層の積層順が違っている場合に，どちらにも良いフィッティング結果が得られることから派生する課題があることを説明したが，これに類する問題は現実に頻度多く生じている．Fourier 変換法により周波数成分がわかり，試料に含まれる層の膜厚が決定できたとして，それに加え，表面から何番目の層に対応するのか，という種類の情報が追加できれば，多くの応用分野で非常に有効と期待される.

第 2 には，膜厚以外の情報の取得である．Fourier 変換では，膜厚，すなわち，界面と界面の間の距離を周波数という形で取得するが，観測された多数の周波数成分のなかから 1 つの成分のみを選んで，その内容を解析するような手法が求められる．1 つの周波数成分は，多数ある界面のうちの特定の 2 つを選んで得られるものである．単一界面のではなく 2 つの界面の情報を含めたものになってしまうことは避けられないが，それでも，単に膜厚だけでなく，界面の平坦性や急峻性の完全さ(ここでは簡単に粗さと呼んでおこう)を解析できると埋もれた界面をこれまでよりはるかによく理解できるようになると期待される.

上記の問題は，端的には，Fourier 変換のサンプリング領域を全測定領域に近い広範囲のものにせず，狭い範囲とし，その範囲を少しずつ横軸方向にスライドさせていくようにすれば，どの周波数成分がどれくらいの角度領域で現れるか検知できるはずである．これは信号処理の分野では，短時間 Fourier 変換(short time Fourier transform, STFT)として知られている．実際に X 線反射率のデータを狭い範囲で Fourier 変換すればわかることであるが，この方法により得られるデータはノイズが非常に多

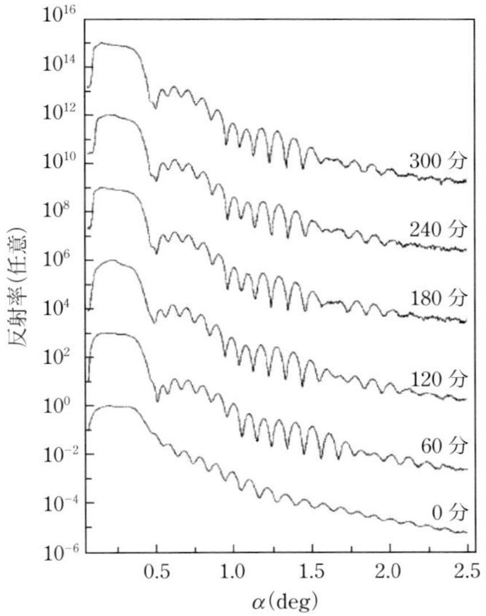

図 4.14　石英ガラス基板上に堆積された鉄酸化物薄膜からの X 線反射率データ
［E. Smigiel *et al.*, *J. Phys. D*, **33**, 1757(2000), Fig. 7］

く，周波数解析どころではない．

そこで登場するのが Wavelet 変換法である[44〜46]．STFT と同じようにスライドさせながら周波数解析をするのであるが，その際，SN 比が劣化しないよう，振幅に応じ窓の幅を自在に変化させるのである．式で示すと次のようになる．

$$WT(a,b)=\frac{1}{\sqrt{a}}\int R'(q)g\left(\frac{q-b}{a}\right)\mathrm{d}q$$
$$g(z)=(1-z^2)\exp(-z^2/2) \tag{4.15}$$

ここで，$g(z)$ はマザー Wavelet と呼ばれる関数であり，取り扱う信号の性質により使い分けるが，X 線反射率のような三角関数ベースの単純なデータでは，Mexican Hat 型のマザー Wavelet がよく用いられる．また，a は scaling パラメータ，b は position パラメータと呼ばれるもので，Wavelet 変換は，この 2 つのパラメータについて行われる．b だけに着目すると，通常の Fourier 変換と本質的に同じである．

Wavelet 変換を X 線反射率法に初めて導入したのは Smigiel と Conet である[44, 45]．彼らのデータを見てみよう．図 4.14 は，石英基板上に堆積させた鉄酸化物薄膜の X 線反射率データである．室温で金属の鉄を 37 nm 蒸着した後，270°C に加熱して，60 分間隔で変化を測定した．その 300 分のデータを Fourier 変換したものが図 4.15,

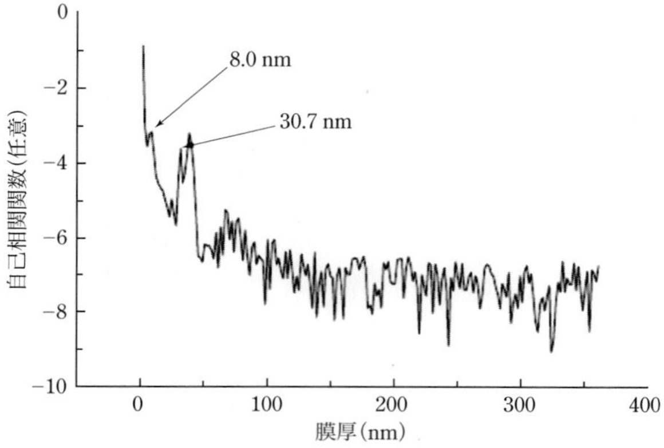

図 4.15　石英ガラス基板上の鉄酸化物薄膜からの反射率データの Fourier 変換
2 種類の膜厚に対応するピークが見えるものの，その順序はわからない．
[E. Smigiel *et al.*, *J. Phys. D*, **33**, 1757 (2000), Fig. 8]

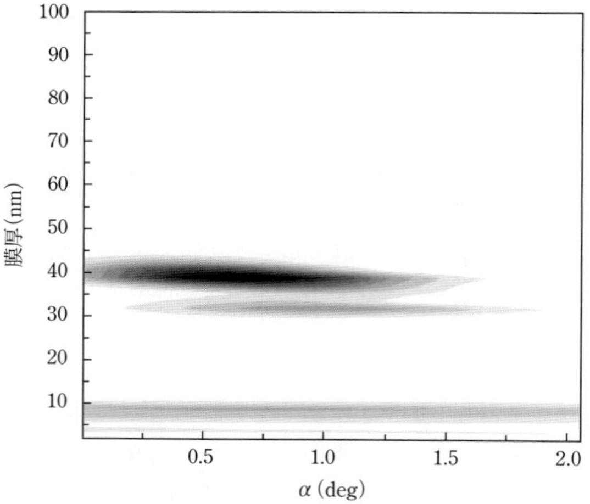

図 4.16　石英ガラス基板上の鉄酸化物薄膜からの反射率データの Wavelet 変換
8.0 nm の膜が最表面であること，30.7 nm の膜は角度が高角(約 0.4° 以上)になってから現れたことから表面にはない層であることがわかる．それらの膜厚を足し合わせた約 40 nm の成分も見えている．
[E. Smigiel *et al.*, *J. Phys. D*, **33**, 1757 (2000), Fig. 9]

Wavelet 変換したものが図 4.16 である．

Fourier 変換の結果には，2 種類の膜厚に対応するピークが現れているが，前述のとおり，その順序関係はわからない．Wavelet 変換は，角度を走査している過程に周波数解析を行うことに相当するものなので，いつどの周波数成分が出現したかを定量的に把握できる．こうして 2 つの異なる膜厚の順序関係を決定することができた．

上記のような積層順の判定に加え，Wavelet 変換では，a, b の両パラメータを使うことによって，周波数フィルタリングの潜在能力が期待できる．X 線反射率法のプロファイルは，コントラストが鮮明な層の影響を強く受けるため，着目する層，界面がそうではないものである場合は，どのデータも一見似通っており，解析が困難に見えることがある．これまで行われてきた X 線反射率プロファイル全体のフィッティングでは明らかに難しかった．そのような場合に，周波数フィルタリングによって特定界面の情報を抽出したデータ解析を行うことができるようになると非常に有用である[47〜49]．

4.6　おわりに

本章では X 線反射率のデータ解析に際しての注意事項を解説した．工業製品中の薄膜を管理分析する場合のように，仮定するモデルが妥当で，良い初期値から出発する解析が可能な限りは，現在広く用いられている理論式への最小二乗法フィッティングがうまく働き，良好な解析ができるであろう．ここでは，そのような場合ばかりではないことを議論した．

事前の情報が不十分な状況で，確信の持てない構造モデルをベースにしてフィッティングを試み，実験データをよく説明できる構造パラメータを見出したときは，良いフィットを得たことに安心せず，その妥当性を吟味してほしい．また，そのようなとき，フィッティングによらない Fourier 変換法などを用い，膜厚情報だけを抜き取るような方法を優先して行うことも有望である．その Fourier 変換法でも，図 4.1 のように，厚さの異なる層のどちらが上層にあるかといった単純なことがすぐにはわからない．もっとも，それくらいは Wavelet 変換法で解決できる．

X 線反射率法の応用範囲をいっそう拡大するうえで，構造モデルをあらかじめ仮定しない，モデルフリーなデータ解析法の開発は非常に重要な課題である．膜厚は干渉縞の周波数と関係付けられるので，まだ容易に解析できる．他の方法でも計測可能な表面は別として，界面粗さも含めた界面形状の情報を計測するのは実のところ，そう簡単ではない．界面に敏感な実験法とデータ解析法の両方のいっそうの進歩が望まれる．

参考文献

1) L. G. Parratt, *Phys. Rev.*, **95**, 359(1954)
2) L. Nevot and P. Croce, *Rev. Phys. Appl.*, **15**, 761(1980)
3) J. Daillant and A. Gibaud Eds., *X-ray and Neutron Reflectivity : Principles and Applications*, Springer(1999)
4) K. Stoev and K. Sakurai, *Spectrochim. Acta B*, **54**, 41(1999)
5) 水沢まり，桜井健次，X線分析の進歩，**33**，175(2002)
6) A. Ulyanenkov, K. Omote and J. Harada, *Physica B*, **283**, 237(2000)
7) S. Kirkpatrick and C. D. Gelatt and M. P. Vecchi, *Science*, **220**, 671(1983)
8) E. Aarts and J. Korst, *Simulated Annealing and Boltzmann Machines : A Stochastic Approach to Combinatorial Optimization and Neural Computing*, Wiley, New York(1990)
9) J. H. Holland, *Adaptation in Natural and Artificial Systems*, Univ. of Michigan Press, Ann Arbor (1975)
10) M. Wormington, C. Panaccione, K. M. Matney and K. Bowen, *Phil. Trans. R. Soc. Lond.*, **A357**, 2827(1999)
11) Ulyanenkov and S. Sobolewski, *J. Phys. D*, **38**, 235(2005)
12) J. Tiilikainen, J.-M. Tilli, V. Bosund, M. Mattila, T. Hakkarainen, V.-M. Airaksinen and H. Lipsanen, *J. Phys. D*, **40**, 215(2007)
13) Jouni Tiilikainen, "Novel Genetic Fitting Algorithms and Statistical Error Analysis Methods for X-Ray Reflectivity Analysis"(October, 2008, ヘルシンキ工科大学博士論文)
14) J. Tiilikainen, J.-M. Tilli, V. Bosund, M. Mattila, T. Hakkarainen, V.-M. Airaksinen and H. Lipsanen, *J. Phys. D*, **40**, 215(2007)
15) J. Tiilikainen, V. Bosund, M. Mattila, T. Hakkarainen, J. Sormunen and H. Lipsanen, *J. Phys. D*, **40**, 4259(2007)
16) J. Tiilikainen, V. Bosund, J.-M. Tilli, J. Sormunen, M. Mattila, T. Hakkarainen and H. Lipsanen, *J. Phys. D*, **40**, 6000(2007)
17) J. Tiilikainen, J.-M. Tilli, V. Bosund, M. Mattila, T. Hakkarainen, J. Sormunen and H. Lipsanen, *J. Phys. D*, **40**, 7497(2007)
18) J. Tiilikainen, M. Mattila, T. Hakkarainen and H. Lipsanen, *J. Phys. D*, **41**, 115302(2008)
19) M. K. Sanyal, J. K. Basu, A. Datta and S. Banerjee, *Europhys. Lett.*, **36**, 265(1996)
20) K. Sanyal, S. Hazra, J. K. Basu and A. Datta, *Phys. Rev.* B, **58**, R4258(1998)
21) K. Doerr, M. Tolan, T. Seydel and W. Press, *Physica B*, **248**, 263(1998)
22) T. Hohage, K. Giewekemeyer and T. Salditt, *Phys. Rev. E*, **77**, 051604 (2008)
23) K. Sakurai and A. Iida, The Pacific International Congress on X-ray Analytical Methods, August 15-19(1991)
24) H. Kiessig, *Ann. Phys.*, **10**, 715(1931)

25) H. Kiessig, *Ann. Phys.*, **10**, 769 (1931)
26) N. Wainfan, N. J. Scott and L. G. Parratt, *J. Appl. Phys.*, **30**, 1604 (1959)
27) J. P. Sauro, J. Bindell and N. Wainfan, *Phys. Rev.*, **143**, 439 (1966)
28) K. Sakurai and A. Iida, *Jpn. J. Appl. Phys.*, **31**, L113 (1992)
29) K. Sakurai and A. Iida, *Adv. X-Ray Anal.*, **35**, 813 (1992).
30) K. Sakurai, M. Mizusawa and M. Ishii, *Trans. Mater. Res. Soc. Jpn.*, **33**, 523 (2008)
31) F. Bridou and B. Pardo, *J. de Phys. III* (France), **4**, 1523 (1994)
32) F. Bridou and B. Pardo, *J. X-Ray Sci. Technol.*, **4**, 200 (1994)
33) F. Bridou and B. Pardo, *J. de Phys. III* (France), **6**, 367 (1996)
34) F. Bridou, J. Gautier, F. Delmotte, M.-F. Ravet, O. Durand and M. Modreanu, *Appl. Surf. Sci.*, **253**, 12 (2006)
35) G. Vignaud, A. Gibaud, G. Grubel, S. Joly, D. Ausserre, J. F. Legrand and Y. Gallot, *Physica B*, **248**, 250 (1998)
36) D. Rafaja, v. Valvoda, T. Sikola and J. Spousta, *Thin Solid Films*, **324**, 198 (1998)
37) M. A. Marcus, *Appl. Phys. Lett.*, **72**, 659 (1998)
38) H. Seeck, I. D. Kaendler, M. Tolan, K. Shin, M. H. Rafailovich, J. Sokolov and R. Kolb, *Appl. Phys. Lett.*, **76**, 2713 (2000)
39) L. G. de Peralta and H. Temkin, *J. Appl. Phys.*, **93**, 1974 (2003)
40) K. Ueda, *Trans. Mater. Res. Soc. Jpn.*, **32**, 223 (2007)
41) S. Banerjee, G. Raghavan and M. K. Sanyal, *J. Appl. Phys.*, **85**, 7135 (1999)
42) C. E. Bouldin, W. E. Wallace, G. W. Lynn, S. C. Roth and W. L. Wu, *J. Appl. Phys.*, **88**, 691 (2000)
43) H. Takeuchi, Y. Yamamoto, Y. Kamo, T. Kunii, T. Oku, T. Shirahama, H. Tanaka and M. Nakayama, *J. Appl. Phys.*, **102**, 043510 (2007)
44) E. Smigiel, A. Knoll, N. Broll and A. Cornet, *Modelling Simul. Mater. Sci. Eng.*, **6**, 29 (1998)
45) E. Smigiel and A. Cornet, *J. Phys. D*, **33**, 1757 (2000)
46) R. Prudnikov, R. J. Matyl and R. D. Deslattes, *J. Appl. Phys.*, **90**, 3338 (2001)
47) O. Starykov and K.Sakurai, *Appl. Surf. Sci.*, **244**, 235 (2005)
48) O. Durand and N. Morizet, *Appl. Surf. Sci.*, **253**, 133 (2006)
49) H. Jiang, A. G. Michette, S. J. Pfauntsch, Z. S. Wang and D. H. Li, *J. Phys. D: Appl. Phys.*, **44**, 435303 (2011)

吸収端近傍の X 線反射率

通常の X 線反射率 $R_E(\alpha)$（本文中では $R(\alpha)$）は，X 線エネルギーを固定し，視射角 α の関数として測定した鏡面反射である．視射角を臨界角 α_c 近傍に固定して，X 線エネルギー E を試料構成元素の吸収端近傍で変化させて測定した反射率 $R_\alpha(E)$ は，reflXAFS（反射率 XAFS）と呼ばれる．reflXAFS は XAFS と類似のスペクトルを与えるが，固定した視射角により著しく変化することが知られている．なぜこのようなことが起こるのであろうか．

物質の複素屈折率を $n(E)=1-\delta(E)-i\beta(E)$ とすると，視射角を固定した場合の反射率の全微分は $\Delta R_\alpha(E)=\dfrac{\partial R_\alpha}{\partial \delta}\Delta\delta(E)+\dfrac{\partial R_\alpha}{\partial \beta}\Delta\beta(E)$ と書かれる．ここで，$\Delta\delta(E)=\delta(E)-\delta_0(E)$，$\Delta\beta(E)=\beta(E)-\beta_0(E)$ は，それぞれ孤立原子に対する値 $\delta_0(E)$，$\beta_0(E)$ からの変動分で，δ–XAFS，β–XAFS と呼ばれる．通常の XAFS は，β–XAFS そのものであるが，$\Delta R_\alpha(E)$ は，δ–XAFS と β–XAFS の重畳となっており，XAFS と異なるのである．観測される反射率（reflXAFS）は，$R_\alpha(E)=\Delta R_\alpha(E)+\left\{\dfrac{\partial R_\alpha}{\partial \delta}\delta_0(E)+\dfrac{\partial R_\alpha}{\partial \beta}\beta_0(E)\right\}$ となる．

ここで，複素屈折率の実部に現れる $\delta(E)$，$\delta_0(E)$ と，虚部の $\beta(E)$，$\beta_0(E)$ は，K–K（Kramers–Kronig）変換で互いに変換し合う量である．

反射率 XAFS は表面に敏感なうえ，視射角による深さ方向分解能を有するという従来の表面 XAFS 法にない特徴がある．TiO_2，NbO_2 薄膜の評価，Ni 薄膜表面の酸化層や Si 上のシリサイド（$TiSi_2$）形成など，特に表面反応層の“その場”観察（反射率から XAFS が求められる）に有用で利用例がある．

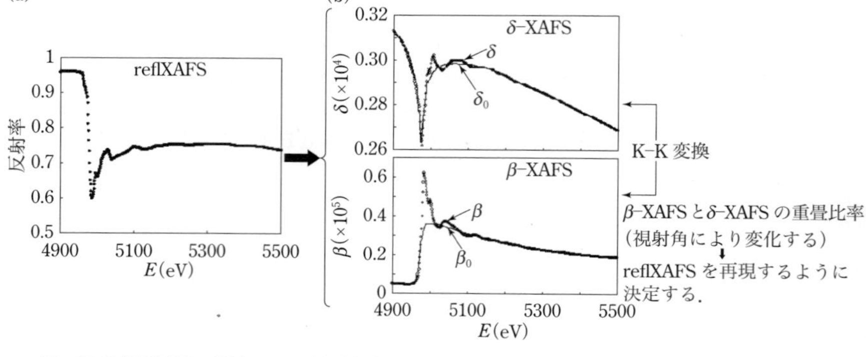

図　Ti 吸収端近傍で測定した X 線反射率 reflXAFS（a）とその分解（b）
ガラス基板上の TiO_2 薄膜で測定．視射角は $0.9\alpha_c$ に固定（α_c は E = 4900 eV での臨界角）．

5
微小領域分析および イメージングへの展開

5.1 顕微鏡・イメージング手法とX線反射の融合

X線反射率法に限らず，多くのX線分析法には，原子レベルの構造情報を扱う技術でありながら，測定上の空間分解能は原子レベルからはほど遠いという実情がある．最先端の放射光ビームラインではナノビームが利用できるようになり，0.001～0.03 μm^2 の空間情報を扱えるようになってきているが，それでも，たとえば電子顕微鏡などの空間分解能には遠く及ばない．

実験室レベルでも放射光を用いた実験でも，X線反射率法では，典型的には1 mm^2～3 cm^2 程度の面積をもつ試料を分析することが多い．もちろん，薄膜試料がそのスケールで均一であり，測定結果が良い代表値を与える限りは問題なく，「木を見て森を見ない」リスクを回避し，「森を見れば木を見ずとも事足りる」ことの利が得られていると言ってよいであろう．問題はそうではないケースである．ナノテクノロジーが花盛りの現代では，広い面積の平均情報はあくまで参考程度としつつ，μm以下あるいはさらに狭い視野での違いを詳しく検討したいことが多くあり，「木も森も見る」ことが求められている．X線反射率法は，膜厚などの深さ方向については，きわめて小さな違いでも高感度に検出する能力を有するものの，面内方向については均一な電子密度を仮定しており，深さ方向のみを議論する手法にとどまっている．このような制約を打破することは以前より求められていた．

本章では，薄膜の微小領域の積層構造を解析する方法，さらには面内での不均一さを画像として可視化するイメージング法について説明する．しかし実際は，顕微鏡・イメージング手法とX線反射の技術は，単純には組み合わせにくい．多くの場合，前者は入射X線の集光を前提とし，微小ビームを得るためには，後者で重要と考えられる平行性が犠牲となる．そのようななかで，いろいろな方法が考案されてきた．

図 5.1 はアルゴンヌ研究所のグループにより開発された X 線顕微鏡と X 線反射を組み合わせた装置[1]の概念図である．試料の上流側と下流側に，それぞれ集光用と結像用のゾーンプレートを配置する X 線顕微鏡は，最近活発に開発されているが[2]，ほとんどが X 線を試料に透過させる配置であり，図 5.1 は反射配置による初めての試みである．従来の X 線反射率法による密度，膜厚，粗さの解析とは異なり，観察地点の高さの差による位相差をコントラストとして画像化し，表面のナノスケールの形状を直接可視化する点に特徴がある．この研究では，正長石(orthoclase，$KAlSi_3O_8$)の表面のステップ構造の可視化が行われたが，ナノテクノロジーの分野ではほかにも多くの応用が期待される．また，技術開発の点でも，多くの示唆を与えてくれている．

上の例のような全視野型の X 線顕微鏡と一体化させるところまでいかなくても，単に集光した放射光を用いるだけで，1 μm 以下の微小領域の分析を行うことができる．さらに試料を移動させ，X 線の照射地点を走査すれば，情報の画像化，すなわちイメージングもできる．5.2 節では，そのような手法について詳しく説明する．また，μm レベルの空間分解能で妥協してかまわないときは，他にも方法がある．高エネルギーの白色 X 線を複数のスリットやピンホールを繰り返し用いて分割すると 5～20 μm 程度のサイズの平行ビームが得られる．そのときにエネルギー分散型の検出器を用いると，白色 X 線反射スペクトルを取得できる．5.3 節では，そのような微小領域分析の方法を説明する．さらに 5.4 節では，放射光でも実験室系でも利用可能な画像再構成法による X 線反射率イメージングについて説明する．

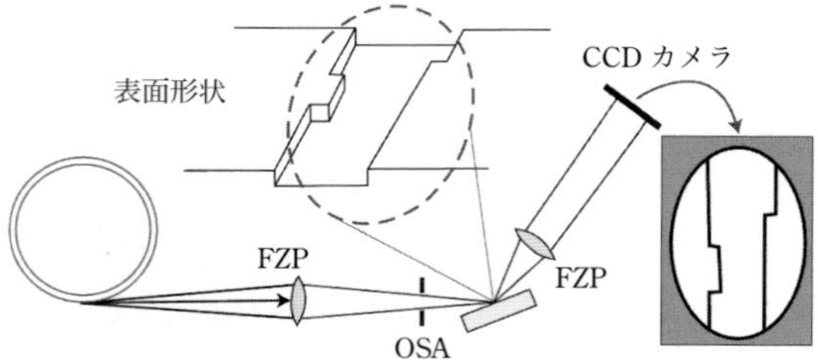

図 5.1 X 線反射顕微鏡の模式図
表面形状を実空間画像として取得できる．表面のステップ構造が画像上でコントラストを与える．
[P. Fenter *et al.*, *Nature Physics*, **2**, 700(2006), Fig. 1 を改変]

5.2 放射光ナノビームによる微小領域分析[3)]

5.2.1 微小ビームX線反射率法

X線反射率法により薄膜を測定する際，空間分解能は数 mm^2 であるが，深さ方向への分解能は優に1 nm以下である．こうした空間分解能と計測される情報スケールとのアンバランスは，これまでのX線分析技術に共通の課題であった．しかし，2000年代から始まったシンクロトロン放射光，特に第3世代放射光施設のビーム径0.1～2 μm程度の放射光微小ビームの活用により，蛍光X線分析[4)]やX線回折[5)]など多くのX線分析法では，高空間分解能化の課題が解決されつつある．しかし，X線反射率法へのシンクロトロン微小ビームの適用はあまり進んでいない．その理由はシンクロトロン微小ビームとX線反射率法を単純に組み合わせた場合に，以下のような課題が生じるためである．

(1) X線反射率法は微小角度領域を高い角度分解能で測定するため，平行性の高いビームが使用されるが，微小ビームを得るためには集光するのが一般的であり，その結果，発散角(集光角)が大きくなり，ビームの平行性が損なわれる．

(2) 微小ビームを用いたとしても，微小角入射させるために試料表面での照射面積は光軸方向に10～数百倍に広がる．このため，微小ビームを用いても空間分解能は一方向のみしか向上しない．

本節では，(1)，(2)の課題を考慮し，シンクロトロン微小ビームを利用して測定領域を微小化した例[6)]について紹介する．

5.2.2 空間分解能と視射角分解能

ここでは，大型放射光施設SPring-8 BL16XUに設置されているX線集光光学系を例にあげる．図5.2に測定装置の模式図を示す．アンジュレータ光源で発生したX線は，Si(111)二結晶モノクロメータにより $\lambda = 0.12398$ nm($E = 10$ keV)に単色化される．単色化されたX線は前置集光鏡に5 mradの視射角で入射させる．前置集光鏡はRhコートされたトロイダル形状の反射鏡であり，入射X線を全反射し，実験ハッチ上流のピンホール位置に集光する．ピンホール下流に設置されたKirkpatrick-Baez配置の楕円筒面ミラー(KBミラー)はピンホール位置に配置したスリット(縦幅5 μm，横幅10 μm)を仮想光源とし，縦方向，横方向を独立に集光する．KBミラーの設計縮小率は縦方向1/21，横方向1/40であり，KBミラー上流の4象限スリットの幅を300 μm×300 μmとした場合の集光サイズは縦幅300 nm，横幅320 nmである．

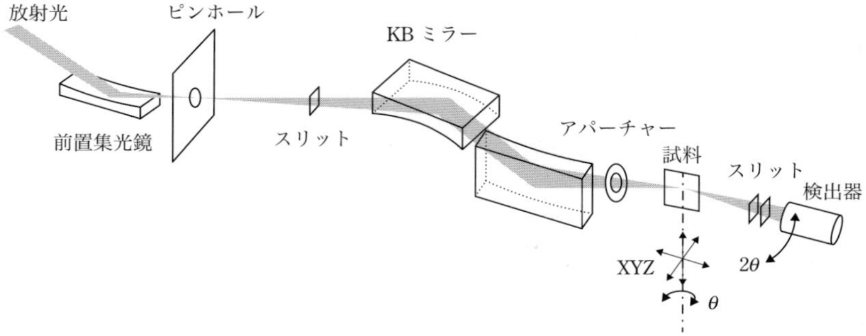

図 5.2 マイクロ X 線反射率計の概念図
SPring-8 BL16XU の集光光学系に，マイクロ X 線反射率測定のため，角度走査用高精度ゴニオメータ，XYZ ステージを設置した．

入射 X 線強度は，KB ミラーの前に設置してある電離箱(I_0 モニター)で測定する．

KB ミラーの大きさは光路方向に 100 mm であり，集光鏡の見込む X 線の大きさはおよそ 0.5 mm である．第一ミラーの焦点距離は 239 mm，第二ミラーの焦点距離は 129 mm であることから，集光角度はそれぞれ 2 mrad，3.5 mrad となる．微小ビームを利用した X 線反射率測定(以下マイクロ X 線反射率測定とする)に用いるゴニオメータは回転軸が鉛直方向にあるため，反射 X 線の散乱ベクトル q は水平面内にある．したがって，α の分解能は水平方向の集光角により決まるため，入射 X 線の第二ミラー(横集光鏡)への照射幅(水平方向の幅)をスリットで制限し，集光角を制御した．

最初に空間分解能に関して説明する．空間分解能 Δ(最小集光サイズ)は，波長を λ，開口数を NA とすると，Rayleigh の理論により次式で表される．

$$\Delta = \frac{0.61 \cdot \lambda}{NA} \tag{5.1}$$

波長 0.12398 nm の X 線を第 2 ミラーで集光する場合，最小集光サイズ Δ は，式(5.1)から 21.7 nm となる．この値は実際の集光サイズ 320 nm と比較してはるかに小さい．しかし，X 線反射率測定に用いるには，微小ビーム(入射 X 線)の集光角(発散角)を 0.01°(0.17 mrad)以下にする必要がある．この場合は $\Delta \geq 444.8$ nm となり，実際の集光サイズより大きくなる．微小ビームの集光角度幅を 0.17 mrad 以下にするには，第 2 ミラーへの水平方向の照射幅を 20 μm 以下にする必要がある．そこで，KB ミラー上流の 4 象限スリットの横幅を 20 μm とし，第 2 ミラーへの照射位置を変えることで実効的な焦点距離を変え，集光サイズを変化させた．その測定結果が図 5.3 である．破線は NA から計算される集光サイズである．実線は Rayleigh の式(5.1)に基づいて実験値をフィッティングした結果である．第 2 ミラーの焦点距離は 129 mm であり，

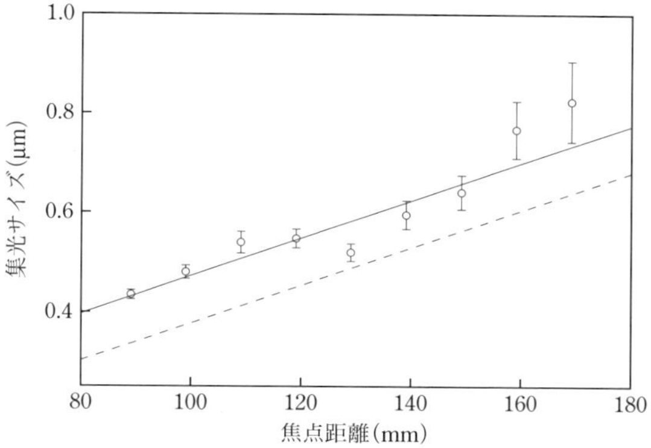

図 5.3 焦点距離と集光サイズ(水平方向)の関係
水平集光鏡への入射スリットを 20 μm とした場合．○は実験値，破線は Rayleigh の理論値，実線はフィッティング結果．

集光光学系はこの焦点距離に最適化されているため，このあたりに Rayleigh の式が示す理論限界に近い極値をもっていると考えられる．この結果から，マイクロ X 線反射率測定には横方向の集光サイズ 0.43 μm，集光角 0.155 mrad の微小ビームを利用することにした．

次に，視射角 α(反射率データの横軸)分解能に関して説明する．α の分解能は微小ビームの集光角に依存する．Rayleigh の式(5.1)および図 5.2 からわかるように，空間分解能と集光角はトレードオフの関係にある．3.2.2 項で示したように，測定する積層膜全体の膜厚が厚いほど，微小ビームの集光角(入射 X 線の角度広がり)を小さくする必要がある．式(3.23)に示したように，X 線反射率の振動項に含まれる $\cos\phi$ の ϕ と膜厚 d には式(5.2)の関係がある．

$$\phi = \frac{4\pi \cdot \sin\alpha}{\lambda} \cdot d \tag{5.2}$$

X 線反射率の振動周期は式(1.83)にあるように $\lambda/2d$ となり，周期を 10 点で測定すると考えると集光角 ω で測定可能な最大膜厚は $\lambda/20\omega$ と近似できる．今回の微小ビームを用いた場合，測定可能な最大膜厚は 40 nm となる．

5.2.3 高精度反射率計

X 線反射率測定では，θ, 2θ の角度範囲は 0 ～ 10°，θ, 2θ の分解能はそれぞれ 0.001°，0.002° 程度必要とされる．ラボの反射率計では，2.3.3 項で示したように，ゴニオメータの回転中心と試料表面，ビーム位置の一致精度は数十 μm 以下に抑えれば問題とならない．50 μm 幅の X 線ビームを $\alpha = 1°$ と 5° で照射した場合，X 線の試料表面での照射領域は，α 軸を中心にそれぞれ ±1.43 mm から ±0.29 mm に変化する．試料が光軸から Z 軸方向に 5 μm 退避した場合，X 線の照射領域の中心は，286 μm，57 μm だけ下流方向に移動する．しかし，図 5.4(a)に示すように，高角側の照射領域が低角側の照射領域に含まれているため，問題とならない．しかし，0.5 μm サイズの微小ビームを用いたマイクロ X 線反射率測定では，図 5.4(b) に示すように，照射領域が 28.6 μm，5.7 μm と小さくなるため，両照射領域の間は 212 μm 離れることになる．このことは，α 回転にともなって照射領域が試料上を移動することを意味する．また，試料表面に微細なうねりなどがあると，測定点ごとに視射角原点が変化することなり，実質的に解析も不可能となる．このような測定では，微小部の反射率を測定しているとは言えない．このため，微小ビームを用いた微小領域の反射率測定では，ラボの反射率計より θ 回転，2θ 回転中に試料位置と微小ビームの位置関係の精度要求が厳しくなる．図 5.4(c)に示すように，0.5 μm サイズの微小ビームを用いる反射率測定では，集光サイズの 1/10 のレベル，50 nm でずれないことが求められる．

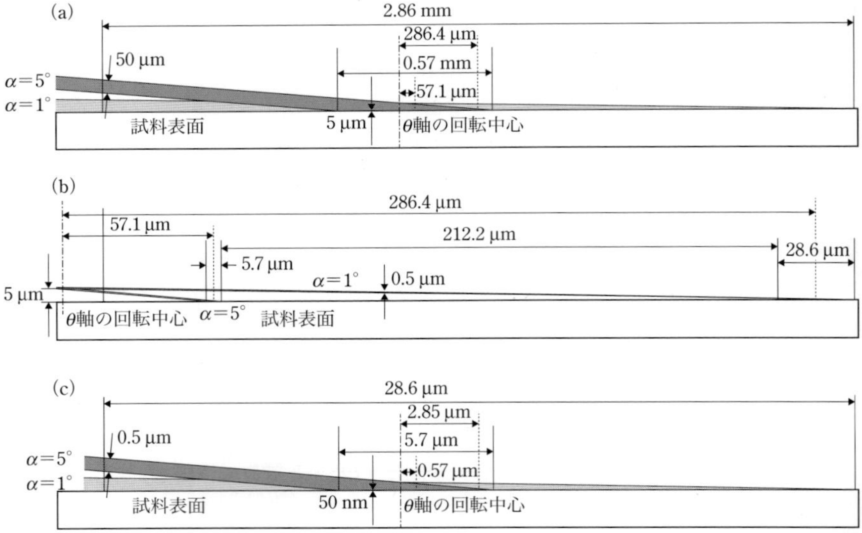

図 5.4　θ 軸中心から 5 μm 退避した試料表面に照射された X 線の照射領域
(a) ラボ X 線反射率計(ビーム幅 50 μm)，(b) マイクロ X 線反射率計，(c) 退避量を 50 nm とした場合のマイクロ反射率計．(b) は (a) の 10 倍，(c) は (a) の 100 倍のスケールで示している．マイクロ反射率計の場合，ラボ装置で許容される 5 μm のずれでも，$\alpha = 1°$ と $\alpha = 5°$ は測定場所が 212 μm も離れることになる．ラボ装置と同じ精度にずれ量を抑えるには，退避量を 50 nm 以下にする必要がある．

当初，試料を θ 回転（視射角 α の走査と同じ）させ，2θ 方向には回転せず，幅広の検出器を用いることを検討した．図 5.5 にその測定例を示す．実線で示した(a)は，マイクロ反射率測定結果であり，(b)は，バックグラウンドを引いた結果である．同一膜構成試料をラボ装置で測定した結果も(c)として示した．バックグラウンドを除去したマイクロ反射率プロファイルは，ラボ装置の反射率と同じ振動構造が測定できている．しかし，この方法では，試料からの蛍光 X 線や散漫散乱が重畳されるため，4 桁程度の狭いダイナミックレンジの反射率しか測定ができなかった．

そこで，検出器前にダブルスリットを配置して，低バックグラウンド条件で $\theta/2\theta$ 走査（視射角 α の走査と同じ）することを検討した．マイクロ反射率計には，集光ミラーの焦点距離の問題から大きなゴニオメータは使用できない．小型のゴニオメータの場合，2θ 軸を回転させると，試料位置から大きく離れた 2θ アーム上の検出器が移動するためにゴニオメータの重心が移動し，回転軸が傾斜する．試料位置とゴニオメータの回転面が 300 mm 離れている場合，2θ 走査により回転軸が 0.001° 傾斜すると，試料が測定中に 5.2 μm 移動することになる．このため，2θ 軸の回転による重心移動とその傾斜を小さく抑えたマイクロ反射率計用のゴニオメータを開発した．

図 5.6(a)には開発したゴニオメータの 2θ 軸回転に対する傾斜量の変化を示す．2θ 回転面から高さ 600 mm のビーム位置でも重心傾斜による変位を 0.8 μm 程度に抑えることができた．実際の X 線反射率測定に用いる角度範囲での変位は ±20 nm 以下である．また図 5.6(b)にゴニオメータの試料位置での ω 回転の芯精度（回転中心のずれ）を示した．マイクロ X 線反射率測定における ω 軸の走査範囲は最大 5° なので，回転

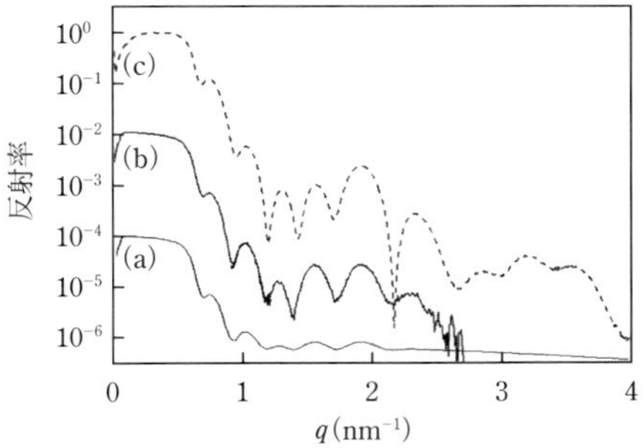

図 5.5　微小ビームと幅広の検出器を用いたマイクロ反射率測定
試料は GMR センサー膜．(a)マイクロ反射率，(b)バックグラウンドを除去したマイクロ反射率，(c)同一膜構成試料を実験室で反射率測定した結果．見やすいように縦軸は 2 桁ずらして表示した．(b)と(c)の反射率プロファイルは似ていることから，バックグラウンドを低く抑えれば，5 〜 6 桁の反射率が測定可能である．

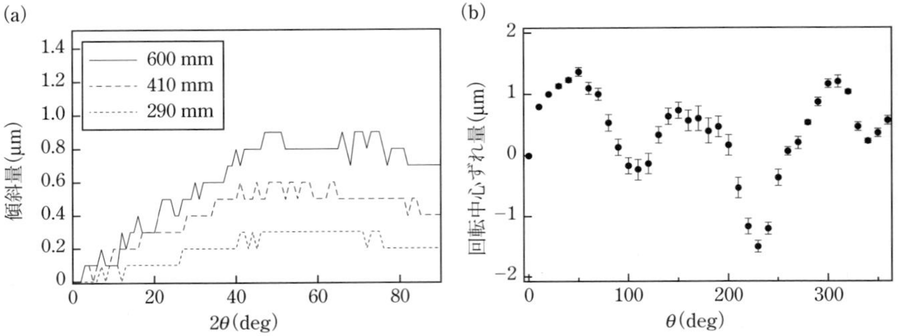

図 5.6　マイクロ反射率計用ゴニオメータの軸精度
(a)2θ 回転による重心変化の影響，(b)試料位置での θ 回転による回転芯精度.

が安定している角度領域($\theta = 150 \sim 180^\circ$ 付近)を使うことで，±50 nm の精度で測定可能である．2θ アームが回転中心を見込む精度については，適当な測定方法がなかったため参考程度の値であるが，2θ を 120° の範囲で回転させた場合で ±5.6 μm であった．この精度と，微小ビームがスリット位置で横幅 15 μm に広がっていることから検出器前の横制限スリットの最小幅は 20 μm 程度と考えられる.

5.2.4　実際の測定例

ここでは，ハードディスク用磁気ヘッドについてマイクロ X 線反射率測定を行った例を紹介する．試料である磁気ヘッドはハードディスクの大容量化に用いられる「フェムトスライダ」である．試料サイズは 0.70 mm×0.85 mm×0.23 mm であり，試料から X 線がはみ出さないようにするためには，ビーム径 2 μm 以下の集光 X 線が必要である．図 5.7 にフェムトスライダ磁気ヘッドの概念図を示した.

測定に用いた微小ビーム($\lambda = 0.12398$ nm)は横方向の集光サイズ 430 nm，縦方向の集光サイズ 300 nm，横方向集光角 0.155 mrad，縦方向集光角 1.26 mrad である．このときの入射 X 線強度は KB ミラー直前で 5×10^8 cps，検出器位置で 2×10^8 cps であった．また，$2\theta = 4^\circ$ の位置でのバックグラウンドは 10 cps であった．このバックグラウンドでは 7 桁の反射率測定しかできないため，KB ミラーと試料の間に 20 μm 径のアパーチャーを入れ，スリットの散乱やミラーの散漫散乱を減らすことで，バックグラウンドを $2\theta = 4^\circ$ で 1 cps まで減らし，8 桁の反射率測定を可能とした．X 線反射率は Al アッテネータの厚みを切り替えながら 5 分割で測定した.

図 5.8 に得られた反射率プロファイルを示す．点が実験値である．基板である AC2 の全反射臨界角に加え 3 つの振動ピークが測定され，バックグラウンドが 10^{-8} オー

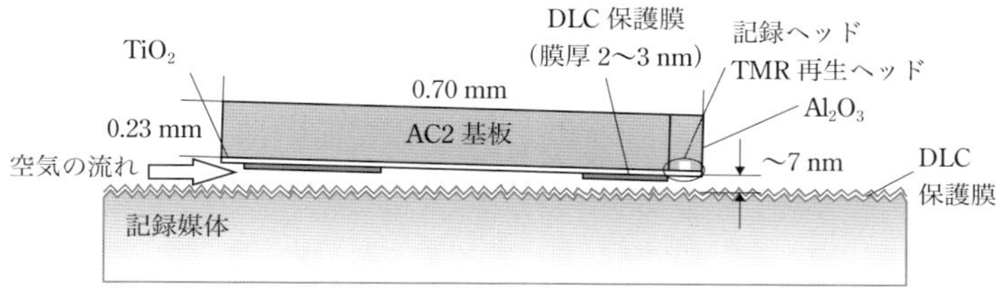

図 5.7　フェムトスライダ磁気ヘッドの概念図
大きさ 0.7 mm のフェムトスライダが浮上量 7 nm で記録媒体上を飛行．厚さ数 nm の DLC 膜で保護している．

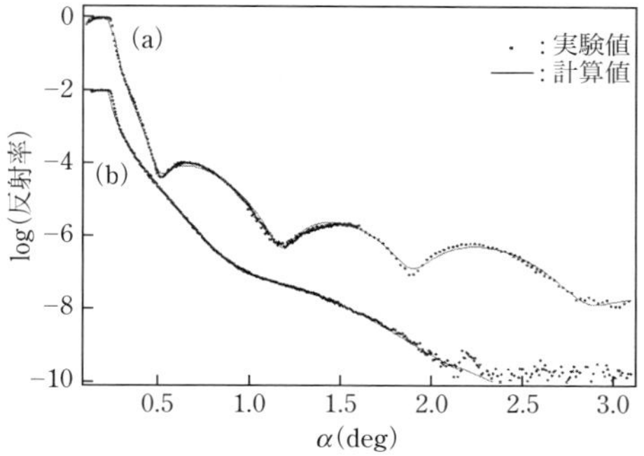

図 5.8　フェムトスライダ表面からのマイクロ X 線反射率プロファイル
測定領域は高さ 0.3 μm，幅 250 μm($\alpha = 0.1°$)．(a)DLC 保護膜あり($R = 1.29\%$)，(b)DLC 保護膜なし($R = 1.13\%$)．縦軸は見やすいように 2 桁ずらして表示した．

ダーであることがわかる．この反射率プロファイルを Fourier 解析すると，1.6 nm，3.2 nm，4.5 nm の 3 ピークが得られた．試料の保護膜(DLC(ダイヤモンドライクカーボン)+ Si_3N_4)は膜厚 2 〜 3 nm と予測されていたが，実際には膜厚 1.2 〜 1.7 nm と 3 〜 3.5 nm の 2 層構造で，全体膜厚が 4.5 nm と考えられた．これらを初期値として最小二乗法解析をした結果を表 5.1 に示す．図 5.8 には，解析結果から求めた計算反射率を実線で示した．屈折率は全体的にバルク試料の値より小さく解析されたが，これはスパッタリング法により作製した膜では一般的で，バルク試料より薄膜の密度の方が低いためである．膜厚は想定より厚めであった．

次に「フェムトスライダ」上の場所を動かし，DLC 保護膜のない領域からの反射率を測定した．この領域は，保護膜形成後に，Ar イオンエッチングで DLC 保護膜を除去してある．その結果を図 5.8 中に(b)として示した．得られた反射率プロファイルは見やすいように 2 桁ずらして表示した．DLC 保護膜の残膜がある可能性があるた

表 5.1 磁気ヘッド保護膜の解析結果

	屈折率の実部(δ)	膜厚(nm)	界面粗さ(nm)
酸化層	1.19×10^{-6}	0.26	0.26
DLC	5.51×10^{-6}	2.76	1.50
Si_3N_4	6.26×10^{-6}	1.58	0.00
AC2 基板	7.79×10^{-6}	—	0.30

表 5.2 磁気ヘッド保護膜なし領域の解析結果

	屈折率の実部(δ)	膜厚(nm)	界面粗さ(nm)
DLC(残膜)	5.51×10^{-6}	0.06	1.01
Si_3N_4	6.50×10^{-6}	2.09	0.44
AC2 基板	7.79×10^{-6}	—	0.47

め，AC2 基板，Si_3N_4 膜，DLC 保護膜(残膜)として，最小二乗法で解析をした結果を表 5.2 に示す．図 5.8(b)には，解析結果から求めた計算反射率を実線で示した．解析結果は，Si_3N_4 膜が 2.09 nm あり，DLC 膜除去の際に，大きくオーバーエッチングしていないこと，フェムトスライダ上で，Si_3N_4 の膜厚が 0.5 nm 程度変動していると考えられることがわかった．表 5.2 に示した DLS(残膜)は，界面粗さが膜厚の 10 倍以上あることから，実際は DLC の残膜というよりはアルゴンイオンエッチングにより DLC の炭素と Si_3N_4 が混合した領域を示していると考えられる．

5.2.5 微小領域分析の近未来

上記の例では，検出器を走査する方法が用いられているが，検出器の移動にともなう試料位置のずれは大きな問題である．現在であれば，PILATUS 検出器のような高速・広ダイナミックレンジ 2 次元検出器を用いることで，バックグラウンドを除去した広いダイナミックレンジの反射率測定が可能であることから，検出器走査の問題はある程度．解決されたと考えられる．また，試料回転時の芯精度に関しては再現性があることから，ピエゾステージなどを用いてフィードバックする方法が開発されている．これらの技術を組み合わせることでビーム径 100 nm 程度の微小ビームを用いた X 線反射率測定は実現可能と考えられる．

測定領域を微小化するに従って，これまで表面粗さとして処理できていた試料表面の微細なうねりなどの影響により，試料表面の法線と測定位置の法線が一致しなくなり，機械的試料軸立ても困難になる．このため，試料表面のうねりの影響などは，測定後の反射率解析時に補正することが求められる．実際，微小ビームを用いたマイクロX線反射率測定では，X方向とY方向で照射領域に数十倍の差があり，X方向は入射角とともに変化する．微小ビームを用いることは，この照射領域の変化の影響も大きくなる．その解決策の1つは，5.3節で説明されるエネルギー（波長）分散型のX線反射率法である[7]．また，微小領域分析において，微小ビームのフットプリントよりも小さい空間分解能で反射率測定する方法としては，5.4節で説明される画像再構成法[8]とX線顕微鏡技術の融合が有望と考えられる．X線反射率画像再構成法の分解能は，2次元検出器のピクセルサイズで分解能が決まるが，図5.2に示されたような，Fresnel zone plate（フレネルゾーンプレート，FZP）やコマ収差のないミラー光学系を用いて，集光–結像をすることで，2次元検出器のピクセルサイズを超えた分解能が得られる．この光学系で，$Y-\varphi-\theta/2\theta$ の三軸走査をすることで，微小ビームのフットプリントより高い分解能での反射率解析が可能となり，表面のうねりなどの影響も分離できる．

5.3　高エネルギー白色X線による微小領域分析

5.3.1　白色X線反射スペクトル法（エネルギー分散型X線反射率法）

図5.9のように白色X線を試料に入射し，その反射スペクトルを測定すると（エネルギー分散法と呼ばれることが多い）単色X線を入射X線として用いて角度走査によって得られる通常のX線反射率と同等のデータが得られることは，1970年代後半にはすでに知られていた[9]．これは高いエネルギー分解能をもつ半導体検出器の登場により可能となった技術の1つである．半導体検出器では，分光結晶などを用いることなく，入射するX線のスペクトル（波長別の強度分布）を取得できるため，試料を含め，測定系のどの部分も動かすことなくデータが得られる[7, 10〜14]．角度走査を行う

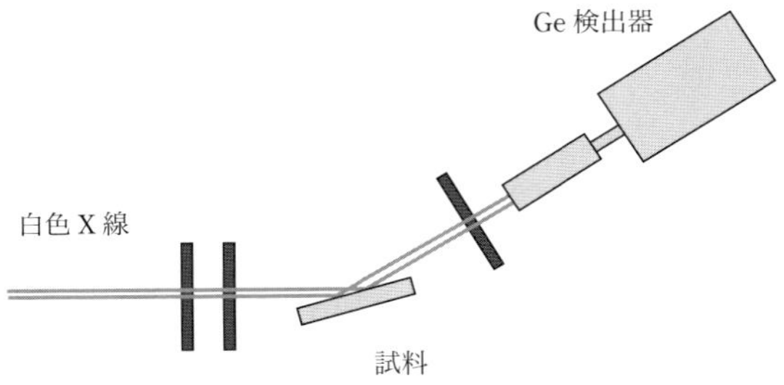

図5.9　平行な白色X線とエネルギー分解能のある検出器を用いた反射率測定（エネルギー分散法）の実験レイアウト

と，試料上での入射X線の広がりが変化し，照射面積が低角側では広く高角側では狭くなる．しかし，この方法のように視射角を固定したままでX線反射率の全プロファイルが得られるのであれば，試料を動かすことで，各地点の情報を収集することができる．実験には白色X線の微小ビームさえあればよい．

ところが，話はそれほど単純ではない．いずれもデータの品質にも関わる以下の理由により今日までこの技術はそれほど普及していない．

(1) 一度に取得可能なデータの横軸(散乱ベクトル)の範囲は，X線源のもつスペクトルの広さにより決まる．シンクロトロン放射光も含め，これまでの多くのX線源では十分な広さをカバーできなかった．

(2) 得られるスペクトルは構成元素の吸収端の影響を受け，解析が単純ではないため，吸収端近傍のデータ点が使いにくい．

(3) 反射率は，反射X線スペクトルと入射X線スペクトルの比であるため，正確な入射X線スペクトルを評価する必要があるが，これは必ずしもやさしくない．特に連続的に平滑ではない入射X線スペクトルの場合は難しい．

(4) 横軸の分解能は検出器のエネルギー分解能に支配されるが，多くの場合，通常のX線反射率法よりも劣る．

(5) 半導体検出器はパルス計数型の検出器であるため，扱える計数率に制限があり，それほど迅速な測定は行えない．

実は，上の問題点は，X線源により解決できる．具体的には，約100 keV(またはそれ以上)の高エネルギー域に及ぶ広い滑らかな連続スペクトルをもつ白色放射光を利用するとよい[14]．わが国のSPring-8の偏向電磁石光源は，最もこの目的に適したX線源の1つである．角度走査を行う通常のX線反射率法の測定範囲(最大角度，最小角度を$\alpha_{\max}$，$\alpha_{\min}$とする)に対応するデータを取得するために，どのようなエネルギー範囲が必要なのだろうか．そのエネルギーの最大値，最小値を$E_{\max}$，$E_{\min}$とすると$E_{\max}/E_{\min} = \alpha_{\max}/\alpha_{\min}$の関係を満足すればよい．

通常のX線反射率法では，臨界角α_cを基準として，仮に$\alpha_{\min} = 0.8\alpha_c$，$\alpha_{\max} = 10\alpha_c$とすれば，$E_{\max}/E_{\min}$は12.5程度になる．この測定範囲をCu K$\alpha$線に対するシリコンの臨界角を例にとって考えると，$\alpha_c = 3.9$ mradであるから，$\alpha = 3.1 \sim 39$ mrad (2αでdegを単位とすれば$0.36 \sim 4.47$ deg)の角度範囲になり，ほぼ標準あるいは若干狭めの測定といえよう．$E_{\min}$は$4 \sim 5$ keV程度であろうから，$E_{\max}$については少なく見積もっても50 keV以上でなくてはならないことになる．シンクロトロン放射光を用いる場合でも，ほとんどのビームラインでは，$20 \sim 30$ keV程度までしかカバーされておらず，このことは大きな制約であった．高エネルギー側に大きく広がったスペクトルを使うと，他の問題点も同時に解決できる．吸収端を避けて臨界エネルギーを設定することもでき, 検出器のエネルギー分解能はエネルギーが高いほど向上する.

5.3.2　高エネルギー白色X線の微小ビーム化

高エネルギー白色X線ビームの平行性を保持し，集光することなく微小にする方法としては，長いトンネルのようなマイクロピンホールや長い平行金属板の間隙を作りこんだマイクロスリットの利用などが考えられる[3,7]．その一例を図5.10に示す．数μm～10数μm程度のビームサイズであれば，このような単純な方法でも達成可能である．しかしこの場合，光軸方向には照射面積が広がり，この方向の空間分解能はμmオーダーにはならない.

5.3.3　測定例

SPring-8 BL28B2は，150 keV以上の高エネルギーの白色X線スペクトルが利用できるビームラインである．図5.10のような方法で，平行性を犠牲にすることなく17 μm(H)×5.5 μm(V)の微小サイズの平行な白色X線を得ることができる．このような微小ビームを用いると, たとえば, 金属薄膜のパターン試料上の1本のラインパターンのみに照射して測定を行い，その反射X線スペクトルに認められる干渉縞の解析からそのパターンの膜厚を決定することができる[7].

場所により異なる金属薄膜がパターニングされている試料を測定した結果を図5.11に示す[3]．ここでは，試料を移動させ，照射位置を連続的に変えながら，反射スペク

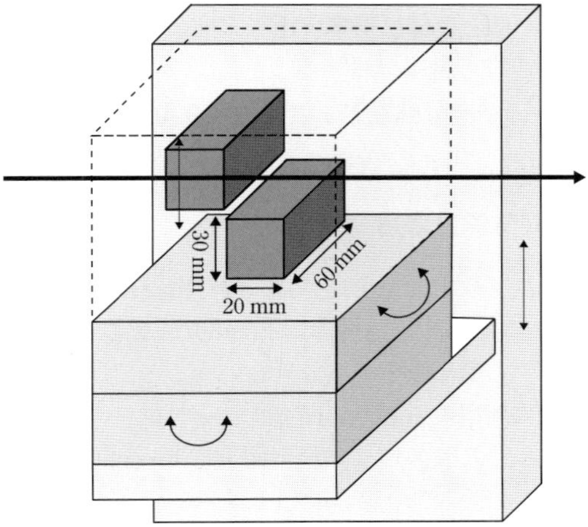

図5.10　平行な高エネルギー白色X線の微小ビームを得るためマイクロスリットの例
[K. Sakurai *et al.*, *J. Phys.: Conf. Ser.*, **83**, 012001 (2007), Fig. 3]

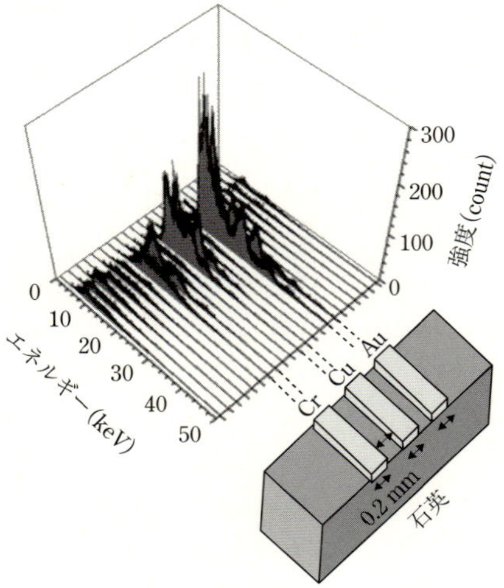

図 5.11　高エネルギー白色微小ビーム走査によるX線反射率のラインプロファイル
石英ガラス基板上に 200 μm の間隔でクロム，銅，金の薄膜(厚さ 50 nm)が交互にパターニングされた試料の X 線反射率．試料上を微小ビームで走査しながら反射スペクトルを繰り返し測定した(100 μm ステップ，測定時間 1 点 200 秒)．

トルを繰り返し取得する実験を行った．金属の種類により臨界エネルギーが異なり，同じ X 線エネルギーにおける反射強度が異なるため，その違いをよく反映したラインプロファイルが得られる．X 線反射率は深さ方向の詳細な情報を与えるが，このようなパターン試料上の走査と組み合わせることにより，3 次元的な解析が実現できる．さらに 10 μm オーダーの空間分解能と 1 点あたり数 10 ～ 100 秒程度で測定できる迅速さを兼ね備えている．

5.3.4　その他の興味深い応用

高輝度のシンクロトロン放射光を用いれば，偏向電磁石光源からの白色 X 線であっても，ピンホールの径に応じ，その後方に Fresnel 回折もしくは Fraunhofer 回折のパターンが観測される[15]．単に微小領域分析ということではなく，このようなコヒーレンスの高さを積極的に利用すると，表面モルフォロジーの静的および動的解析が可能である[16,17]．すなわち，入射 X 線は試料表面上に Fresnel 回折パターンを形成しているが，粗さなどの試料の表面形状要因によりスペックルが生じ，得られる反射スペクトルにその変化分が付随することに注目すればよい．図 5.12 は，アゾベンゼン高分子(pDR1M)薄膜の表面に波長 532 nm のレーザーを照射した際の反射スペクトル

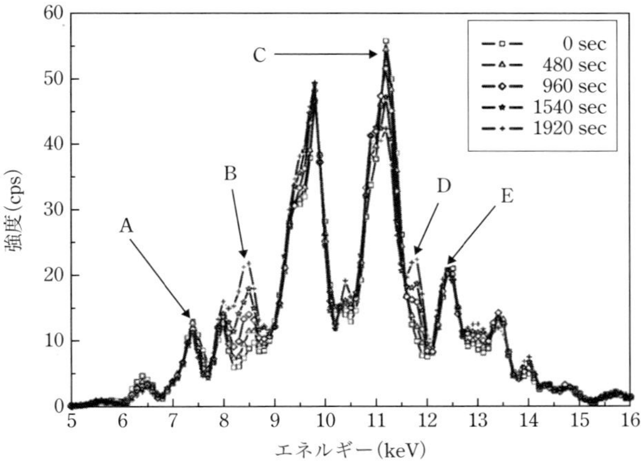

図 5.12　反射 X 線スペクトルに現れるスペックル散乱の時間変化
アゾベンゼン高分子薄膜の白色放射光による反射 X 線スペクトル．薄膜表面に波長 532 nm のレーザーを照射し，スペクトルの変化を観察した．入射強度で規格化していない生データであるため，プロファイルが直観的にわかりにくいが，図中のピーク A と E は入射強度の形状(ピンホールによる Fresnel 回折)によるもので，時間が経っても変化しない．これに対し，B，C，D は試料表面形状に由来するスペックル散乱であり，レーザー照射時間にともなう変化が認められる．
[T. Panzner *et al.*, *Thin Solid Films*, **515**, 5563(2007), Fig. 5]

の時間変化を追跡し，光照射により分子のコンフォメーションがいかに変化するかを検討した結果である．

5.4　画像再構成法によるイメージング

5.4.1　不均一試料の X 線反射投影像

必ずしも均一ではない試料やある種の微細構造パターンを作りこんだ試料について積層構造の解析を行いたい場合，5.2 節や 5.3 節で述べたように，微小ビームを用いて，ある地点の X 線反射率をピンポイントで測定し，試料を XY 走査することで画像化する方法は有力であるが，ここでは微小ビームを使用しないでほぼ同等の目的を達成する方法[14]について説明する．この方法は，これまで使用している X 線反射率の測定装置にわずかな変更を加えるだけで，X 線源も使用するビームサイズもそのままでデータを取得するところに特色がある[8, 19〜25]．通常の実験室の X 線源と放射光のどちらでも利用できる．

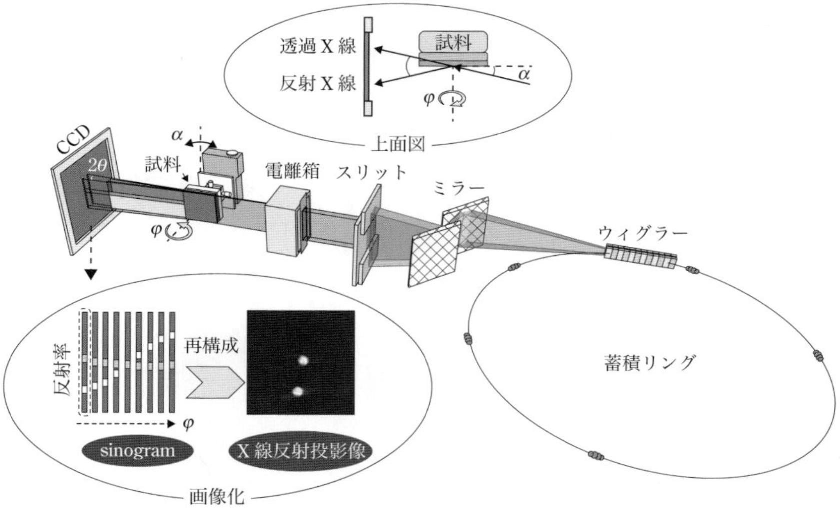

図 5.13　画像再構成法による X 線反射率測定装置のレイアウト図
通常の X 線反射率の測定装置に(1)検出器を 1 次元または 2 次元の位置敏感型の検出器とする，(2)試料の面内回転機構を導入する，の 2 点の変更を加える．その結果，反射投影の強度分布を面内角の関数として収集することができ，コンピュータ・トモグラフィと類似した画像再構成計算によって，試料内の X 線反射率の分布を画像化できる．図は放射光のビームラインでの実験系を示している．
［桜井健次ほか，放射光，**30**，211(2017)，Fig. 1］

まず，均一ではない試料に X 線を照射して反射させたとき，その反射投影像がどのようになるかを見てみよう．図 5.13 に示すように，X 線検出器として 1 次元または 2 次元の位置敏感型検出器を使用すると，均一ではない試料からの X 線の反射投影像は一様ではなく，1 次元の X 線強度プロファイル $p_{q,\varphi}(r)$ が得られる(r は X 線進行方向と直交する方向に固定された座標で，検出器に記録される反射投影像内の位置を表す)．ここで，q は先述のとおり視射角 α，X 線波長 λ で決まる散乱ベクトルの深さ方向成分，φ は面内回転角である．X 線の進行方向(投影方向)に固定された座標を w とすれば，面内回転させた際の試料上の位置は(r, $\cos\varphi - w \sin\varphi$，$r \sin\varphi + w \cos\varphi$)のように表せる．したがって，その座標における X 線反射率がある q のときに R であるとすれば，その投影は

$$p_{q,\varphi}(r) = \int_{-\infty}^{\infty} R(q, r\cos\varphi - w\sin\varphi, r\sin\varphi + w\cos\varphi)\,\mathrm{d}w \tag{5.3}$$

のように表現できる．$p_{\varphi}(q, r)$ として表示した画像，$p_{q}(\varphi, r)$ として表示した画像をそ

れぞれ，reflectogram，sinogram と呼ぶ．

Sinogram を取得してコンピュータ・トモグラフィと類似した画像再構成計算を行うと，特定の q における X 線反射率の試料内部での分布を画像化することができる[19〜21]．すなわち，試料上の任意の地点 (x, y) での X 線反射率は

$$R(q,x,y)=\int_0^{\pi} p'_q(\varphi, x\cos\varphi, y\sin\varphi)\mathrm{d}\varphi \tag{5.4}$$

のようになる．ここで右辺の $p'_q(\varphi, x\cos\varphi + y\sin\varphi)$ は，実験データである sinogram にフィルター関数をコンボリューションしたものである．この方法により，場所による膜厚や密度の違いをコントラストとして画像化できる．X 線反射率のプロファイルがわかっているときは，その特徴がよく表れている q を選び，その条件下で画像を取得すると，表面や埋もれた界面の不均一さを明瞭に可視化することができる．

上式から明らかなように，q を 1 点ではなく，通常の X 線反射率測定と同等の点数だけとって収集し，3 次元的な sinogram を構築すれば，特定地点の X 線反射率のプロファイルを抽出することもできる[23]．つまり，微小ビームを用いることなく，大きなビームを用いながら，微小領域の X 線反射率データの取得・解析ができる．

放射光を用いる場合には，図 5.13 のレイアウトを使用する．入射 X 線はほぼ平行とみなすことができる条件であり，空間分解能はほぼ検出器の解像度によって決まる．16.0 keV の単色 X 線を用い，CCD カメラを検出器として使用した場合，6 〜 10 mm 径程度の視野で，CCD のピクセルサイズの 2 または 3 ピクセルに相当する 10 〜 20 μm 程度の空間分解能が得られている．入射 X 線の広がりを極限的に抑制し，高解像度の検出器を採用することにより，空間分解能はさらに向上できる余地がある．深さ方向については，1 nm から最大 1 μm 程度の厚さの積層構造について，後述する実例のように 0.1 〜 1 nm 程度の差を敏感に検出している．

これに対し，実験室レベルでは上記と同じ配置を採ると，空間分解能は入射 X 線の広がりにより決まってしまう[19,20]ので，微小な焦点の X 線源を用い，入射 X 線を発散拡大させ，反射投影像を拡大して撮像するとよい[22]．検出器にはイメージングプレートやガスフロー型の位置敏感型検出器（PSD）が適している．この場合の空間分解能の限界は，X 線源の焦点サイズが目安になる．したがって，やはり 10 〜 20 μm 程度が現実的な空間分解能になる．

この方法では，通常の X 線反射率測定とは異なり，面内回転角も走査するため，その際に視射角が変化しないことが必須の要件になる．このためには試料表面が面内回転軸と直交するように調整すればよい．他の類似した施設，ビームラインでも同等の実験を行うことは十分可能であり，別の波長の X 線や異なるタイプの検出器を用いて同様の測定を行うことも別段難しくない．

5.4.2　画像再構成法によるX線反射率イメージングの実例

A.　保護層に埋もれた金属超薄膜のパターン

X線反射率イメージングによる可視化の非常にわかりやすい実例を示す．図5.14(a)に模式的に示す試料は，面積10 mm×10 mm，厚さ0.5 mmのシリコン基板上に膜厚20 nmの金をスパッタリング法でラインパターン状に成膜し，その上から15 nmの銅薄膜で覆ったものである．ラインパターンは銅薄膜に埋もれており，観察できない．このような試料のある面内角における反射投影の q 依存性(視射角依存性)，すなわちreflectogramの例を図5.14(b)に示す．均一な積層膜ではモノトーンであるが，埋もれた超薄膜の存在によってコントラストが生まれる．

このようなデータを多数の面内回転角で測定して，特定の q ごとのsinogramを取得し，画像再構成を行うと実空間でのX線反射率イメージが得られる．その結果を図5.15に示す．この画像も含め，本節で紹介するほぼすべての再構成画像に，円弧状のアーティファクトがある．これは主に検出器の応答のわずかな不均一に由来するものであるが[25, 26]，あえて除去処理などは行っていない．

なお，小さな q(小さな視射角)では，試料上のどの地点でも全反射が生じるため，再構成画像は完全に一様である．膜厚がパターンごとに異なる場合や，薄膜の厚さにムラや傾斜がある場合も，X線反射率の q 依存性にはそれぞれ異なる周期の振動構造が現れるので，q を注意深く選ぶことにより相互の差が明瞭な反射投影像を得ることができる．1つの反射投影データを取得するのにかかる典型的な測定時間は1秒以下，1つのsinogramを得るのにかかる時間は，面内角をいくつとるかによって変わると

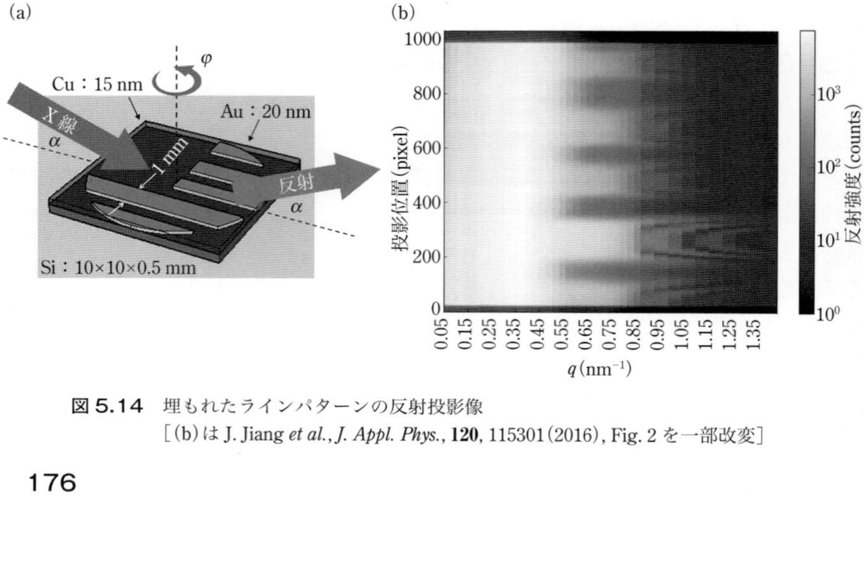

図5.14　埋もれたラインパターンの反射投影像
［(b)はJ. Jiang *et al.*, *J. Appl. Phys.*, **120**, 115301(2016), Fig. 2を一部改変］

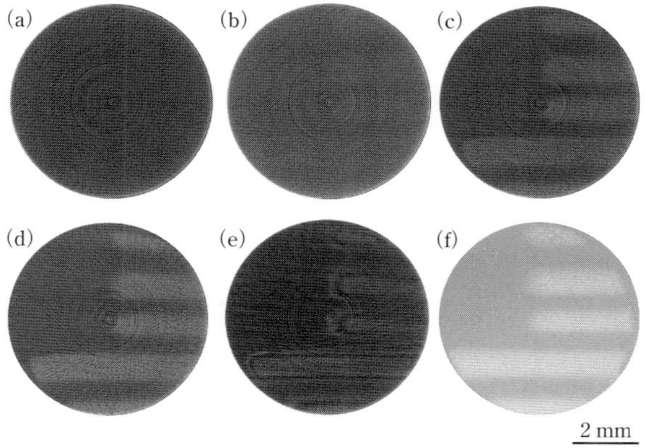

図 5.15　埋もれたラインパターンの再構成像
［J. Jiang *et al.*, *J. Appl. Phys.*, **120**, 115301 (2016), Fig. 3 を一部改変］

しても，ほとんどの場合 1 〜数分程度である．

B.　厚さの異なるドット状パターン

同じ視野の中に厚さの異なる超薄膜のパターンがあったときに，どのように識別できるかを見てみよう．面積 10 mm×10 mm，厚さ 0.5 mm のシリコン基板上に直径約 0.5 mm のドット状の金薄膜を 2 か所に成膜した試料について，いくつかの q で反射投影を測定し，得られた sinogram から画像再構成を行った結果を図 5.15 に示す．2 つのドットの膜厚は，それぞれ 8.2 nm，17 nm である．別途膜厚が 8.2 nm，17 nm である均一試料を準備し，それぞれの X 線反射率を実際に測定すると，もちろん膜厚によって異なる周期の振動構造をもつプロファイルを生じる．したがって，特定の q に着目してデータを比較すれば，同じ強度になるのではなく，一方が強く他方が弱くなり，別の q ではそれが逆転するであろうことは容易に想像できる．図 5.15 には 2 つのドットが画像として得られているが，それぞれの明るさは q によって変化し，一方のみが強調されるような画像も得られている．同じドットでも中央部と周辺部では差異が見られる．これは試料作製時に用いたマスクの影によって周辺部の膜厚が若干薄くなることや，ドット端は形状が直角にならず密度傾斜が生じることなどによると考えられる．

C.　複雑な重なりのある金属薄膜パターン

先に示した 2 例よりもやや難易度の高い応用例も示そう[24]．面積 20 mm×15 mm，厚さ 2 mm のシリコン基板上に，まず平均厚さ約 15 nm の三角形パターンの金薄膜を堆積させ，次に平均厚さ約 16 nm の均一な銅薄膜で全面を被覆し，さらに平均厚さ約 24 nm の円形パターンのジルコニウム薄膜を堆積させた．この試料では，第 1 層のジルコニウムと第 3 層の金のパターンが重なっている部分がある．すなわち，同じ試料の中で，場所によって積層数が異なっている．もし，そのようなエリアを非破壊的に可視化できるとすれば，これまで通常の X 線反射率法の検討では見過ごされてきた，あるいは検討が困難であったものも詳しく解明することが可能になる．

すでに説明したとおり，生データは反射投影 1 次元プロファイルを q 依存性(reflectogram)および面内角依存性(sinogram)の画像として収集する．図 5.17 は，試料の場所を光軸直交方向の座標で 5 分類し，そのそれぞれの領域を積分した X 線反射率のプロファイルを示している．この試料では，場所によって Cu 層しかない領域 A(0 〜約 1.6 mm 地点)および領域 E(約 8 mm 地点〜約 8.7 mm 地点)，Zr/Cu の 2 層構造の部位を含む領域 B(約 1.6 mm 地点〜約 3.6 mm 地点)，Zr/Cu/Au の 3 層構造の部位を含む領域 C(約 3.6 mm 地点〜約 5.6 mm 地点)，Cu/Au の 2 層構造の部位を含む領域 D(約 5.6 mm 地点〜約 8 mm 地点)がある．図 5.17 から，それぞれ異なる X 線反射率のプロファイルが得られることが明らかである．従来，場所による差異を無視し全部を積分して X 線反射率を求めている応用例が多くあったが，この方法により反射投影のプロファイルに明瞭な差異を見ることができ，それぞれの情報を抽出することができる．特に今回注目したいのは Zr/Cu/Au の 3 層構造の部位を含むエリア C の X 線反射率(正確には reflectogram の一部)が他とは明瞭に異なるプロファイルである点である．膜構造が異なると X 線反射率曲線に現れる干渉縞のパターンや周期が異なるため，散乱ベクトルを注意深く選ぶと，その差異を際立たせることができる．これを利用して，そのエリアを画像として非破壊的に可視化できる．

図 5.18 の上段に示した(a)〜(f)は取得した sinogram の典型例である．それぞれ散乱ベクトルを 0.326 nm^{-1}，0.457 nm^{-1}，0.514 nm^{-1}，0.571 nm^{-1}，0.685 nm^{-1}，0.913 nm^{-1} に固定して試料を面内回転し，反射投影 1 次元プロファイルの面内角度依存性を取得したものである．この 5 つの画像が相互に異なる画像になっていることは，もちろん，試料の膜構造が場所によって異なることを如実に示している．

図 5.18 の下段に示した(g)〜(l)は，上段の sinogram を画像再構成して得られる X 線反射率イメージング像である．順に見ていくと，(g)は X 線反射強度にコントラストが生じない全反射領域で取得されたものであり，完全にモノトーンの画像になっている．(h)以後は，q を大きくしていくことで，ジルコニウム層(円形)，金層(三角形)あるいは両者の重なる部分の X 線反射率が強調されたり，弱められたりして，コントラストが順に変化するのに対応した画像になっている．(g)〜(l)は X 線反射率自体の画像であるが，相対的に小さな変化をいっそうわかりやすく強調するために，たとえば(j)と(k)について，簡単な演算処理を行うと，図 5.19 のような画像が得られる．

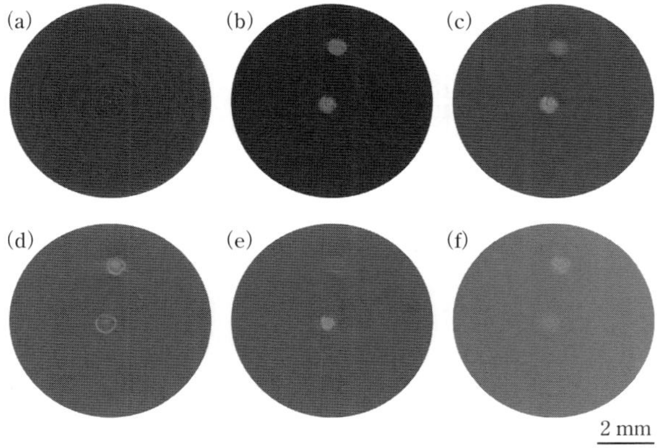

図 5.16 厚さの異なるドットのX線反射投影からの再構成像
[J. Jiang *et al.*, *J. Appl. Phys.*, **120**, 115301 (2016), Fig. 5 を一部改変]

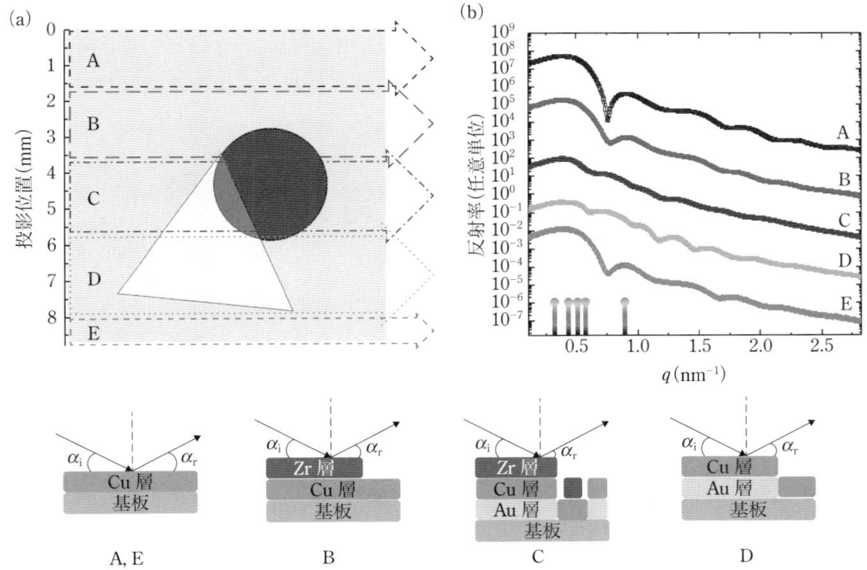

図 5.17 複雑な積層膜のX線反射率イメージング
(a) 反射投影の模式図．試料内には円形の層，三角形の層が含まれているので，反射投影の結果がA～E(層構造を下に示す)では異なる．(b) ある面内角で取得した reflectogram から，A～Eに対応するX線反射率プロファイルを積分して取得，表示したもの．

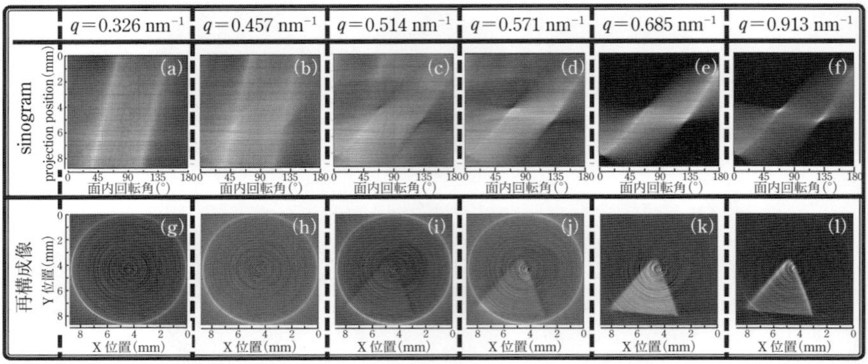

図 5.18 複雑な積層膜の X 線反射投影 sinogram（上段）と再構成像（下段）
［桜井健次ほか，表面科学，**38**，448（2017），Fig. 4］

この画像では，Zr/Cu/Au の 3 層構造の部位が明瞭に可視化できている[24]．この解析の本質的な点は，膜構造による X 線反射率のプロファイルの差異に着眼してコントラストを得ているところにある．通常の X 線反射率法の解析と同じようにモデルによる検討を行うことをも考慮すれば，画像から得られた X 線反射率のプロファイルから，こうした層構造の膜厚などを議論することもできる．

D. 接着界面

埋もれた超薄膜のさまざまなパターンだけではなく，たとえば，接着剤を塗布した界面の一様性や接着条件による接着界面の変化を可視化することも X 線反射率イメージングが有効な興味深い応用である．

紫外線硬化型接着剤をスピンコート法でシリコン基板上に薄膜化し，マスクをかけて紫外線を照射した試料の測定を行ったところ，紫外線照射部（硬化部）と非照射部（非硬化部）の境界部分を可視化することができた[24]．実験で使用した試料では，紫外線照射により，基板と膜の間に残存していた低密度の空孔などが消滅して低密度層の密度が 6 ～ 10％回復したが，その一方で全膜厚はおよそ 2％収縮するため，結果として紫外線照射部と非照射部で X 線反射率の q 依存性に違いが生まれた．そのようなコントラストに注目して画像化すると，接着界面の変化の場所による違いを可視化できる．接着界面の kissing bonds[28] の非破壊的な検出，可視化など，接着不良部の出現にかかわる現象の解明などにつながることが期待されている．

E. 異種物質のパターン

薄膜の膜構造の違いだけでなく，もっと単純に化学組成，密度に注目した可視化も可能である．X 線反射率のプロファイルで観測される全反射臨界角の位置は，密度に

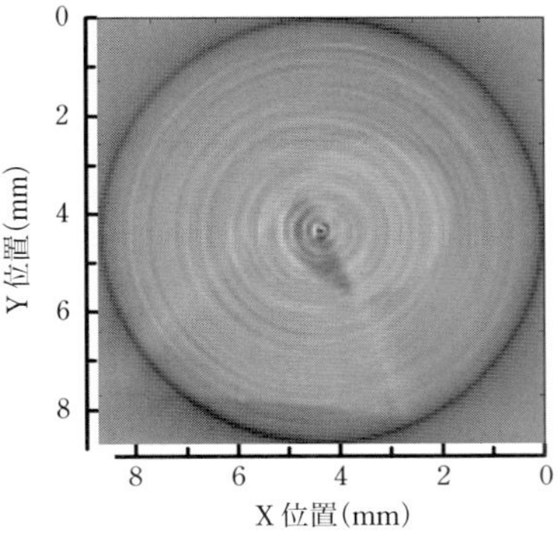

図 5.19　複雑な積層膜の埋もれた界面のコントラスト
中央付近の濃いコントラストの部分が，ジルコニウム／銅／金の3層構造をもつ領域である．三角形の金薄膜と円形のジルコニウム薄膜の形状も薄く見えている．やや目障りな同心円周状のパターンは，主に検出器の応答性のわずかな不均一さに由来するアーティファクトで，除去可能であるがあえて行っていない．
［桜井健次ほか，表面科学，**38**，448(2017)，Fig. 5］

よって決まる．したがって，試料の同じ視野の中にいくつもの薄膜の積層パターンがあり，それぞれが異なる金属であるとすれば，qをそれぞれの臨界角に着目して選び，面内角を走査して，反射投影のsinogramを作れば，特定の金属のパターンのみを選んで画像化することも可能である[21]．

5.4.3　特定地点の構造情報の抽出

以上のように，従来のX線反射率法を拡張し，イメージング機能を付加することにより，パターン構造や不均一性をもつ薄膜・多層膜の埋もれた界面の非破壊的な可視化が可能になる．

一方で，単に画像が得られるだけではない．図5.20に示すように，十分に多くのqに対して反射投影sinogramを収集すれば，画像再構成によって得られたデータの中から，特定地点を指定して，その場所のX線反射率プロファイルを抽出できる．つまり，微小ビームを使ってピンポイントでX線反射率の測定を行う場合とほぼ同じデータを，微小ビームを使用することなく取得できることになる．未知試料の検討に際し，まず広い観察視野のイメージングで不均一さを見て，その後，複数の特定地点を指定してX線反射率のプロファイルを比較検討したいというケースはよくあるのではないだろうか．本手法は，そのような目的に非常によく適合している．現状では，

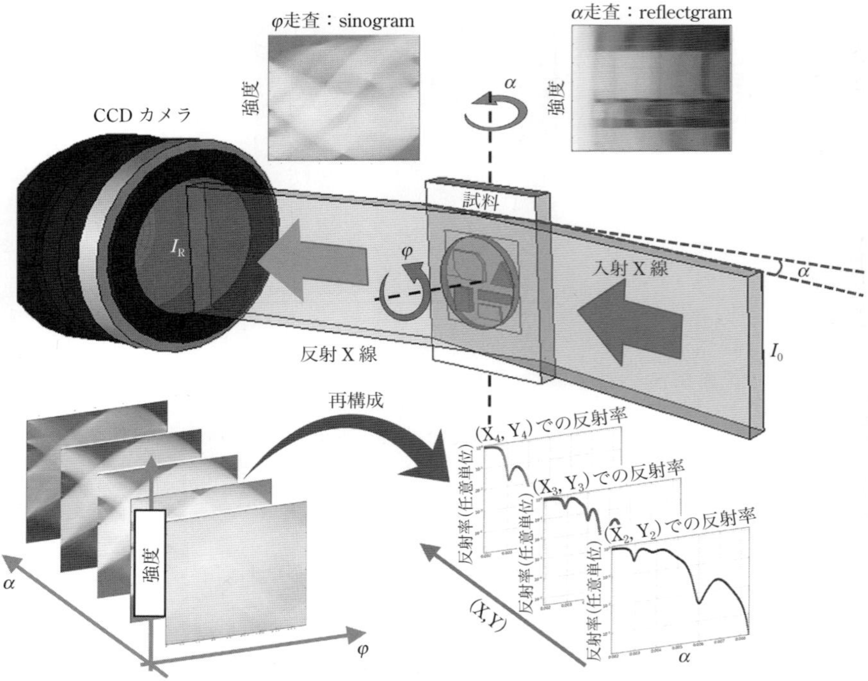

図 5.20　収集した画像群から特定地点の X 線反射率プロファイルを抽出する方法
使用している X 線は微小ビームではないが，その地点に関して微小ビームを用いて測定した X 線反射率と同じプロファイルが得られる．

空間分解能はたかだか数～20 μm 程度にとどまり，また得られる X 線反射率データの縦軸，横軸の範囲には少々制約がある．今後の技術改良も待たれるが，本法でまず検討を行ったうえで，同じ試料を放射光の微小ビームを用いてさらに詳しく調べるというような組み合わせも有望である．

5.5　微小領域分析・イメージングの今後

これまで困難であったこと，不可能にさえ思えたことを，次の時代において当たり前のように使われるようにするための取り組みは，一言で高度化と呼ばれる．高度化とは，その言葉から受けるイメージとは裏腹に非常に難しい活動である．「困難または不可能」いう現実から出発し，いかに努力し善戦したとしても，当面の間，未確立の段階にとどまらざるをえない．高度化の恩恵を享受できるようになるのはもっと先のことである．完成度が高いように見えるX線反射率法でも「何ができるか」「どんなことがわかるか」と問う代わりに，「何ができないか」「どんなことがまだわからないか」を問えば，たちまち多くの課題が浮かび上がってくる．微小領域分析・イメージングへの展開は，そのような高度化の活動の1つの典型例である．

本章を通して明らかになったように，X線反射率法は，顕微鏡・イメージング技術の発展に刺激され，技術的な困難があるなかでも，その考え方を取り入れたり，一部融合が進んでいる．その結果，従来どおり，森全体の代表的な木々の情報を精密に得ながらも，そのなかの地点ごとの木々の差異を議論できるようになりつつある．今後も，このような発展が続くと期待される．空間分解能のいっそうの向上，特にナノ領域を解像することは非常に重要である．それだけでなく，これまで複雑で取り扱われることの少なかったものも測定されるようになり，応用範囲が大きく拡大するのではないかと期待される．

参考文献

1) P. Fenter, C. Park, Z. Zhang and S. Wang, *Nature Physics*, **2**, 700 (2006)
2) *Proceedings of the 8th International Conference on X-ray Microscopy* (XRM2005), IPAP Conference Series 7 (2005)
3) K. Sakurai, M. Mizusawa, M. Ishii, S. Kobayashi and Y. Imai, *J. Phys.: Conf. Ser.*, **83**, 012001 (2007)
4) K. M. Kemner, S. D. Kelly, B. Lai, J. Maser, E. J. O'Loughlin, D. Sholto-Douglas, Z. Cai, M. A. Schneegut, C. F. Kulpa, Jr. and K. H. Nealson, *Science*, **306**, 686 (2004)
5) J. S. Chung and G. E. Ice, *J. Appl. Phys.*, **86**, 5249 (1999)
6) 上田和浩，南部 英，米山明男，学振第145委員会第135回研究会概要集，68 (2013)
7) K. Sakurai, M. Mizusawa and Y. Imai, *KEK Proceedings*, **2006-3**, 29 (2006)
8) 桜井健次，蒋 金星，平野馨一，放射光，**30**，211 (2017)
9) Y. Nakano, T. Fukamachi and K. Hayakawa, Jpn, *J. Appl. Phys.*, **17-2**, 329 (1978)
10) D. H. Bilderback and S. Hubbard, *Nucl. Instrum. Methods*, **195**, 85 (1982)
11) D. H. Bilderback and S. Hubbard, *Nucl. Instrum. Methods*, **195**, 91 (1982)
12) M. Bhattacharya, M. Mukherjee, M. K. Sanyala, Th. Geue, J. Grenzer and U. Pietsch, *J. Appl. Phys.*, **94**, 2882 (1993)
13) W. E. Wallace and W. L. Wu, *Appl. Phys. Lett.*, **67**, 1203 (1995)
14) T. Horiuchi, K. Ishida, K. Hayashi and K. Matsushige, *Adv. X-Ray Anal.*, **39**, 171 (1995)
15) T. Panzner, W. Leitenberger, J. Grenzer, Y. Bodenthin, Th. Geue, U. Pietsch and H. Möhwald, *J. Phys. D: Appl. Phys.*, **36**, A93 (2003)
16) U. Pietscha, T. Panznera, W. Leitenbergera and I. Vartanyants, *Physica B*, **357**, 45 (2005)

17) T. Panzner, G. Gleber, T. Sant, W. Leitenberger and U. Pietsch, *Thin Solid Films*, **515**, 5563 (2007)
18) 桜井，水沢，日本国特許第 5825602 号，第 5935231 号
19) V. A. Innis-Samson, M. Mizusawa and K. Sakurai, *Anal. Chem.*, **83**, 7600 (2011)
20) V. A. Innis-Samson, M. Mizusawa and K. Sakurai, X 線分析の進歩，**43**，391 (2012)
21) J. Jiang, K. Hirano and K. Sakurai, *J. Appl. Phys.*, **120**, 115301 (2016)
22) J. Jiang and K. Sakurai, *Rev. Sci. Instrum.*, **87**, 093709 (2016)
23) J. Jiang, K. Hirano and K. Sakurai, *J. Appl. Cryst.*, **50**, 712 (2017)
24) 桜井健次，蒋 金星，表面科学，**38**，448 (2017)
25) 桜井健次，蒋 金星，平野馨一，放射光，**30**，211 (2017)
26) C. Raven, *Rev. Sci. Instrum.*, **69**, 2978 (1998)
27) J. Sijbers and A. Postnov, *Phys. Med. Biol.*, **49**, 247 (2004)
28) C. J. Brotherhood, B. W. Drinkwater and S. Dixon, *Ultrasonics*, **41**, 521 (2003)

6 時々刻々変化する系の追跡への展開

6.1 はじめに

一般的に，安定で変化しないものより不安定なもの，変化するもののほうがはるかに多い．変化は自然現象の本質である．機能材料においては，外部からの何らかの入力信号に対し，ある応答をする(たとえば，光が当たると電流が流れるなど)ように設計されることは一般的であろう．こうした機能の中には，薄膜・多層膜の内部構造や原子レベルでの界面状態が関連するものも少なくない．優れた製品を開発するためには，こうした構造を精密に制御する必要があり，したがって，機能が発現するメカニズムそのものを詳細に理解するため，オペランド(*operando*)計測が可能な技術には注目が集まっている[1,2]．機能が発現するまさにそのときに，その材料内においてどのような変化が起こっているのかということは非常に興味深い．

これまでX線反射率法は他の多くのX線分析法と同様，静的な計測技術であった．微小角域での角度走査に時間がかかるため，不安定な系は変化の過程を追跡すること自体ができず，取り扱いの対象外であった．不安定な系では，測定している間にも試料がどんどん変化してしまうので，測定前と測定後では状態が異なり，得られたデータ点をつないでグラフにしたとしてもそのグラフは意味をなさない．しかしX線反射率法が高度化され,時々刻々構造が変化する系を追跡する能力をもつようになれば,表面・界面における化学反応や相転移などの動的な構造変化を解析することも可能な研究ツールとして，新しい応用分野を開拓することになるであろう[3~5]．X線反射率法は，そのプロファイル全体を解析することで，多数の構造パラメータを決定することができるが，直観的に明瞭な特徴に着目した検討も可能である．たとえば，臨界角はかなり正確に試料表面の密度の情報を与える．表面での相転移や凝固・融解，表面吸着，あるいは温度・光・電流などの外的な刺激による表面層の密度変化などについては,臨界角近傍のみを測定するだけでもかなりの情報を引き出せるであろう.薄膜・多層膜では,臨界角よりも高角側に現れる干渉縞に着目し,その周期の変化を時間変化として測定すれば,層構造・界面構造の変化をとらえることが可能である.さらに周期多層膜ではBraggピークの変化を追跡することができよう.このように反射率プロファイル全体を精密に測定することに必ずしも固執せず,変化が最も鮮明に現れる特徴的な部分に注目することによって,時々刻々構造が変化する薄膜・多層膜を追跡する計測を困難なものにしている技術的な壁を少しでも低くすることは重要である.

X線分析法のなかでも,試料や光学系を動かす必要のない透過型および各種の投影型イメージング,小角散乱(視射角を固定する場合のGISAXSも含む,GISAXSについては8.4節で詳細に解説)などでは,高輝度の光源や高速の検出器・カメラシステムなどを採用することで,こうした変化の追跡を比較的容易に実現することができる.X線反射率法の場合は,表面や界面で構造が時々刻々変化する系を追跡するためには,通常行われている微小角域での角度走査をせずにデータを得なくてはならない.その一方で,角度走査を行う場合と同等もしくはそれ以上の情報を得ることが求められる.これまでは,この点に技術的困難があった.なお,未知試料を動的な測定の研究対象とする場合には,従来のX線反射率法の枠組みの中での静的な構造の検討も並行して行う必要がある.

以下,6.2節,6.3節では,それぞれ多チャンネルX線反射率法,白色X線反射スペクトル法について解説する.いずれも,試料も光学系も一切動かすことなく,データを取得する技術であるが,前者が角度的に大きく分散させた単色X線を用いるのに対し,後者は白色X線の反射スペクトルを用いる.6.4節では従来の角度走査を用いるX線反射率法で構造変化を測定する方法について述べる.6.5節では今後の展望を述べる.

6.2 多チャンネルX線反射率法(Naudonの方法)

試料や測定装置を固定したままでX線反射率のデータを取得するために,角度的に大きく分散した(または分散させた)単色X線を利用する方法の原理を模式的に図6.1に示す.まずX線に限らない幾何光学一般の問題として,ピンホールカメラを考えてみよう.ピンホールカメラは,ピンホールに対して物体(ここでは有限の大きさをもつ発散光源とみなせる)の反対側に置かれたスクリーン上に物体の倒立した拡大像が得られる.では,もしこの物体が単色X線を発する線状の(一方向に長く他の方向には大きさをほとんどもたない)光源であり,もしこのピンホールの位置に薄膜・

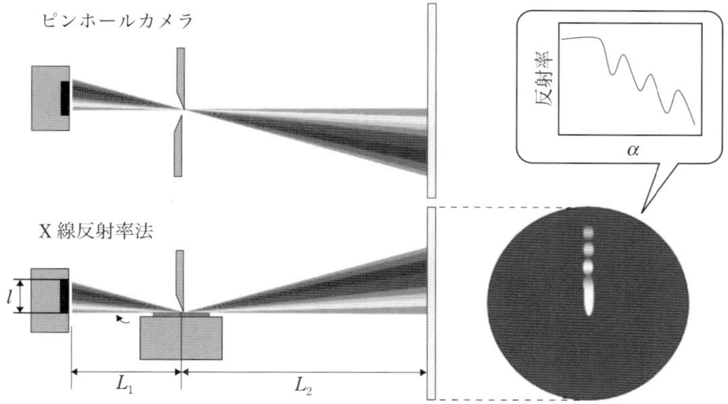

図 6.1　大きく角度分散した単色 X 線を用いて X 線反射率の迅速・ライブ計測を実現する方法の原理
ピンホールカメラにおいて，物体の代わりに線状の単色 X 線源，ピンホールの位置に薄膜・多層膜の試料を置くとスクリーンには反射率プロファイルが現れる．

多層膜のサンプルを置いたとすれば，どうなるであろうか．光源の各点とサンプルを結ぶ直線は，いずれもサンプルの表面に対して異なる角度をなす．これらの異なる経路を通った X 線は反射した後，スクリーンに到達する．つまり，スクリーン上には X 線反射率のデータが投影されるであろう．

ピンホールの位置から光源を見込む角度 $\tan^{-1}(l/L_1)$（l は光源の大きさ，L_1 は光源−ピンホール間の距離）が，通常の X 線反射率測定における角度走査の上限(α_{max})にあたる．スクリーン−ピンホール間の距離を L_2 とすれば，スクリーン上での倍率は L_2/L_1 であり，反射率の測定データは lL_2/L_1 の長さをもつ像(強度プロファイル)になるので，この長さをカバーする空間分解能のある 1 次元または 2 次元の X 線検出器が必要である．ここで検出器の空間分解能が Δ であったとすると，X 線反射率の角度分解能は $\tan^{-1}(\Delta/L)$ 程度になる．以上の幾何学的なパラメータの例を表 6.1 にまとめて示しておく．

ところで，図 6.1 の配置における角度走査法による測定では一般的な受光スリットがないため，等角位置の反射スポット(通常の X 線反射率法で測定しているもので，鏡面反射ともいう)周辺に出現する弱い散乱 X 線(非鏡面反射，散漫散乱)やバックグラウンドは除去することができない．また，散漫散乱の強度のプロファイル測定を，このレイアウトのままで行うこともできない．しかし，散漫散乱の強度が鏡面反射の強度より 1.5 〜 2 桁下回ること，この配置を積極的にとる理由が時々刻々変化する系の鏡面反射強度を追跡する計測にあることを考慮すると，あまり大きな問題ではない

表 6.1　大きな角度分散を利用する X 線反射率法の幾何学的パラメータ
例 1：位置敏感型比例計数管やイメージングプレートなど比較的大きな検出器を用いた場合，例 2：CCD カメラやフォトダイオードアレイなど，小型の検出器を用いた場合.

	例 1	例 2
X 線源の長さ l	10 mm	8 mm
X 線源―試料中心距離 L_1	250 mm	220 mm
X 線源―試料中心距離 L_2	2000 mm	660 mm
検出器の空間分解 Δ	50 μm	12 μm
倍率	8 倍	3 倍
カバーできる角度範囲	2.3 deg (40 mrad)	2.1 deg (36.3 mrad)
必要な検出器の有効長さ	80 mm	24 mm
角度分解能	0.0014 deg (0.025 mrad)	0.001 deg (0.018 mrad)

と考えられる．また前述のように必ずしも，通常の X 線反射率法の場合と同じようにデータの細部を含む全プロファイルの解釈を行う必要はない．むしろ，臨界角や Bragg ピークの位置，干渉縞の周期など，反射率データの特徴的な要素に着目し，サンプルの環境パラメータを変化させたときに，それらがどのように変化するかが重要である．

角度的に大きく分散した X 線を用いる反射率測定法は，フランス・ポアチエ大学の Naudon 博士が 1980 年代後半に先駆的に考案した方法[6~8]として知られている．この方法は「Naudon の方法」とも呼ばれる．図 6.2 は Naudon が実際に採用した実験レイアウトである[6]．X 線の焦点の長さは決まっているので，一定の角度範囲をカバーするためには，前述の L_1 を短くすることが重要になる．結晶モノクロメータを用いず，Kβ 線や高エネルギーの連続 X 線なども含む X 線源からの全 X 線スペクトル成分を試料に照射し，下流側にアナライザ結晶を設置して分光し，Kα 線のみを取り出すことにしたのは，そのような技術的理由によると考えられる．この装置は 21 世紀に入った後も，ポアチエ大学で稼動を続けている．試料をセットし，電源を入れてから数分後にはデータを取得できる点が特徴である．すなわち，時々刻々変化する系を追跡する以外に，短時間に多数の試料の測定を行うハイスループットの方法として有望と考えられる．

Naudon の方法は，その後，多くの研究者によって，光学系などにさまざまな工夫・改良がなされている．モノクロメータの導入や改良など，光学系の工夫はその最たるものである[9~14]．図 6.3 は，チェコの Holy らにより考案された点焦点(線焦点の軸方向から X 線を取り出すと点焦点になる)とヨハンソン型湾曲結晶モノクロメータを組

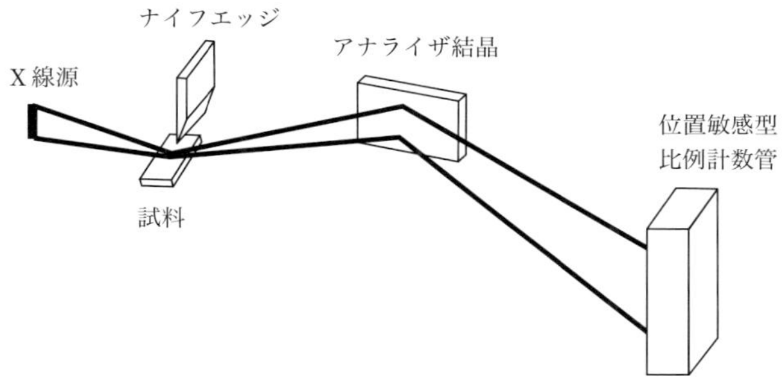

図 6.2　Naudon による先駆的研究の実験レイアウト
試料は鉛の遮蔽容器内に入れる．X 線源は Cu 管，線焦点，6° 方向の取り出しの実効サイズは 8 mm×40 μm．ナイフエッジは Ta 製．アナライザ結晶は Ge(111)．L_1 = 225 mm，L_2 = 2090 mm．当時は単色ではない X 線源を用い，下流側にアナライザ結晶を置くことで Cu Kα 線を分光して測定された．
[A. Naudon *et al.*, *J. Appl. Cryst.*, **22**, 460(1989), Fig. 1]

み合わせた X 線反射率計の模式図である[7]．真空中で薄膜を成膜するためのチャンバーに組み込まれている点も特徴的である．表 6.1 とも対照させながら，その性能を見てみよう．カバーできる角度(α)範囲は，試料との距離で決まるのではなく，ヨハンソン型湾曲結晶が反射可能な見込み角(通常 1.5 ～ 2.5° 程度)がそのまま対応する．これには点焦点の大きさ，結晶の大きさ(周方向の長さ)，ローランド円半径などが関係する．図 6.3 では，Cu Kα の Si(333)の Bragg 角は約 45° であるから，X 線源―結晶および結晶―試料の距離はともにローランド円半径の倍の約 500 mm，試料―検出器の距離(L_2)も同じく約 500 mm にしたとすると，2.5° の測定範囲であれば，検出器の必要な有効長は約 22 mm になる．表 6.1 における例 2 の場合と同じく，面積があまり大きくないがピクセルサイズも比較的小さい CCD/CMOS カメラなどを用いた装置を構成できそうである．このような方式の装置は，ほとんど同じ時期に米国で，主に製造業の品質管理を目的とする膜厚計として特許取得されている[10]．以上のほか，シンクロトロン放射光のような平行性の高い光源を用いる場合も，長い放物面ミラーなどにより大きな角度分散を付与する方法が有望である．

わが国では，物質・材料研究機構において，Naudon らが用いなかったモノクロメータを試料と X 線源の狭い空間に設置して効率を大幅に改善するとともに，高速，低ノイズの 1 次元の半導体ピクセル検出器を使用し，さらに回転対陰極 X 線源と湾曲多層膜モノクロメータで入射強度を大きくした多チャンネル X 線反射率計が開発されている[13〜16]．Naudon の方法が同じ目的をもつ迅速な X 線反射率測定法に比較して優れている点の 1 つは一度に測定できる角度範囲が広いことである．この範囲が狭い

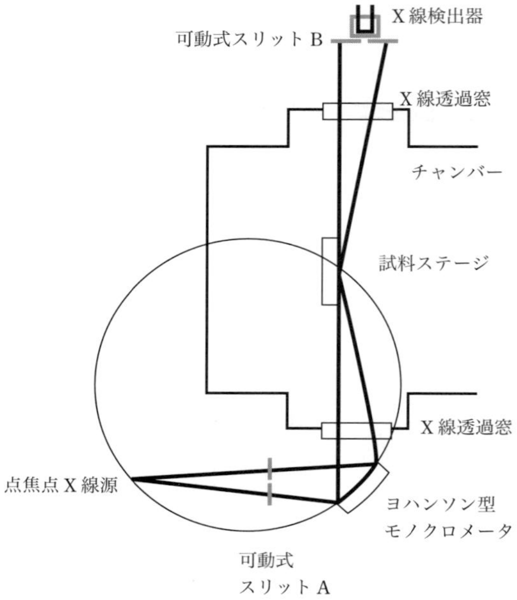

図6.3　Naudonの方法の改良
点焦点X線源とヨハンソン型モノクロメータが使用されている．
［U. Niggemeir *et al.*, *J. Appl. Cryst.*, **30**, 905(1997), Fig. 1］

と，せっかく迅速な測定ができても，他の角度範囲を測定するために試料または光学系を動かす必要が生じ，時々刻々の変化に間に合わなくなってしまう．Naudonがあえてモノクロメータを試料の前に入れなかったのも，そうした事情が大きかったと思われるが，この装置ではモノクロメータを入れた制約のなかでも，なお2°以上の角度幅を確保することができている．

実際に取得されるデータがどのようなものであるか，見てみよう．図6.4は，シリコン上の金薄膜およびニッケルと炭素の交互積層膜について，角度的に分散させた単色X線を用い，試料静止状態で一括測定したX線反射率と，通常の角度走査法で取得したX線反射率を比較したものである．シリコン上の金薄膜の干渉縞のパターンはわずか1秒で4,5桁，数十秒で6桁測定することができる．図中に実線で示した角度走査型のX線反射率プロファイル(測定に約1時間要した)と比較してもまったく遜色ない．ただし，詳しく見ればわずかな強度の差が高角側で目立ってくる．これは散漫散乱を含んだ強度になっているためであるが，散漫散乱を考慮に入れたデータ解析を行えばまったく問題はなく，さらに干渉パターンには影響を与えないので膜厚解

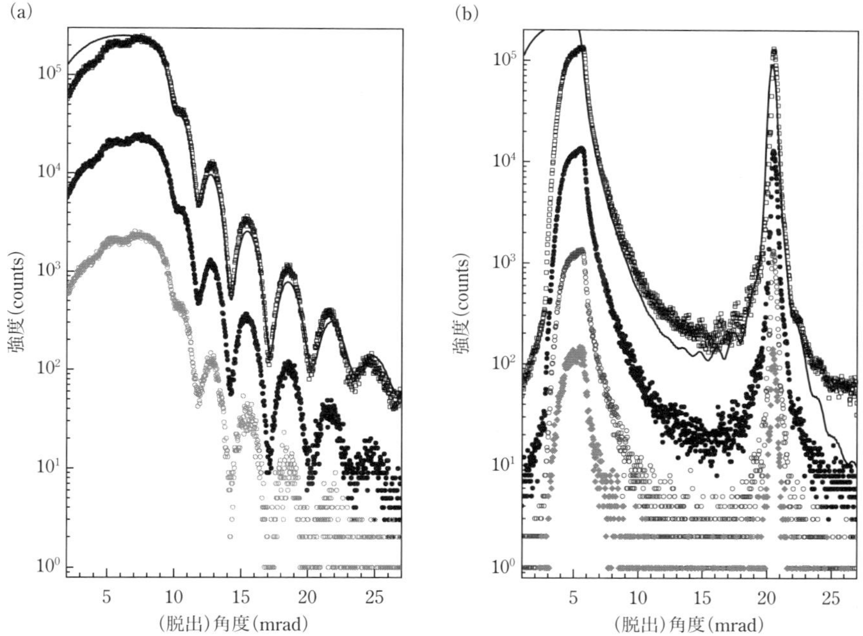

図6.4　シリコン上の金薄膜(a)およびニッケルと炭素の交互積層膜(b)のX線反射率の測定例
上から順に10秒，1秒，0.1秒，0.001秒(ニッケルと炭素の交互積層膜のみ)で測定されたデータ．実線は従来の角度走査法で取得されたデータ(約1時間)．

析を4.5節で述べたFourier変換法によって行えばよい．このようにして層の厚さの変化，新しい層の生成の検出などについて，リアルタイムでの迅速計測を行うことができる．またニッケルと炭素の交互積層膜では特に顕著であるが，データの主要な特徴，たとえば臨界角(5.8 mrad)や1次Braggピーク(20.5 mrad)を素早く見つけ，その値を直読するスピードは圧倒的に前者が優れている．最も短い測定時間のものは10ミリ秒である．ピークの発見と位置の検出だけであれば，それほどまでに短い時間での計測が可能である．たとえば，多層膜の中へのガスの吸蔵・脱着の時々刻々の変化過程における各層の密度や周期長の変化をすべて記録することが可能である．

図6.5は，感温性ポリマーであるpNIPAM(poly(isopropylacrylamide))の超薄膜について，多チャンネルX線反射率計により，試料静止のまま，温度変化にともなう薄膜構造の変化を測定した結果である[16]．pNIPAMは，水の存在下で温度により疎水性・親水性がスイッチすることで知られ，その転移温度が人の体温近傍であることから，さまざまな応用が試みられている[17]．しかし，超薄膜での挙動の詳細は不明であ

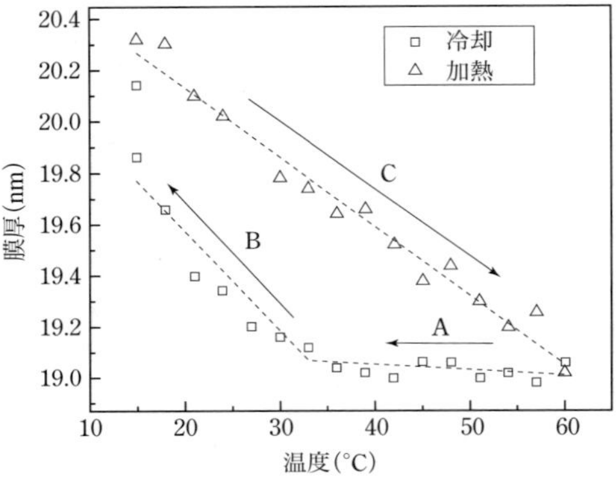

図 6.5 感温性ポリマー pNIPAM の超薄膜の温度変化にともなう膜厚の変化
[Y. Liu and K. Sakurai, *Chem. Lett.*, **46**, 495(2017), Fig. 2]

り，特に水の層と接することのない，大気中に静置されている状態での温度依存性は知られていなかった．図に示したとおり，転移温度を境にして，膜厚の変化が生じていることがわかる．転移温度より高温側では，冷却過程でまったく膜厚の変化は生じないが，低温側では大気中の水蒸気を表面から薄膜内部に取り込み膜厚が増加する．昇温過程では，反対に膜厚の減少が生じる．温度を制御することにより，呼吸するかのように，薄膜が水蒸気の吸脱着を行っていると考えられる．この現象は昇温と冷却を繰り返しても，再現性があることが確かめられている．温度変化に対するポリマーの構造変化はそれほど速いものではないので，このような秒〜分オーダーの測定を何度でも繰り返し行うことのできる測定システムはきわめて好適である．

図 6.6 は，ポリ酢酸ビニル超薄膜について，先ほどの測定例と同じく，多チャンネル X 線反射率計により，試料を静止させたまま温度を変化させたときの熱膨張による膜厚変化を X 線反射率法により求めたものである[15]．温度の関数として，得られた膜厚をプロットすると，その傾きが線膨張係数を与える．35°C 近傍で不連続点が見出されており，これはガラス転移によるものである．このような測定により，超薄膜について，線膨張係数とともにガラス転移温度を決定することができる．こうした構造変化をとらえるのに角度走査を必要としないために安定度に確信を持って高信頼性の測定ができ，さらに，短時間でデータが取得できるために，多数の測定点をとることや複数サイクルの繰り返し再現性を見る測定などが，何らためらうことなく行えるようになった．上記の例では，さらに進んでガラス転移温度近傍での詳細な変化や，負の熱膨張と呼ばれる現象のメカニズムに関わる測定なども行われている．

通常 1 時間もしくはそれ以上の時間を必要とする X 線反射率の測定時間を大幅に

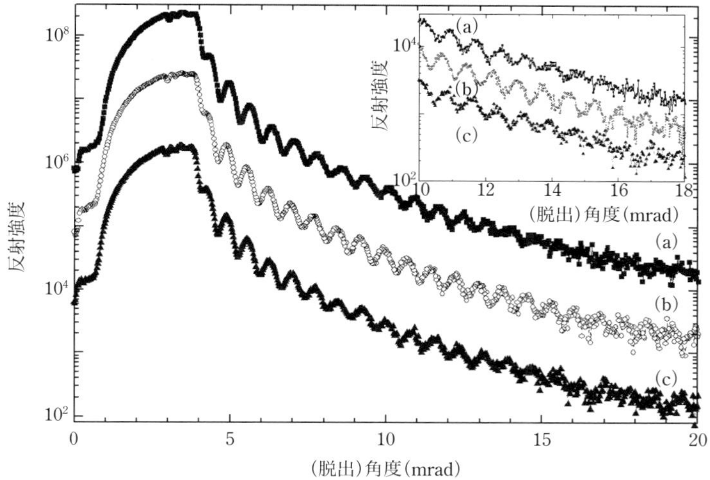

図6.6　ポリ酢酸ビニルの超薄膜の温度変化にともなうX線反射率の変化
(a)10°C(加熱前)，(b)55°C(加熱後)，(c)10°C(冷却後)
[M. Mizusawa and K. Sakurai, *IOP Conf. Ser.: Mater. Sci. Eng.*, **24**, 012013 (2011), Fig. 1]

短縮しようとするとき，いくつか考慮すべきポイントがある．X線反射率法では，反射率が100%に近い全反射域から何桁も下のレベルまで測定するから，短い時間でも，そのような低い反射率の領域を測定するためには十分な入射強度が必要であり，その際に，強い反射率の領域も測定するためには，検出器にそれだけの性能が備わっていなければならない．これまで経験的にわかっているところでは，ローターX線源を40 kV−200 mA(8 kW)で使用し，6桁にわたるプロファイルを取得するには約20秒，約4.5桁でかまわない場合は約1秒，Bragg反射などの特徴のみをとらえる場合は約0.01〜0.1秒で測定を行うことができる．理論的には，入射X線強度が100倍，1000倍と大きくなれば，このような測定時間は，検出器の能力の範囲内でさらに短くはなりうるが，強すぎる入射X線の使用には，実は問題がある．すなわち，構造の変化を追跡するはずの測定において，強いX線が試料に別の変化を導入するおそれがある．

他方，X線反射率の測定が可能な角度の範囲は0.数度から約2度にとどまり，最も広くとったとしてもたかだか3度くらいまでである．Cu Kα線(0.154 nm)を用いたときの散乱ベクトルの大きさqの範囲は0〜3 nm^{-1}(シリコンの臨界散乱ベクトルの8〜10倍程度)になる．超薄膜の研究などのためにqの範囲をさらに広げたい場合は，

X 線源のターゲットとモノクロメータをセットで変更し，短波長(高エネルギー)の X 線を使用することも検討の余地がある．q の範囲は Mo Kα 線(0.071 nm)で 2 倍，Ag Kα 線(0.056 nm)で 3 倍に広げることができる．

6.3 白色 X 線反射スペクトル法

単色 X 線を入射 X 線として用いて角度走査を行う代わりに，白色 X 線を試料に入射させ，その反射スペクトルを測定すること(エネルギー分散法と呼ばれることもある)によっても等価な情報が得られることは，1970 年代後半にはすでに知られていた[17]．これは高いエネルギー分解能をもつ半導体検出器の登場により可能となった技術の 1 つである．半導体検出器では，分光結晶などを用いる必要がないため，試料を含め，測定系のどの部分も動かすことなく入射する X 線のスペクトル(波長別の強度分布)を取得することができる(本質的に 5.3 節で説明した方法と同じである)[18〜22]．この特徴は，時々刻々変化する表面・界面の構造を追跡する目的に非常によく合致しているように思われるが，この測定を行うためには，広いエネルギー範囲にわたって滑らかなスペクトル分布をもつ白色 X 線が必要であり，この制約のためにこれまでの応用はかなり限定されたものになっていた．最近，わが国の SPring−8 をはじめ，高エネルギーの電子蓄積リングを採用したシンクロトロン放射光源が登場しており，そこでは，5 〜 100 keV の広範囲の連続 X 線スペクトルが得られる．このような高エネルギー放射光の利用により，時間分解型の X 線反射率法を拡張する新たな機会が生まれている．

白色 X 線反射スペクトルは，反射 X 線の強度を X 線エネルギーの関数として示すものであるが，散乱ベクトルの大きさ $q(=4\pi\sin\alpha_0/\lambda$，$\alpha_0$ は視射角)に置き換えることで，通常の反射率データとは，簡単に関連付けられる．入射 X 線として単色エネルギー E_0 を用い，そのときの臨界角が α_c であったとすると反射スペクトルの臨界エネルギー E_c は次のように書くことができる．

$$E_c = E_0\,\alpha_c/\alpha_0 \tag{6.1}$$

この E_c は通常の単色 X 線を用いる反射率データにおける α_c と同様，表面の密度に敏感であり，このエネルギー近傍のデータは重要である．試料を構成する元素の吸収端の存在がこうした反射スペクトルを解釈しづらくすることが多かったが，高エネルギー側に広い余裕をもつ放射光源を使用できるときは，こうした吸収端などよりも高い臨界エネルギーが得られるように視射角 α_0 を選ぶことができる．また，各層の膜厚の変化などは，反射スペクトルに現れる干渉縞の周期に着目することにより追跡可能である．この方法では，使用する半導体検出器のエネルギー分解能 $E/\Delta E$ が，測定の限界に影響を与える．多くの場合，X 線エネルギー 6 keV 近傍で $E/\Delta E$ は約 40，高エネルギー域ではその数分の 1 程度である．角度走査法に比べれば劣るが，十分膜厚変化の測定に用いることはできよう．同様に Bragg ピークのエネルギー変化を測定することも有用である．Bragg ピークは強度が強いため，短い時間でのスペクトル取得も容易である．

図 6.7 は，オーストラリアの White らが気液界面における自己組織化の過程を観察する手段として，白色 X 線スペクトルを用いた測定結果である[23]．試料は C_{14}TAB (tetradecyl trimethyl ammonium bromide)，TEA(triethanolamine) と［Ti(OBu^n)$_4$］(titanium butoxide) の混合溶液である．銅ターゲットの X 線発生装置からの 5 〜 37 keV の連続 X 線が用いられ，水平な試料面に対し視射角を 0.58° に固定して測定された．60 秒ごとにスペクトルを保存する操作を 1000 回以上繰り返すことにより約 17 時間半にわたる測定が行われた．図からもわかるように，30 分後には膜が形成されており，

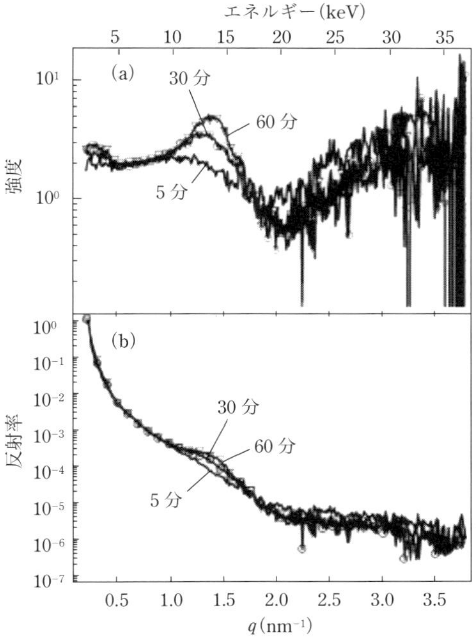

図 6.7　気液界面における自己組織化過程のエネルギー分散型 X 線反射率による測定結果
(a) 反射強度の生データ，(b) 反射率．
3 つの曲線は，それぞれトラフに溶液を満たしてから 5 分，30 分，60 分後のデータ．
［M. J. Handerson *et al.*, *Langmuir*, **20**, 2305(2004), Fig. 2］

それに対応する反射率変化が認められる．

この技術は，試料や測定装置のほかのあらゆる部分を固定した状態で，ただスペクトルを一定時間間隔で取得し続けるだけであるため，変化を追跡するには適している．しかし残念ながら，この検出器は，X線光子が入射するたびにパルスを作り，そのパルスの波高を分析することによりそのX線光子のエネルギーを識別するという方式を採っているため，パルスを処理するための時間が必要であり，あまり迅速な測定には適用できない[24]．図6.7の例では，1回の測定にかかる時間が1分程度である．さらに高速化を試みたとしても，最も速くて0.1～1秒程度がせいぜいである．しかし，たかだか1秒の積算では，総カウント数が不足し，十分な質の反射率データにはならないであろう．この問題は強力なX線源を採用したとしても解決することはできない．前述のとおり，パルスを作るための処理時間が制約になっており，きわめて強いX線を用いたとしても単位時間あたりにカウントできる光子数(計数率)に上限があるためである．最近は，デジタル信号処理が用いられる機会が増え，エネルギー分解能をあまり犠牲にすることなくスループットを改善することができ，なかでも，Siドリフト検出器の場合に特に大きな効果が得られる．しかし，それでもたかだか10^4 cpsオーダー程度の計数率にとどまるので，1秒程度の測定時間で質の高いデータを得るためには，蛍光X線分析法や蛍光XAFS法などでしばしば用いられる多素子半導体ピクセル検出器の採用が有効である．

オーストラリアの研究者たちは1990年代後半から約10年，白色X線を用いて反射X線スペクトルを取得するために，アナライザ結晶を用いた波長分散型測定の技術を精力的に開発していた[4,5,23]．非常に野心的，挑戦的な試みであり，ミリ秒もしくはそれ以下の時間変化をとらえることにも実際に成功したようであるが，必ずしも広いダイナミックレンジがとれていないことや，強いX線による試料損傷の影響のため，適用範囲が限られることから，方針を転換している．わが国では，KEKの松下らが分散型XAFSの技術[25]と共通するポリクロメータを用いた新しい方法を開発した[26～28]．1次元検出器の各ピクセルで異なるエネルギーのX線が検出され，半導体検出器とマルチチャンネルアナライザ(もしくはデジタルスペクトロメータ)の組み合わせよりも，格段に高速で反射スペクトルを測定することができている．

6.4 従来の角度走査型の装置によるその場計測

もし観測の対象である変化が制御可能であり，安定状態を保持できるような場合には，静的な計測技術である角度走査型のX線反射率法をそのまま用いることができる．装置面の主な違いは，環境を制御するための試料セルのみである．時々刻々変化する系を追跡するのとは同じではないが，注目している変化が生じたときの前と後を精密に比較することで，現象に関する理解を深めることができる．

ドイツ・ミュンヘン大学の Peisl らは，金属表面のマルテンサイト変態を X 線反射率法により解明した[29]．図 6.8 は，電解研磨で得られた $Ni_{62.5}Al_{37.5}(001)$ 単結晶表面の X 線反射率を，試料を冷却しながら測定した結果を示している．同一試料のバルク状態の変態温度である 85 K より高い 90 K で，視射角 0.14° 近傍に変曲点が認められた．この X 線反射率の変化は，以前に Tolan らが指摘しているように，メゾスコピックなスケールにおける粗さの増大に対応し[30]，表面緩和により平滑さが失われ，100 nm ～数 μm オーダーの変形が起こったと考えられる．興味深いことに，この現象にはヒステリシスがあり，加熱過程では同じ温度であっても図 6.8 とは異なる結果が得られる．

しかし，温度を室温まで上げた後に冷却を行うと図 6.8 の結果は繰り返し再現される．この結果をまとめたものが図 6.9(a) である．他方，図 6.9(b) に示すとおり，Bragg 回折ピークから判定できるバルクのマルテンサイト変態温度は 85 K であり，またヒステリシスは認められない．すなわち，バルクのマルテンサイト変態は二次相転移だが，表面のマルテンサイト変態は一次相転移のような挙動を示し，かつ変態温度も高い．同グループでは，こうした相転移の表面効果に関して，Ni_2MnGa や

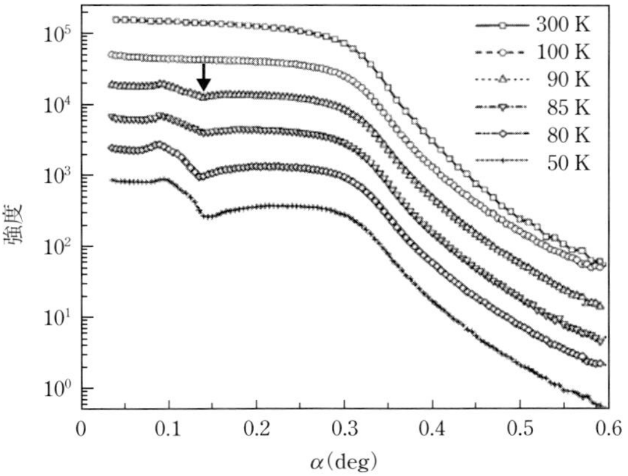

図 6.8　X 線反射率法で観測した $Ni_{62.5}Al_{37.5}$ 表面のマルテンサイト変態
各温度について冷却過程で測定を行った．図中の矢印はマルテンサイト変態を示唆する変曲点位置を示している．変曲点が最初に現れる温度はバルクでのマルテンサイト変態温度である 85 K より高い 90 K であった．
[U. Klemradt *et al.*, *Physica B*, **248**, 83 (1998), Fig. 1]

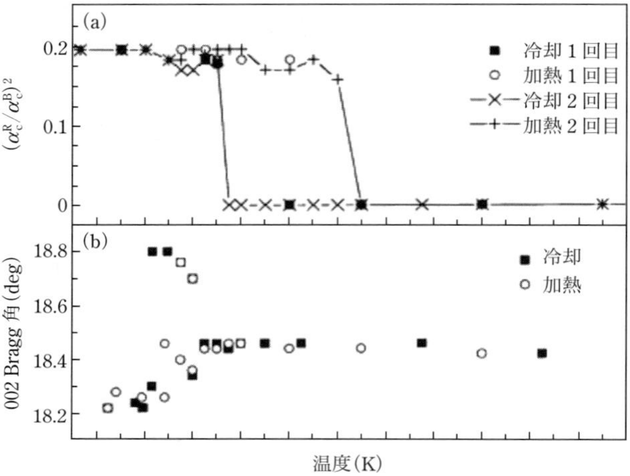

図 6.9　表面(a)とバルク(b)における $Ni_{62.5}Al_{37.5}$ のマルテンサイト変態の違い
(a)は図 6.8 中の変曲点の角度 α_c^R を室温での全反射臨界角 α_c^B で規格化した量の二乗の変化を整理したもの，(b)は X 線回折測定により得られた結果.
［U. Klemradt *et al.*, *Physica B*, **248**, 83(1998), Fig. 3］

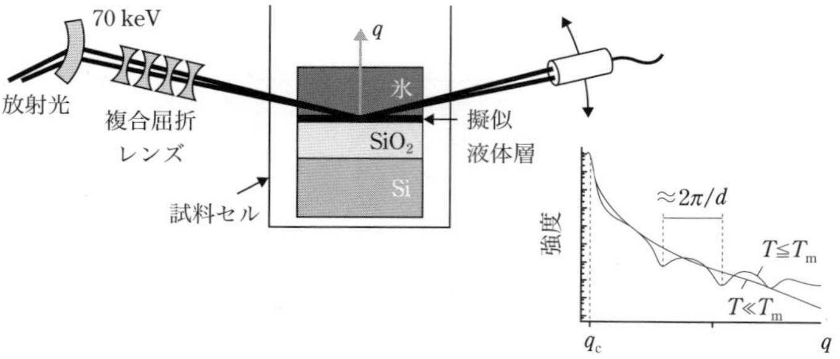

図 6.10　氷／Si 基板界面に形成される擬似液体層の変化を X 線反射率法で検討するためのセットアップ
放射光を屈折レンズで集光することによって単色の発散ビームとし，反射 X 線を平行性の高い条件で走査する方法が用いられた.
［S. Engemann *et al.*, *Phys. Rev. Lett.*, **92**, 205701(2004), Fig. 2］

$Ni_{50.8}Ti_{49.2}$ についても詳細な研究を行っている[31, 32].
氷の表面は 0°C 以下でも薄い擬似液体層で覆われていることが知られている．マックスプランク研究所の Dosch らは，氷と Si 基板の界面に形成される埋もれた擬似液体層の挙動を X 線反射率法により解析した[33]．図 6.10 は，その実験セットアップを

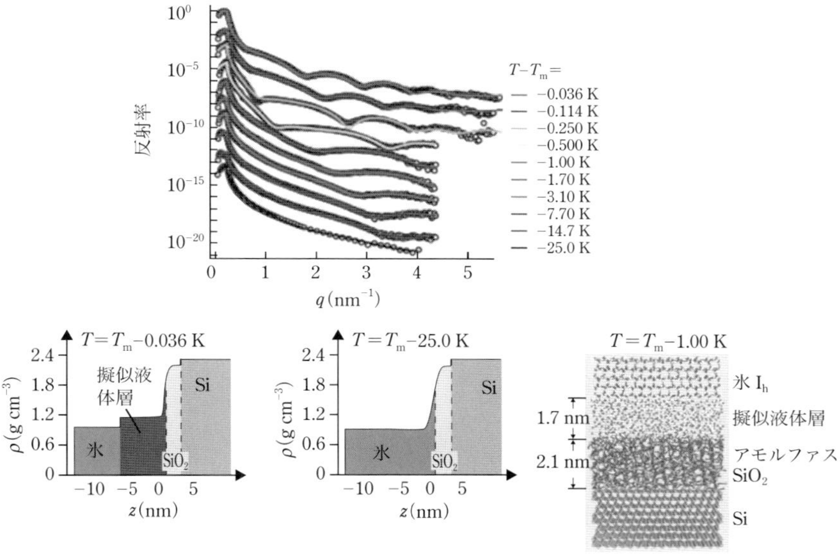

図 6.11　氷／Si 基板界面に形成される擬似液体層の X 線反射率法による検討
(a)融点近傍において 0.001 K レベルで精密に温度を変化させながら，角度走査法により取得した X 線反射率データ，(b)融点より 0.036 K，25.0 K 高い温度における X 線反射率データのパラメータフィッティングにより得られた電子密度分布，(c)融点より 1.00 K 低い温度における界面構造の模式図.
(b)では融点にごく近い温度(融点より 0.036 K 高い温度)のときのみ擬似液体層の存在が認められる.
[S. Engemann *et al.*, *Phys. Rev. Lett.*, **92**, 205701(2004), Fig. 3]

示している．ESRF のビームライン ID15 A において，高エネルギー X 線(71.3 keV)を屈折レンズで集光し，角度的に発散させた微小な単色 X 線を用い，試料の側面から擬似液体層に入射させた．反射 X 線を複スリットに通し，平行成分のみ検出する条件下で角度走査を行うことにより反射率プロファイルを得た．その結果が図 6.11 である．0.001 K レベルのきわめて精密な温度制御のもとで，温度変化に対応した X 線反射率のデータを丹念に取得している．その結果，擬似液体層は，融点から 0.036 K 低い温度では 1.7 nm の厚みで存在し，その密度は 1.2 g cm^{-3} で高密度アモルファス(HDA)状態の氷の密度 1.17 g cm^{-3} にきわめて近いことが初めて明らかにされた．

このように，試料環境を精密に制御できる状況のもとでは，測定中に十分な安定性を確保し，変化前と変化後のそれぞれの地点で測定時間を十分にかけ，精密な測定を行うことができる．こうした検討は温度などの試料環境を変化させたとき，どんな変化がどのように起こるのかをよく理解するうえで必ず必要であると言ってよいであろう．以上の事例から，X 線反射率法をこのようにして用いれば，相当の情報が得られることもよく理解できたのではないかと思う．他方，目の前で実際に起こっている変化の多くは，このように 1 点 1 点細かく制御できるものではない．時々刻々，めまぐるしく変化する系を対象にするには，変化の速度よりも十分迅速にデータを取得する必要がある．角度走査を行うことなく，したがって試料も測定装置のほかの部分も一切動かすことなく，等価な情報を得る測定技術が求められるのは，そのためである．

6.5 時々刻々変化する系を追跡する X 線反射率計測の近未来

前述したように，時々刻々変化する系を追跡する X 線反射率法には，多チャンネル X 線反射率法と白色 X 線反射スペクトル法の大きく 2 つの潮流がある．そのどちらも，現状，問題なく使えるのは 4，5 桁程度までのプロファイルにおいて 1 秒程度の速度であり，主な応用は秒〜分レベルでかなり広範に，実用的に行える段階に達していると考えられる．変化を追跡するばかりではなく，非常に多数の試料を短い時間で評価するようなハイスループット計測という観点での利用も十分有望である．

X 線反射率のプロファイルの一部の特徴のみに注目し，その変化を時間的に追跡することにすれば，10 ミリ秒〜 1 秒程度の短い時間でも測定できるだろう．それよりもさらに短時間の測定という話になると，現状ではあまり簡単ではない．主な制約は検出器の性能により生じている．シンクロトロン放射光，特に白色 X 線を利用すると，入射強度を非常に強くすることができ，半導体検出器では計数できないレベルになるが，オーストラリアの研究者らが創意工夫に満ちた開発を行っても，なお課題が残されているのが実情である．試料の損傷を避ける対策の導入とセットで考える必要がある．近い将来のゴールになるミリ秒以下，マイクロ秒領域の計測では，検出器も計数型ではなく，蓄積型で，かつ非常に微弱な X 線からきわめて強い X 線強度までをカバーでき，加えて読み出し速度に優れたものの開発が求められる．また，刺激に対する構造変化が繰り返し再現される系などに関しては，他の分野で行われているようなポンプ・プローブ法による X 線反射率の変化を研究することも有効である[34]．この場合，時間分解能は入射 X 線のパルス幅で決まるので，短パルスの X 線源が必須のツールになる．

参考文献

1) M. A. Banares, *J. Mater. Chem.*, **12**, 3337 (2002)
2) B. M. Weckhuysen, *Phys. Chem. Chem. Phys.*, **5**, 1 (2003)

3) 応用物理学会シンポジウム「X線・中性子による quick 反射率法の展望—表面や埋もれたナノ構造の変化を追う」(2005年春(埼玉大学), 2006年秋(立命館大学), 2007年秋(北海道工業大学))

4) J. W. White, A. S. Brown, R. F. Garrett, D. J. King and T. L. Dowling, *Aust. J. Phys.*, **52**, 87 (1999)

5) R. F. Garrett, J. W. White, D. J. King, T. L. Dowling and W. Fullagar, *Nucl. Instrum. Methods*, **A467–468**, 998 (2001)

6) A. Naudon, J. Chihab, P. Goudeau and J. Mimault, *J. Appl. Cryst.*, **22**, 46 (1989)

7) A. Naudon, *Analusis* (France), **18**, 122 (1992)

8) J. Chihab and A. Naudon, *J. de Phys. III* (France), **2**, 2291 (1992)

9) U. Niggemeier, K. Lischka, W. M. Plotz and V. Holy, *J. Appl. Cryst.*, **30**, 905 (1997)

10) L. N. Koppel, US patent No. 5, 619, 548, "X-ray thickness gauge" (1997), Date of Patent : 8 April 1997, Filing Date : 11 August 1995

11) T. Miyazaki, A. Shimazu and K. Ikeda, *Polymer*, **41**, 8167 (2000)

12) K. Sakurai and M. Mizusawa, Japanese Patent No.3903184

13) K. Sakurai and M. Mizusawa, in preparation for publication

14) K. Sakurai, M. Mizusawa and M. Ishii, *Trans. Mater. Res. Soc. Jpn.*, **32**, 181 (2007)

15) M. Mizusawa and K. Sakurai, *IOP Conf. Ser.: Mater. Sci. Eng.*, **24**, 012013 (2011)

16) Y. Liu and K. Sakurai, *Chem. Lett.*, **46**, 495 (2017)

17) Y. Nakano, T. Fukamachi and K. Hayakawa, *Jpn, J. Appl. Phys.*, **17–2**, 329 (1978)

18) D. H. Bilderback and S. Hubbard, *Nucl. Instrum. Methods*, **195**, 85 (1982)

19) D. H. Bilderback and S. Hubbard, *Nucl. Instrum. Methods*, **195**, 91 (1982)

20) M. Bhattacharya, M. Mukherjee, M. K. Sanyala, Th. Geue, J. Grenzer and U. Pietsch, *J. Appl. Phys.*, **94**, 2882 (1993)

21) W. E. Wallace and W. L. Wu, *Appl. Phys. Lett.*, **67**, 1203 (1995)

22) T. Horiuchi, K. Ishida, K. Hayashi and K. Matsushige, *Adv. X-Ray Anal.*, **39**, 171 (1995)

23) M. J. Handerson, D. King and J. W. White, *Langmuir*, **20**, 2305 (2004)

24) G. F. Knoll, *Radiation Detection and Measurement*, Wiley, London (2000)

25) T. Matsushita and R. P. Phyzackerley, *Jpn. J. Appl. Phys.*, **20**, 2223 (1981)

26) T. Matsushita, Y. Inada, Y. Niwa, M. Ishii, K. Sakurai and M. Nomura, *J. Phys. Conf. Ser.*, **83**, 012021 (2007)

27) T. Matsushita, Y. Niwa, Y. Inada, M. Nomura, M. Ishii, K. Sakurai and E. Arakawa, *Appl. Phys. Lett.*, **92**, 024103 (2008)

28) T. Matsushita, E. Arakawa, Y. Niwa, Y. Inada, T. Hatano, T. Harada, Y. Higashi, K. Hirano, K. Sakurai, M. Ishii and M. Nomura, *Euro. Phys. J. Spec. Topics*, **167**, 113 (2009)

29) U. Klemradt, M. Fromm, G. Landmesser, H. Amschler and J. Peisl, *Physica B*, **248**, 83 (1998)

30) M. Tolan, G. Kronig, L. Brugemann, W. Press, F. Brinkop and J.-P. Kotthaus, *Europhys. Lett.*, **20**, 223 (1996)

31) M. Aspelmeyer, U. Klemradt, H. Abe, S. C. Moss and J. Peisl, *Mater. Sci. Eng.*, **A273–275**, 286 (1999)

32) M. Fromm, U. Klemradt, G. Landmesser and J. Peisl, *Mater. Sci. Eng.*, **A273–275**, 291 (1999)

33) S. Engemann, H. Reichert, H. Dosch, J. Bilgram, V. Honkimaki and A. Snigirev, *Phys. Rev. Lett.*, **92**, 205701 (2004)

34) R. Nüske, A. Jurgilaitis, H. Enquist, S. Dastjani Farahani, J. Gaudin, L. Guerin, M. Harb, C. v. Korff Schmising, M. Störmer, M. Wulff and J. Larsson, *Appl. Phys. Lett.*, **98**, 101909 (2011)

7 X 線反射率法の応用

我々の生活には，メガネレンズのコーティングからデジタル家電やスマートフォン，コンピュータなど，至る所に薄膜が用いられており，薄膜なくして現代の生活は成り立たない．薄膜とは厚さが数 μm 以下である膜を指すが，独特な機能をもつ薄膜は通常 1 μm 以下の厚さであり，その製造においては nm オーダーでの制御を行う必要がある．薄膜は，これまで無機材料を主な原料として発展してきたが，最近では，有機材料やバイオ材料などのウエイトが増してきている．このような薄膜には，通常，自己支持性はなく，基板上に製膜される．また，その体積に比べて表面や界面の面積が大きい．そのため，表面の酸化や界面での反応に注意が必要である．一方，これらの薄膜の形成においては，真空装置やプラズマの利用など，精密な工程を必要とすることが多く，生産現場では，製造条件の管理などが重要である．

これまで述べてきたように X 線反射率法は，数百 nm 以下の薄膜の評価が可能であり，特に 100 nm 以下から極薄膜と呼ばれる数 nm の膜の評価に適している．本章では，さまざまな用途に用いられる薄膜に対する X 線反射率法の応用について述べる．

7.1 半導体薄膜

7.1.1 はじめに

半導体は，Si ウェハなどの基板上に回路を作りこむプレーナ技術をベースに集積した IC(integrated circuit)から，それを高集積した LSI(large scale integration)，さらに ULSI(ultra LSI)へと高集積化を繰り返してきた．半導体デバイスにおいて薄膜が利用される主な理由は，デバイスの高集積化にともなうスケーリング則であり，面内におけるサイズの縮小に比例して，縦方向の膜厚も薄くする必要があるためである．半導体デバイスに使われる薄膜には多くの種類があるが，表 7.1 に代表的なものを示した．MOS(metal oxide semiconductor)関係では，トランジスタ・ゲート部の電界制御用ゲート絶縁膜，ゲート電極用シリサイド膜，層間絶縁膜，配線，配線の拡散を防ぐバリアメタル，配線をつなぐプラグとコンタクト膜などがある．メモリデバイス関係では，DRAMキャパシタ用高誘電率材料やFeRAM用強誘電体膜や電極膜などがある．その他にもリソグラフィー用の反射防止膜などがあり，これらは，目的に応じて次々と新しい材料が開発され，デバイスの性能向上に寄与しており，今後も新しい材料が出現すると予想される．

デバイス用薄膜にはそれぞれ要求される多くの特性があり，それらを満足させるための迅速な開発が要求され，そのために多くの分析技術が利用されている．このうち膜の結晶性が機能に直結する場合，X線回折法や電子線回折法が利用される．また，最終段階のデバイス構造を調べるためには，透過電子顕微鏡などによる断面形状観察が利用されることが多い．一方，X線反射率法は，広い面積での膜の均一性や凹凸を調べるのに便利であるため，構造を作り込む前の，全面薄膜試料の分析に用いられることが多い．

表 7.1　半導体薄膜の用途と材料

機能	材料名	補足
トランジスタ・ゲート絶縁膜	SiO_2，SiON HfO_x	シリコン酸化物 金属酸化物
層間絶縁膜	SiO_2 PSG，Si_3N_4 HSQ，MSQ，NCS	シリコン酸化物 リンガラス，窒化膜 ポーラス low-*k* 膜
ゲート電極	Poly Si $TiSi_2$，$CoSi_2$，NiSi	ポリサイド シリサイド
配線	Al Cu	CVD メッキ，ダマシン
バリアメタル	TiN Ta，TaN	Al 配線用 Cu 配線用
プラグ	W	CVD
DRAM キャパシタ	TaO，BST，STO	高誘電率
キャパシタ電極	TiN，Ru，RuO，Ir，IrO，Pt	トレンチ型，スタック型
強誘電体	PZT，SBT	FeRAM 用
反射防止膜	a−C	リソグラフィー用

PSG : Phosphorus silicon glass, HSQ : hydrogen silsesquioxane, MSQ : methylsilsesquioxane, NCS : nano clustering silica, BST : barium strontium titan oxide, STO : strontium titan oxide, PZT : zirconium titanate, SBT : strontium bismuth tantalate

7.1.2 半導体薄膜の作製法

半導体に用いられる薄膜の作製には，表 7.2 に示すような種々の方法がある．簡単なものとしては真空蒸着法があり，これは材料を真空中で過熱，蒸発させ，蒸気となった材料を基板上で固着させる方法である．しかしこの方法では均一な膜厚を得るのは難しい．半導体用の薄膜は，大きいウェハ全面に，均一な膜厚の薄膜を，再現性良く，迅速に形成する必要がある．その代表的な方法が，スパッタリング法と CVD(chemical vapor deposition)法である．スパッタリング法とは，真空下 Ar ガスを導入しながらターゲットと呼ばれる円盤状の材料と基板の間に高電圧を印加し，ターゲットにイオン化した Ar を衝突させると，ターゲット材料がはじき出されるという現象(sputtering)を利用し，叩き出されたターゲット物質を対向させた基板上に製膜する技術である．物理的な衝撃が原理であり，化学的な反応を利用しないことから，CVD 法に対して，PVD(physical vapor deposition)法とも呼ばれる．この方法は材料をあまり選ばず，金属材料にもアモルファス材料にも適用可能であり，面積の大きな基板上に均一な膜を再現性良く形成できるため，半導体関連では幅広く利用されているが，厚い膜を作るのは難しい．一方，CVD 法は，複数の原料ガスを導入し，基板上で反応させ，反応物を基板上に堆積させる方法で，ガス反応に熱を使うものやプラズマ，光，レーザーを使うものがある．この方法では，反応を常圧下で行う場合と，膜厚の均一性などを向上させるため減圧下で行う場合がある．この方法は化学反応を利用するため，原料に制限はあるが，最適な化学反応が起こった場合，非常に良質な単結晶膜を形成させることもできる．また，原料ガスの供給条件により，厚い膜の堆積も可能であることなどから，電子デバイス用薄膜を含む非常に幅広い分野で利用されている．しかし，この方法の欠点は，膜厚および組成の均一性の制御が難しいことである．

本節では，これらの方法により作製された薄膜の X 線反射率分析について触れる．X 線反射率法は高感度であるため，材料が同じでも製造法が異なる膜の，膜質の違い

表 7.2 半導体用薄膜の作製方法と特徴

薄膜製造法	特徴
スパッタリング(sputtering)	室温で製膜可能，緻密で均一な膜，再現性良好
熱 CVD(thermal CVD)	均一な膜質を得るための条件出しが重要
MOCVD(metal organic CVD)	原料ガスの条件により膜質が決まる
MBE(moleculer beam epitaxy)	化合物半導体の製膜に利用される
ALD(atomic layer deposition)	CVD の原子レベルでの製膜
真空蒸着(vacuum evaporation)	抵抗加熱，電子ビーム，イオンビーム蒸着などがある
熱酸化(thermal oxidation)	Si の酸化膜形成に利用される

を見ることができる．以下では，その具体例として，Siゲート酸化膜，低誘電率層間絶縁膜，バリアメタル膜へのX線反射率法の適用例を示す．

7.1.3　Si酸化膜の評価

Si酸化膜は，プレーナ技術によるLSIデバイスの発展において，最も重要な材料の1つであり，今後も重要であり続けると思われる．特にゲート酸化膜は，デバイスの高速化を目的とした薄膜化が進み，最近では1 nmという4原子層程度の極薄膜であるにもかかわらず，リーク電流が低いことが要求されている．そのため，膜厚・膜質の原子レベルでの均一化や界面粗さの低減が重要である．一方，最近開発が進んでいるHfO_xなどの金属酸化物系ゲート酸化膜においても，Siとの界面は，やはりSi酸化膜や窒化膜であるため，その膜質の制御は重要である．

Si酸化膜には用途に応じて多種の作製法がある．代表的なものは，①基板の前処理である化学洗浄による自然酸化膜の形成，② Si基板の熱酸化による熱酸化膜の形成，③シランガスなどを原料としたCVDプロセスによる基板上へのCVD酸化膜の形成，などである．これらの酸化膜は一般にアモルファスであり，その分析には結晶回折のような手法も使えず，またSiが軽元素であるため，電子顕微鏡での分析も難しい．膜厚の測定にはエリプソメトリーが便利であるが，膜の稠密性や界面の粗さを評価することは難しい．一方，AFMなどの走査型プローブ顕微鏡では，最表面の凹凸は測定できるが，基板との界面粗さを直接測定することはできない．

X線反射率法は薄膜の表面状態に敏感であり，また，X線の波長も0.1 nm付近であるため，数サブnm以下の界面粗さや1 nm付近の極薄膜の膜厚・密度の測定に適している．X線反射率法では，得られる密度値から，作製法の異なるSi酸化膜がまったく別のものであることがわかる．ここでは，Si酸化膜の分析と，それに有用なX線反射率の差分反射率法について述べる．

A.　X線差分反射率法

二酸化ケイ素(SiO_2)は土壌に多く含まれ，圧力や温度条件により多様な結晶相が存在する．代表的なものとしてクオーツ(石英)，トリディマイト(鱗珪石)，クリストバライト，コーサイト，スティショバイトなどがあり，その密度は2.3～3.0 g cm^{-3}である．一方，Si基板上に形成されたLSI用のSi酸化膜は通常アモルファスで，その密度は，作製法により異なるものの，Si結晶の密度2.33 g cm^{-3}に近い値である．そのためSi基板上に形成された酸化膜の反射率は，密度差により生じる干渉振動の振幅がかなり小さく，測定反射プロファイルがモデル計算によるプロファイルに十分に一致しているかどうかを判断することが難しい．そこで，プロファイルの違いを拡大するため，反射強度から基板の反射強度を差し引いた．Si基板上に形成された酸化膜からの反射率は，酸化膜の密度 ρ_{SiO_2} と SiO_2／Si 界面の粗さ σ_I，膜厚 d，Si 基板の密度 ρ_{Si} と表面粗さ σ_S を用いると，

$$R_{SiO_2}(\alpha) = R(\alpha, \rho_{SiO_2}, d, \sigma_S, \rho_{Si}, \sigma_I) \tag{7.1}$$

と表すことができる．一方，Si 基板からの反射率 R_{Si} を得るには，酸化膜をフッ化水素酸（HF）で除去した基板を測定すればよい．あるいは，シミュレーションを用いて基板の反射率を計算してもよい．基板の反射率は，以下のように表される．

$$R_{Si}(\alpha) = R(\alpha, \rho_{Si}, \sigma_S) \tag{7.2}$$

ここで，そのパラメータに Si の密度 ρ_{Si}（$= 2.33$ g cm^{-3}）と試料の表面粗さ σ_S を用いることで，基板反射率が計算できる．まずはじめに，酸化膜の反射率を解析し，上式の構造パラメータを決定する．次に，得られた表面粗さ σ_S を用いて基板の反射率を計算し，対数値で差分をとることで差分反射率が得られる．

$$\Delta R_{SiO_2}(\alpha) \equiv \log R_{SiO_2}(\alpha) - \log R_{Si}(\alpha) \tag{7.3}$$

式（7.3）では，基板の Fresnel 反射率と表面粗さによる減衰因子が消えるため，振動構造が明確になる．以下は，この方法により酸化膜を分析した例である．

B.　自然酸化膜の密度測定

自然酸化膜（native oxide，ここではその反射率を R_{nox} と表記する）は，ゲート酸化膜形成の前処理として行う化学溶液による Si ウェハの洗浄過程で形成されるが，自然酸化膜は熱酸化後も残るため，膜質が重要であるが，前処理に用いる化学溶液の種類と膜質との関係は不明であった．そこで，各種の化学溶液により処理した Si ウェハを，PF 放射光施設 BL17C において，X 線反射率を測定した[1]．その結果を図 7.1 に示す．

一方，図 7.2 には，これらの酸化膜をフッ化水素酸で除去して測定した Si 基板の X 線反射率から計算した X 線差分反射率を示す．元の測定データでは不明であった振動構造が明瞭にわかる．また，図 7.3 は密度の異なる膜厚 10 nm の自然酸化膜についての差分反射率のシミュレーションである．

実験結果の検討から，自然酸化膜の密度は 1.9 ～ 2.3 g cm^{-3} であり，かつ前処理に用いる化学溶液の種類に大きく依存することがわかった．たとえば，塩酸処理では密度が低く，硫酸処理やオゾン酸化では密度の高い膜となった．一方，膜厚は，いずれの膜でもほぼ 1 nm であった．密度の違いの原因は，膜中の水素終端（Si−H）や OH 終端（Si−OH）の存在量の違いによると考えられる．

C.　ゲート SiO_2 膜

各種の方法により作製した厚さ 4 ～ 7 nm のゲート酸化膜に X 線差分反射率法を適用し，その膜質の違いを調べた．データ解析の結果，図 7.4 の点線に示すように，酸化膜を均一な単層膜と考えると，測定プロファイルを再現できなかった．一方，酸化

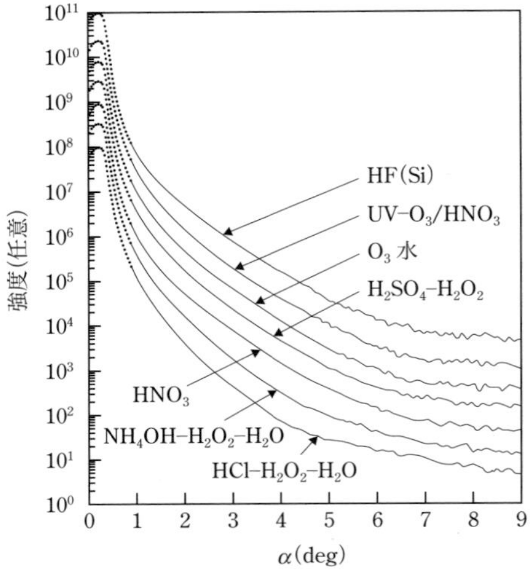

図 7.1　化学溶液処理により形成された自然酸化膜試料による X 線反射強度
見やすいように，縦軸は 1 桁ずつずらして表示してある．
[N. Awaji *et al.*, *J. Vac. Sci. Technol. A*, **14**, 971(1996), Fig. 1]

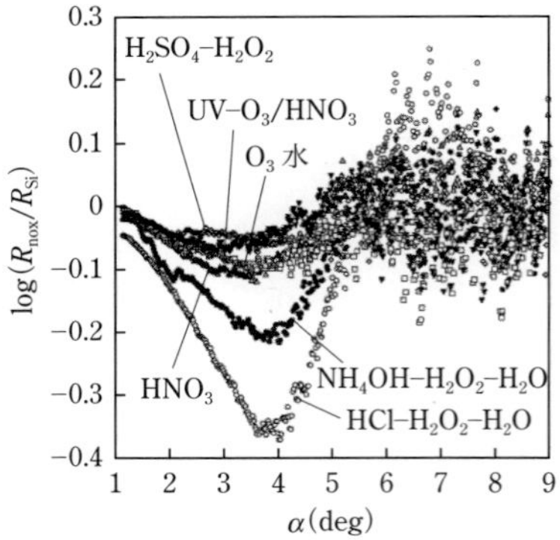

図 7.2　図 7.1 の反射強度と，自然酸化膜を除去した試料による反射強度の X 線差分反射率
[N. Awaji *et al.*, *J. Vac. Sci. Technol. A*, **14**, 971(1996), Fig. 2]

膜と Si 基板界面に，密度の異なる膜厚 1 nm 程度の界面遷移層を導入すると，図 7.4 の実線に示すように測定プロファイルを再現できることがわかった．

構造遷移層の密度を変化させた場合の差分反射率のシミュレーション結果を図 7.5 に示す．ここで，表面酸化膜と構造遷移層の界面における反射振幅は，各々の膜密度

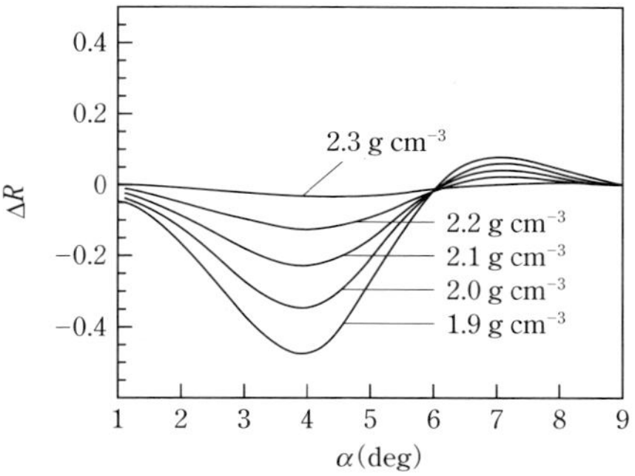

図 7.3　膜厚 1 nm の自然酸化膜の異なる密度による X 線差分反射率のシミュレーション結果
［N. Awaji *et al.*, *J. Vac. Sci. Technol. A*, **14**, 971(1996), Fig. 3］

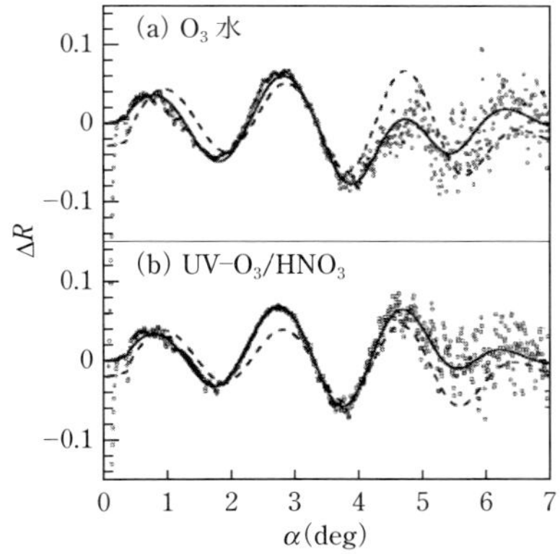

図 7.4　2 種類の化学処理法により形成された自然酸化膜試料による X 線差分反射率の比較
自然酸化膜の膜厚は 4 nm．点線は単層膜モデル，実線は遷移層を含んだ二層膜モデルによるシミュレーション結果．単層膜モデルでは測定値を再現できない．
［N. Awaji *et al.*, *J. Vac. Sci. Technol. A*, **14**, 971(1996), Fig. 5］

の大小により符号が変わるため，臨界角付近の差分反射率は，界面層の密度が高いと凸となり，低いと凹となる．その理由は，界面での密度の増減により位相が逆転し，その結果全反射臨界角が変わるためである．実験の結果は予想に反して，遷移層の密度は Si の密度より高い 2.4 g cm^{-3} 程度であることが判明した．この遷移層は，O_2 によるドライ酸化では厚く，塩酸処理やオゾン酸化では少し薄いこと，高温の酸化では薄くなることなどもわかった．Si の酸化過程に関しては古くから議論されており，初期酸化過程において酸化種が Si の表面付近を迅速に拡散し，表面 SiO_2 を形成し，次の過程では酸化種がすでに形成された SiO_2 中を拡散するという 2 段階モデルが定着

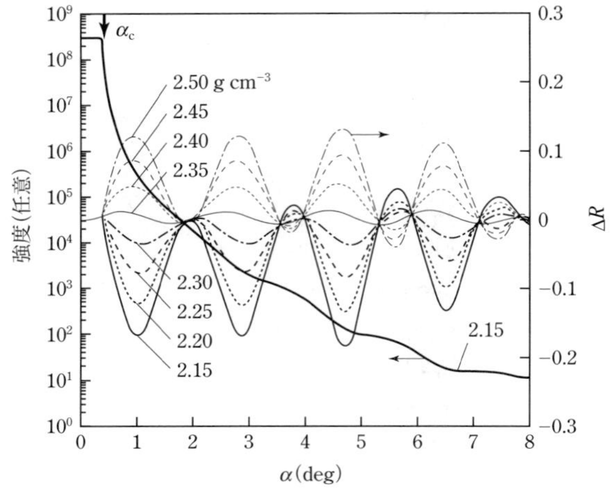

図 7.5　密度を変えたときの自然酸化膜試料による X 線差分反射率シミュレーション結果
自然酸化膜の膜厚は 4 nm．参考として，密度 2.15 g cm^{-3} における X 線反射率プロファイルのシミュレーション結果も示した．
［N. Awaji *et al.*, *J. Vac. Sci. Technol. A*, **14**, 971(1996), Fig. 4］

している．この界面遷移層は，Si 基板が酸化されていく初期酸化部に対応した高圧縮構造と考えられ，Stoneham[2)] および Mott ら[3)] により議論された “reactive layer” に対応すると考えている．

D.　CVD 酸化膜

MOS デバイスのゲート・サイドウォール部には，CVD Si 酸化膜が使われている．CVD 膜中には多くの Si−OH や Si−H 結合が含まれており，界面準位に影響を与えている．そのため，ゲートエッジ部の CVD 酸化膜の膜質を改善させ，トランジスタの V_{th} 特性の向上させることを目指し，酸素雰囲気下で熱アニーリング処理を行い，水素結合を減少させることを試みた．その結果，界面準位の明らかな改善が見られた．そこで，CVD 酸化膜の膜質の変化を分析するために，熱処理前後の試料を X 線反射率法により分析した[4)]．試料は，Si 基板上に CVD 酸化膜を形成し，酸素雰囲気下で 800°C のアニーリングを 30 分，60 分および 120 分行ったものである．図 7.6 にその X 線差分反射率測定の結果を示す．図からわかるように膜厚 100 nm の CVD 酸化膜による干渉フリンジのほかに，長周期の構造が見える．周期は膜厚に反比例することから，これは，熱処理により薄い膜が形成されたことを示している．つまり酸化雰囲気であったため，基板界面の界面準位に影響を与える水素結合の少ない熱酸化膜が形成され，V_{th} 特性が向上したのである．このように X 線反射率法においては，化学的

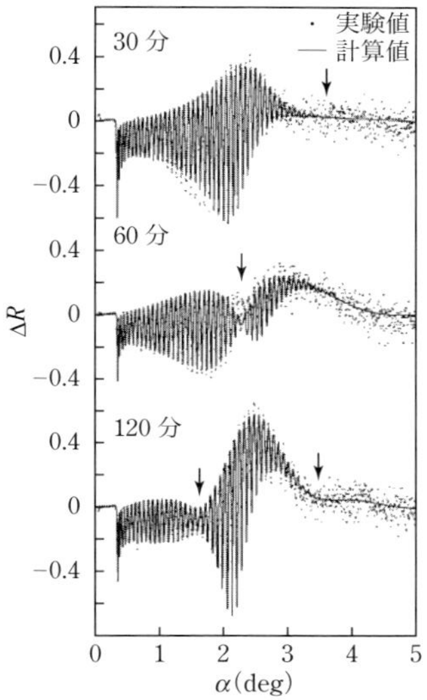

図 7.6　CVD 酸化膜による X 線差分反射率の熱処理時間による比較
試料の膜厚は 100 nm．点は測定値，実線は二層膜モデルによるシミュレーション結果．
［N. Awaji *et al.*, *Appl. Phys. Lett.*, **71**, 1954(1997), Fig. 1］

には同じ SiO_2 でも，その密度により CVD 膜と熱酸化膜を区別することができるのである．

E.　1 nm ゲート酸化膜

最近の極薄ゲート酸化膜は膜厚が 1 nm に近づきつつあるが，現在も，窒素の添加や減圧酸化などの手法による極薄絶縁膜の開発が続いている．はたしてその詳細な X 線反射率分析は可能だろうか．この確認のため，高強度 X 線が得られる SPring−8 放射光施設のアンジュレータビームライン BL16XU において，極薄ゲート酸化膜の高精度測定を行った[5)]．測定では，対称条件での反射率強度から，対称条件からずれた測定からバックグラウンドを抽出・除去した．その結果，図 7.7 に示すように，波長 0.14 nm において，反射 X 線強度のダイナミックレンジで 12 桁，散乱角(2α)が 40° 付近まで測定が可能であることを確認した．この測定の分解能は，$d_{\min} \approx \lambda/4\alpha$ から 0.1 nm となる．このような薄い膜の反射率解析においては，膜を厚さ 0.1 nm ごとに分割し，各々の密度を求めるという密度スライス法を用いた．その結果，図 7.8 のような密度分布を得た．この分布では 3 ヵ所に密度の山が見えるが，これは酸化膜の原子構造における高電子密度部分に対応していると考えられる．すなわち，最近のゲート酸化膜は，原子レベルにおいて平坦かつ均一な構造をしていることがわかる．この

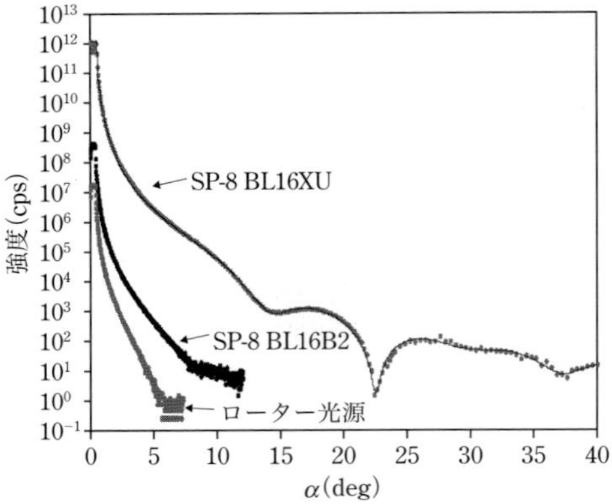

図 7.7 1 nm ゲート酸化膜の放射光・挿入光源(16XU)X 線反射強度測定結果
比較のため放射光・偏光光源(16B2)およびローター光源を用いた測定例を示した．実線は密度スライス法による解析結果．
[N. Awaji, *SPring−8 Research Frontiers 2001B/2002A*, 92(2002), Fig. 2]

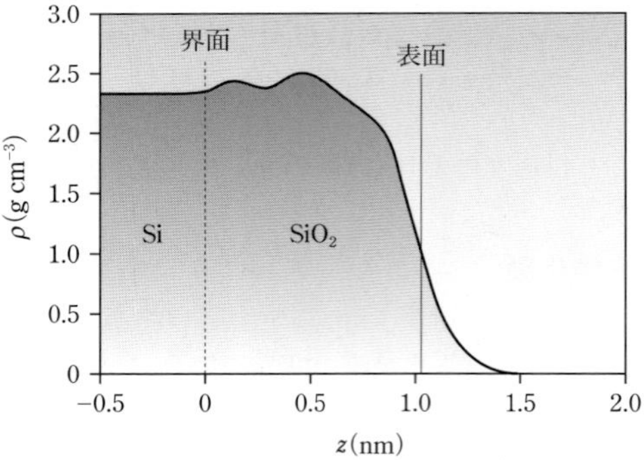

図 7.8 図 7.7 において密度スライス法による解析の結果得られた 1 nm ゲート酸化膜の密度プロファイル
[N. Awaji, *SPring−8 Research Frontiers 2001B/2002A*, 92(2002), Fig. 3]

ように X 線反射率法では，試料の原子分布に関する分析までも可能である．

7.1.4 低誘電率層間絶縁膜の評価

最近の ULSI の構造は多層の配線からなっており，それらの間は，層間絶縁膜によって電気的に絶縁されている．最近の素子の高速化，低消費電力化において，配線材料の重要性は増大している．電気回路の時定数は $\tau = RC$ により決まるため，高速な信号伝達には，配線抵抗 R の低減に加えて，配線がもつ電気容量 C の低減が必要であるため，配線周りの層間絶縁膜の誘電率を低下させる必要がある．一般に，分子の誘電率は，電子分極，配向分極，イオン分極などからなる．初期の代表的な低誘電率膜として SiOF 膜があるが，これは SiO_2 にフッ素を添加することで，電子分極を低減させたものである．誘電率をさらに低減させるためには多孔質(ポーラス)な low-k 膜を導入する必要があるが，単純に空孔を導入しても，膜自体の機械的強度が低下し，水分などを吸着・拡散して配線に悪影響を及ぼす．そのため，信頼性を確保する目的から種々の材料が開発されている．low-k 膜はアモルファスで，軽元素から構成されていることから，分析に利用できる方法は，ガス吸着法など限られたものになる．しかし X 線反射率法では，low-k 膜の密度 $\rho_{\text{low-}k}$ が得られるため，その母材の密度 ρ_0 を使うと，空孔率(ポロシティ)P を以下のように求めることができる．

$$P = (\rho_0 - \rho_{\text{low-}k})/\rho_0 \tag{7.4}$$

図 7.9 は，low-k 膜の一種である NCS(nano clustering silica)の X 線反射率測定例である．low-k 膜の密度は基板の密度より低いことが多いので，図のように，基板の臨界角と low-k 膜の臨界角が明確に現れるため，低角領域の測定のみで臨界角を用いた密度決定ができる．得られた密度は 1.1 g cm^{-3}，ポロシティは 0.5 であった．一方，low-k 膜試料は膜厚が厚いことが多いので，膜厚を正確に求めるためには高分解能の測定が必要になる．図 7.9 の測定は，波長 0.14 nm の放射光をミラー集光した通常の条件で行っているが，入射 X 線の発散角は 0.0026° であった．このような高分解測定

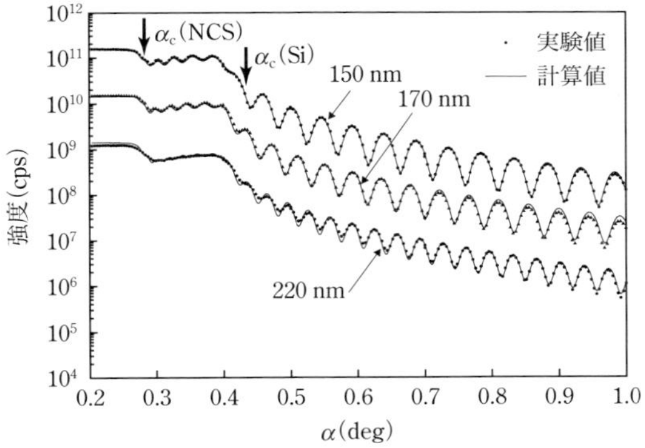

図 7.9 NCS 膜試料の X 線反射率測定結果
試料には NCS の膜厚が 150 nm，170 nm，220 nm のものを用いた．
見やすいように，縦軸は 1 桁ずつずらしてある．測定には波長 0.14 nm の放射光を用いた．

からは，low-k 膜の熱膨張率などが求まることが報告されている[6]．また，空孔のサイズ分布については，X線小角散乱により求めることができる[7,8]．

7.1.5 バリアメタルの評価

バリアメタルは，配線の信頼性を向上させる目的で配線の周囲に積層される薄膜であり，要求される性質としては，金属や絶縁膜との密着性が高いこと，および，配線とその周囲のSiや絶縁膜との反応にバリア効果を有することが挙げられる．最近のCu配線に適するバリア材料として，TaおよびTaNが代表的なものである．

図7.10は，SiO_2 基板上に作製したTa膜の反射X線強度の測定値である．図の強度分布を見ると，短周期の振動のほか，長周期の振動があることがわかる．これは，膜が単純な一層ではなく，二層以上の構造であることを示している．ここで，短い周期の振動間隔は0.36°，長い周期の振動間隔は4°程度である．フリンジ間隔と膜厚の間に成り立つ近似式 $d \approx \lambda/2\Delta\alpha$ と波長0.154 nmから計算すると，それぞれ膜厚22 nm，2.1 nmに対応することになる．このことからTa膜の表面に酸化層ができていることが考えられ，二層膜モデルでフィッティングした結果を図7.10中の実線に，

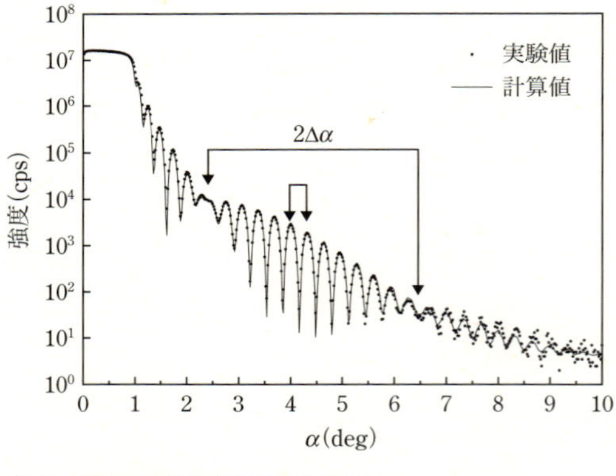

図7.10 Ta/SiO_2 基板のX線反射強度測定結果
点は測定値，実線はモデル計算の結果．干渉振動に2種類の周期が見える．

表7.3 図7.10のX線反射率の二層膜モデルによる解析結果

層	密度(g cm^{-3})	膜厚(nm)	界面粗さ(nm)
TaO_x	6.23	2.05	0.46
Ta	14.69	26.19	0.38
SiO_2(基板)	2.25	—	0.30

その解析結果を表 7.3 に示す．

この例において，薄い層が表面酸化層なのか，界面反応層なのかは，モデルフィッティングにおいて確認できる．また，短い周期に対応する膜厚が Ta 層に対応するのか，全層の和に対応するのかは，どの界面からの反射どうしが干渉しているかにより変わる．この例では，密度差が大きいことから Ta 膜に対応すると考えられるが，一般には密度差は大きくないことから，全膜厚に対応することが多い．また，この例のように，金属膜の表面には通常 1 ～ 3 nm 付近の厚さの酸化層が存在することが多い．

7.2　ハードディスク

7.2.1　はじめに

ハードディスクは，情報化社会においてビックデータの記録・保存を支える重要な大容量磁気記録装置である．ハードディスクは，円盤状の磁性多層膜からなる磁気記録媒体，磁性多層膜からなる磁気再生ヘッド，磁性薄膜磁気記録ヘッドといった多くの部品で構成されており，磁性多層膜およびその成膜技術により支えられている．磁性多層膜は古くから磁気テープとして音楽や映像記録に用いられており，現在でも磁気テープは DAT など磁気デジタル情報のバックアップメディアとして利用されている．現在ハードディスクは，ファイルサーバーや NAS(network attached storage)，パソコン，ハードディスクレコーダーなどに組み込まれている．20 世紀末から 21 世紀初頭にかけて，ハードディスクは年率 100％という速度で高記録密度化が進んだ．この高記録密度化は，巨大磁気抵抗(giant magnetoresistance，GMR)センサーを用いた再生ヘッドと磁気記録媒体の高性能化により支えられていた．

GMR センサーはスピンバルブ膜(以下 SV 膜)と呼ばれる厚さ数 nm の軟磁性材料膜の間に厚さ 1 ～ 2 nm 程度の非磁性層が挿入された構造をしている．この二層の軟磁性層と非磁性層の膜厚と界面凹凸が磁気抵抗変化率に大きく影響するため，これら磁性層の膜厚制御，膜厚および界面粗さ評価法が必要となった．

また磁気記録媒体も，GMR センサー同様，磁性層の多層化，薄膜化が進められた．高記録密度化した磁気記録媒体の記録層は，強磁性層の間に非磁性層を挿入した反強磁性結合を利用した構造となり，挿入される非磁性層の膜厚の制御が重要になっている．しかし，特に重要なのは，磁気ヘッドと磁気記録層との間の距離(浮上量)である．よく磁気ヘッドをジャンボジェット機，磁気記録媒体を地表に例え，ジャンボジェット機が地表数 mm で浮上していることに例えられるが，磁気記録のうえで重要なことは地表までの距離ではなく，地下に埋まった磁気記録層までの距離である．磁気記

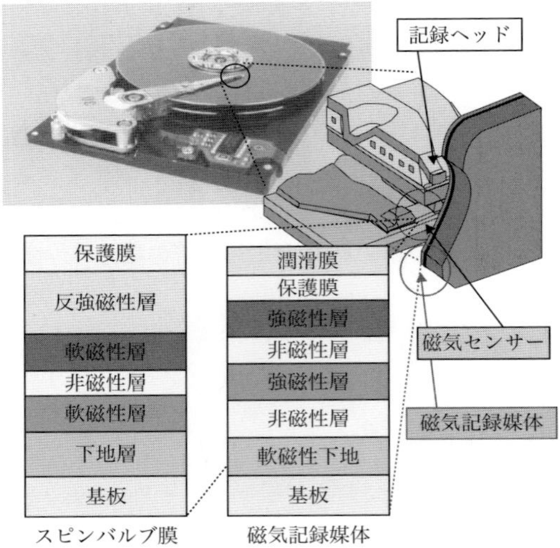

図 7.11 ハードディスクの概観と記録・再生媒体における磁性多層膜の構造

録層は図 7.11 に示したように，その上にカーボン保護膜と潤滑膜が形成されている．この二層の膜厚をサブ nm で制御できなければ，磁気ヘッドと記録媒体の浮上量を nm レベルで制御しても意味をなさない．このため，カーボン保護膜と潤滑膜の膜厚評価もまた，非常に重要となっている．

7.2.2 スピンバルブ膜の評価

GMR センサーとして利用する SV 膜の場合，軟磁性層にはコバルト鉄合金($Co_{0.9}Fe_{0.1}$，以後 CoFe と省略)が，非磁性層としては Cu が用いられる．通常，膜厚は蛍光 X 線分析を行い，その強度から膜厚を求めているが，SV 膜の場合，CoFe 層が Cu の上下にあり(基板よりの CoFe を d−CoFe，表面側にある CoFe を u−CoFe と表記する)，蛍光 X 線分析では u−CoFe 膜と d−CoFe の膜厚を分離して測定できない．また薄膜の場合，密度がバルクと同じになるとはかぎらないため，蛍光 X 線分析では膜厚を 0.01 nm オーダーの精度で求めることは困難であった．

X 線反射率法は，このような課題を解決する手段として用いられる．しかし，SV 膜の場合，CoFe 層の下地としてニッケル鉄合金($Ni_{0.8}Fe_{0.2}$，以後 NiFe と省略)が用いられていた．表 7.4 に示すように，CoFe と NiFe の密度は 8.63 g cm^{-3} と同じであるうえ，Cu 層の密度も 8.90 g cm^{-3} と非常に近い．また，Cu Kα_1 線(λ = 0.15406 nm)を利用した X 線反射率法では，各層の屈折率に大きな差がないため，SV 膜各層の区

表 7.4 磁性材料の密度と屈折率(X 線源：Cu Kα_1)

	密度(g cm^{-3})	δ(×10^{-6})	β(×10^{-6})
Cu	8.93	24.30	0.530
NiFe	8.63	23.72	0.996
CoFe	8.63	23.22	3.372

別がつかないという問題があった．以下には，SV 膜を評価するための X 線反射率法応用の具体例を示す．

A. 異常分散効果を利用した X 線反射率法

最初に NiFe／Cu／NiFe 積層体の積層構造解析に異常分散効果を利用した例を示す[9)]．NiFe，Cu とも 3d 金属であり，密度がそれぞれ 8.63 g cm^{-3}，8.93 g cm^{-3} と非常に近いため，NiFe／Cu 界面での反射率が低く，異常分散効果を利用しなければ X 線反射率の解析が困難と考えられる．図 7.12 に示したように，Cu の K 吸収端波長のとき異常分散効果が最も大きく，NiFe／Cu 間の δ の差が最も大きくなる．Cu の K 吸収端波長は放射光のような連続 X 線源であれば容易に得ることができるが，実験室装置では容易に得ることができない．そこで，Cu の K 吸収端波長より δ の差は小さいが，異常分散効果を期待できる Cu Kβ 線を利用した．

X 線反射率の測定には(株)リガク製の X 線発生装置(RU300)とゴニオメータ(SLX-1)を用いた．最初に Cu ターゲットから発生した X 線を Ge(111) 分光器により，Cu Kβ 線を取り出し，X 線反射率の測定を行った．

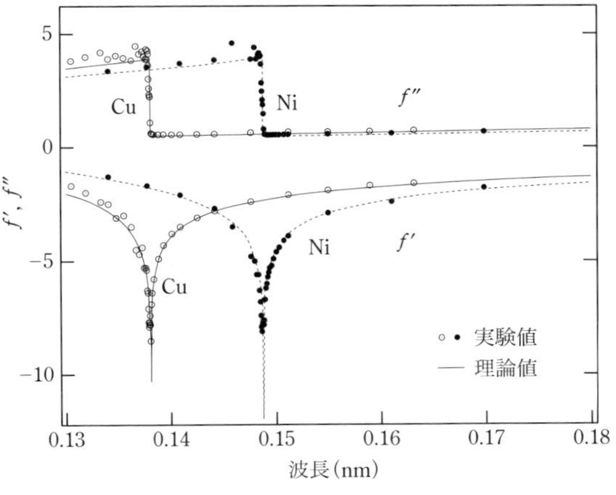

図 7.12 Ni，Cu の原子散乱因子の波長依存性
(図 3.2 を再掲)

図7.13にNiFe(10 nm)/Cu(2 nm)/NiFe(10 nm)/Ta(10 nm)/Si基板の積層体試料をCu Kβ線を利用して測定したX線反射率の結果を示す．比較のため，Cu Kα_1線で測定した結果も合わせて示す．表7.5はCu Kβ線およびCu Kα_1線で測定した反射率の解析値である．R因子はCu Kα_1線，Cu Kβ線ともそれぞれ1.63％，1.35％と，実験値と計算値は良く一致している．しかし，表7.5に示すように，フィッティングの結果得られた解析値には相違が認められた．特に，Cuの膜厚には0.2 nmの差がある．

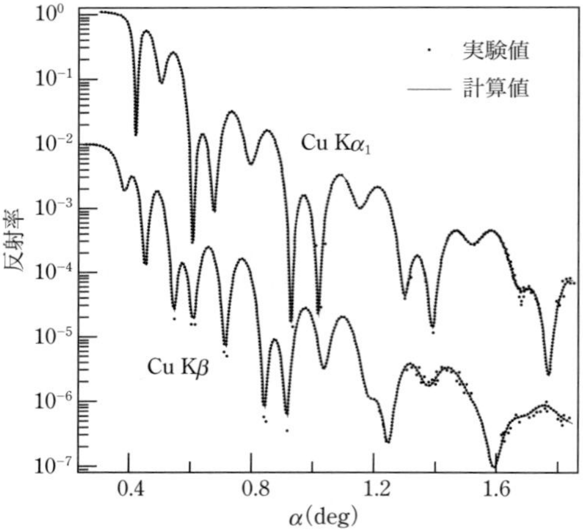

図7.13 SV膜のX線反射率測定結果
試料はNiFe(5 nm)/Cu(2 nm)/NiFe(5 nm)/Ta(10 nm)/Si基板．X線源としては異常分散効果の期待できるCu Kβ線を用いた．比較のためCu Kα_1線を用いた測定結果も示してある．

表7.5 Cu Kα_1, Cu Kβ線で測定した反射率の解析値

	Cu Kα_1			Cu Kβ		
	膜厚(nm)		界面粗さ(nm)	膜厚(nm)		界面粗さ(nm)
空気	—			—		
		>	0.52		>	0.61
自然酸化膜	1.3			1.3		
		>	0.57		>	0.68
NiFe	9.5			9.8		
		>	0.40		>	0.36
Cu	2.1			2.3		
		>	0.74		>	0.25
NiFe	9.9			9.8		
		>	0.43		>	0.47
Ta	10.5			10.4		
		>	0.48		>	0.42
界面層	2.0			1.7		
R因子	1.63 %			1.35 %		

Cu Kα_1 線，Cu Kβ 線の解析結果の信頼性を確認するために，Cu の膜厚を得られた解析値からずらした値に固定し，Cu 膜厚以外のパラメータを再度フィッティングし，その R 因子の変化を Cu Kα_1 線，Cu Kβ 線についてそれぞれ比較した．その結果を図 7.14 に示す．横軸は解析値からずらした Cu 層の膜厚であり，縦軸は Cu 膜厚もフィッティングしたときの R 因子(R_{min})で規格化した値である．Cu Kα_1 線では，Cu の膜厚を解析値から大きくずらしても R 因子の変化は小さい．しかし，Cu Kβ 線では，Cu 膜厚を解析値からずらすと R 因子が急激に増加した．すなわち，Cu Kα_1 線の実験結果では Cu の膜厚は非常に決めにくいのに対し，Cu Kβ 線の実験結果では R 因子の極小値をとる Cu 膜厚を容易に求められることを示唆している．これは Cu に対する Cu Kβ 線の異常分散効果によるものであり，密度の近い材料の積層体の X 線反射率の解析において，異常分散効果の利用は非常に有効であることがわかる．

次に，Cu Kβ 線による積層構造解析の繰り返し再現性を調べた．その結果を表 7.6 に示す．誤差の範囲は 5 回繰り返し測定したときの標準偏差で示した．屈折率 δ は

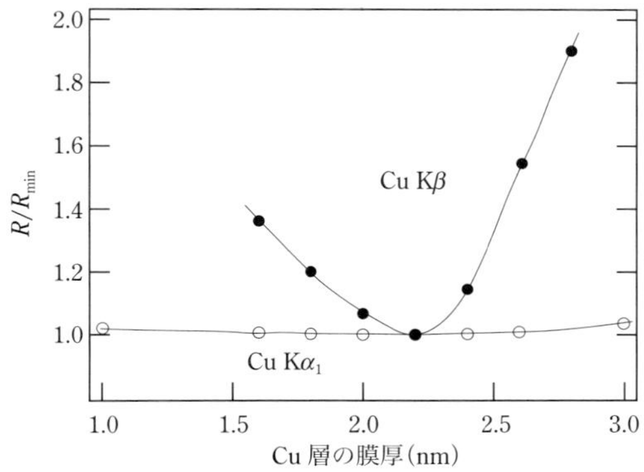

図 7.14　R 因子の Cu 膜厚依存性の Cu Kα_1 および Cu Kβ 線における比較
Cu 膜の膜厚を固定し，Cu 膜以外のパラメータを再フィッティングして R 因子を求めた．

表 7.6　屈折率，膜厚，界面粗さの標準偏差

	$\delta(\times 10^{-6})$	膜厚(nm)	界面粗さ(nm)
自然酸化膜	—	—	
			> 0.71±0.02
NiFe	20.3±0.2*	9.82±0.03	
			> 0.47±0.03
Cu	18.7±0.4	2.34±0.03	
			> 0.32±0.04
NiFe	20.3±0.2*	9.76±0.03	
			> 0.49±0.02
Ta	31.1±0.6	10.06±0.03	

* 同じ値として解析した．

NiFe，Cu，Ta とも ±2% 以内の偏差であった．膜厚に関しては，NiFe，Ta で ±0.3%，Cu は 2 nm の膜厚で ±0.03 nm(±1.5%)の偏差であった．一方，界面粗さは ±0.02 ～ ±0.04 nm であった．

図 7.15 には Cu の膜厚を変えた 3 種類の NiFe/Cu/NiFe 積層体試料における X 線反射率の測定結果とフィッティング値を用いた計算反射率を示す．いずれの場合も，微細な振動構造も含め，実験値と計算値との一致は非常に良い．R 因子もそれぞれ，$d = 2$ nm では 1.34%，$d = 3$ nm では 1.53%，$d = 5$ nm では 1.67% であった．表 7.7(a) ～(c) に解析で得られた屈折率，膜厚，界面粗さの値を示す．屈折率は NiFe，Cu，Ta ともにすべての試料において偏差以内で一致しており，Cu の膜厚を変えても同質の膜が形成されていると考えられる．また，屈折率から求めた膜の密度はバルクの密度とほぼ一致しており，形成された膜はバルクと同質に近いと考えられる．膜厚に関しては，Cu 以外の目標膜厚と測定膜厚の差は，ほぼ成膜精度以内であった．Cu に関しては目標膜厚と測定膜厚の間で，最大 23% の差が見られた．これは，初期の形成速度あるいは，シャッター開閉時間の制御性の問題が原因と考えられる．NiFe 表面の酸化膜の膜厚は 1.3 nm 程度であった．界面粗さは 0.3 ～ 0.7 nm で上層ほど大きくなる傾向がある．また Cu 膜を厚くすると上層の NiFe/Cu の界面粗さが大きくなっており，これは Cu 層の結晶粒成長で発生した凹凸によるものと推測される．

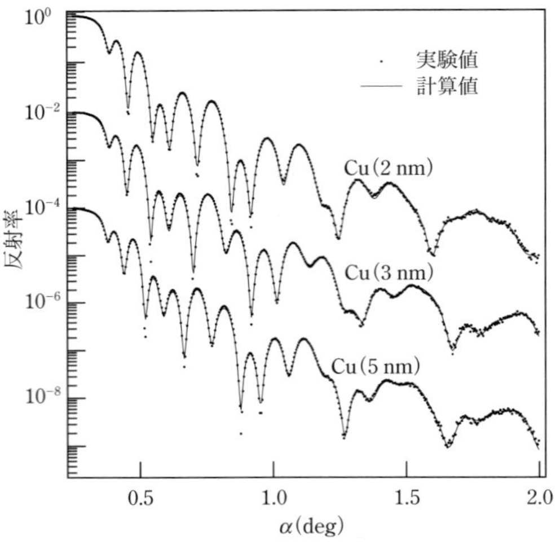

図 7.15　SV 膜の X 線反射率測定値と計算値に対する Cu の膜厚の効果
試料は NiFe(10 nm)/Cu(d)/NiFe(10 nm)/Ta(10 nm)/Si 基板．
見やすいように，縦軸は 2 桁ずつずらして表示してある．

表 7.7 NiFe(10 nm)／Cu(*d*)／NiFe(10 nm)／Ta(10 nm)／Si 基板の反射率解析結果

(a) δ ($\times 10^{-6}$)

	Cu(2 nm)	Cu(3 nm)	Cu(5 nm)	平均値	密度(g cm^{-3})
自然酸化膜	14.3	11.6	10.9	12.3	
NiFe	19.9	20.3	20.4	20.2	8.6
Cu(*d*)	18.4	18.5	18.1	18.3	9.1
Ta	30.8	30.8	31.0	30.9	16.4
界面層	7.7	7.5	7.6	7.8	

バルクの密度；NiFe : 8.63 g cm^{-3}, Cu : 8.93 g cm^{-3}, Ta : 16.6 g cm^{-3}

(b) 膜厚(nm)

	Cu(2 nm)	Cu(3 nm)	Cu(4 nm)
自然酸化膜	1.4	1.3	1.3
NiFe	9.4	9.5	9.6
Cu(*d*)	2.3	3.7	5.7
Ta	10.4	9.7	10.0
界面層	1.7	1.7	1.7

(c) 界面粗さ(nm)

	Cu(2 nm)	Cu(3 nm)	Cu(4 nm)
空気／自然酸化膜	0.75	0.67	0.70
自然酸化膜／NiFe	0.57	0.67	0.74
NiFe／Cu(*d*)	0.34	0.52	0.74
Cu(*d*)／NiFe	0.23	0.48	0.46
NiFe／Ta	0.46	0.47	0.46
Ta／界面層	0.41	0.43	0.43
界面層／Si 基板	0.15*	0.15*	0.15*

＊同じ値として解析した.

B. 2波長X線反射率法

試料としては，5インチ AC2 基板上に RF スパッタリング法で形成した SV 膜を用いた．AC2 基板は Al_2O_3 と TiC を焼結させ，表面に 10 μm 程度の Al_2O_3 を形成した基板である．SV 膜の膜構成は，Ta(3 nm)／$Cr_{0.4}Mn_{0.5}Pt_{0.1}$(30 nm)／u−CoFe(3 nm)／Cu(2.3 nm)／d−CoFe(1 nm)／NiFe(5 nm)／Ta(5 nm)／AC2 基板である．括弧内の数値は設定膜厚である．$Cr_{0.4}Mn_{0.5}Pt_{0.1}$ は反強磁性層であり，以後 CrMnPt と省略する．

X 線反射率の測定には(株)リガク製の X 線発生装置(RU300)とゴニオメータ(SLX-1)を用いた．最初に Co ターゲットから発生した X 線を Ge(111) 分光器により，

Co Kβ 線を取り出し，X 線反射率の測定を行う．次に X 線発生装置のターゲットを Cu に交換し，Cu Kβ 線による反射率測定を行った．測定試料位置の再現性については，この 2 波長切り替え測定を 2 回繰り返して測定した X 線反射率曲線が，X 線の視射角のゼロ点を補正することで一致することから，再現性はあるものと判断した．視射角のゼロ点は反射率解析時に補正した[10)]．

図 7.16 に 2 波長の反射率を同時にフィッティングした結果を示す．図 7.16(a)には実験反射率と解析値を用いた計算反射率のフィッティングの様子を示した．図 7.16(b)は両者の比である．振動構造中の最小周期は SV 膜全体の膜厚を反映した振動構造のため，どの波長でもほぼ同じとなる．しかし，$q = 1 \sim 2\ \mathrm{nm}^{-1}$ の領域の反射率プロファイルの振動振幅の q 依存性が 2 波長で大きく異なっていた．これは，Co Kβ 線と Cu Kβ 線に対する修正屈折率(ξ, η)が異なることに加え，異常分散効果が SV 膜の異なった層，すなわち Co Kβ 線では Co 層で，Cu Kβ 線では Cu で，生じているこ

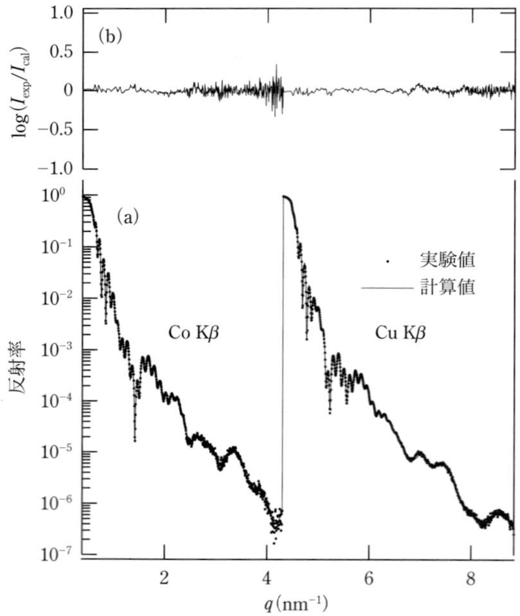

図 7.16　2 波長法による SV 膜からの X 線反射率の実験値と計算値
(a)X 線反射率の実験値と計算値，(b)実験値と計算値の比の対数．
試料は Ta(3 nm)／CrMnPt(30 nm)／u−CoFe(3 nm)／Cu(2.3 nm)／d−CoFe(1 nm)／NiFe(5 nm)／Ta(5 nm)／AC2 基板．見やすいように，横軸は Cu Kβ 線の q を一定量だけずらして表示してある．

とが原因であると考えられる．解析は，η/ξ と $\xi(\mathrm{Cu\ K}\beta)/\xi(\mathrm{Co\ K}\beta)$ の比は理論値に固定して行ったにもかかわらず，図 7.16(b) に示した比の値からわかるように，Co Kβ，Cu Kβ 反射率ともに q の全範囲にわたりフィッティングは良好である．表 7.8 には，各膜の修正屈折率の実部 ξ，膜厚 d，界面粗さ σ の解析値を示した．ここに示す解析値は繰り返し再現性を評価するため，Co Kβ 反射率を 3 回，Cu Kβ 反射率を 3 回測定し，それぞれの組み合わせで得られた 9 通りの解析結果の平均値である．誤差はこのときの標準偏差である．解析では，NiFe 膜の密度を別の反射率で測定した密度に設定して，視射角の q 値補正を行っているが，この条件下では，CrMnPt，Co，Cu 膜の修正屈折率の実部 ξ は計算値と 1% 程度の誤差で一致していた．繰り返し誤差は，いずれの膜も 0.3% 以内であった．膜厚に関しても，すべての膜に対して繰り返し精度で ±0.05 nm 以内にあり，u−CoFe 層，d−CoFe 層ともに設計膜厚に近い．また，CrMnPt 層に関しては，Ta−CrMnPt 層の中心から u−CoFe 層との界面までを膜厚と考えれば，設計値に近い値となる．しかし，Cu 層の膜厚は設計膜厚より 0.2 nm 厚く，この差は繰り返し精度より大きいため，成膜時の誤差と考えられる．また界面粗さは，CrMnPt 層より上層を別にすればいずれも 0.40 〜 0.64 nm で，繰り返し精度は ±0.02 nm 程度であった．なお，表面酸化膜，Ta−CrMnPt 層，反応層および界面層は，実際には組成や密度が層内で連続的に変化していると考えられ，1 つの層で近似している本解析では，得られた修正屈折率(密度)や，膜厚，界面粗さについて詳細に議論することは適切ではない．

このように SV 膜の積層構造解析には 2 波長法が用いられており，結果は SV 膜の成膜レートの管理に利用されている[11]．一方で，磁性層の一部を成膜中に酸素曝露す

表 7.8 図 7.16 の X 線反射率の解析結果

	ξ ($\times 10^{-2}$ nm^{-2}) (Co Kβ)	膜厚 (nm)	界面粗さ (nm)
空気	—	—	> 1.12±0.01
自然酸化膜	10.03±0.13	3.10±0.02	> 1.53±0.02
Ta−CrMnPt	18.95±0.06	6.00±0.04	> 2.36±0.05
CrMnPt	15.46±0.03	27.43±0.05	> 0.66±0.02
u−CoFe	14.07±0.02	3.05±0.02	> 0.63±0.01
Cu	16.34±0.04	2.50±0.02	> 0.48±0.01
d−CoFe	14.07±0.02	0.88±0.03	> 0.51±0.02
NiFe	16.06±0.04	4.52±0.02	> 0.60±0.02
混合層	20.51±0.19	1.32±0.01	> 0.40±0.02
Ta	24.63±0.04	4.68±0.01	> 0.30±0.02
界面層 2	16.67±0.64	0.11±0.04	> 0.68±0.02
界面層 1	6.62±0.05	2.21±0.12	> 0.50
AC2 基板	6.30	—	

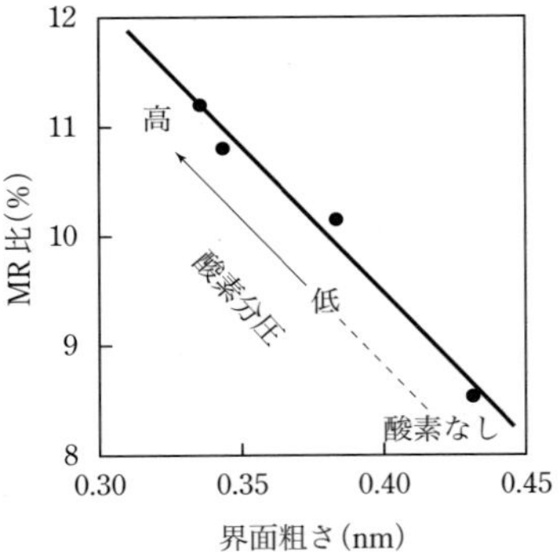

図 7.17 SV 膜における界面粗さと磁気特性(MR 比)との相関
酸化時の酸素分圧と曝露時間をパラメータとしている.

ることで酸化層を形成し，界面粗さを減少させる界面粗さ制御法が開発され．2 波長法により界面粗さと磁気特性との相関が評価された．その結果を図 7.17 に示す．磁性層の酸化は酸化時の酸素分圧，曝露時間をパラメータとし，膜の磁気抵抗変化率とX 線反射率法により測定した界面粗さで評価した．酸化条件の磁気特性と界面幅への影響を正確に把握でき，磁気特性の向上を図ることができた.

C. 多波長 X 線反射率法[11)]

試料としては，5 インチ Si 基板上に RF スパッタリング法で形成した SV 膜を用いた．SV 膜の膜構成は，Ta(3 nm)／CrMnPt(20 nm)／u−CoFe1(1.5 nm)／Ru(d)／u−CoFe2(2 nm)／Cu(2.3 nm)／d−CoFe(1 nm)／NiFe(5 nm)／Ta(5 nm)／Si 基板である．括弧内は設定膜厚である．Ru の膜厚 d は 0 〜 0.8 nm とした．Ru の上下の CoFe 層は表面側を u−CoFe1，基板側を u−CoFe2 と表記する.

X 線反射率の測定には(株)リガク製の X 線発生装置(RU300)とゴニオメータ(SLX−1)を用いた．最初に Co ターゲットから発生した X 線を Ge(111)分光器により Co Kβ 線を取り出し，X 線反射率の測定を行った．次に X 線発生装置のターゲットを Cu に交換し Cu Kα_1 線による反射率測定を行い，続いて Cu Kβ 線による反射率測定を行った.

図 7.18 に 3 波長により測定した反射率を同時にフィッティングした結果を示す．解析には，「B．2 波長 X 線反射率法」で用いた膜構造モデルの u−CoFe の間に Ru 層を入れたモデルを用い，η/ξ と ξ(Cu Kβ)/ξ(Co Kβ)，ξ(Cu Kα_1)/ξ(Co Kβ)の比は一定とした．図 7.18 からわかるように，Co Kβ，Cu Kβ，Cu Kα_1 線による反射率はいずれも q の全範囲にわたりフィッティングは良好である．図 7.19 には Ru の設計膜厚

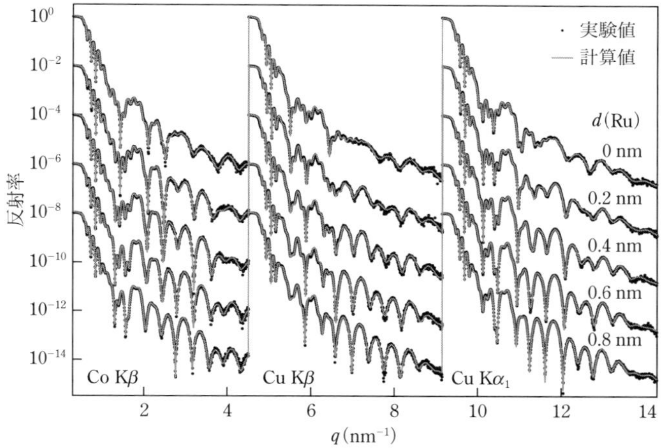

図 7.18　3波長法によるSV膜からのX線反射率の実験値と計算値
試　料　はTa(3 nm)／CrMnPt(20 nm)／u−CoFe1(1.5 nm)／Ru(d)／u−CoFe2(2 nm)／Cu(2.3 nm)／d−CoFe(1 nm)／NiFe(5 nm)／Ta(5 nm)／Si基板．Ruの膜厚dは0〜0.8 nmまで変化させた．見やすいように，縦軸はRuの膜厚が異なる試料からの反射率は2桁ずつずらして，横軸はCu Kβ線とCu Kα_1線のqを一定量だけずらして表示してある．

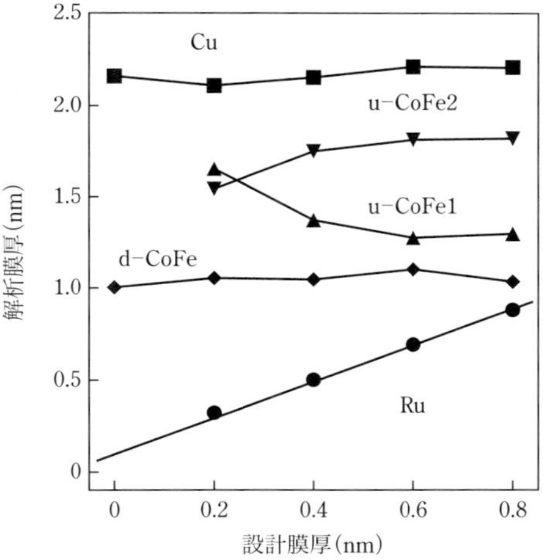

図 7.19　Ru層の設計膜厚と積層膜各層の解析膜厚との相関

とu−CoFe1層，Ru層，u−CoFe2層，Cu層，d−CoFe層の解析膜厚との相関を示した．Cu層とd−CoFeの膜厚は，それぞれ2.3 nm，1 nmと設計値どおりであることがわかった．また，u−CoFe1(2 nm)／Ru(*d*)／u−CoFe2(1.5 nm)からなる積層膜部分は，Ru 層が 0.1 nm 程度厚くなっており，CoFe 層が 0.1 ～ 0.2 nm 程度薄くなっていることがわかった．一方，Ru 層の膜厚が 0.4 nm 以下の試料では，Ru 膜厚が薄くなると，u−CoFe1 層の膜厚が増加し，u−CoFe2 層の膜厚が減少している．この結果は，0.4 nm 以下の膜厚の Ru 層の上下界面位置がこの多波長反射率法では決められなかったことを示している．

以上の結果より，X 線反射率法を適切に用いれば 10 層を超える磁性積層膜の膜厚をサブ nm で解析することができること，解析可能な膜厚の最小値が 0.5 nm 程度であることがわかる．また X 線反射率の解析では，実験反射率と計算反射率の差を最小にすることで膜厚解析をしているが，界面での反射強度が非常に弱い場合や，非常に薄い層が含まれている試料の場合に，反射率の解析値が正しい膜厚を与えているとはかぎらないこともわかる．このような試料の場合，他の手法や膜厚を変えた試料の反射率測定と膜厚解析による解析値の確からしさ，「3.6　多波長 X 線反射率法」で示したような解析膜厚と残差二乗和の相関評価による解析値の妥当性などで確認する必要がある．

7.2.3　磁気記録媒体上の潤滑膜の評価

磁気記録媒体における膜厚は，磁性層については蛍光 X 線分析で，カーボン保護膜については X 線反射率法で，潤滑膜については赤外分光法(高感度反射法)で評価されている．しかし，赤外分光法で測定される赤外吸収量は，測定領域に含まれる潤滑膜構成元素の量なので，膜厚と密度がカップリングしている．このため，磁気記録媒体上に形成した潤滑膜の膜厚と密度を正確に求めることは困難であった．

X 線反射率法は，膜厚と膜密度，表面・界面粗さを求めることができる．そこで潤滑膜の膜厚と密度の評価に X 線反射率法を適用することを検討した[9]．しかし，2.5 インチ磁気記録媒体では，ガラス基板上に磁性体が多層に積層され，その上にカーボン保護膜が形成され，さらにその上に潤滑剤が塗布されている．基板サイズが小さいため，X 線が試料からはみ出る，試料固定時に磁気記録媒体が反ってしまうなどの実験上の問題があり，膜厚 1 nm 程度，密度 1 g cm^{-3} 程度の潤滑膜の臨界角を検出することは困難である．このため，反射率解析時に試料からの X 線のはみ出し，反り，バックグラウンドの影響を考慮することが必要とされていた．

ここでは，試料としてカーボン保護膜まで形成した 2.5 インチ磁気記録媒体(円板)の上に Z−DOL2000 潤滑剤を表面圧力を変えて塗布したものを用いて X 線反射率測定した例を示す．磁気記録媒体は，ガラス基板上に多層軟磁性下地膜を形成し，その上に反強磁性結合した強磁性磁気記録層，最後に数 nm 膜厚のカーボン保護膜を形成してある．潤滑剤は表面圧力 2 ～ 30 mN m^{-2} で塗布し，FT−IR で測定した赤外線吸収量から膜厚を見積もった[12,13]．

X 線反射率の測定には(株)リガク製の X 線発生装置(MicroMax007)と高精度ゴニオメータ(SuperLab)を用いた．多層膜集光ミラーにより，Cu ターゲットから発生した X 線の水平方向を平行に，垂直方向を集光する．その後 Si(111)非対称分光器により，水平方向を 1/10 に圧縮するとともに，Cu $K\alpha_1$ 線を取り出し，X 線反射率の測定を行った．図 7.20 に磁気記録媒体と，それに潤滑膜を形成した試料からの X 線反射率とそのフィッティング結果の例を示す．潤滑膜を 1.5 nm 形成しただけなので，振動構造中の最小周期にはほとんど違いが見られない．しかし，$q = 2.7 \sim 4\ \mathrm{nm}^{-1}$ の領域の反射率プロファイルには違いが見られることから，この領域に潤滑膜に関する情報が含まれていると考えられる．解析時には，反りと試料から X 線のはみ出しを補

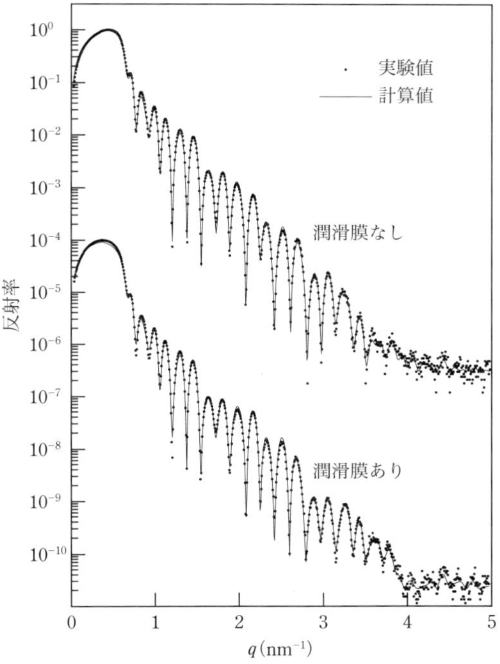

図 7.20　磁気記録媒体における X 線反射率の測定結果とそのフィッティング　見やすいように，潤滑膜なしと潤滑膜ありの縦軸は 4 桁ずらして表示してある．

表 7.9 磁気記録媒体上の潤滑膜のX線反射率法による解析結果

表面圧力(mN m^{-2})	膜厚(nm)	密度(g cm^{-3})	面密度(g cm^{-2})	膜厚／FT−IR (nm)
30	1.41	1.24	1.75×10^{-7}	1.46
15	1.26	1.09	1.37×10^{-7}	0.61
2	0.95	0.81	0.77×10^{-7}	0.37
7(別条件で塗布)	1.32	0.81	1.07×10^{-7}	0.78

正し，カーボン保護膜の屈折率を潤滑膜形成前の試料の値に固定した．その結果，$q = 2.7 \sim 5\ \mathrm{nm}^{-1}$ の領域でのプロファイルの差異，全体プロファイルの微細構造まで良く再現されており，R 因子も 2% を下回る値となった．

表 7.9 に解析値を示す．膜密度は屈折率から求めた値である．比較のために FT−IR により求めた膜厚値も示した．FT−IR で求めた膜厚は，潤滑膜の密度を一定と仮定しているため，潤滑膜形成時の表面圧力の減少にともなって膜厚が極端に減少している．しかし，Z−DOL2000 は分子量 2000 の有機分子であることから，0.37 nm というきわめて薄い膜厚の薄膜になると，分子の面密度が減少していることが予測される．X線反射率の解析結果では，潤滑膜形成時の表面圧力の減少にともない，膜厚，密度とも緩やかに減少していることがわかった．

次に潤滑膜形成時の表面圧力を 7 mN m^{-2} とし，別の条件で塗布した試料を評価した．この試料は，表面圧力が 7 mN m^{-2} であるにもかかわらず，FT−IR で求めた潤滑膜の膜厚が 0.78 nm と前の条件で表面圧力 15 mN m^{-2} で塗布した膜厚より厚くなっていた．この試料のX線反射率解析結果も表 7.9 に合わせて示した．塗布条件を変えたことにより，潤滑膜の膜厚が FT−IR の結果同様，増加していることがわかった．一方，潤滑膜の密度は表面圧力 2 mN m^{-2} の試料と同程度，膜厚は表面圧力 15 mN m^{-2} での試料と同程度であることがわかった．潤滑膜の膜厚と密度から潤滑膜の面密度を求めると，表面圧力と良い相関があることがわかった．

以上のように，潤滑膜の膜厚や密度は，基板や塗布条件によって敏感に変化するため，実際の磁気記録媒体を利用して評価することは非常に重要である．ここに示した例のように，X線反射率法により磁気記録媒体上の潤滑膜を評価し，潤滑膜の塗布条件，摺動特性との相関を検討することで，潤滑材料の開発が進められている．

7.3 X線光学用多層膜

7.3.1 はじめに

可視光領域の電磁波に関しては，この領域における屈折率が1.5～2.0でありかつ吸収がほとんどないガラスを材料としたレンズが簡単に入手でき，このようなレンズを用いることで望遠鏡や顕微鏡などの各種光学機器を容易に作製することができる．もし，X線領域の電磁波に関して同様の光学素子を作製することができればきわめて高分解能を有する望遠鏡や顕微鏡を作製することが可能となる．しかし，X線領域において物質と空気の屈折率の違いは10^{-6}程度であるため，X線レンズの作製は事実上不可能とされ，このためX線のための光学機器はX線の全反射現象を利用した反射光学系を基本として作製されていた．しかし，反射X線光学を利用した光学機器では分解能を規定する$NA(=\sin\alpha)$の値が非常に小さく，高分解能を有するX線光学機器を作製することは事実上困難であると考えられてきた．

このようななか，1972年にIBMのSpillerらは，図7.21に示すような重元素と軽元素を交互に積層した多層膜を用いると臨界角よりも大きな角度領域で入射したX線を反射することのできるミラーが実現でき，これにより高分解能のX線光学機器ができることを理論的に示した[14]．そして1980年，Spillerらはこの現象を実験的に証明することにも成功した[15]．これを契機としてX線光学用多層膜の研究は進んだ．

近年では，EUV(extream ultraviolet，極端紫外光)領域におけるリソグラフィー技術(通常，波長13.5 nmの極端紫外光が用いられる)[16~18]やレーザーの高次高調波利

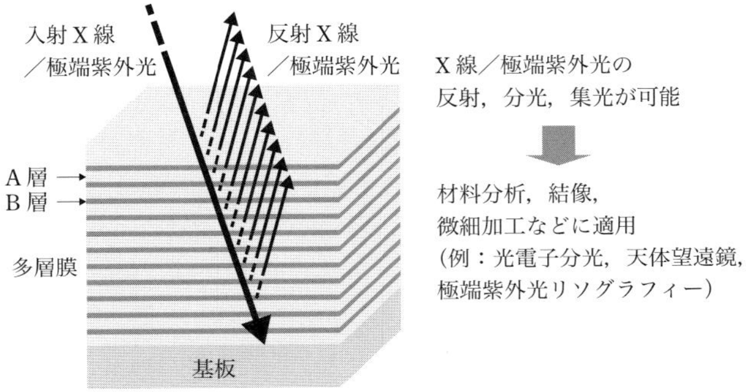

図7.21 X線光学用多層膜の概念図
図中のA層は重元素材料，B層は軽元素材料である．

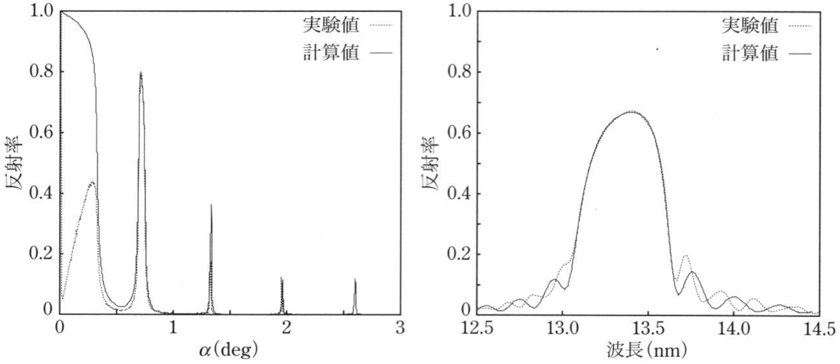

図 7.22 Mo/Si 多層膜の X 線反射率測定例
(a)Cu Kα を X 線源として測定した X 線反射率プロファイル，(b)放射光施設を利用して EUV 領域について波長走査測定した反射率特性およびその計算値．

用技術，衛星搭載用X線望遠鏡のための広帯域反射ミラー(ブロードバンドミラー)[19,20]，水の窓(炭素と酸素の吸収端の間の波長領域，波長 22.8 〜 43.6 nm)を利用した生体材料観察用X線顕微鏡，核融合におけるプラズマ診断技術などにおいて，X線光学用多層膜の応用が進められている．また硬X線領域においては実験室用X線源の集光ミラーとしての応用が進んでおり，近年ではほとんどの実験室用X線回折装置に多層膜集光ミラーが設置されている．

図 7.22(a)，(b)に EUV リソグラフィーやレーザーの高次高調波用の光学機器において用いられる Mo/Si 多層膜の X 線反射率法による測定例を示す．測定に用いた多層膜ミラーの周期長は約 7 nm，総周期数は 50 である．図 7.22(a)には X 線源として Cu Kα を用い，角度を変えて測定した反射率プロファイルおよびその計算値，図 7.22(b)には視射角を 80° に固定して，入射波長 13 nm 近傍で波長走査した際の反射率プロファイルおよびその計算値を示す．図 7.22(a)では 1 次ピーク強度はほぼ計算値と一致しているが高次ピークでは若干の違いが見られる．また図 7.22(b)ではメインピークの形状は計算値と一致しているものの，ピーク裾野の振動構造において若干の違いが見られた．これは作製した Mo/Si 多層膜が，界面構造の変化などにより設計構造と異なっている可能性を示唆している．なお現在は Mo/Si 系多層膜ミラーでは 13 nm 領域で 65 〜 68％の反射率が定常的に得られるようになっており，この領域の光を用いた直入射 X 線望遠鏡や X 線顕微鏡などが開発されている．

本節では X 線光学用多層膜の設計および X 線反射率法によるその評価例を示す．また，X 線反射率の精密解析による多層膜ミラーの詳細な構造評価の例について紹介する．

7.3.2　多層膜の設計および評価方法

図 7.23 に多層膜ミラーの設計・作製・評価プロセスの手順を示す．なおここで示した手順は X 線光学用多層膜ミラーの設計を念頭においているが，他の薄膜材料(たとえば磁性薄膜)についても仕様設計の点では異なるものの，構造設計・構造評価の点ではほぼ同様であり，考え方自体は参考になると思われる．

図 7.23 において，1st loop は性質が既知である材料を組み合わせて標準的な作製条件で多層膜ミラーを作製する場合，2nd loop は特殊な仕様の多層膜や新規材料による多層膜ミラーを作製する場合に用いられる方針を示している．

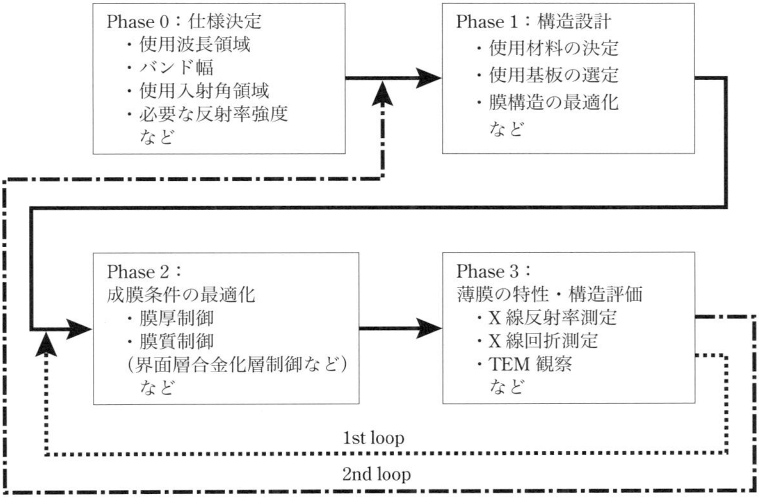

図 7.23　多層膜ミラーの設計・作製・評価プロセスの手順
1st loop は性質が既知である材料を用いたデバイス作製に，2nd loop は性質があまりわかっていない材料を用いたデバイス作製に用いられることが多い．

表 7.10　Mo/Si 多層膜ミラーの設計仕様

条件	仕様
1. 使用波長	14.0 nm ～ 15.0 nm
2. 中心波長	14.5 nm
3. ピーク反射率	約 60%(視射角 85°)
4. 熱的安定性	約 400°C，1 h で安定

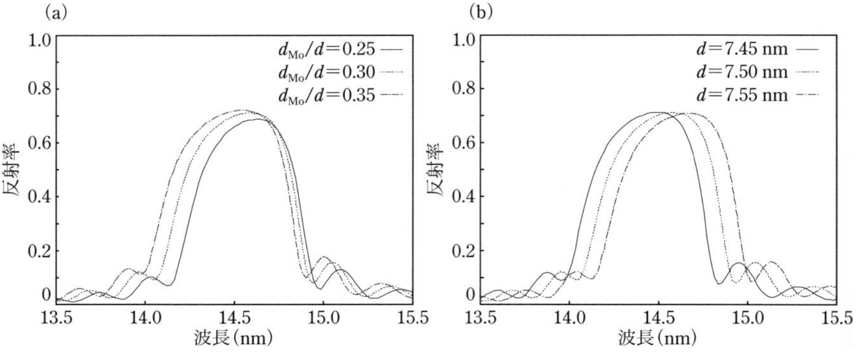

図 7.24 Mo/Si 多層膜の波長 14.5 nm における反射率の計算例
(a)周期長を 7.5 nm に固定し，Mo 層と Si 層の比率を変えて計算した例，(b)Mo 層の比率を 0.3 に固定し，周期長を変化させて計算した例．

次に図 7.23 の手順に従い，EUV リソグラフィー用多層膜ミラーを設計・作製・評価した例を示す．今回は材料として 13.5 nm 領域で理論的に高反射率が期待できる Mo と Si を選択した．まず，表 7.10 に今回設計した EUV リソグラフィー用多層膜ミラーの仕様を示す(Phase 0)．なお仕様の 4 番目にある“ 熱的安定性 ”は実際に EUV リソグラフィーへ多層膜ミラーを応用するうえでは非常に重要な因子の 1 つである(なお今回の仕様はあくまでも例として示したものであり，実際に EUV リソグラフィーにおいて利用される多層膜ミラーの設計には他に多くの仕様を満たす必要がある．詳細については参考文献 16 ～ 18 などを参照されたい)．続いて，Mo と Si の膜厚比，一周期あたりの周期長，総周期数などを反射率計算により最適化する(Phase 1)．図 7.24(a)，(b)に波長 14.5 nm 領域における Mo/Si 多層膜の膜厚比および周期長に対する反射プロファイルの計算例を示す．なお，今回の計算では単純化のため表面・界面粗さや界面層などの存在は考慮していない．

計算結果より理想的な多層膜の場合，Mo 層と Si 層の膜厚比が 0.3：0.7，周期長が 7.5 nm のときに 14 ～ 15 nm の波長領域をカバーしかつ最大 70％程度の反射率が得られることがわかる．また反射ピークのバンド幅は Mo 層と Si 層の膜厚比，ピーク波長は周期長により決定されており，成膜時における層厚比や周期長制御の重要性がわかる．結局，反射率計算から多層膜ミラーの周期長を 7.5 nm，Mo 層と Si 層の比率を 0.3：0.7 と決定した(Phase 1)．引き続き成膜プロセスの最適化(Phase 2)（成膜プロセスにおける周期長の最適化には実験室系 X 線反射率測定装置が用いられることが多い．)，X 線反射率測定による多層膜評価を行い(Phase 3)，最終的に図 7.25(a)に示すような構造をもつ多層膜ミラーを作製した．

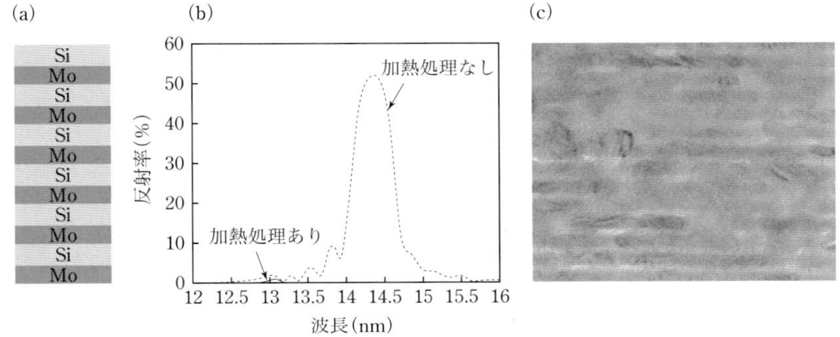

図 7.25　Mo/Si 多層膜ミラーの熱的安定性の評価
(a)作製した Mo/Si 多層膜ミラー構造のモデル図，(b)加熱処理を行う前および 400°C，1 時間加熱処理を行った後の反射率プロファイル，(c)加熱処理後の断面 TEM 像．
［H. Takenaka *et al*., *OSA TOPS on Extreme Ultraviolet Lithography*, **14**, 169 (1996), Fig. 6(a)］

図 7.25(b)には今回構造設計した多層膜とほぼ同等の構造をもつ多層膜ミラーの反射率を波長 14 nm 近傍で測定した結果を示す[21]．装置の都合上反射率のピーク値は 55% 程度と低めに表示されているが(図 7.25(b)および図 7.26(b)の反射ピーク値は，測定に用いた装置の構造上の問題のため高次光の影響を受け，実際の値より小さくなっている．他の施設における測定ではピーク強度は 60% を超えていると考えられる．)，およそピーク反射率の設計仕様を満足する多層膜ミラーが得られていることがわかる．

次に，この多層膜ミラーが熱的安定性の設計仕様を満足するかどうかを確認するために，400°C，1 時間の加熱実験を行い，加熱前後の反射率強度を測定した[21]．図 7.25(b)は加熱前後での反射率プロファイルであるが，加熱後の多層膜ミラーの反射率は数% まで低下し，ピーク波長も 14.5 nm から 13 nm まで変化した．また図 7.25(c)は加熱後の断面 TEM 像であるが，400°C で Mo/Si 多層膜を加熱することにより Mo 層と Si 層の合金化が生じ，結果的に多層膜構造が破壊されていることがわかる．実際の EUV リソグラフィープロセスでは EUV 光の照射にともなうミラーの温度上昇は避けられないことから，今回の結果は Mo/Si 多層膜ミラーをそのまま EUV リソグラフィープロセスに用いることが困難であることを示している．

以上の結果は図 7.23 の設計・作製・評価のループにおいて成膜条件のみの最適化を行う 1st loop だけでは不十分で，耐熱性を考慮しながら材料選択・構造検討から行う 2nd loop による最適化を行う必要があることを示している．今回の問題点は主に高温時における Mo と Si の拡散・合金化であることから，一案として Mo 層と Si 層の間に熱的に安定な別の層を挿入することにより合金化を防ぐことが考えられる．挿

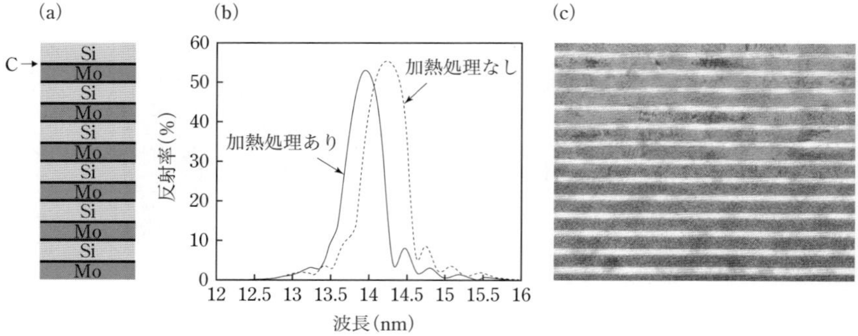

図 7.26 Mo/C/Si/C 多層膜ミラーの熱的安定性の評価
(a)作製した Mo/C/Si/C 多層膜ミラー構造のモデル図，(b)加熱処理を行う前および 400 °C，1 時間加熱処理を行った後の反射率プロファイル，(c)加熱処理後の断面 TEM 像.
[H. Takenaka *et al.*, *OSA TOPS on Extreme Ultraviolet Lithography*, **14**, 169 (1996), Fig. 6(b)]

入層の候補として，①反射率への影響が少ない軽元素および軽元素化合物，②安定な極薄層の形成が可能な材料，③ Mo および Si との反応性が低い材料，などの条件を満足する材料を探索する必要がある．その一例として，挿入層に約 3 nm の C を用いた多層膜ミラーの測定結果を図 7.26 に示す[21]．

図 7.26(b)の反射率プロファイルでは，C 層を挿入することにより，加熱後の反射率低下が Mo/Si 多層膜ミラーと比べきわめて小さくなることがわかる．また，図 7.26(c)の断面 TEM 像では多層膜構造が維持されており，Mo と Si の合金化がほとんど生じていないことがわかる．なお加熱後の多層膜ミラーの周期長が加熱前に比べて小さくなっているが，断面 TEM 像において周期構造が維持されていることを考慮すると，周期長の変化は Mo 層および Si 層内部で何らかの構造変化が生じていることを示唆している．

7.3.3 詳細な構造評価の例

ここでは，核融合のプラズマ診断などに用いられることの多い Ni/C 多層膜を例として，X 線反射率法を用いて詳細な構造解析を行った結果を示す[22]．解析に用いた Ni/C 多層膜の多層膜ミラーのモデル図を図 7.27 に，作製した多層膜ミラーの断面 TEM 像を図 7.28 に示す．なお，この多層膜は RF スパッタリング法により作製し，Ni 層および C 層の厚さはそれぞれの元素の単体での蒸着レートより推定したものである．Ni と C のように電子線に対するコントラストが大きく違う試料の場合それぞれの層に対する膜厚比を求めることは容易ではないが，断面 TEM 像からは良好な多層膜が得られているように見える．

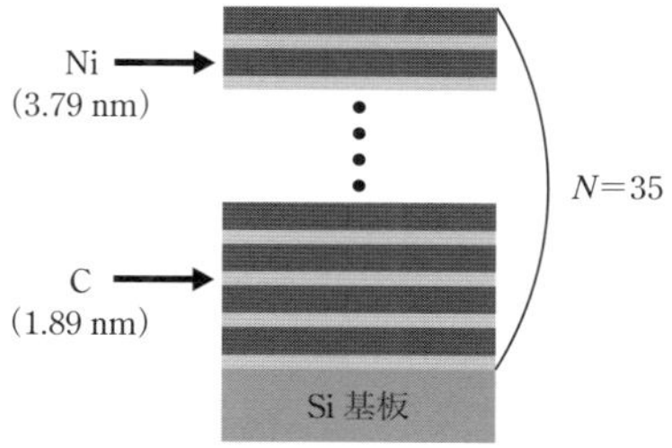

図 7.27　Ni/C 多層膜ミラーのモデル図

図 7.28　Ni/C 多層膜の断面 TEM 像
Ni 層および C 層の界面は急峻であり，TEM 像のみから判断すると良好な多層膜が得られているように見える．

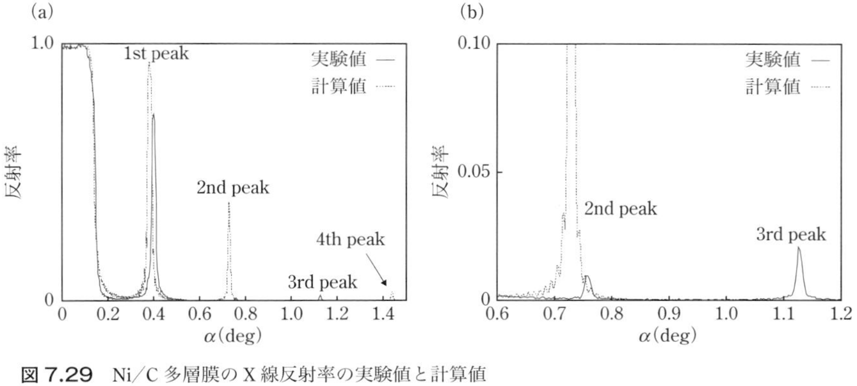

図 7.29　Ni/C 多層膜の X 線反射率の実験値と計算値
(a)反射プロファイルの全体図，(b)2 次ピークおよび 3 次ピークのみを拡大したもの．

次に X 線源として Mo Kα を用いて X 線反射率測定を行った結果を図 7.29 に示す．今回作製した多層膜は Ni 層と C 層の膜厚比が 2：1 であるので，計算上は 0.4° および 0.8° 付近の 1 次および 2 次ピークの強度が強く，1.2° 近傍の 3 次ピークの強度が非常に弱くなることが予想された．しかし測定により得られた反射率プロファイルでは 2 次ピークの強度のほうが 3 次ピークの強度よりも弱くなっており，膜構造が設計したものと異なっていることが示唆された．特に 2 次ピークの強度が非常に弱くなっていることから Ni 層と C 層の膜厚はほぼ同じであることが予想された．

そこで C 層から Ni 層への拡散により Ni 層が Ni_xC_{1-x} 層に変化したモデルを仮定した．図 7.30 には，一周期長に対する Ni 層の膜厚を変化させたときの 2 次ピークおよび 3 次ピーク強度変化の計算結果を示す．図 7.30 より 2 次ピークと 3 次ピーク強度の逆転が生じるのは周期長に対する Ni_xC_{1-x} 層の割合が 0.45 ～ 0.55 程度のときであるということがわかる．そこで Ni_xC_{1-x} 層と C 層の比率がほぼ 1：1 に近いときの Ni/C 多層膜の反射率プロファイルの計算を行った．図 7.31 には，Ni_xC_{1-x} 層の割合が 0.45 と 0.48 であるときの計算結果を示す[*1]．図 7.31 より Ni_xC_{1-x} 層の割合が 0.48 程度のときに測定された 2 次ピークの強度を再現できることがわかる．しかし 3 次ピークの強度については，いずれの場合についても，測定値が計算値よりもはるかに小さな値となった．またここでは示していないが，界面粗さを導入した反射率計算においても反射率プロファイルの測定値を再現することはできなかった．

そこで次のステップとして，図 7.32 に示すような Ni/C 層の界面に Ni_xC_{1-x} 層が形

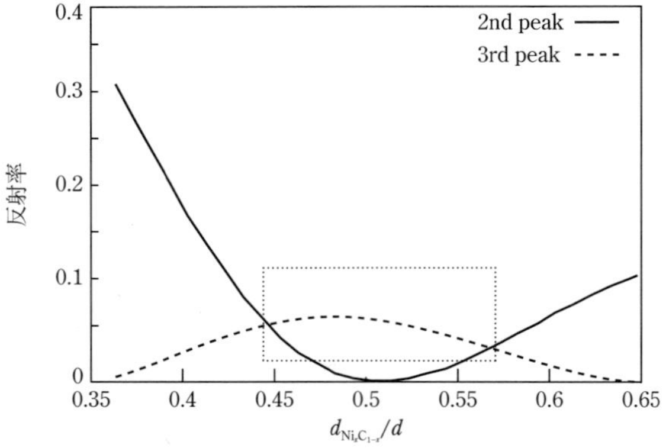

図 7.30　2 次ピークおよび 3 次ピーク強度の Ni_xC_{1-x} 層の膜厚に対する依存性

[*1] なお本計算では TEM 像で急峻な界面が得られていること，および余分なパラメータの導入による混乱を避けるため界面粗さは考慮していない．

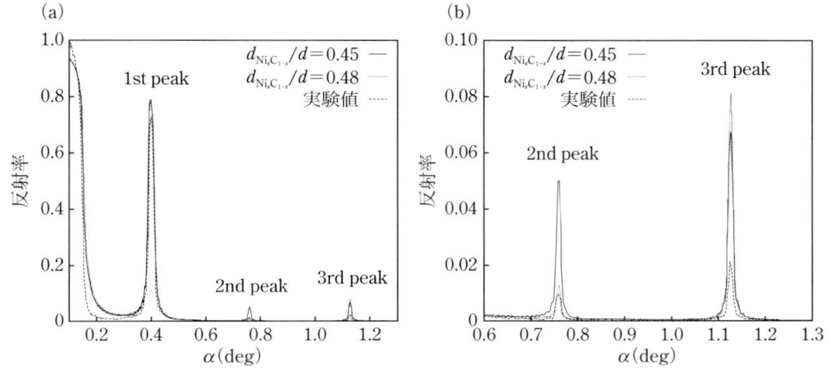

図 7.31　Ni／C 多層膜の X 線反射率の実験値と計算値
(a)反射プロファイルの全体図，(b)2 次ピークおよび 3 次ピークのみを拡大したもの．図には図 7.29 の実験値と Ni 層の割合が 0.45，0.48 のときの計算結果を示した．Ni 層の割合が 0.48 のとき，2 次ピークの強度はほぼ一致しているが 3 次ピークの強度は大きく異なっていることがわかる．

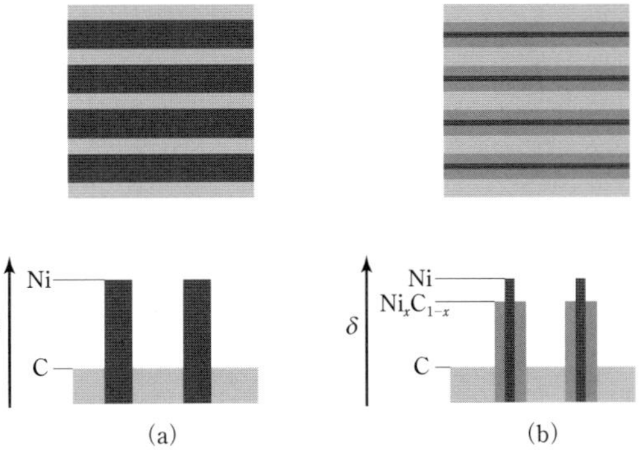

図 7.32　X 線反射率の計算に用いたモデルの概念図
(a)Ni／C 二層膜モデル，(b)Ni／Ni_xC_{1-x}／C／Ni_xC_{1-x} 四層膜モデル．

成されたというモデルを仮定した．なおこのとき中間層の Ni および C 原子の比率が一義的に決まらないため，拡散層の厚さ d_{NiC} および C 層の厚さ d_C をパラメータとして計算を行った．またこの場合，蒸着した Ni の原子数および C の原子数は一定であるという条件があるため，中間層の密度および膜厚には一定の関係がある．このときの関係式を以下に順を追って示す．

バルクにおける Ni および C の密度をそれぞれ ρ^0_{Ni}，ρ^0_C，単層膜から予想される Ni

および C の膜厚を d_{Ni}^0，d_{C}^0，中間層が生じたときの Ni および C の膜厚を d_{Ni}，d_{C}，中間層の膜厚および Ni と C の分密度(中間層の密度のうち Ni および C に対応する密度)を d_{NiC}，ρ_{Ni}，ρ_{C} とすると以下の関係が成り立つ．

$$
\begin{aligned}
\rho_{\mathrm{Ni}}^0 d_{\mathrm{Ni}}^0 &= \rho_{\mathrm{Ni}}^0 d_{\mathrm{Ni}} + 2\rho_{\mathrm{Ni}} d_{\mathrm{NiC}} \\
\rho_{\mathrm{C}}^0 d_{\mathrm{C}}^0 &= \rho_{\mathrm{C}}^0 d_{\mathrm{C}} + 2\rho_{\mathrm{C}} d_{\mathrm{NiC}}
\end{aligned}
\tag{7.5}
$$

このとき中間層の Ni および C の分密度は簡単な計算から以下の式のようになる．

$$
\begin{aligned}
\rho_{\mathrm{Ni}} &= \frac{\rho_{\mathrm{Ni}}^0}{2}\frac{d_{\mathrm{Ni}}^0 - d_{Ni}}{d_{\mathrm{NiC}}} \\
\rho_{\mathrm{C}} &= \frac{\rho_{\mathrm{C}}^0}{2}\frac{d_{\mathrm{C}}^0 - d_{\mathrm{C}}}{d_{\mathrm{NiC}}}
\end{aligned}
\tag{7.6}
$$

またバルクの Ni 層および C 層の複素屈折率を n_{Ni}，n_{C} とすると中間層の屈折率 n_{NiC} は以下のように与えられる．

$$
\begin{aligned}
n_{\mathrm{NiC}} &= n_{\mathrm{Ni}}\frac{\rho_{\mathrm{Ni}}}{\rho_{\mathrm{Ni}}^0} + n_{\mathrm{C}}\frac{\rho_{\mathrm{C}}}{\rho_{\mathrm{C}}^0} \\
&= \frac{n_{\mathrm{Ni}}\left(d_{\mathrm{Ni}}^0 - d_{\mathrm{Ni}}\right) + n_{\mathrm{C}}\left(d_{\mathrm{C}}^0 - d_{\mathrm{C}}\right)}{2d_{\mathrm{NiC}}}
\end{aligned}
\tag{7.7}
$$

上記の関係を用いて反射率を計算する際にパラメータ数を無制限に増加させると，必ずしも最適解にたどり着かない可能性が生じるおそれがある．そこで今回は最初に四層膜モデルを用いて 2 次ピークに対する 3 次ピークの強度比の変化を中間層および C 層の厚さを変えながら求めた．図 7.33 に得られた結果を示す．ここで横軸は全体の周期長に対する C 層の膜厚の比率，縦軸は 2 次ピークに対する 3 次ピークの強度比

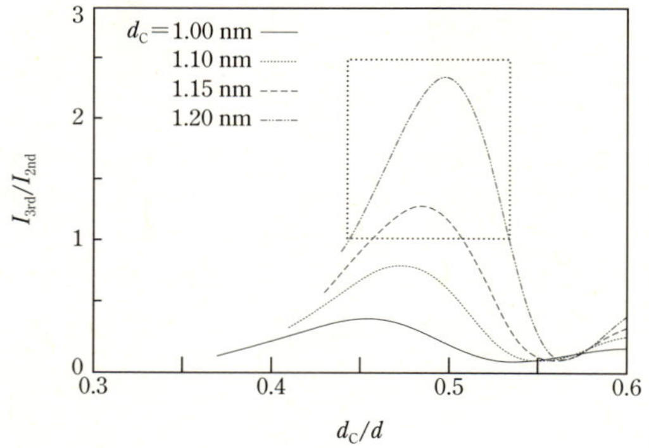

図 7.33　四層膜モデルにより計算した 2 次ピークと 3 次ピークの強度比の C 層の膜厚および一周期長に対する依存性

率を示す．3 次ピークの強度が 2 次ピークの強度を上回る領域を図中に点線で示した．計算に用いたパラメータからこの領域を満たすのは中間層の厚さが 1.15 nm 以上，周期長に対する C 層の割合が 0.50 〜 0.55 の間であるときに限られることがわかる．

なおこの計算結果より C 層の割合が 0.5 程度であること，および多層膜の一周期が 5.4 nm 前後であることを考慮すると，中間層の膜厚が 1.4 nm 以上になると Ni 層の膜厚が負になってしまうため，今回は中間層の膜厚を 1.15 nm に固定して多層膜の反射率計算を行った．反射率計算においては，界面粗さや界面拡散などによる強度の減衰は考慮していないため，界面層の厚さや C 層の比率については若干曖昧さが残っていることに留意する必要がある．

四層膜モデルによる反射率計算の結果を図 7.34 に示す．図 7.34(a) は反射率プロファイルの全体図，図 7.34(b) は 2 次ピークと 3 次ピーク領域を拡大図である．Ni_xC_{1-x}/C のみによる二層膜モデルとは異なり，Ni_xC_{1-x} 中間層を仮定した四層膜モデルでは 2 次および 3 次ピークまでほぼ測定値を再現していることがわかる．表 7.11 には最終的に得られた Ni/C 多層膜の構造パラメータを示す．中間層の Ni 組成が約

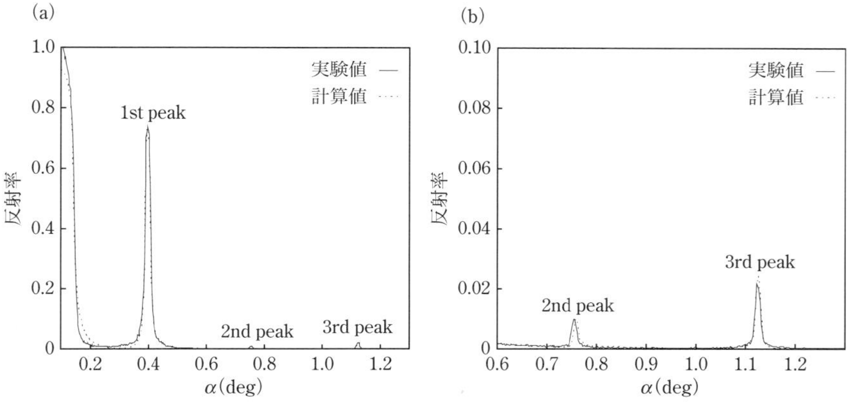

図 7.34　X 線反射率の実験値と四層膜モデルによる計算値の比較
(a) 反射プロファイルの全体図，(b) 2 次ピークおよび 3 次ピークの拡大図．

表 7.11　図 7.34 の X 線反射率の解析結果

	膜厚(nm)	密度($g\ cm^{-3}$)
Ni	0.32	8.876
C	2.84	2.260
Ni_xC_{1-x}	1.15	6.997

0.64，C が約 0.36 であることを考慮すると今回解析した多層膜では Ni／C 界面に厚い Ni_2C 層が形成されている可能性があることを示している．以上，多層膜構造をモデルとして仮定し，測定値と計算値の比較・検討を行うことで，X 線光学用多層膜の詳細な構造解析を行うことができた．

今後，X 線光学用多層膜はミラーとして広範囲な分野への応用が期待できる．このような多層膜ミラーでは，①大面積で均一な膜厚の薄膜，②原子レベルでの急峻な界面，などを実現する必要があり，現状ではこのような点に優れた成膜法であるスパッタリング法が用いられることが多い．

また作製した X 線光学用多層膜の評価には主に X 線反射率測定（高エネルギー X 線用の光学素子の場合は X 線反射率装置，軟 X 線や EUV 用の光学素子の場合は放射光光源を用いた反射率測定装置）が用いられる．X 線光学用多層膜においては，通常の薄膜とは異なり，たとえば 2 種類の層を一定の厚みで多数積層するなどということが行われる．このため，作製時における周期長の変動，層界面での粗さや拡散，界面層の存在などが多層膜特性に大きく影響する．今回示した例からもわかるように，これらの量を X 線反射率のみから定量的に評価することは容易ではないが，反射率プロファイル中の Bragg 反射ピークの強度変化や Bragg 反射近傍のプロファイル変化を精密に解析することにより，ある程度定量的な評価を行うことも可能である．

7.4 電気化学界面などの固液界面

7.4.1 はじめに

電気化学界面は，工業的な応用の面からも関心の高い研究対象である．正負の電極板を電解質溶液に浸し，両極間に電位差を与えると電荷の移動が生じる．印加した電位を横軸，応答電流値を縦軸とするプロットは，サイクリックボルタモグラムの名でよく知られている．こうしたマクロな特性と，電極の表面で生じる酸化還元反応による酸化膜の成長，粗さの変化といった界面のミクロ構造が相互にどのように関係するかについては，大いに関心がもたれる．実験技術上の制約のために未解明な点も多いが，そのなかで，X 線反射率法による検討はある程度の成果を収めている．

固液界面の分析は，一般に知られている固体分析や表面分析に比べ，多くの技術的な困難がある．量的に非常に少ない界面からの情報を，それ以外のものの影響をいかに少なくして識別し，抽出するか，さらに複数の界面がある場合には，相互をどう区別するかといった点が重要であるが，このような要求にぴったりの分析法，それも実用的に使える技術ともなると，残念ながら未確立と言わなければならない．固液界面

表 7.12 固液界面の分析に使用されている主な分析法

	得られる情報・主な利点	情報の空間スケール	画像情報	非破壊性
プローブ顕微鏡(液中)	原子配列・ナノ構造の実空間画像，粗さ	原子レベル	○	×
サイクリックボルタンメトリー	電気化学特性		×	×
水晶発振子マイクロバランス法	重量変化による反応計測	～ cm	×	×
非線形レーザー分光	界面に選択的な分子構造・ダイナミクス	～ μm	×	○
表面プラズモン共鳴	屈折率変化による反応計測	～ μm	×	○
赤外分光	分子構造，化学種の識別	～ μm	×	○
分光エリプソメトリー	膜厚，屈折率	～ 10 nm	×	○
X 線反射率，回折，定在波，XAFS，蛍光 X 線	膜厚，密度，粗さ，結晶構造，特定原子の位置，化学組成	原子レベル	○	○
中性子反射率	膜厚，密度，粗さ	原子レベル	×	○
超音波	界面レベル	～ 0.1 mm	×	○

の分析に使用されている主な分析法を表 7.12 に示す[23,24]．原子レベルでの画像解析が液中で行われ，固液界面を議論できるようになりつつあることはきわめて重要な進歩である．また，波長を問わず，光を用いる分析法が多く使用されており，そのいずれも非破壊・非接触的な分析法である．なかでも，X 線による分析法では，原子レベルの情報を得ることができ，測定法の種類も多彩で，それぞれ特色ある分析が可能である．近年のシンクロトロン放射光の発展により，その応用はいっそう広がっている．本節では，電気化学界面などへの応用の期待が高まっている固液界面に関する X 線反射率法の応用事例を説明する．

7.4.2 X 線反射率法による電気化学界面などの固液界面の分析の原理

X 線反射率法は，固体を対象とする場合が非常に多く，特に薄膜・多層膜の膜厚決定などにおいて威力を発揮しているが，固液界面にはどのように適用すればよいのであろうか．図 7.35 に測定の概念図を示す．(a)は一般的な X 線反射率法と同じく表面から X 線を入射する配置である．液相部分の層厚が薄ければ，これで問題なく測定できる．液相部分の表面で全反射が起きるが，臨界角よりも高角側では，屈折 X 線が固液界面に到達して反射され，表面で反射した X 線との間で干渉を生じる．取得される反射率のデータは液相部分の層厚や深さ方向の密度分布，それに表面，固液界

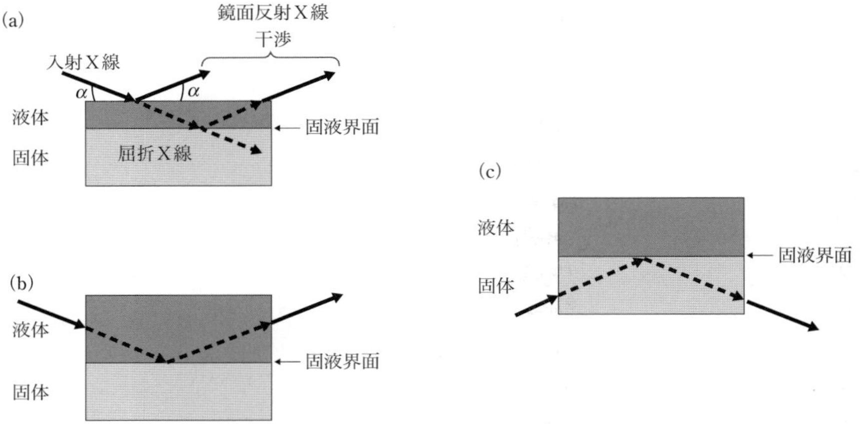

図 7.35　X 線反射率法による固液界面測定の配置

面(固相側の表面形状も含む)の情報を反映している．

だが，実際には，液相部分の層厚が厚く測定に不都合な場合もある．そこで(b)または(c)のような配置が用いられる．すなわち，表面から X 線を入射して表面で反射させるのではなく，液相部分または固相部分の側面から入射して，固液界面で反射させる．もし，このときに液相部分の層厚が薄ければ，(a)と同じように，表面での反射の寄与があるため，液相部分の厚さの情報も入ってくるが，十分厚いと基本的に固液界面部分の情報が主になる．(b)，(c)は液相部分の密度の大小により選択し，液体金属のように密度が大きいときは(c)の配置になる．この場合，問題は入射 X 線の強度の減衰である．反射の前後に液相部分または固相部分を透過しなくてはならないために，その部分での吸収により，X 線強度は大幅に減衰する．通常の X 線反射率法では，大気や真空側での減衰をあまり考慮しなくてもよかったが，ここでは非常に大きな問題になる．このため，X 線のエネルギーを大きくし(波長を短くし)，できるだけ吸収を小さくする場合が多い．しかし，その結果，全反射臨界角もさらに小さくなるため，さらに微小角に向かうことになり，通常の X 線反射率の測定と比べ，測定はかなり難しくなる．以上のようなかなり本質的な技術的ハードルの高さを十分考慮したうえで，測定のための試料セルを工夫して設計・製作し，測定条件も注意深く選ぶことが重要である．

7.4.3　電気化学界面などの固液界面の測定装置

図 7.36 は，固液界面の分析のために開発された X 線反射率測定装置の例の模式

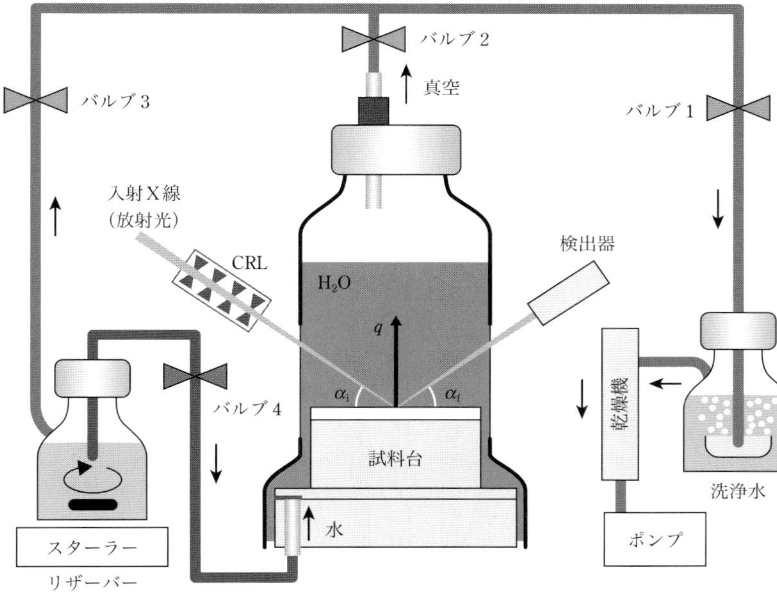

図 7.36　固液界面の分析のために開発された X 線反射率測定装置の例
[M. Mezger *et al.*, *J. Chem. Phys.*, **128**, 244705 (2008), Fig. 3 を改変]

図[25, 26]である．この装置は，フランス・グルノーブルの ESRF(European synchrotron radiation facility，ヨーロッパ放射光施設)のビームライン ID15A に設置されている．試料は図の中央に示した容器の内部に設置され，十分な量の液に浸された状態で測定を行う．容器内部の圧力や液の量・温度などを管理するために，ポンプやリザーバーを備えている．この容器全体がゴニオメータに組み付けられており，微小角の角度調整と走査が行える．一般的には，このような容器の壁または液体の中を X 線が透過する際，X 線の強度は著しく減衰するので，このような測定は通常は難しいと考えられるが，ここでは通常の X 線よりもおよそ 1 桁高いエネルギー(短い波長)の X 線が用いられている．これにより，X 線の吸収係数は約 1000 分の 1 になり，減衰はほとんど問題にならない．X 線を屈折レンズで集光し，液体表面ではなく側面から液層を突き抜けさせて，固液界面に直接入射する(図 7.35(b)に対応する測定配置)．そして，その反射 X 線の強度を検出器で測定する．高エネルギーの X 線を用いると臨界角も 1 桁小さくなり，角度の管理の技術的困難さはより厳しくなる．振動などの影響に対する工夫も必要である．

図 7.37 は電気化学界面，特に電池を X 線で研究するための専用試料セルを示して

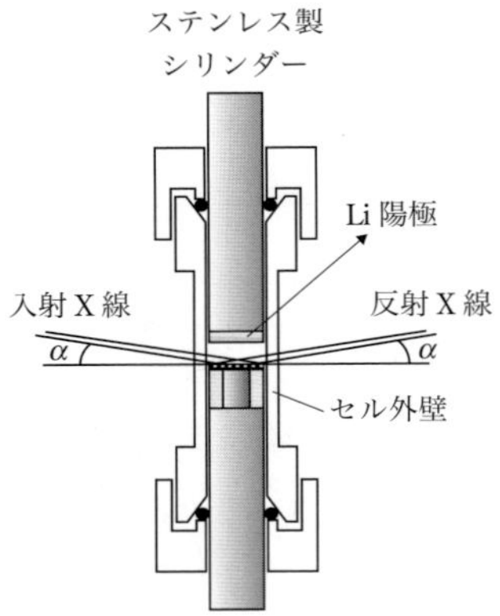

図 7.37　試料セルの例
X 線回折実験を念頭において設計されているが，X 線反射率の測定(白色 X 線反射スペクトル法)に用いることができる．セル内下側に試料(作用電極)，上側に対極を取り付けている．セル本体はポリエチレン上下に挿入したステンレス管が集電体となっている．
［M. Plaza *et al.*, *J. Am. Chem. Soc.*, **138**, 7816(2016), Fig. 1］

いる[27, 28]．白色 X 線を用い，試料固定のまま X 線回折のほか，X 線反射率の測定を行うことができる．光電気化学界面の研究[27]では，X 線を反射する試料が電極になり，電解質がその電極の上に存在する．X 線反射率とともに，電圧をかけたときの電流を測定することができる．角度走査を行う測定では，セルを試料ステージに載せたままの状態で動かすことになるため，取り付けの方法と調整方法が関連しあうことになり，X 線の光軸の中心および回転中心を固液界面と一致させるための調整機構が必要である．またゴニオメータの動作によって，電気化学実験のために用いられる配管やケーブルが一緒に移動するため，それが測定の障害とならないよう，注意する．ノイズ対策としてファラデーゲージを使う場合も同様の配慮が必要である．第 5 章で紹介されている多チャンネル X 線反射率法や白色 X 線反射スペクトル法の場合には，角度走査を行わずに X 線反射率のデータを取得できるので，このような点が大きく改善される．試料セルの材質としては，石英やテフロンなど，溶液との反応がなく，洗浄が容易なものが用いられることが多い．入射側と出射側に X 線窓を備える必要があり，窓材として，極薄いマイラーやカプトン，合成石英などが用いられる．セル中に空気などが入らないように溶液を満たし，漏れないように密封させるか，もしくは溶液を外部の容器から循環させる方法が採られる[28]．図 7.36 の装置も循環式を採用している．

電極でもある試料は X 線光軸上に配置するが，対極，参照電極は X 線が当たらない位置に配置する必要がある．電池の測定では作用電極(試料)と対極の 2 極の構成で行うことも多い．試料(電極)と外部回路の導通をとるためには各種の導電性接着剤，場合によってははんだ，インジウム箔などが用いられる．試料条件をモニターするための温度測定素子なども X 線の当たらない位置に置く．電極に光照射などをする場合は試料セルに照射用の窓を設ける．電圧の印加や電流電圧曲線を測定するためにはポテンショスタットや充放電測定装置など，通常の電気化学実験で用いられるものを接続する．結線はワニロクリップなどでも差し支えないが，装置が動いたり，力がかかる場合は，しっかりしたコネクタを使用する．電圧を印加しながら，その際の電極表面，固液界面の構造変化を測定したい場合は，X 線反射率測定と電圧印加のタイミングを合わせる必要がある．これは，外部トリガーを使って同期させることもできる[29]．そのほか，試料の準備では，汚染に注意し，測定装置の近傍に小型のクリーンブースを置き，試料の調製に用いるのが有効である．

7.4.4 X 線反射率法による固液界面の分析事例

A. 雲母結晶と水の界面

鉱物の表面近傍に存在する水は，表面からの強い束縛を受け，特色ある水和構造をとるため，バルクの水とはかなり異なる性質をもつことが知られている．このことが，地殻内での物質移動や断層の摩擦強度などにも影響を与えると考えられている．

アルゴンヌ国立研究所の Cheng らは，白雲母(muscovite，$KAl_2(AlSi_3O_{10})(OH)_2$)単結晶(001)面の水和構造を X 線反射率法(厳密に言えば，CTR 散乱(crystal truncation rod scattering)法に分類される)で研究した[30]．へき開直後に純水で表面を覆い，ポリイミドフィルムをかぶせて水の層が約 50 µm になるようにして，X 線反射率を測定した．アルゴンヌにある APS(Advanced Photon Source，高輝度放射光施設)で，19.524 keV の X 線を用いている．図 7.38 にその結果の一部を示す．横軸は，散乱ベクトル $q(=4\pi\sin\alpha/\lambda$，$\alpha$ は視射角，λ は X 線波長)で表記されている．(a)の生データ(臨界角近傍の高い反射率の領域は表示されていない)には，雲母結晶からのブラッグピークが多数見えているが，これらのピークの裾に水和構造による変調が現れている．(b)は，水のない雲母結晶の X 線反射率で規格化することにより，水和構造の効果を抽出したものである．

反射率測定で観測される X 線を含め，X 線の散乱は物質中の電子により生じるので，水分子の寄与といっても，実質的に見ているのは酸素である．すなわち，雲母結晶と水の固液界面の水和構造を，水の中の酸素による X 線の散乱から評価される．図 7.38 のデータを解析し，深さ(高さ)方向の酸素の分布を求めたのが図 7.39 である．解析の結果，2 種類の構造があり，それぞれ吸着水(図中の A，0.13 nm にピークをも

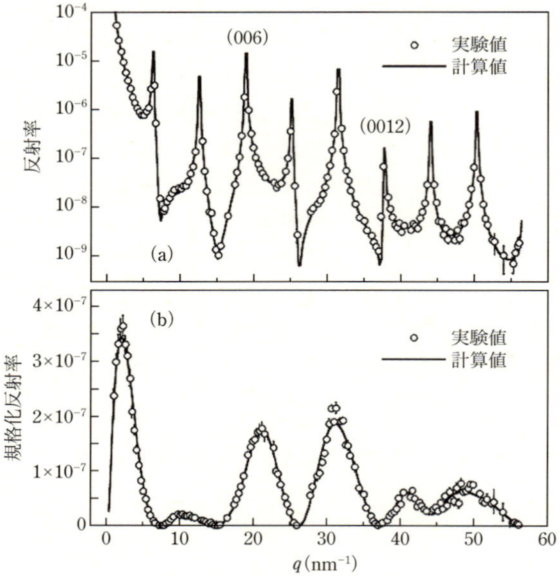

図 7.38　白雲母単結晶の(001)面の X 線反射率(CTR 散乱)
[L. Cheng *et al.*, *Phys. Rev. Lett.*, **87**, 156103 (2001), Fig. 2 を改変]

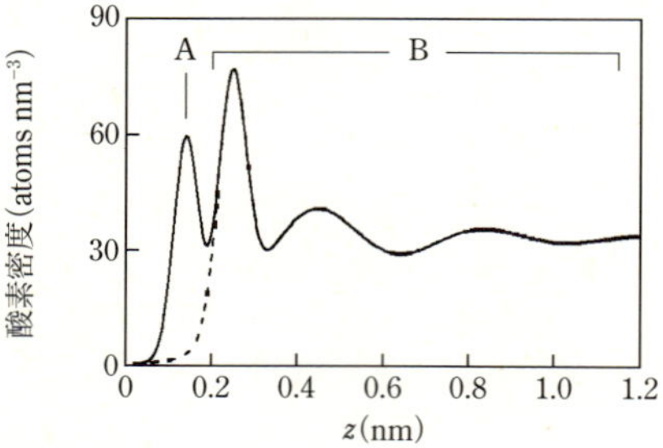

図 7.39　図 7.38 のデータ解析から得られた深さ方向の酸素の分布
[L. Cheng *et al.*, *Phys. Rev. Lett.*, **87**, 156103 (2001), Fig. 3 を改変]

つ)と水和水(図中の B，0.25 nm にピークをもち，約 1 nm 程度までゆるやかに分布する)と結論された．この 0.25 nm という数値は，水分子の H−O の結合距離 0.279 nm と比較的近いことから，水和水の H−O 結合は，表面に対してほぼ垂直であると考えられる．

B. 疎水性分子と水の界面

先の例の固液界面の固体側は単結晶であったが，X線反射率法は，結晶質ではない試料にも広く応用することができる．以前から疎水性分子の表面には水分子が結合しにくいので水との界面には空隙層が形成されていると言われていたものの，確かな実験的証拠がなかなか得られない状況が続いていた[31,32]．そのようななか，イリノイ大学のRobinsonのグループは，X線反射率法により，疎水性分子と水の間の界面に空隙層が存在することを示し，その膜厚や密度を検討した[33,34]．

試料はシリコン基板上に作製されたOTE(octadecyl triethoxysiloxane，オクタデシルトリエトキシシロキサン)単分子膜で，水の接触角が100°を超える疎水性分子である．先の雲母の例と同じように，水に浸けた状態でX線反射率の測定が行われた．図7.40に示したグラフが，大気中(○)と水中(☆)のOTE膜のX線反射率のデータで

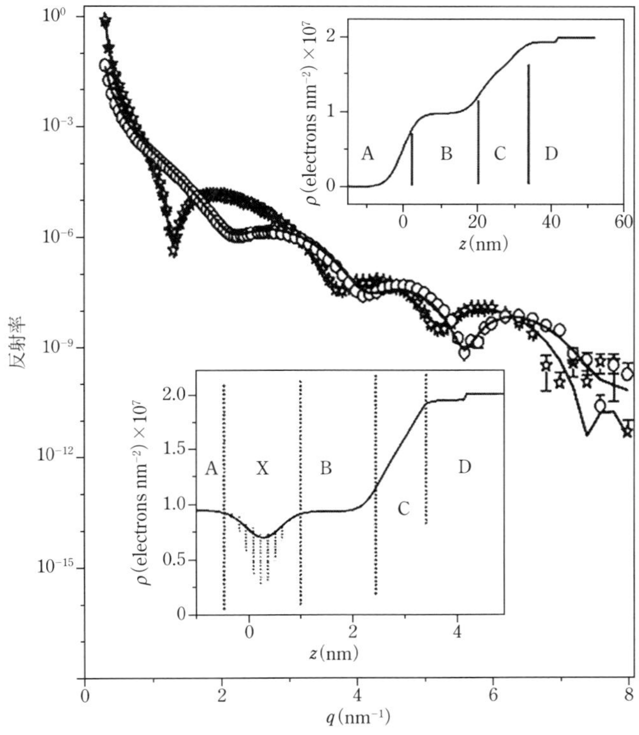

図7.40 OTE単分子膜の水に浸した状態におけるX線反射率
［A. Poynor *et al.*, *Phys. Rev. Lett.*, **97**, 266101 (2006), Fig. 1を改変］

ある．両者ともに反射率の振動，すなわち干渉縞が認められるが，これには OTE 膜自身の膜厚やシリコン基板上の酸化膜の厚さに起因する成分も含まれる．これに対し，水中では，干渉縞のパターンが大気中とは明らかに異なっており，異なる周波数成分が含まれている．彼らは，これがある厚さの空隙層の存在を証明すると主張している．

これらのデータを解析することにより求められた大気中と水中の場合の膜構造（電子密度の深さ分布）を模式的に示したものが，図 7.40 の挿入図である．この図自体は厳密な解析結果ではないが，理解はしやすい．大気中（上部の挿入図）では，A（大気），B（OTE アルキル鎖），C（OTE 結合部），D（シリコン酸化膜およびシリコン基板）のように構成されるのに対し，水中（下部の挿入図）では，上記に加え，X（空隙層）が存在する．解析の結果，この空隙層は，厚さにして 0.2 ～ 0.4 nm，電子密度はバルクの水の 40％以下であると見積もられた．

ほぼ同時期にヨーロッパのグループによってシリコン基板を OTS（octadecyltrichlorosilane，オクタデシルトリクロロシラン，分子式は $CH_3(CH_2)_{17}SiCl_3$）自己組織化単分子膜で修飾した表面について，同様の目的の研究が，やはり X 線反射率法を用いて行われている[26, 35]．この研究でも空隙層の存在が確認され，その厚さは，形状厚さ 0.1 ～ 0.6 nm，質量厚さ（密度と形状厚さの積）で 11 ng cm^{-2} という報告がなされている．X 線反射率法以外にも，偶数次非線形レーザー分光により界面近傍の水分子の構造が研究され[36]，また分子動力学計算により水分子の挙動が議論されている[37]．

疎水性ギャップについてはかなり以前から論争の対象になっていた．X 線を専門的に扱っている研究者の目には，これまでよりもずっと高品質で信頼性の高い実験データをもとに検討されており，信憑性も高いように受け取れるが，この問題はいまなお決着がついていない．非常に薄い層の出現を検証するためには，広いダイナミックレンジについて，かつかなり低い反射強度まで精密に測定する必要がある．実際のところ，測定の問題はすでに解決しているが，むしろデータの解釈に課題が残っている．都合のよいモデルを使って都合よく解釈しているという批判を乗り越えるためには，他のあらゆる薄い層の存在可能性をすべて検証しつくすか，もしくは，モデルフリーなデータ解析法によって再検証する必要がある．

C.　銅電極と水の界面

図 7.41（a）は，pH ＝ 8.6 のホウ酸塩緩衝溶液中で，陽極に Si（001）単結晶基板上に作製した 25 nm の銅薄膜，陰極に白金ワイヤー，参照電極としてカロメル電極を用いて測定したサイクリックボルタモグラムである[38]．この曲線に見られる大小のピークの位置に着目すると，−0.1 V と 0 V で銅表面での酸化（したがって酸化膜の成長）が，また −0.3 V と −0.5 V でその酸化膜の金属への還元が生じると考えられる．

図 7.41（b）は，このサイクリックボルタモグラムに対応する電位条件での X 線反射

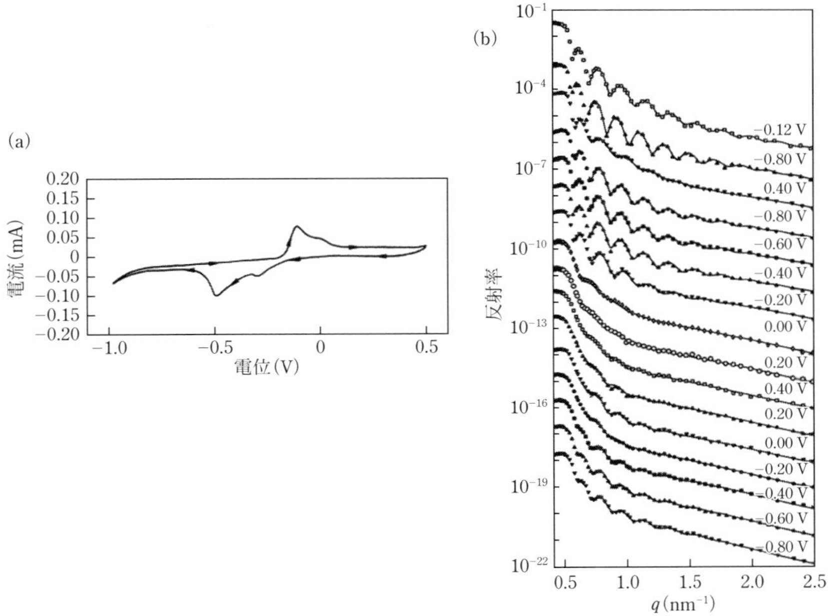

図 7.41　Si(001)単結晶上の銅薄膜のサイクリックボルタモグラム(a)および対応する電位条件での X 線反射率測定の結果(b)
［H. You *et al.*, *Phys. Rev. B*, **45**, 11288 (1992), Fig. 7, 8 を改変］

率のその場(*in situ*)測定の結果を示している．電位を固定し，安定させた状態で角度を走査して X 線反射率測定を行った結果であるが，与える電位差に対応して，干渉縞の周期や振幅が明瞭に変化していることがわかる．たとえば，−0.12 V(1 番上)から−0.8 V に変化させると，干渉縞の振幅がやや大きく明瞭になり(酸化物が完全消失)，次に 0.4 V にすると，周期が長く，また振幅が非常に小さくなり(酸化物の膜が成長)，さらに再び−0.8 V にすると，ほぼ元に戻るといった変化をしている．これは，酸化膜の成長・消失(同時に金属部分の膜厚の減少・増大)や表面粗さの増大・減少に対応する．実際に，個々のデータから，酸化膜の膜厚と表面粗さを決定することができ，図 7.41(b)での結果から，金属部分の膜厚は，25 〜 28 nm，酸化物の膜厚は 0 〜 3.5 nm，表面粗さの rms 値は 1.1 〜 3 nm の間で変化していることがわかった．さらに電位差に対する膜厚や表面粗さの変化をプロットすると，図 7.42 に示すような約 0.4 V の範囲でのヒステリシスが認められ，図 7.41(a)で見られるピーク電位ともよく対応することが明らかになった．

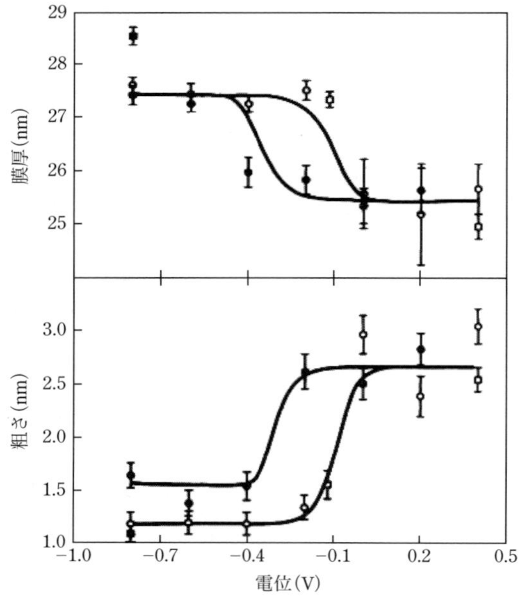

図 7.42　電位差に対する膜厚や表面粗さの変化
[H. You *et al.*, *Phys. Rev. B*, **45**, 11288 (1992), Fig. 9]

D. リチウムイオン二次電池の電極界面

リチウムイオン二次電池は，既存の技術のなかでは最も小さく軽い二次電池であり，熾烈な開発競争が行われている．正極にリチウム金属酸化物，負極にグラファイトなどの炭素材が用いられることが多く，非水電解質中のリチウムイオンが電気伝導を担う．他方，実際に作製された電池の特性の詳細な機構には不明の部分も少なくないことから，シンクロトロン放射光などを駆使した研究が活発に行われている[40]．時分割のX線吸収スペクトルやX線回折も用いられるが，特に電極と電解液界面についてはX線反射率法が用いられている．

東京工業大学の研究グループは，SPring-8 の BL14B1 において，図 7.36 と類似する装置により，31 keV のX線を用い，リチウムイオン二次電池のさまざまな正極材料と電解液界面について電圧下(*in situ*)および大気中(*ex situ*)での評価を行っている[41〜43]．

図 7.43 は，電解液に浸けた状態で，電位を変化させながら正電極のX線反射率を測定した結果である[41]．$SrTiO_3$ 単結晶基板上にパルスレーザー堆積法(pulsed laser

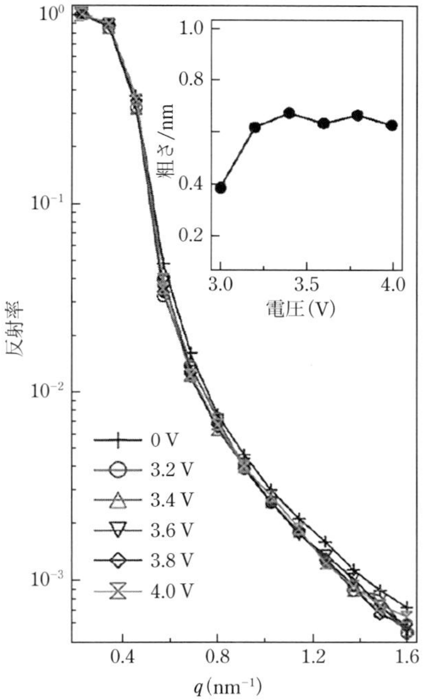

図 7.43　リチウムイオン二次電池の正極 $LiCoO_2$(110)の X 線反射率
[M. Hirayama *et al.*, *J. Power Sources*, **168**, 493 (2007), Fig. 7 を改変]

deposition，PLD)により作製した $LiCoO_2$ エピタキシャル膜が正極に用いられた．電解液は，エチレンカーボネートとジエチルカーボネートをモル比 3 : 7 で混合した液体に 1 mol L^{-1} の六フッ化リン酸リチウム($LiPF_6$)を溶解させたものである．

図より，電位を変化させると，X 線反射率のプロファイルの高角度側での落ち方に差が生じていることがわかる．これは，電極表面の粗さによるもので，電位の変化によって rms 値で 0.4 〜 0.7 nm の変化が生じることが明らかになった．この研究では，結晶方位に対する依存性が検討され，優劣が議論されたほか，*ex situ* の実験によって，成膜直後の正極には $LiCoO_2$ 膜の表面に低密度層が存在することや，その層は電解液に浸けることで溶解，消失することなど，他の方法では容易には得られない知見が得られた．

もう一例，アルゴンヌ研究所グループがリチウムイオンの動きを X 線反射率によってリアルタイムにとらえた研究例[44]を見よう．試料は 10 × 10 × 0.5 mm サファイヤ基板に対して Si と Cr を順にスパッタリング法により積層したものである．対極と参照電極には Li 金属を用いている．電解液はエチレンカーボネート(EC)：エチルメチルカーボネート(EMC)＝3：7 を混合した液体に 1.2 mol L^{-1} の $LiPF_6$ を溶解させたものである．測定は APS 33BM−c の四軸回折計で行われ，充放電中の Si/Cr 積層膜中反射率変化を連続的に測定している．X 線のエネルギーは 20 keV である．セルの X 線窓には 75 μm 厚のカプトンを用いている．

図 7.44(a)は大気中(*ex situ*)と電圧下(*in situ*)での反射率測定結果である．溶液に浸漬するだけで反射率プロファイルに変化が生じている．(b)，(c)にはそれぞれの解析により得られた密度プロファイルを示している．

サイクリックボルタンメトリー測定を行いながら反射率を連続的に測定した結果が図 7.45 である．この図では，強度振動成分を見るため，縦軸には反射率 R に q^4 をか

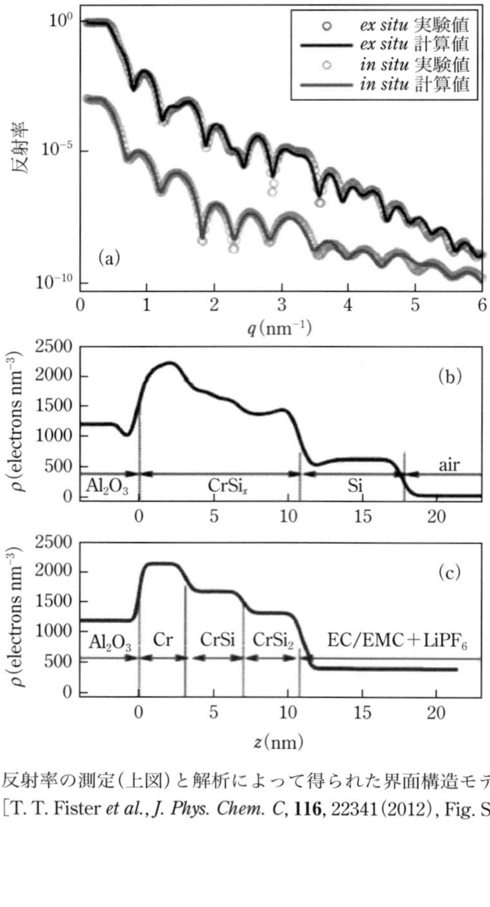

図 7.44　反射率の測定(上図)と解析によって得られた界面構造モデル(下図)
[T. T. Fister *et al.*, *J. Phys. Chem. C*, **116**, 22341(2012), Fig. S1]

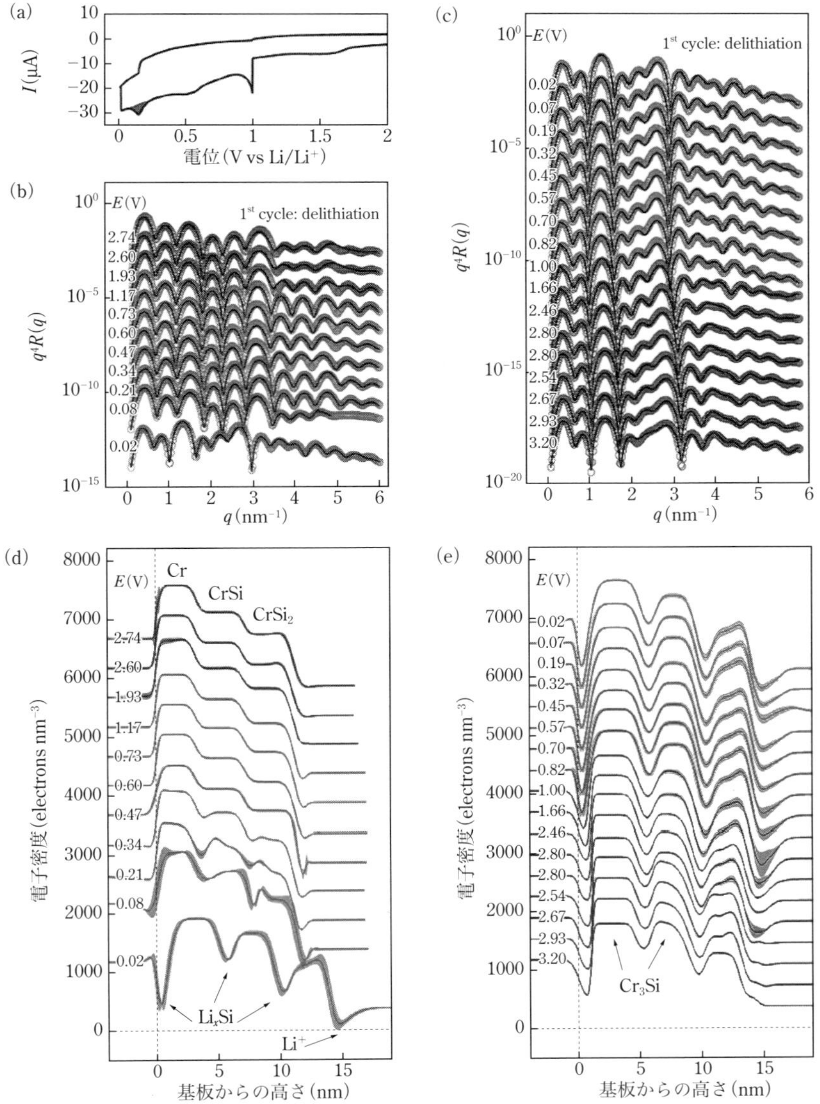

図 7.45 サイクリックボルタンメトリー測定と同時に取得した反射率プロファイル
(a)サイクリックボルタモグラム. (b)放電過程. (c)充電過程での反射率プロファイル.
(d) (e)その解析により得られた界面密度分布のモデル
[T. T. Fister *et al.*, *J. Phys. Chem. C*, **116**, 22341(2012), Fig. 1, 2]

けて表示している．(b)は放電過程，(c)は充電過程での反射率である．これらの反射率プロファイルから，それぞれ(d)と(e)の密度プロファイルが得られ，プロファイルの変化が電流—電圧曲線の電流ピークに対応付けられている．特に放電時に＋0.2 V 付近に電流のピークがあり，そのときの反射率プロファイルに大きな変化が認められる．充電過程において，サイクリックボルタンメトリーでは＋ 3.5 V で Li 脱離が起きているが膜厚減少による反射率の変化は＋ 0.7 V 付近から徐々に起こっている．このようにして，反射率の変化からリチウムイオンの動きを追跡することができている．

E.　イオン液体と電極の界面[45)]

イオン液体は電位窓が広いだけでなく，溶融状態を維持する温度領域が広い，蒸気圧が低い，難燃性であるなど，電解液として優れた特徴をもっている．このようなイオン液体と電極の界面構造を ***in situ*** X 線反射率法で調べた例を示す．インピーダンス法と組み合わせて界面吸着構造を議論している．

ESRF の高エネルギー反射率測定用の実験装置[26)]を電気化学系の ***in situ*** X 線散乱に応用して行われた．イオン液体は$[bmpy]^+[FAP]^-$(1-butyl-1-methylpyrrolidinium tris (pentafluoroethyl) trifluorophosphate)で，作用電極にはボロンドープダイヤモンド(BDD)，対極と参照極には白金が用いられている．図 7.46 に測定結果を示す．(a)はイオン液体のバルクの X 線散乱(Cu Kα 線による透過 X 線)，(b)は反射率である．反射率は Fresnel 反射率を差し引いて示されている．バルクの X 線散乱は 8 nm^{-1} にピークがあり，1.46 m の相関距離が求められる．それに対し，X 線反射率は− 2.5 V に明確なピークがあるが，電位を＋ 1.5 V まで上げると特徴的なプロファイルは消失している．反射率プロファイルのフィッティングを行い，界面近傍の電子密度分布からイオン液体のアニオンおよびカチオンの層状構造を解析した結果，積層周期は 0.73 nm，減衰長は 1.44 nm で，負に帯電したサファイア基板の X 線反射率，AFM の結果と対

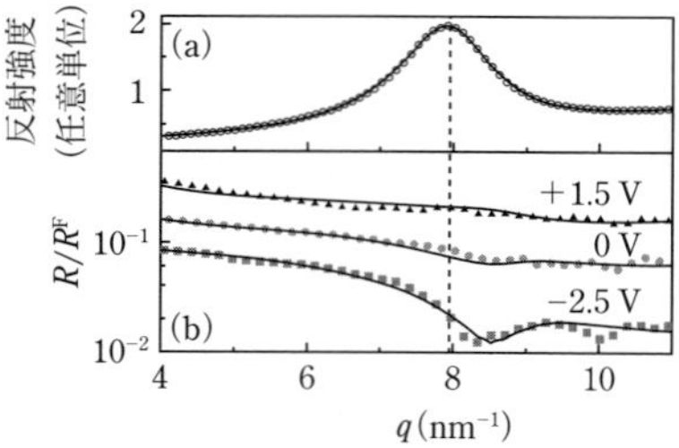

図 7.46　イオン液体$[bmpy]^+[FAP]^-$のバルク X 線散乱(a)とボロンドープダイヤモンドとの電極界面の反射率(Fresnel 反射率で補正)(b).
[P. Reichert *et al.*, *Faraday Discuss.*, **206**, 141 (2018), Fig. 5]

応していた.

また，$\alpha = 0.35°$ ($q = 4.3\ \mathrm{nm}^{-1}$) に固定し，サイクリックボルタンメトリーと同時に反射強度，および 50 Hz で − 2.5 V から + 1.5 V への電位ステップに対する反射強度の応答を記録していくことで時分割反射率測定を行った結果，1 ミリ秒から 10 秒程度の時間スケールで 3 段階の緩和過程があると解析された.

7.4.5 まとめ

X 線反射率法による電気化学界面などの固液界面の測定はいまだ発展途上である.実験上の技術的困難はあるが，シンクロトロン放射光施設のビームラインなどで熱心な取り組みがあり，優れた試料セルなどの開発が進み，ある程度の成果が得られるようになった．他方，常設の測定装置として長期間にわたるモニタリング，非常に多数の繰り返し測定，あるいは多数の試料の比較測定などを行うのは，施設の運営上の問題からも難しそうである．電気化学の反応機構には，電圧，電流のほか，温度や pH，共存しているイオン種，溶媒の種類，発生ガスなど多くのパラメータが関与しており，さらに，光照射や磁場，応力などの外部刺激を加える場合などを考慮すると，常に稼働している常設の専用装置が普及することが将来的には求められる.

データの解析には，固液界面の場合にも薄層を積層したモデルが用いられることが多いが，必ずしも妥当ではないこともあるだろう．特に反応中の界面などでは，考慮しなくてはいけない要素が多くある．新しい研究対象に見合った解析方法の開発も必要である.

7.5 有機・高分子薄膜

7.5.1 はじめに

薄膜に関して膜厚などの高次構造を評価する際，たとえばその薄膜が無機材料で構成されているものであるならば，透過型電子顕微鏡を用い，試料の断面を観察することは一般的に行われている．断面の構造が，直接，実空間像で得られるため，直感的に理解しやすいことが大きな理由である．一方で電子顕微鏡を有機薄膜に適用した場合，電子ビームを照射することで，試料が損傷を受けてしまい，測定できなくなるケースが多い．さらには，真空を嫌うバイオマテリアルや，液面上の Langmuir 膜など，電子ビームを照射することがさらに困難になる．このため，特に有機薄膜の高次構造の決定に際して，X 線反射率法はたいへん強力な手法となる.

いわゆる有機分子から構成されるソフトマテリアルとしては，自動車のタイヤに使われるゴム，化学繊維であるナイロンやポリエステル，発泡スチロールなどが代表的である．これらは，我々の暮らしに溶け込み，欠かせないものになっている．一方で，近年はソフトマテリアルにエレクトロニクス材料としての機能を発現させるための研究も盛んに行われており，特にこの分野はプラスチックエレクトロニクスと呼ばれている．なかでも，実用化に近い(とされている)ものとして，次世代薄型ディスプレイとして期待されている有機 EL(エレクトロルミネッセンス)や，フレキシブルディスプレイ駆動のために必須とされる有機 FET(電界効果トランジスタ)などがある．これらの材料は，数十 nm 程度の有機半導体の層を多層化したものであり，その膜の高次構造や界面構造が直接，発光効率や寿命に影響する．このため，非破壊で測定できる X 線反射率法は，プラスチックエレクトロニクス分野においてもたいへん注目されている．

また, 有機薄膜では製膜過程や熱処理過程などの“ その場 ”観測が重要である．“ その場 ”観測では，10 ～ 60 keV の白色 X 線を用いるエネルギー分散方式が比較的よく利用されており，この領域に吸収端の存在する元素があると，反射率スペクトルは一気に複雑なものとなるが，有機薄膜は炭素，水素，酸素などの軽元素から主に構成されており，このエネルギー領域において吸収端が存在しない．そのため有機薄膜は，エネルギー分散方式を用いた X 線反射率法による“ その場 ”観測と相性が良い．この点も X 線反射率法が有機薄膜の分析においてたいへん注目されている理由の 1 つである．

本節では，有機分子の構造的な特徴を簡単に示し，それを踏まえた解析上のポイントを示した後，X 線反射率法による有機薄膜分析の具体例をいくつか紹介する．

7.5.2　有機薄膜の形態および分子配向

有機薄膜の高次構造を特徴付けるものとして，有機薄膜の成長様式と分子配向がある．最初に成長様式について説明するが，ここでは，有機分子を真空中で過熱して飛ばし，基板上に堆積させた真空蒸着膜を例に挙げる．基板表面上に飛来してきた有機分子は，基板との相互作用が強ければそのまま吸着するが，基板との相互作用が弱い場合には基板表面上を運動し，やがて近接する分子と会合し，安定な分子集団を形成する．そしてこの分子集団は，分解・脱離の起こりにくい“ 島 ”を形成する．このように有機薄膜の成長様式は，分子と基板との相互作用によって変化する．具体的なパラメータとしては，蒸着レート，基板温度，分子および基板の種類などがある．これらのパラメータの違いにより，図 7.47(a)に示すような 3 種類の成長様式のいずれかの型をとる．それぞれの成長様式に関して，以下に示す．

(1) 3 次元核生成型(Volmer－Weber type)

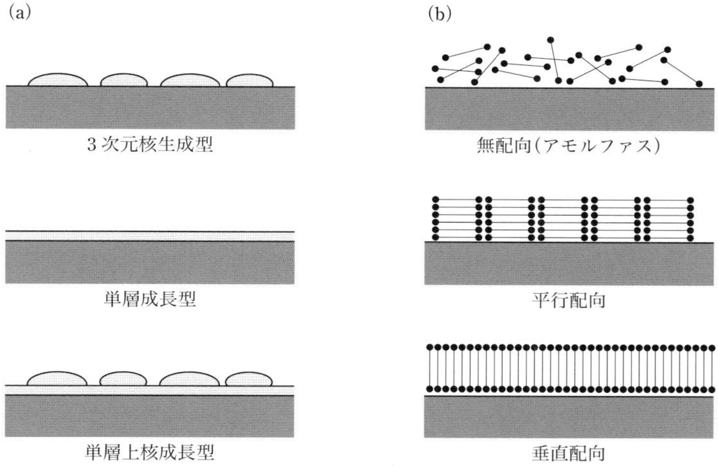

図 7.47　有機薄膜の主な成長様式(a)および分子配向(b)

まず基板上に分子が凝集して核ができ，続いて飛来してきた分子がそこに集まることで，核が 3 次元的に成長する型．島状に膜が成長する．

(2) 単層成長型(Frank−van der Merwe type)

2 次元の層が一層ずつ重なって薄膜が形成される型．

(3) 単層上核成長型(Stranski−Krastanov type)

最初に単層膜が形成され，その上に 3 次元核が生成する型．

単層成長型であれば，表面粗さが小さくなり，大きな q に対してもフリンジが観測されることになる．一方，3 次元核生成型および単層上核成長型では，表面粗さが大きくなり，これが q にともなう反射率の減衰に影響してくる．このように，成長様式の違いによって，X 線反射率も大きく影響を受ける．

ここでは石英ガラス基板上に蒸着した銅フタロシアニン(CuPc)薄膜を具体例として用い，有機薄膜の成長様式について説明する[46]．図 7.48(a)，(b)，(c)に，それぞれ，石英ガラス基板，膜厚 8.5 nm，27.0 nm の CuPc 薄膜試料に関する AFM 像とエネルギー分散方式を用いて測定した X 線反射率を示す．AFM 像より，蒸着初期においては平滑な表面状態を示していた CuPc 膜が(図 7.48(a)→(b))，その後，成長を続けると島を多数形成していくことがわかる(図 7.48(c))．これはまさしく，図 7.47(a)に示した単層上核成長型である．一方，図 7.48(b)に示す X 線反射率プロファイルに関して，計算値とのフィッティングを行った結果，膜厚 8.5 nm，密度 1.50 g cm^{-3}，表面粗さ 2.0 nm というパラメータを得た．バルクの CuPc の密度は 1.62 g cm^{-3} であり，

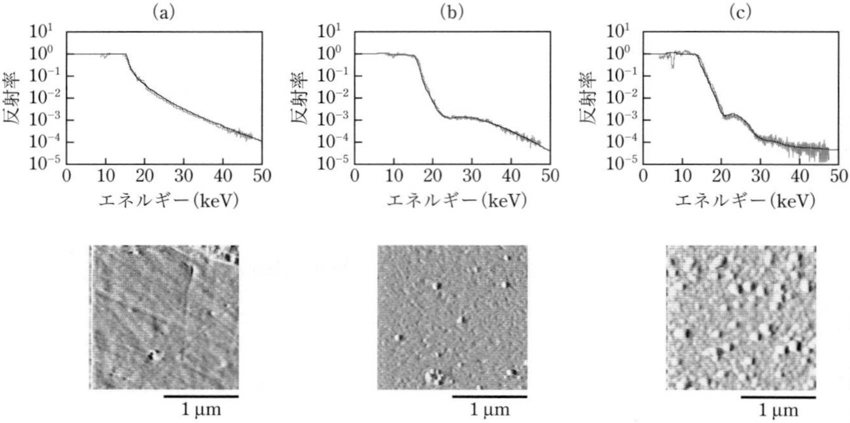

図 7.48　CuPc 薄膜のエネルギー分散方式による X 線反射率プロファイルおよび AFM 像
(a) SiO_2 ガラス基板，(b) CuPc 膜厚：8.5 nm，(c) CuPc 膜厚：27.0 nm.

薄膜での密度はその約 93% の値である．一方，図 7.48(c)に示す膜厚 27 nm の試料の X 線反射率について解析を行うと，単純な単層膜モデルによるフィッティングでは実測値との良い一致は得られなかった．ここでは，低密度の上層(21.0 nm，1.28 g cm^{-3})と高密度の下層(6.0 nm，1.50 g cm^{-3})の二層膜モデルを想定し，実測値との良い一致を得た．上層は多数の島から構成されており，それらは微結晶とみなすことができる．微結晶自体の密度はバルクとほとんど同じと思われるが，島状ゆえの膜の不均一さに起因し，上層の密度がバルクに比べ，かなり小さな値をとると推察される．なお，求められた表面粗さは 4.0 nm であり，島による表面の凹凸が X 線反射率に現れていることがわかる．また，この大きな表面粗さのために，図 7.48(c)におけるフリンジの振幅の減衰が激しい．

次に，有機薄膜のもう 1 つの特徴である分子配向について述べる．有機分子はある特定の形をもっており，製膜条件や熱処理などによって，有機分子が特定の方向に配列することがあり，その現象を分子配向と呼んでいる．成長様式と同様，分子配向も分子と基板との相互作用によって変化する．図 7.47(b)には，アルカンや液晶分子のような直鎖状分子を例に，3 種類の配向状態を示した．なお，銅フタロシアニンやペンタセンなどの平面状分子に対しても，同様の配向状態が存在する．

(1) 無配向(random orientation)

分子が無秩序に配列した状態．非晶質薄膜である場合が多いが，方位がランダムな微結晶性薄膜である場合もある．

(2) 平行配向(lateral orientation)

直鎖状分子の分子軸または平面状分子の分子面が基板に対して平行な状態．分子と基板の相互作用が強いときに生じやすい．

(3) 垂直配向(normal orientation)

直鎖状分子の分子軸あるいは平面状分子の分子面が，基板に対して垂直に配向している状態．分子自身の凝集力が基板との相互作用より強いときに生じる．

これらの配向状態は単一的に存在する場合と，混在する場合がある．高い電子機能を有する有機薄膜の作製においては，これらの状態をいかに制御するかが鍵となる．たとえば有機EL素子の場合には，膜の結晶化が素子の劣化をもたらすため，熱などに対して安定な非晶質薄膜を製膜する必要がある．また，π電子系の平面型半導体による有機FETの場合には，垂直配向したほうが平面方向のキャリア移動度が高くなる場合があり，配向制御と素子の高性能化の間には密接な関係がある．

また，分子1つ1つが数nmのサイズをもつために，分子配向の影響がX線反射率の解析に影響を及ぼす場合がある．ここでは，高分子液晶を例に考えてみる[47]．用いた液晶分子の構造を図7.49(a)に示す．薄膜はスピンコート法で作製した．図7.49(a)の下側の曲線は，製膜直後の試料に対するX線反射率の測定値と計算値である．ここでは，膜厚16.85 nm，電子密度334 electrons nm^{-3}，表面粗さ0.65 nmの単層膜モデルを用いた．一方，上のプロファイルは110°Cで30分間アニーリングした試料に対して，X線反射率の測定を行ったものである．この反射率プロファイルの最も大きな特徴は，視射角1.3°および2.8°において，他のフリンジに比べて大きなピークが観測されていることである．これらはBraggピークに対応し，高分子のユニットが

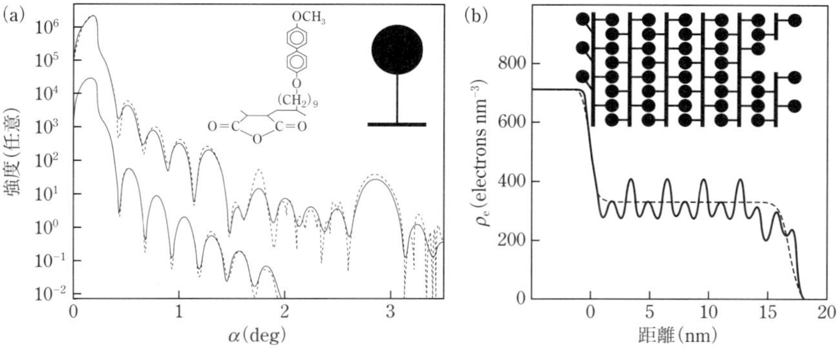

図7.49　高分子液晶分子薄膜からのX線反射率(a)および薄膜の電子密度プロファイル(b)
(a)，(b)ともに点線は実験値，実線は計算値．
[D. K. G. de Bore *et al.*, *Physica B*, **248**, 274(1998), Fig. 4, 5, 6]

層構造を形成していることがわかる．

また，この高分子のユニットは基板に対して垂直に配列する，いわゆる垂直配向を示す．製膜直後は配列していなかった分子配向が，アニーリングによって垂直配向したのである．ここでも，膜構造のモデルを立てて，理論計算によるX線反射率プロファイルとのフィッティングを行うわけだが，基板であるSiやその表面のSiO_2の層も含めて，合計22の層を仮定したモデルを用い，最適なパラメータを得ている．図7.49(b)は，基板表面からの高さを横軸にとった薄膜の電子密度プロファイルであり，それが見事に垂直配向を仮定したモデルを再現していることがわかる．このようなことから，有機薄膜の高次構造を決定するうえでは，有機分子の配向を想定することで，精密な構造情報を得ることができる．

ほかに，有機半導体材料として盛んに研究されている平面状分子ジインデノペリレンなども，上の例と同様，基板に垂直配向する．ただし，その分子軸が基板に傾いて配列するため，それぞれの粒界が接するときにミスマッチを起こす．このため，分子を堆積させ膜厚を増加させていくと，それにともない急激に表面粗さが増加する[48]．X線反射率測定により得られた値を示すと，膜厚10 nmでは表面粗さは1 nmであるが，膜厚100 nmでは表面粗さは5 nmに達し，その後も膜厚を増加していくにつれて表面粗さの値が増加する．なお，表面粗さの値は原子間力顕微鏡によっても評価することができ，それによって得られた値とX線反射率測定によって得られた値は一致している．

7.5.3 ガラス転移温度近傍における構造変化の解析への応用

タンパク質結晶に代表されるように，ソフトマテリアルも，その多くは結晶状態をもつ．一方で，無機物質に比べて立体障害が大きいため，非晶質状態になりやすい．ソフトマテリアルも，非晶質状態においては窓ガラスと同様に硬く，比較的透明である．この状態はガラス状態と呼ばれる．加熱処理によりガラス状態に拘束されていた高分子鎖が解放され，全体がゴム状態に転移する温度をガラス転移温度(T_g)と呼ぶ．ソフトマテリアルのやわらかさや透明度など決めるうえでT_gの制御は興味の対象である．膜厚や密度を高い精度で測定できるX線反射率法は，T_gやその近傍での構造変化を解析するのに威力を発揮してきた．

たとえば，膜厚数～数十nmの高分子薄膜のT_gの決定に対して，X線反射率法は非常に有効である．図7.50は，Si基板上のポリスチレン(重量平均分子量M_w = 303 k)薄膜に対して，温度を変えながらX線反射率測定を行った結果である[49]．各々の温度におけるX線反射率プロファイルを詳細に解析することにより，精度良く膜厚が求まり，その結果，熱膨張率も求まる．この熱膨張率は，ガラス転移温度を超え

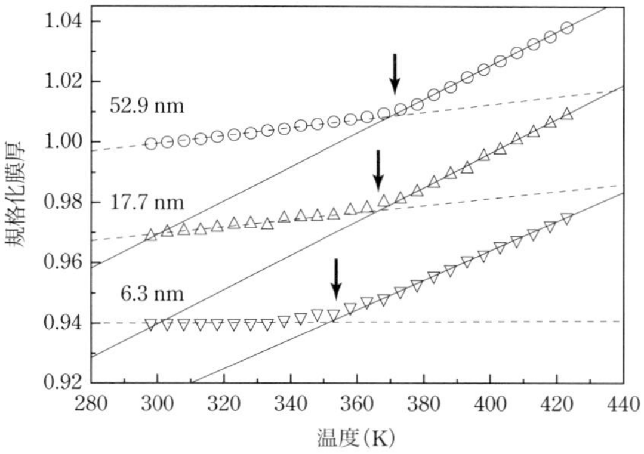

図 7.50 X 線反射率法を用いたポリスチレン薄膜における膜厚の温度依存性
膜厚 6.3 nm，17.7 nm，52.9 nm の試料を用いた．ガラス転移温度前後で熱膨張率が大きく変わるため，それぞれの膜厚の試料における T_g を決定できる．試料は真空チャンバー内に置き，昇温させながら測定を行った．
[T. Miyazaki *et al.*, *Phys. Rev. E*, **69**, 061803 (2004), Fig. 2]

るとさらに大きな値を示すため，図 7.50 に示すように膜厚を温度の関数としてプロットすることで薄膜の T_g を決定することができる．ここでは，初期膜厚が大きいほど，薄膜の T_g が大きな値を示している．図 7.51 は，さらに初期膜厚の関数として，T_g をプロットしたものである．ここでは，分子量の異なる 2 種類のポリスチレン(M_w = 303 k，2,890 k)について評価しているが，どちらも初期膜厚約 10 nm を境にして，それ以下の膜厚領域における T_g が 354.5 K と一定になっていることがわかる．このことから，膜厚 10 nm 以下の超薄膜と，それ以上の膜厚のポリスチレン膜とで高次構造が異なることが示唆される．

このような結果より，ある程度の膜厚以上のポリスチレン膜は，ガラス化温度の低い流動層(mobile layer)とガラス化温度の高い非流動層(immobile layer)の二層構造をもつ，ということが提唱された．流動層は常に薄膜の表層に形成され，深い領域によりバルク的な非流動層が形成される．膜厚 10 nm 以下で T_g が変化しないのは，流動層の臨界膜厚がおよそ，そのあたりの値であるからである．図 7.51 のグラフから正確に見積もられた臨界膜厚は，M_w = 303 k，2,890 k に対して，それぞれ 8 nm および 13 nm である．このように，極表面近傍のみの転移温度がバルクのものと異なるという現象は，他の物質においてもよく見られる．

また，表面粗さに関しても顕著な変化が見られている．図 7.52 は，X 線反射率から得られた表面粗さの温度変化である．ここでは，3 種類のポリスチレン試料につい

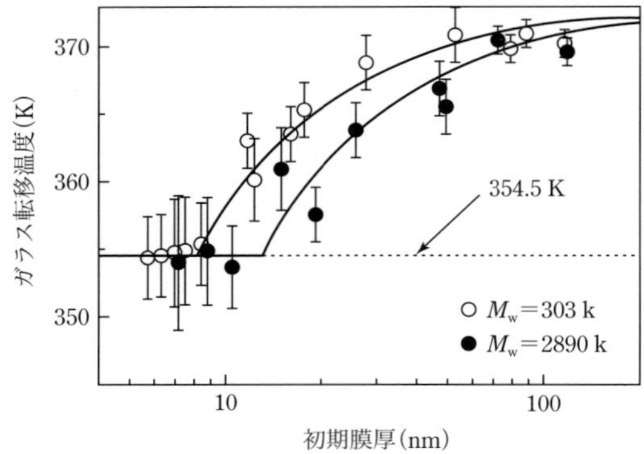

図 7.51　ポリスチレン薄膜における初期膜厚とガラス転移温度の相関
［T. Miyazaki *et al.*, *Phys. Rev. E*, **69**, 061803(2004), Fig. 4］

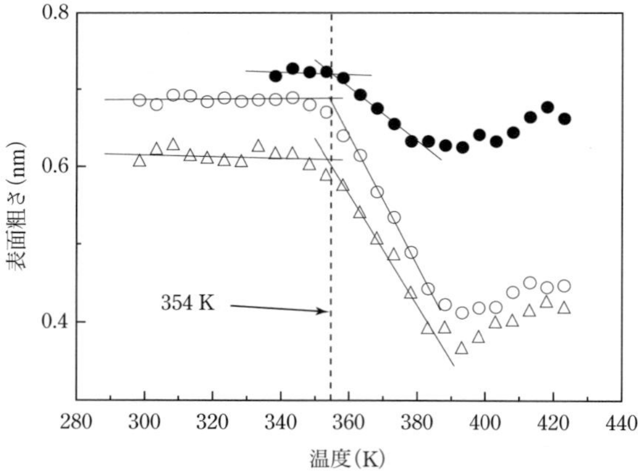

図 7.52　ポリスチレン薄膜における表面粗さの温度依存性
○および△は，それぞれ初期膜厚が 16 nm および 13 nm で，M_w = 303 k のポリスチレン薄膜，●は初期膜厚が 15.8 nm で M_w = 2980 k のポリスチレン薄膜.
［T. Miyazaki *et al.*, *Phys. Rev. E*, **69**, 061803(2004), Fig. 6］

て評価しているが，いずれもガラス転移温度を超えると表面粗さが減少していることがわかる．特に，M_w = 303 k のポリスチレン薄膜は大きく表面粗さが減少している．さらに，表面粗さの変化からもガラス転移温度を求めることができる．図 7.52 より得られたガラス転移温度は，図 7.51 の膜厚から求められるものとは異なり，重量平均分子量や初期膜厚値によらず 354 K をとる．この事実は，表面流動層の存在を証明するとともに，いずれの条件の表面流動層もガラス転移温度が一定であることを示している．

7.5.4 有機 EL 素子における劣化機構の解明への応用

液晶ディスプレイやプラズマディスプレイなどの薄型ディスプレイが世に普及してから久しいが，現在，究極の薄型ディスプレイとして最も注目されているのは，有機 EL ディスプレイである．2018 年現在，有機 EL ディスプレイは，スマートフォンの画面をはじめ，大型テレビにも採用されている．有機 EL 素子が注目される理由は，液晶とは異なり自発光素子であるためコントラストが高いこと，応答速度が速いため，映像，特に動画がたいへん美しいということ，数 mm サイズの厚さにディスプレイを設計できることなどが挙げられる．また，可撓《とう》性に富んだ有機 FET を駆動回路に用いることによりフレキシブルタイプのディスプレイの開発も可能になる．フレキシブルタイプのディスプレイは，いくつかのプロトタイプがすでに試作されている．ディスプレイの手前といえる薄くて曲げられる有機 EL 照明はすでに市場投入されている．

このように有機 EL 素子は有望な発光素子である．しかし，現在もそうであるが，特にその研究開発の黎明期における課題は，寿命が短いことであった．有機 EL 素子の基本的な構造は，透明電極上にホール輸送層，発光層，電子輸送層を積層したものであるが，これらの膜はアモルファス状態である．このため，素子の温度が上昇することにより結晶化が起こり，それが粒界を形成させ，劣化促進への引き金となっていた[50]．斜入射 X 線回折法を用いた実験では，発光層＋電子輸送層の主材料である Alq_3 において，昇温時の結晶化が確認されている．また，ホール輸送層（TPD）との積層膜 Alq_3／TPD における X 線反射率からも，昇温時における急激な表面または界面粗さの増加が観測されている[51]．

このような寿命に関する課題は，近年の集中的な技術開発によって大きな進歩が見られるが，依然として実用化における課題となっている．輝度や電力効率の高性能化を実現するために，最近では電子ブロック層やホールブロック層など，各々の機能を分離し，膜厚数 10 nm の層を幾層にも積層したような素子構造が主流となっている．RGB 層の重ね合わせによる白色有機 EL 素子ともなると，計 10 層以上に及ぶ．このような，多層化による有機 EL 素子の高性能化に際して問題となるのが，積層構造の乱れによる性能劣化である．この劣化過程における各層の層構造・界面の変化を非破壊で観測し，耐久性の改善に資する劣化機構の解明する必要がある．

図 7.53 に，比較的単純な有機 EL 素子構造である，LiF（電子注入層）／Alq_3（発光層＋電子輸送層）／NPB（ホール輸送層）／CuPc（ホール注入層）／ITO（陽極）／SiO_2 基板で

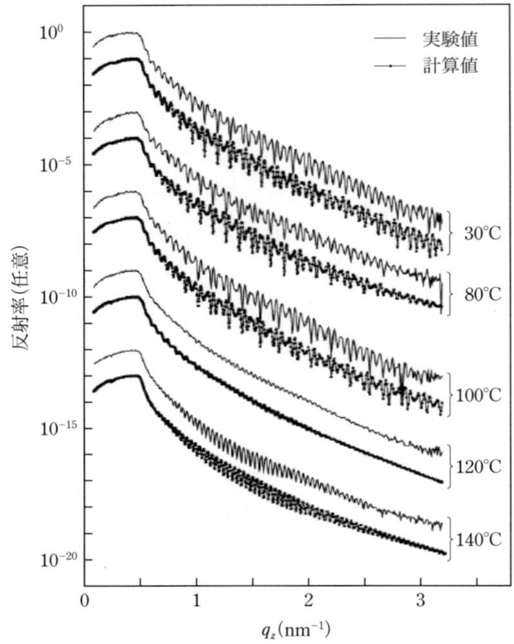

図 7.53　有機 EL 素子からの X 線反射率プロファイルの熱処理温度依存性
試料は LiF／Alq_3／NPB／CuPc／ITO／SiO_2 基板．測定は 30°C，80°C，100°C，120°C，140°C で 1 時間熱処理を施した試料に対して行われた．実験は韓国の Pohang Light Source で行われた．
［Y. J. Lee *et al.*, *Thin Solid Films*, **515**, 5674 (2007), Fig. 1］

の X 線反射率プロファイルを示す[52]．まず気づくのは，プロファイルが 100°C と 120 °C の間で大きく変化していることである．各々の反射率データから，試料中における各層の膜厚値を評価し，その変化をグラフ化したものを図 7.54 に示す．これより，熱処理温度 30 ～ 100°C においては膜構造に大きな変化はなく，この温度領域においては比較的安定であることがわかる．熱処理温度 120°C の試料においては，LiF と Alq_3 および Alq_3 と NPB の拡散層が出現し，熱処理温度 140°C の試料においては，さらにそれら拡散層が成長している．このような拡散層の出現が劣化に直接影響を与えていることがわかる．一方，もう少し詳細にデータを解析してみると，熱処理温度 100°C の試料に対しては，NPB 層の膜厚が 80°C のものに比べ急激に増加し (3%)，Alq_3 層との界面粗さも倍 (1.9 nm) になっている．これは，NPB のガラス転移温度が 96°C であることに起因すると考えられる．この事実は，アニーリング温度 120°C の

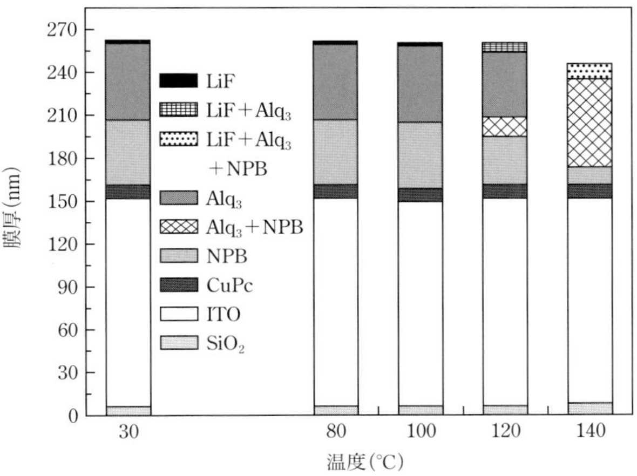

図 7.54　図 7.53 より計算された各層の膜厚の熱処理温度依存性
［Y. J. Lee *et al.*, *Thin Solid Films*, **515**, 5674(2007), Fig. 1］

試料で見られる拡散層の出現に対する前駆現象とみなすこともできる．

このように，X 線反射率法を用いることにより有機 EL 素子の劣化挙動を非破壊で観察することができる．また今後も重要な開発要素となるのは，酸素や水の影響による劣化を防止するための，薄膜による封止技術である．通常，膜封止は高分子膜と無機膜の多層構造が用いられているが，その界面評価にも X 線反射率法を用いて行われている例がある[53, 54]．

7.5.5　有機ガスセンサー，有機太陽電池における“その場”観測への応用

A.　有機ガスセンサー

ガスセンサーとは，空気中に含まる特定のガスを感知し，濃度に応じた電気信号に変換する素子である．現在，種々のガスに対して，さまざまなタイプのガスセンサーが開発されている．なかでも主流なものは，固体表面にガスが吸着したときや，電解質中にガスが溶けたときの電気抵抗値の変化を読み取るものである．ガスセンサーに用いる材料は無機物質を主体としたものが主流であるが，一部の有機薄膜もガスの吸収によって大きく導電率が変わるため，ガスセンサーとしての応用が期待されている．有機半導体であるフタロシアニン系の材料も，その 1 つである．

ルテニウムフタロシアニン(RuPc)も NO_x に対するガスセンサーとして注目されている材料の 1 つである．真空蒸着法によって作製した 30 nm と 50 nm(水晶振動子膜厚モニターにより評価した膜厚値)の薄膜に対し，NO_x ガスに曝しながら，“ その場 ”

でX線反射率の測定を行った[55]．通常の角度分散方式ではなく，ここでは“その場”観測に対してメリットのあるエネルギー分散方式を用いている．入射X線源として，タングステンターゲットを装備した2 kWの封入管を用いている．タングステンのターゲットからは，8～12 keVの領域に$L\alpha$，$L\beta$，$L\gamma$線などが現れる．このため，実際に測定に利用するのは12～58 keVのエネルギー領域としている．反射したX線の観測には，純Geタイプの半導体検出器を用いた．測定時の計数率は1万cpsであり，このときのエネルギー分解能は1.5%程度であった．

試料はガス雰囲気を制御できるチャンバーで覆い，常温下において20 nmol sec^{-1}のNO_xガスをチャンバー内に流した．図7.55は，膜厚30 nmのRuPc膜について測定した反射率スペクトルの時間変化を示している．上に向かうほど時間が経過していることを表しているが，時間の経過により干渉による振動パターンの間隔が徐々に狭くなっていることがわかる．このことは，試料がNO_xを吸収することにより，膜厚が大きくなっていることを示している．また，図7.55の右上にあるプロットは振動の減衰率の違いを示している．曝露直後の減衰率に比べ，12時間後のものの減衰率が大きい．ここで，減衰率は薄膜の表面粗さに対応しており，曝露とともに表面が粗くなっていることがわかる．

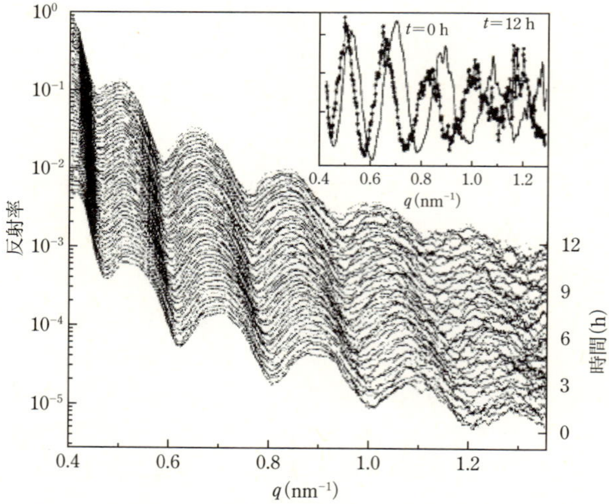

図7.55　NO_xガス雰囲気下におけるRuPc薄膜の反射率プロファイルの時間変化
試料は膜厚30 nmのRuPc．12時間の間に計50回の反射率の測定を行っている．1回の測定にかかる時間は約15分である．
［V. R. Albertini *et al.*, *Appl. Phys. Lett.*, **82**, 3868(2003), Fig. 2］

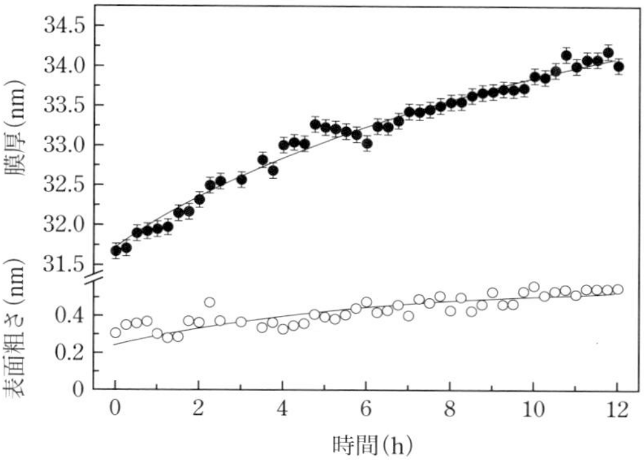

図 7.56　図 7.55 より計算された膜厚，表面粗さの時間変化
［V. R. Albertini *et al.*, *Appl. Phys. Lett.*, **82**, 3868(2003), Fig. 3］

図 7.56 に，図 7.55 のスペクトルから定量された膜厚と表面粗さの値を時間に対してプロットしたグラフを示す．この解析には

$$x(t) = x_1 + (x_2 - x_1)[1 - \exp(-t/\tau)] \tag{7.8}$$

という式を用いてフィッティングを行っている点が特徴的である．ここで，x_1，x_2 は膜厚と表面粗さの初期値と飽和値である．また，τ はある一定の割合の物理量が変化する時間を示す時定数的なパラメータである．ここでは，膜厚値に対する τ_d，そして，表面粗さに対する τ_σ というパラメータを定義している．解析の結果得られた τ の値は，膜厚 30 nm，50 nm の両者の試料に対して同じであり，τ_d は約 10 時間，τ_σ は約 6 時間という値を得ている．したがって，数十 nm 程度の厚みの違いは，薄膜形態の変化に及ぼす影響として無視できることがわかる．また，τ_d に比べて τ_σ のほうが短時間であることから，膜厚の変化速度に比べ，表面粗さに対する変化のほうが速いこともわかる．これらの事実より，RuPc と NO_x が反応する際には，まず，ガスとの相互作用によって薄膜の表面が荒らされ，その後，内部へのガスの侵入が促進されるという機構が判明した．

B.　有機太陽電池

同様のエネルギー分散方式の X 線反射率法を用いて，有機太陽電池の動作中において素子の測定を行った例を示す．有機太陽電池は，シリコン太陽電池などと比べると効率の点で大きく劣るが，低エネルギー・低コストで素子を作製することができる点，また，フレキシブルな素子を作れる点が魅力である．また，植物の光合成が高いエネルギー変換効率をもっていることを考えると，将来的には，シリコン太陽電池を超えるものが作製できる可能性がある．しかしながら，有機太陽電池における目下の

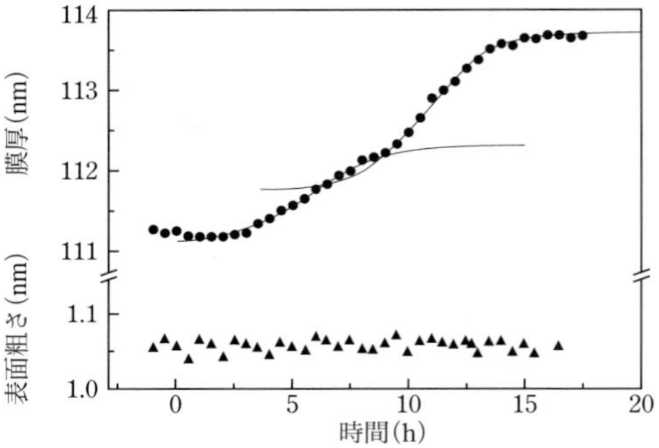

図 7.57 光照射下における有機太陽電池素子の Al 電極層の膜厚と表面粗さの時間変化
[B. Paci *et al.*, *Appl. Phys. Lett.*, **87**, 194110(2005), Fig. 4]

問題は光の照射中に光電変換効率が減衰していくことである．

ここでは，MDMO−PPV(ポリフェニレンビニレン誘導体：導電性高分子)とPCBM(フラーレン誘導体)を混合したものを有機太陽電池の活性層とした素子，Al／MDMO−PPV ＋ PCBM／ITO／ガラス基板を作製し，白色ランプを照射しながら，X 線反射率プロファイルの測定を行った例を示す[56]．図 7.57 は，この素子中における Al の膜厚および表面粗さの時間的な変化をプロットしたものである．表面粗さには変化は見受けられないが，膜厚値は大きく変化している．しかも，グラフから膜厚の増加プロセスには 2 つの段階が存在することがわかる．Al 層の膜厚増加には，Al の酸化が関与していると考えられるが，表面粗さに大きな変化がないことから，有機活性層(MDMO−PPV ＋ PCBM)と Al 電極の界面における化学的反応が光の照射中に起こっていたことがわかる．

ここで紹介した 2 つの事例は，X 線発生装置に封入管を用いているが，放射光を有機薄膜の“その場”X 線反射率測定に用いた例もある[57, 58]．この場合，0.1 秒程度の短時間の測定でもフリンジが観測できる．ただし，強力な放射光白色 X 線は有機試料にダメージを与えるために強度を抑えて測定するなどの工夫が必要である．

7.5.6 定点 X 線反射率測定による有機薄膜の薄膜成長過程の評価

有機薄膜の成長過程をその場観察することは，その薄膜の形成メカニズムを理解するうえで重要である．X 線反射率法は非破壊で，放射線損傷も少ないため，蒸着時における薄膜の成長過程のその場観察に適した手法であるが，その適用例はほとんどなかった．一方，薄膜の構造変化過程の観察などに対しては，X 線反射率の時分割測定がこれまでにも数多く用いられてきた．時分割測定においては，角度走査方式では走査に時間がかかるため，走査を必要としないエネルギー分散方式などが有利である．

ここでは Woll らによる有機半導体であるペンタセンの蒸着過程の X 線反射率測定を紹介する[59]．膜の構造変化を詳細に X 線反射率で追跡するために工夫が凝らされている．図 7.58 に示すように，ペンタセンは SiO_2 上に垂直配向して層を形成し，層状に(layer-by-layer)成長することも知られている．ペンタセン薄膜の成長スピードは速く，Woll らの実験では 500 秒で 5 層の膜が形成される．

高エネルギー電子回折法(reflection high energy electron diffraction，RHEED)は，X 線反射率法と同様に，試料表面にすれすれの入射角で電子ビームを照射し，その回折パターンから表面の状態を評価する手法である．特定の回折スポットは，成長している薄膜の相対的な表面被覆の状態によって周期的に振動するので，薄膜の成長をモニターするために用いられる．X 線反射率に対しても，同様に強度の振動を観測することによって表面の被覆率を評価することができる．Woll らもこの点に着目し，X 線の入射角と出射角を固定してペンタセンの成膜時における反射率の強度変調を観測した．彼らの方法で特徴的であるのは，“anti-Bragg”配置と呼ばれる条件下で反射率の測定を行っている点である．ペンタセンの層の厚みを c とすれば，$q_z c = 2\pi n$ が Bragg の条件であるが，anti-Bragg 条件は，Bragg 条件の中間，すなわち $q_z c = \pi(2n + 1)$ である．

有機薄膜に対しても，その薄膜が完全に層状成長する場合には，RHEED(もしくは X 線 CTR 散乱)と同じように回折スポットではなく，ストリーク(線状)パターンが現れる．このストリークパターンの形状は相対的な層の被覆率によって変化する．特に，anti–Bragg 条件における X 線反射率の強度変調はこの被覆率に非常に敏感であり，

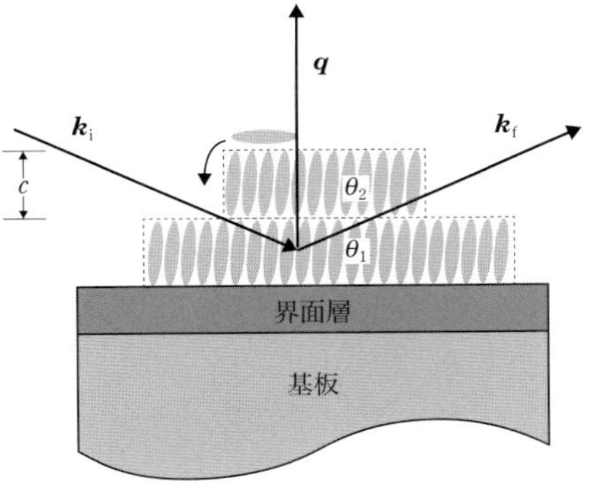

図 7.58　ペンタセン薄膜の定点 X 線反射率測定における実験配置
［A. R. Woll *et al*., *Phys. Rev. B*, **84**, 075479(2011), Fig. 2 を改変］

層状成長する場合には，RHEEDと同じように振動構造として現れる．反射X線の強度は

$$A(q_z,t)=A_{\mathrm{sub}}\exp(i\phi_{\mathrm{sub}})+A_{\mathrm{film}}\sum_{n=1}\theta_n(t)\exp[-iq_zc(n-1)] \tag{7.9}$$

で表される．ここで，A_{sub}，A_{film} は実数値であり，基本的に波数が q_z のときの基板と薄膜の電子密度分布をFourier変換した値に対応する．ϕ_{sub} は基板表面上の反射X線の位相に関する係数である．重要なパラメータは n 層目の被覆率を表す θ_n である．各層が被覆される過程で，θ_n の値が変化することによって反射率に振動構造が現れる．

図7.59は，$q_zc=\pi$ の条件で測定したX線反射率の時分割測定である．実験は，コーネル大学の高エネルギー放射光施設で行われた．観測される振動構造はやや特殊であるが，成長モデルを立てて理論計算とのフィッティングを行うことにより，基板上に積層した層の数とその際の表面粗さを定量解析することができる．この解析結果から，

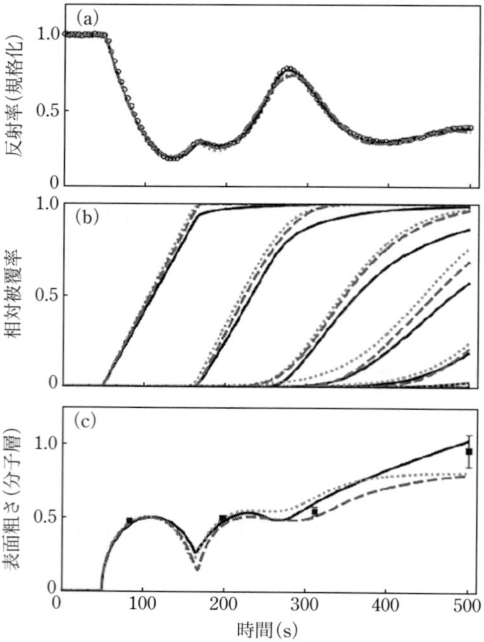

図7.59　ペンタセン薄膜成長時におけるX線反射率(a)，相対被覆率(b)および表面粗さ(c)の時間変化
［A. R. Woll *et al.*, *Phys. Rev. B*, **84**, 075479(2011), Fig. 4を改変］

蒸着直後50秒間は膜の成長が開始しないことや，2分子層を超えると急激に表面粗さが大きくなることがわかる．表面粗さや被覆率の変化から最初の1分子層は完全に層状成長しているが，その後は，分子層が山状に重なる島状成長に変化していることなども判断できる．このような成長形態は原子間力顕微鏡によっても確認されており，X線反射率測定の結果との整合性もとれている．

Wollらの実験系は，試料と検出器の角度や位置を固定することで，このような短い時間での時分割X線反射率測定を可能としている．もちろん，完全なX線反射率プロファイルを観測できれば，その方がより定量的な観測が可能であるが，時間分解能を犠牲にしたり，特殊な実験配置を構築しなければならない．そのような観点から考えれば，本節での実験配置はきわめて単純であり，RHEEDのように成膜チャンバーに実装することもたやすいと考えられる．

7.5.7 散漫散乱を利用した高分子薄膜の評価

近年の有機デバイスの発展により，高分子に代表されるソフトマター薄膜・表面の構造・特性に対する関心が高まっている．高分子材料は紐状の巨大分子がぐにゃぐにゃと固まったアモルファスの構造体であるというのが一般的なイメージであろうが，それに反して分子鎖を自らが折りたたんでいくことで結晶化する高分子も多い．しかしながら結晶性高分子といえども融液成長の場合，すべての分子が結晶相に取り込まれるわけではなく，取り込まれなかった部分は非晶質のまま試料内に取り残される．また，非結晶性高分子でも完全にランダムな配置をとって凝集することは難しく，通常は短・中距離の構造秩序が存在する．したがって，高分子薄膜・表面の構造や物性の評価を行う際には，空間的な周期性に敏感なプローブおよび結晶・非結晶を問わず適用可能なプローブの双方を用いて研究ができることが望ましい．

X線反射率法は原子・分子レベルでの周期性に頼らない評価手法であるため，高分子薄膜・表面の構造とモルフォロジーの探索には適している．我々は高分子のもつ吸水性，撥水性，吸ガス性，耐紫外線性，生分解性，生体適合性，導電性などの性質を利用して日々生活しているが，ここに列挙した性質は分子構造に負うところが大きいものの，“高分子の配列形態”により機能が発揮されているケースも少なくない．ごく一般的な高分子でも，薄膜化により強調される基板との相互作用を利用したり，ラビングなどの処理を施したりすることで分子鎖の方向が揃い，ランダム凝集体では現れない機能が発現することがある．

鏡面反射を用いた高分子薄膜の研究は標準的に行われているが，散漫散乱についてはどうであろうか．散漫散乱は鏡面反射と同じセットアップで測定できるので，鏡面反射の測定中にバックグラウンドが高く，それが $q_z=(4\pi/\lambda)\sin\alpha$ に依存するような場合，散漫散乱の q_x–q_z 依存性を確認することで有用な情報が得られることがある．散漫散乱から得られる情報は試料の表面領域における電子密度のゆらぎの面内方向での相関関数 $C(x, y) = \langle \Delta\rho(x+X, y+Y)\Delta\rho(X, Y)\rangle_{X,Y}$ であるので，表面高さ $Z_S(x, y)$ の平均高さからのずれの相関(高さ－高さ相関)を求めることができる．それ以外の，たとえば面内の密度の不均一性などのゆらぎも高さ―高さ相関に加えて定式化することが可能ではあるが，パラメータ数が多くなってしまうという問題が生じる．熱ゆらぎによって駆動される液相表面の表面張力波に起因する高さ―高さ相関は最も詳しく研究されている例の1つであり，教科書にも取り上げられている話題であるので，原理についてはそちらを参照されたい[60]．本節では高分子薄膜の散漫散乱を利用した解析について紹介する．

A.　高分子薄膜

図7.60に厚さの異なるポリスチレン(PS)のスピンコート膜について q_x 走査(transverse scan)により得られた散漫散乱のデータを示す[61]．室温での測定ではあるが，165°Cでアニーリングされた後に急冷されているので溶融状態の表面モルフォロジーを反映していると考えられる．図7.60(a)の膜厚4.5 nmのデータで顕著であるが，散漫散乱成分の勾配が矢印の部分を境に異なり，q_x の小さい側では勾配が小さくなっていることがわかる．薄膜においては基板とのファンデルワールス相互作用により矢印で示された波数に対応する波長よりも長波長のゆらぎが抑制される．ファンデルワールス相互作用する有限厚さをもつ膜表面の表面張力波(capillary wave，7.6節参照)の場合，この特性波数は膜厚の－2乗に比例するが，図7.60(b)を見る限り－2乗則はよく成り立っており，高分子薄膜の場合も単純な液体薄膜と同様のふるまいをすることがわかる．高分子としての特徴はむしろ鏡面反射率より見積もられた表面粗さの「膜厚/R_g(慣性半径)」依存性を示す図7.60(c)で顕著である．曲線(I)はこれ以上波長の短いcapillary waveが存在しない波数の上限値を $2\pi/R_g$ とした場合の理論曲線であり，曲線(II)は波数の上限値を $2\pi/$(PSのモノマーサイズ)に選んだ場合の理論曲線である．この結果は，高分子のcapillary waveがモノマー単位でゆらいでいるのではなく，R_g 程度のランダムコイルのスケールでゆらいでいることを示す．しかしながらこのような R_g 程度の大きさの分子がcapillary wave理論に従って過減衰してゆらぐとするモデルは，より高い分子量の薄膜になると成立しなくなる．その理由として基板との相互作用により分子端がピン止めされポリマーブラシ状になる可能性が検討されている．

B.　ポリマーブラシ

ポリマーブラシとは材料表面に親水性／疎水性，低摩擦性，生体適合性などの機能をもたせるために表面を高分子で高密度に精密修飾したものである．ポリマーブラシ

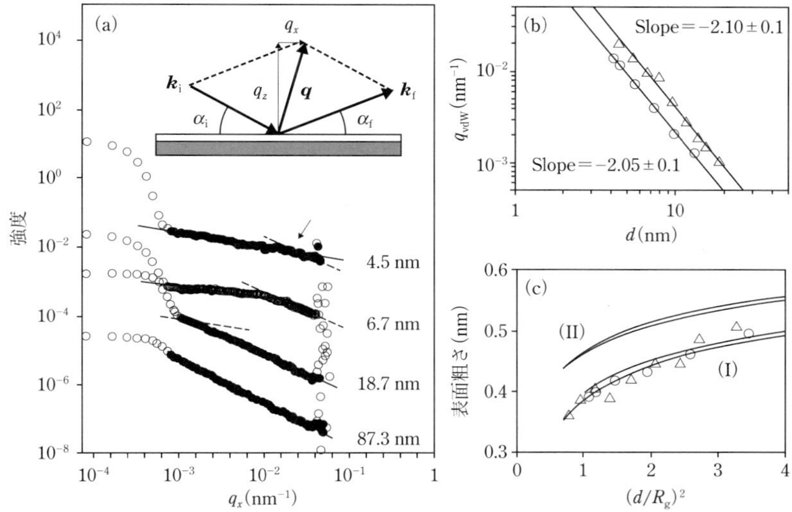

図 7.60　異なる膜厚のポリスチレン薄膜からの $q_z = 2.33\ \mathrm{nm}^{-1}$ における散漫散乱(q_x 走査) (a)とその解析結果(b)，(c)
(a)膜厚 4.5 nm の試料の散漫散乱スペクトルに示されている矢印はこれ以下の $q_{||}$ の領域で capillary wave が抑制される臨界波数(2 直線の交点)を表す．(b)フィッティングで得られた臨界波数と膜厚のグラフ．傾きはほぼ－2 と capillary wave モデルに従っている．(c)X 線反射率より見積もられた表面粗さの値(○と△)と，散漫散乱により見積もられたパラメータおよびカットオフ波数として慣性半径を用いた場合の計算値(I)と，カットオフ波数としてモノマー–モノマー間距離を用いた場合の計算値(II).
[Y.-S. Seo *et al.*, *Phys. Rev. Lett.*, **94**, 157802 (2005), Fig. 1]

の機能と時間変化するゆらぎの特性との関連を明らかにすることは応用上重要である．文献 62 では Si 基板上にラジカル重合で形成されたさまざまな膜厚，重合度，グラフト密度を有するポリスチレン(PS)ブラシとポリ(*n*–ブチルアクリレート) (PnBA)ブラシに対して鏡面反射と散漫散乱の測定を行うことで，ガラス転移温度 T_g 以上の温度でも capillary wave の存在を裏付けるデータが得られなかったことが報告されている．図 7.61 は PS ブラシの散漫散乱の例である．図 7.61 を見ただけでは判別しがたいが，図 7.60(a)の矢印部分で見られるような散漫散乱成分の勾配の変化は認められない．図 7.61 の曲線はポリマーブラシ表面に対して自己アフィンモデルを仮定した場合の相関関数 $C(x, y) = \sigma^2\exp[-\{(x^2 + y^2)^{1/2}/\xi\}^{2h}]$ を用いてフィッティングした結果である．σ と ξ はそれぞれ表面粗さと相関長，h はフラクタル表面のモルフォロジーを表す Hurst パラメータである．表面の高さ–高さ相関がこのような特性を有す

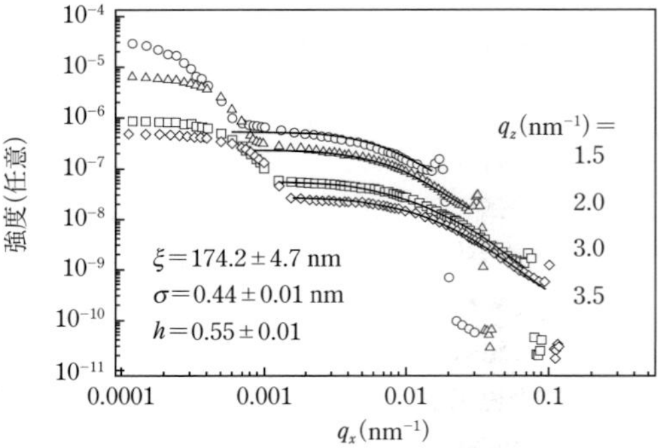

図 7.61 厚さ 45 nm のポリスチレンブラシの異なる q_z における散漫散乱(q_x 走査)
実線は自己アフィン表面を仮定した際のフィッティングの結果.
[B. Akgun *et al.*, *Macromolecules*, **40**, 6361(2007), Fig. 3]

るとすれば，その表面ゆらぎは液体表面を伝播する励起以外の過程で形成された可能性がある．室温と 80°C とで PnBA ブラシの散漫散乱成分の自己アフィンモデルによる解析を行い(T_g(バルク試料)≈ − 54°C)，ほぼ同一の σ，ξ，h が得られたことから，ポリマーブラシの表面ゆらぎは高分子の基板とのピン止めを反映した静的なものであると推測されているが，その仮説の正否を検討するにはさらなる研究が必要であろう．研究の方向性としては文献 62 でも指摘されている σ と ξ の膜厚のべき乗依存性とポリマーブラシの合成(成長)メカニズムとの関連性の追究と，8.5 節で紹介する散漫散乱成分の時間ゆらぎの検出の 2 つが考えられる．

C. 非晶高分子膜内部の構造

高分子薄膜では分子鎖の配向が表面と界面とで異なることがある．結晶性高分子の場合，入射角を臨界角前後で変えながら Bragg 反射の分布を 2 次元検出器で観察していくことで，そのような配向に関する情報を得ることが可能である．一方，X 線反射率法は表面敏感性のきわめて高い実験手法であるだけに膜の表面領域のみが見えてしまうため，非晶質膜の界面部分の情報を得たい場合には若干の工夫が必要である．図 7.62 は一定の q_z，$q_{\parallel}$ のもとで入射角を変えながら測定された散漫散乱強度とその計算の結果である[63]．膜厚 20 nm，70 nm いずれの場合もこの条件で散乱強度がピークを示すあたりで，膜中央部からの散乱(点線)が表面や界面からの散乱を凌駕している．このような現象が起こる理由は PS の全反射臨界角と Si 基板の全反射臨界角がそれぞれ図の左端と右端の値になるように入射 X 線のエネルギーが選ばれており，それらの間の入射角では PS 表面からの透過 X 線と Si 基板からの反射 X 線が膜の中央

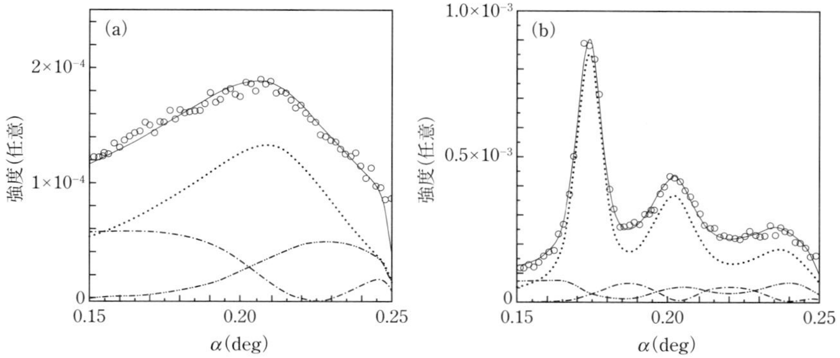

図 7.62　$q_{\parallel} = 1.525\ \mathrm{nm}^{-1}$，$q_z = 0.616\ \mathrm{nm}^{-1}$ におけるポリスチレン薄膜の散漫散乱の入射角(α)依存性
膜厚が 20 nm(a)と 70 nm(b)の場合．○は実測値，実線はフィッティングの結果であり，一点鎖線，点線，二点鎖線はそれぞれ表面領域，膜中央部，界面領域からの散乱強度の計算値である．
[M. K. Mukhopadhyay *et al.*, *Phys. Rev. E*, **82**, 011804(2010), Fig. 4]

部において強めあっているからである(逆に薄膜の表面領域の構造情報を得たい場合，入射角を PS の臨界角以下にセットすべきであることもこの図から読み取ることができる)．文献 63 ではさまざまな膜厚の PS に対して膜の中央部からの散乱が最大になる条件下で構造因子を測定し，$q \to 0$ における構造因子を見積もることで，厚さが $5R_g$ 以下の薄膜内部の等温圧縮率が増大していることを見出している．

7.6　液体の表面，界面，単分子膜

7.6.1　はじめに

液体の表面あるいは 2 つの液体の界面の X 線反射率を測定する場合には，固体表面の測定を行う場合と，界面を“傾けることができない”，界面が“動く”という決定的な違いがある．傾けることのできない界面については，試料水平型の反射率計を用いる必要がある．昨今の市販の X 線反射率計は汎用性の高さから試料水平型のものが多くなり，液体の反射率測定を行うことはずいぶん敷居が低くなった．振動や蒸発といった界面のマクロな“動き”に関しては，実験的工夫をすることで解決することができる．一方，原子分子の熱運動から生じるミクロなさざ波(表面張力波，capillary wave)を実験的に取り除くことはできないが，その形状は理論的に予測できるこ

とから，解析的に取り除くことが可能である．本節では，X線反射率法において液体の表面と界面を扱ううえでの特有な実験法と解析法を述べた後，典型的な研究例について紹介する．

液体表面のX線反射率測定が初めて試みられたのは1978年のことである．シカゴ大学のRiceらにより，X線管球によって発生したCrのKα線を用いた水銀表面の測定が報告された[64](この論文は，現代の味気のない論文と違って，臨場感にあふれていて面白い．X線反射率法のことは“an old but neglected experimental technique”などと記述している)．60 mrad(反射率にすると10^{-4})までの8点を測定するのに6時間近くかかっており，入射X線強度の時間的なゆらぎをずいぶん気にしていたようだ．その後1980年代に入って，デンマークのAls-NielsenとハーバードのPershanがドイツの放射光施設DESYのHASYLABに試料水平型の反射率計を立ち上げたことが，この分野における反射率法の有用性を広く世に知らしめることとなった[65]．その火付け役とも言える1985年にBraslauらにより行われた水の反射率測定は，ここ30年で文献引用回数が400を超えるほどインパクトのある仕事である[66]．1990年代になると，capillary waveについての精力的な研究が展開される一方で，液体表面に特有な規則構造も次々と発見された．また近年，生体膜のような複雑な構造を解くためのさまざまな試みがなされている．液体表面はX線反射率法にとって，まだまだ開拓途上の分野であると言えよう．

7.6.2　測定方法

A.　試料水平型X線反射率計

試料表面が水平である場合，X線を試料表面に対して振り下げる必要がある．X線管球や回転対陰極といった実験室系の光源を用いる場合は，その光源ごと傾ける方法が一般的である(ほとんどの市販品はそうなっている)が，光源の発散角の大きいことを利用して，モノクロメータだけを動かすという工夫も可能である[67,68]．一方，指向性の高い放射光の場合は，図7.63のようにモノクロメータのあおり角を変えることで，X線の振り下げ角度を変える[69]．この手法は，HASYLABに設置された試料水平型の反射率計第1号機に用いられて以来，現在稼働している世界の放射光施設の7台のうち6台で採用されている．最近，SPring-8のアンジュレータビームラインにも同様の配置の溶液界面反射率計が立ち上がった．ビーム振り下げ配置の角度スキャン型の反射率計の場合，ビーム固定配置のものと比較すると，駆動軸が大幅に増えるためスキャンに時間がかかってしまう．そこで，この装置は7つの駆動軸を同時に制御することで，従来の装置の十倍以上の走査スピードを実現している[70]．

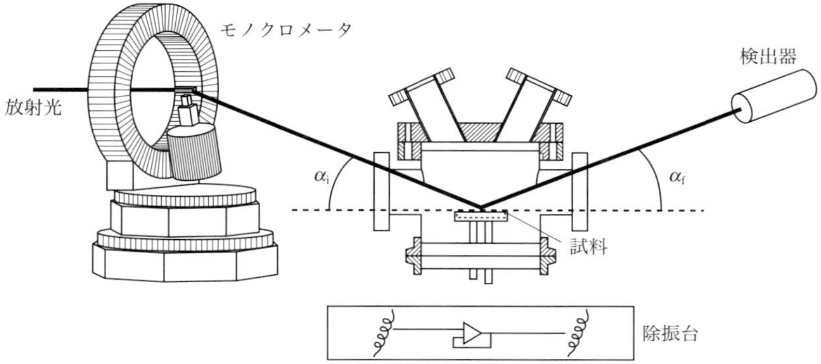

図 7.63　NSLS（米国）の X22B に設置してある X 線反射率計
モノクロメータのあおり角と試料の上下によって視射角 α_i を変化させる.
［E. Dimasi *et al.*, *Synchrotron Rad. News*, **12**, 41（1999）, Fig. 2］

B.　液体表面を扱う際の実験的工夫

液体表面の反射率測定を初めて試みる際には，研究論文には書いていない部分で戸惑うことが多い．それが冒頭に述べた振動や蒸発といった界面のマクロな“動き”である．まず，液深を極力浅くすることで液面の振動は抑えることができる．振動の影響が気になるかどうかは，臨界角より若干大きな角度に設定して，反射率の時間変化を追跡してみるとよい．強度が統計誤差以上に変化するようであれば，さらなる防振対策を要する．ガラス板を沈め，X 線照射範囲の液深のみをさらに浅くするのも一策である．

一方，試料の蒸発もかなり深刻な問題となる．たとえば図 7.64 のように入射角を 0.3° に設定した場合，はじめは幅 100 mm の試料中心に X 線が当たるように液面高さを調整したとしても，液面が 0.25 mm 蒸発すると，もはや X 線は試料に当たらなくなってしまう．図 7.64 の右側にあるグラフは反射強度を示したものだが，液面が下がると反射強度に比べてこぼれたダイレクトビームの強度のほうが大きくなっているのがわかる（実線）．蒸発の影響を減らすためには，図 7.65 左側のような密閉セルに入れることが望ましいが，カバーをかけるだけ（図 7.65 右側）でもだいぶ改善される．X 線の透過窓にはバックグラウンド散乱の影響の小さなカプトンやマイラーの薄膜を用いるとよい．

なお，蒸発による X 線のはみ出しや液面の湾曲を回避するためには，X 線の進行方向にはある程度液面を広くとることが望ましい．よって，液体用のセルは①液深を浅くする，②密閉する，③ X 線の進行方向に幅広くとる，の 3 点をポイントに設計するとよい．

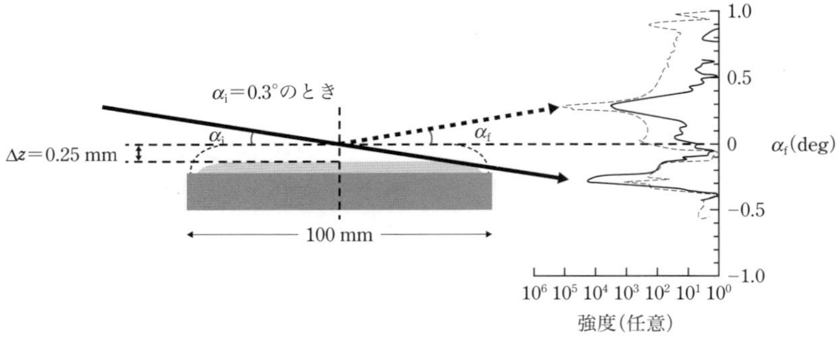

図 7.64　液面の蒸発が反射率に与える影響
測定開始前は幅 100 mm の試料の中心に X 線が当たるように試料高さの調整をしたとしても(反射プロファイル：破線)，測定中に試料が蒸発して液面が下がると，正しい反射強度を得ることができない(反射プロファイル：実線).

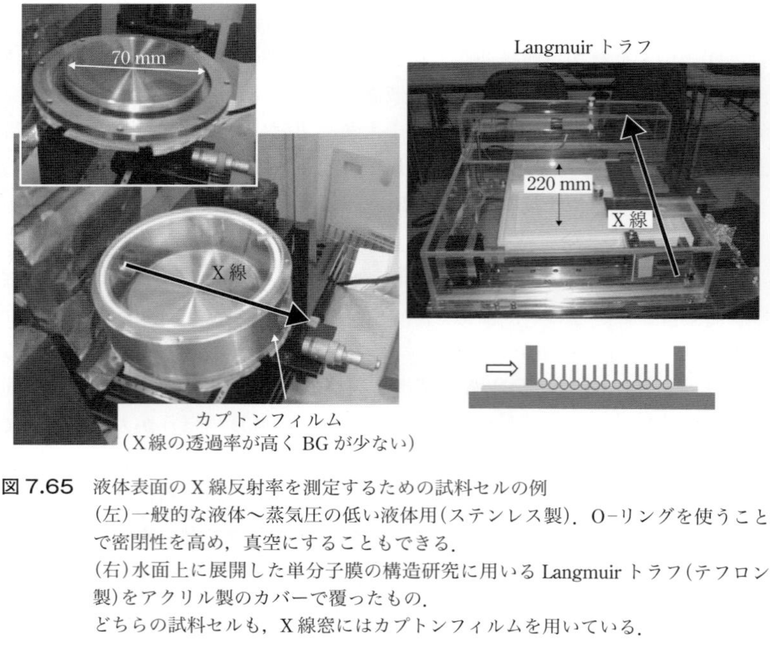

図 7.65　液体表面の X 線反射率を測定するための試料セルの例
(左)一般的な液体〜蒸気圧の低い液体用(ステンレス製). O-リングを使うことで密閉性を高め，真空にすることもできる.
(右)水面上に展開した単分子膜の構造研究に用いる Langmuir トラフ(テフロン製)をアクリル製のカバーで覆ったもの.
どちらの試料セルも，X 線窓にはカプトンフィルムを用いている.

7.6.3　解析方法

液体の密度分布は連続的である．そのため反射率は運動学的近似(第 1 章 1.4.1 項)を用いて解釈することが多い．

$$R(q_z)=R^{\mathrm{F}}(q_z)|\Phi(q_z)|^2\,\mathrm{CW}(q,T,\gamma)$$
$$\Phi(q_z)=\frac{1}{\rho_{\mathrm{e},\infty}}\int\frac{\mathrm{d}\langle\rho_{\mathrm{e}}(z)\rangle}{\mathrm{d}z}\exp(iq_z z)\mathrm{d}z \quad (7.10)$$

ここで，$R^{\mathrm{F}}(q_z)$ は Fresnel 反射率，$\langle\rho_{\mathrm{e}}(z)\rangle$ は静的な状態における xy 面内の電子密度の平均値である．表面張力 γ, 温度 T, 散乱ベクトルの大きさ q で決まる $\mathrm{CW}(q, T, \gamma)$ は，液体の表面および界面特有の項であり，液面に立つさざ波(capillary wave)によって本来もつ密度分布が乱される効果を表している．よって，反射率の実測値から $\mathrm{CW}(q, T, \gamma)$ を解析的に取り除くことができれば，液体本来のもつ密度分布を知ることができる．

capillary wave は，波長が長いときには重力が，短いときには表面張力が復元力として働く熱的に励起されたランダムな表面波の重ね合わせである．波長は分子間距離から mm オーダーにも及ぶが，その合成波の振幅はせいぜい 1 nm 程度しかない．この capillary wave の波長を回折格子にして，光の干渉を見ることで，逆に表面張力あるいは粘度といった物理量を求める研究も多数行われている[71]．X 線反射率測定においては，capillary wave の平均振幅は界面粗さとして観測される一方で，μm 以上の波長は鏡面反射からわずかにずれた位置に大きな散漫散乱を生じることになる．この散漫散乱を実験的に分離することは不可能である．そこで散漫散乱を含んだ見かけの界面粗さ σ_{nom} を算出し，$\mathrm{CW}(q,\ T,\ \gamma)=\exp(-\sigma_{\mathrm{nom}}{}^2 q_z{}^2)$ を求める．

A.　表面張力波(capillary wave)[72, 73]

いま，図 7.66 のように 1 次元の線上(x)に立つ波を考える．位置 $x+\Delta x$ における表面の高さ z が，波が立つことによって $\Delta z = 0$ から $\Delta z = h(\Delta x)$ 分変化したとすると，

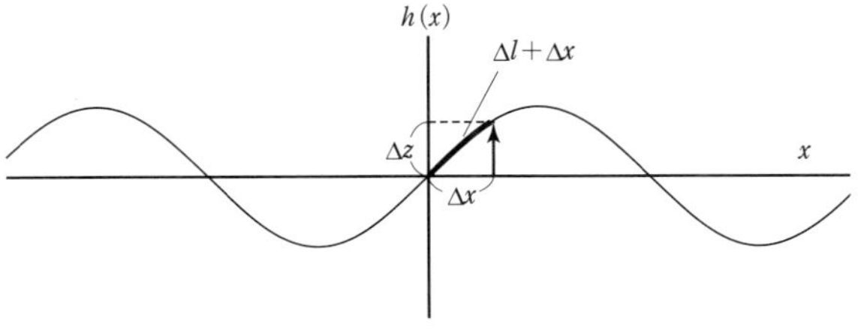

図 7.66　1 次元の capillary wave
capillary wave によって表面の長さは Δl 増加する．

表面の長さは $\Delta l = \sqrt{(\Delta x)^2 + (\Delta z)^2} - \Delta x$ だけ増加する．このとき，表面エネルギーは，

$$\Delta E_{\mathrm{S}} = \gamma \cdot \Delta l = \gamma \left[\sqrt{(\Delta x)^2 + (\Delta z)^2} - \Delta x \right] = \frac{\gamma}{2} \left| \frac{\mathrm{d}z}{\mathrm{d}x} \right|^2 \mathrm{d}x \tag{7.11}$$

だけ増加する．ここで，γ は表面張力である．いまは 1 次元で考えているので，得られたエネルギー増加分は，長さの次元で割ったものであることに注意されたい．同様に重力によるポテンシャルエネルギーの増加分は，密度 ρ，重力加速度 g を用いて，

$$\Delta E_g = \int_0^h \rho \, \mathrm{d}x \cdot gz\mathrm{d}z = \frac{1}{2} \rho g h^2 \mathrm{d}x \tag{7.12}$$

となる．したがって，このような波を生じるときの全ポテンシャルエネルギーは，式(7.11) と (7.12) の和となる．実際は 2 次元平面 $R_{xy} = \sqrt{x^2 + y^2}$ に色々な波長をもつ波が立つことになるので，これらの波を生じるときの全ポテンシャルエネルギーは，

$$U = \frac{\gamma}{2} \int \mathrm{d}^2 R_{xy} \left| \nabla_{xy} h(R_{xy}) \right|^2 + \frac{\rho g}{2} \int \mathrm{d}^2 R_{xy} \left| h(R_{xy}) \right|^2 \tag{7.13}$$

と書ける．いま，位置 R_{xy} における高さ $h(R_{xy})$ は，波数 q_{xy} をもつ波の振幅 $\tilde{h}(q_{xy})$ とは次のような Fourier 変換の関係にある．

$$h(R_{xy}) \equiv \int \tilde{h}(q_{xy}) \exp(iq_{xy} R_{xy}) \mathrm{d}^2 q_{xy} \tag{7.14}$$

これより式(7.13)は，

$$U = 2\pi^2 \int \mathrm{d}^2 q_{xy} (\gamma q_{xy}^2 + \rho g) \left| \tilde{h}(q_{xy}) \right|^2 \tag{7.15}$$

のように逆空間で表現することができる．

エネルギー等分配則より，1 つの定在波 (capillary wave) あたり $\frac{1}{2} k_{\mathrm{B}} T$ のポテンシャルエネルギーをもつ．よって，

$$\frac{1}{2} k_{\mathrm{B}} T = 2\pi^2 (\gamma q_{xy}^2 + \rho g) \left\langle \left| \tilde{h}(q_{xy}) \right|^2 \right\rangle \tag{7.16}$$

が成り立つ．ここで，$\left\langle \left| \tilde{h}(q_{xy}) \right|^2 \right\rangle$ は，定在波の波数 q_{xy} に対する統計平均である．すべての定在波の重ね合わせによる振幅は，界面粗さ σ_{cw} として次のように与えられる．

$$\sigma_{\mathrm{cw}}{}^2 = \int \left\langle \left| \tilde{h}(q_{xy}) \right|^2 \right\rangle \mathrm{d}^2 q_{xy} = \frac{k_{\mathrm{B}} T}{4\pi^2 \gamma} \int \frac{\mathrm{d}^2 q_{xy}}{q_{xy}{}^2 + k_g{}^2} \tag{7.17}$$

ここで，$k_g{}^2 \equiv \frac{\rho g}{\gamma}$ とおいた．式(7.17) の積分範囲を $q_{xy} = 0 \to q_{\mathrm{max}}$ とすると，

$$\sigma_{\mathrm{cw}}{}^2 = \frac{k_{\mathrm{B}} T}{4\pi\gamma} \ln \left(\frac{q_{\mathrm{max}}{}^2 + k_g{}^2}{k_g{}^2} \right) \approx \frac{k_{\mathrm{B}} T}{2\pi\gamma} \ln \left(\frac{q_{\mathrm{max}}}{k_g} \right) \tag{7.18}$$

となる．ここで，$2\pi/q_{\mathrm{max}}$ は capillary wave の最短波長であり，多くの場合は分子サイズ程度と考えられている．Braslau らは分子半径 r_{M} を用いて $q_{\mathrm{max}} = \pi/r_{\mathrm{M}}$ とおいた[73]．

たとえば20°Cの水の場合は$\gamma = 73\ \mathrm{mN\ m^{-1}}$，$r_M = 1.4$ Åよりσ_{cw}は4.0 Åとなる．σ_{cw}は表面張力の逆数に依存するため，表面張力の大きな液体金属に至っては，1 Åにも満たない．

B. 実際に観測される界面粗さ

式(7.18)は式(7.17)の0からq_{max}までの積分，すなわちcapillary waveの波長を分子サイズから無限大まですべて考慮に入れて算出したものである．ところが実際は，X線のコヒーレンス長(1.9節参照)より波長の長い波は観測できない．そこで，観測したシステムのX線のコヒーレンス長について検討し，「観測される界面粗さσ_{nom}」を算出することが必要になる．

いま，X線のコヒーレンス長が用いた装置の角度分解能で決まる場合を考える．図7.67のように受光スリットが発散スリットに比べてずっと広く，入射X線ビームの発散が無視できるような光学系では[73]，試料から受光スリットまでの距離Lと，高さh_d幅w_d($h_d \ll w_d$)の受光スリット幅で決まるΔq_x，Δq_y($\Delta q_x = kh_d\alpha/L$，$\Delta q_y = kw_d/L$)がX線のコヒーレンス長を決める．そこで，式(7.17)からこの積分範囲を差し引いた値が観測される界面粗さσ_{nom}となる．

$$\sigma_{nom}{}^2 = \frac{k_B T}{4\pi^2\gamma}\left[\int_0^{q_{max}} \frac{d^2 q_{xy}}{q_{xy}{}^2 + k_g{}^2} - \int_0^{\Delta q_x}\int_0^{\Delta q_y} \frac{dq_x dq_y}{(q_x{}^2 + q_y{}^2) + k_g{}^2}\right] \tag{7.19}$$

いま，受光スリットの高さh_dに比べ，水平方向の幅w_dがずっと大きいとすると，$\Delta q_y \gg \Delta q_x \gg k_g$となるから，式(7.19)は

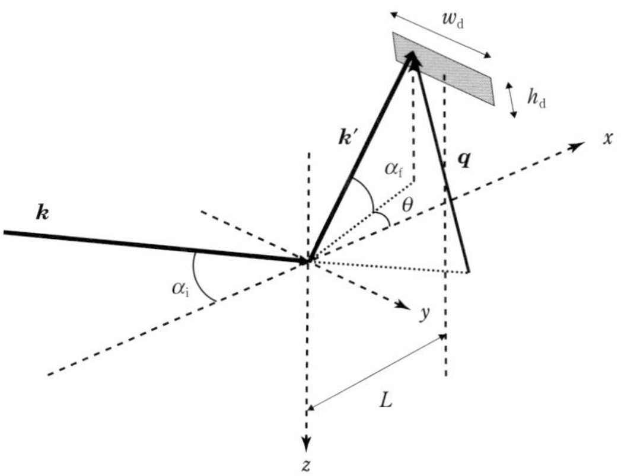

図7.67 反射率計の角度分解能
角度分解能Δq_x，Δq_yは，受光スリットの大きさh_d，w_dを用いて$\Delta q_x = kh_d\alpha/L$，$\Delta q_y = kw_d/L$と表される．

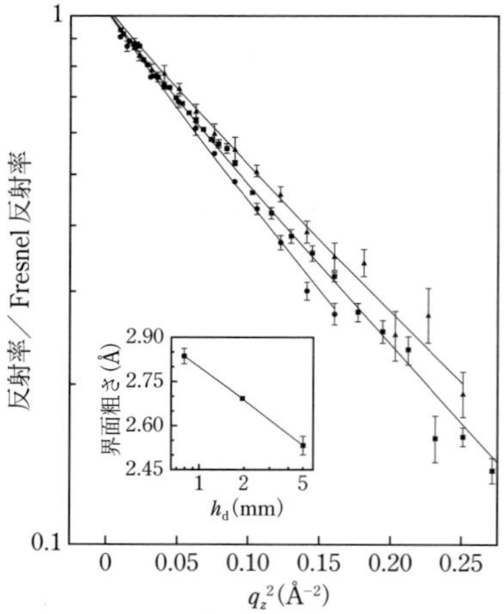

図 7.68　受光スリットの幅が水の界面粗さの測定値に与える影響
縦軸は反射率を Fresnel 反射率で割ったもの．受光スリットの高さ h_d が大きくなるにつれて観測される水の界面粗さは小さくなる．
［D. K. Schwartz *et al.*, *Phys. Rev. A*, **41**, 5687 (1990), Fig. 1］

$$\sigma_{\mathrm{nom}}{}^2 = \frac{k_B T}{2\pi\gamma} \ln\left(\frac{q_{\mathrm{max}}}{\Delta q_x}\right) \tag{7.20}$$

となる．σ_{cw} を表す式(7.18)と比較すると，k_g の代わりに Δq_x が入っているので，実際に観測される界面粗さの値は小さくなる．図 7.68 は L = 600 mm で受光スリットの高さ h_d を 0.8，2，5 mm に変えたときの水の反射率である[74]．スリット高さが大きくなると式(7.20)で表されるように観測される界面粗さは小さくなっていることがわかる．

C.　散漫散乱

B で求めた「観測される界面粗さ σ_{nom}」とは，capillary wave のうち X 線のコヒーレンス長より短い波長をもつ波の合成振幅であり，理論的に計算された界面粗さ σ_{cw} よりも小さい値となる．このことは，装置の角度分解能よりも小角に出る散漫散乱は鏡面反射と分離することができないため，観測される反射率は必ず理論値よりも大きくなり，結果として「観測される界面粗さ σ_{nom}」は小さくなるというふうに解釈することもできる．このように有限の散漫散乱を鏡面反射に加え合わせることで σ_{nom} を求めても，上とまったく同じ解が得られる．capillary wave による散漫散乱は，$\eta = \dfrac{k_B T}{2\pi\gamma} q_z{}^2$ とすると，図 7.69 のように $q_{xy}^{\eta-2}$ の漸近形をもつ[75]．よって厳密に σ_{nom} を

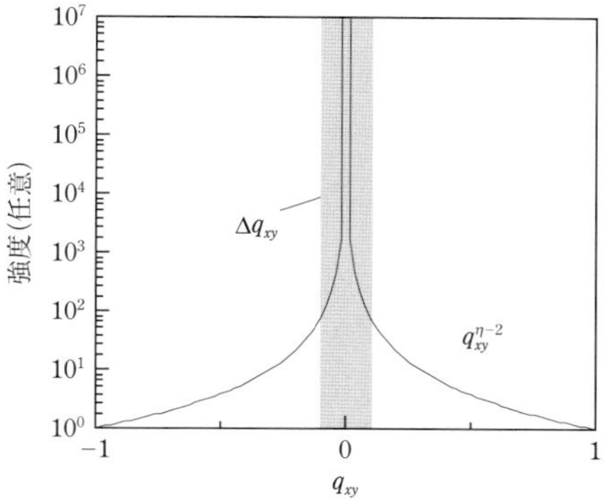

図 7.69　capillary wave による散漫散乱
角度分解能 Δq_{xy} の範囲は鏡面反射として観測される．

算出するためには，水平方向のスリットサイズが無限大という仮定に基づく式(7.20)を用いる代わりに，散漫散乱の微分散乱断面積を装置の角度分解能 Δq_{xy} の範囲で数値積分する方法が採られている[76]．たとえば水の場合は，$q_z > 0.7$ Å^{-1} で水平方向のスリットサイズの影響を受けることが Pershan によって計算されている[77]．

7.6.4　応用例

A.　液体表面で誘発される規則構造

X 線反射率法により，水などの通常の分子性液体では，液体表面のモルフォロジーは capillary wave による界面粗さのみでほぼ説明できることがわかってきた．一方，液体金属のような大きな相互作用をもつ液体や，長鎖分子のように高い異方性を示す分子で構成される液体では，表面で規則構造をとることが見出されている．たとえば，液体金属では反射率にブロードな擬 Bragg ピークを生じる．これは金属原子が表面深さ方向に $d = 2\pi/q_{\text{peak}}$ の間隔で層状に配列しているためである．このような密度プロファイルは式(7.21)のように間隔 d でずらした幅 $\sigma_j{}^2 = j\bar{\sigma}^2 + \sigma_0{}^2$ の Gauss 関数の重ね合わせで表す[78]．

$$\frac{\langle \rho_{\text{e}}(z) \rangle}{\rho_{\text{e},\infty}} = \sum_{j=0}^{\infty} \frac{d/\sigma_j}{\sqrt{2\pi}} \exp\left[-(z-jd)^2 / 2\sigma_j{}^2\right] \tag{7.21}$$

これを式(7.10)に代入して，実験値とフィッティングさせ，パラメータ d，σ_0，$\bar{\sigma}$ を得る．図 7.70 は液体 Ga の反射率である[79]．一般に液体金属は表面張力が非常に大きく，capillary wave による界面粗さ σ_{cw} は 1 Å にも満たないが，その一方で表面は大きな曲率をもつことになるので，反射プロファイルは広がってしまう．図 7.70(a)は，(b)

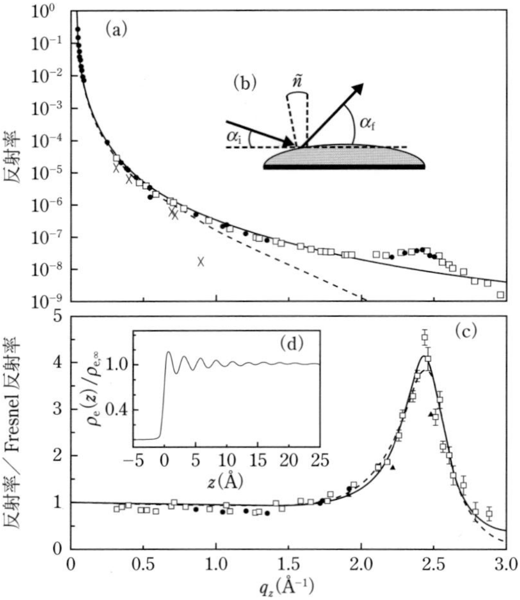

図 7.70　液体 Ga の X 線反射率測定結果
(a)X 線反射率プロファイル，(b)測定上の模式図．
(a)では表面の曲率が大きいため(b)のように検出角を走査することによって得た反射プロファイルを積分することで反射率を計算している．
(c) (a)の縦軸の X 線反射率を Fresnel 反射率で割ったものとしたグラフ．この図では擬 Bragg ピークがはっきり見える．
(d)層構造を示す密度プロファイル．
[M. J. Regan *et al.*, *Phys. Rev. Lett.*, **75**, 2498(1995), Fig. 1]

のように検出角を走査することによって得た反射プロファイルを積分して反射率を計算している．(b)および(c)に見られるように $q_z = 2.4$ Å^{-1} に擬 Bragg ピークが観測されている．式(7.21)でフィッティングすると((c)の実線)，(d)のように層間隔 $d = 2.5$ Å の密度プロファイルが得られた．この大きさはちょうど Ga の原子直径に相当する．このような表面層構造(surface layering)は，液体金属一般に見られる現象であり，X 線反射率法によって発見された．最近では，合金になると表面深さ方向だけでなく 2 次元平面内でも非常に結晶に近い構造をとる場合があることが見出されている[80)]．なお，原子の大きさを考えると，擬 Bragg ピークは高い q_z 領域に観測されるため，放射光源を使った測定が必要である．

一方，直鎖の炭化水素のように異方性の高い分子では，配向しやすいため，融点直

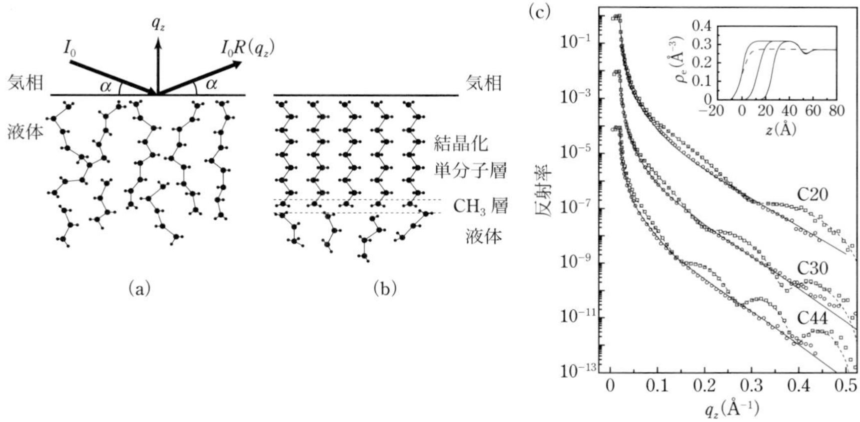

図 7.71　液体状態と表面凝固現象の比較
(a)液体状態，(b)表面凝固状態の模式図．
最表面層のみが規則構造をとる．
(c)液体状態(図中○)と表面凝固状態(図中□)における X 線反射率の違いに対する直鎖アルカンの長さの効果(挿入図は密度分布)．
[B. M. Ocko *et al.*, *Phys. Rev. E*, **55**, 3164(1997), Fig. 2, 4]

上において表面から先に結晶化する表面凝固(surface freezing)という現象も観測されている[81]．図 7.71 は長さの異なる直鎖アルカンの液体状態(○)と融点より数 °C 高い表面凝固状態(□)の反射率を比較したものである．表面凝固状態ではアルカンの長さに応じてフリンジが現れ，厚さ 20 〜 50 Å の高密度層(挿入図)が形成されているのがわかる．

B.　水面上の単分子膜

界面活性剤，脂肪酸，リン脂質のような親水基と疎水基をあわせもつ分子(両親媒性分子という)を水面上に展開すると，そのほとんどが疎水基を気相側に向け，親水基を水相側に向けた安定な単分子膜を形成する．これら単分子膜の構造研究は，LB 膜などの機能性材料や生体膜などを理解するうえで重要であり，液体の X 線反射率測定が始まって以来，多くの事例に適用されてきた．たいてい炭化水素からなる疎水基よりも親水基のほうが若干電子密度が大きいため，電子密度プロファイルは図 7.72 のように疎水基と親水基の 2 つの層に分割して解釈する[82, 83]．これは box モデルと呼ばれており(他に slab モデルとか layer モデルという呼び方もする)，誤差関数で密度プロファイルを記述する．n−box モデルの場合は，

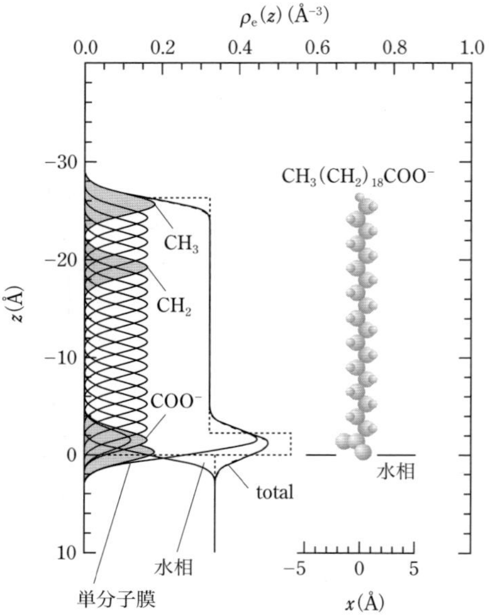

図 7.72　水面単分子膜の密度プロファイル
破線：box モデルによる計算値，実線：層間の界面粗さを考えた計算値.
［D. Mobius *et al.* eds., *Novel Methods to Study Interfacial Layers*, Elsevier Science B. V.(2001), p. 225, Fig. 7］

$$\rho_e(z) = \sum_{j=0}^{n} \frac{1}{2}(\rho_{e,j+1} - \rho_{e,j})\left(1 - erf\left(\frac{z - z_j}{\sqrt{2}\sigma_j}\right)\right)$$
$$1 - erf(x) = \frac{2}{\sqrt{\pi}}\int_x^{\infty} \exp(-t^2)\,dt \tag{7.22}$$

となる．ここで，j は層の番号，σ_j は層間の界面粗さを表している．単分子膜の場合，σ_j は 3 nm ぐらいに固定しておくのが通常である．電子密度 $\rho_{e,j}$($\rho_{e,water} = 0.334$ electrons nm^{-3}) と界面の位置 z_j がフィッティングパラメータとなる．

box モデルは非常に簡便で広く用いられているが，4−box 程度がせいぜいで，あまり複雑な構造を記述するのには適していない．図 7.73(a)にリン脂質 DPPE 単分子膜の X 線反射率の例を示す[84]．実験室の光源を用いると，$q_z \sim 0.4$ Å^{-1} 程度までの測定がせいぜいであろうが，その範囲までであれば，2−box モデルで十分良くフィットする．ところが $q_z \sim 0.5$ Å^{-1} の落ち込みは，3−box まで考えないと合わない．この差は図 7.73(c)のように親水基と水の間の高密度層の存在を示唆しており，親水基に

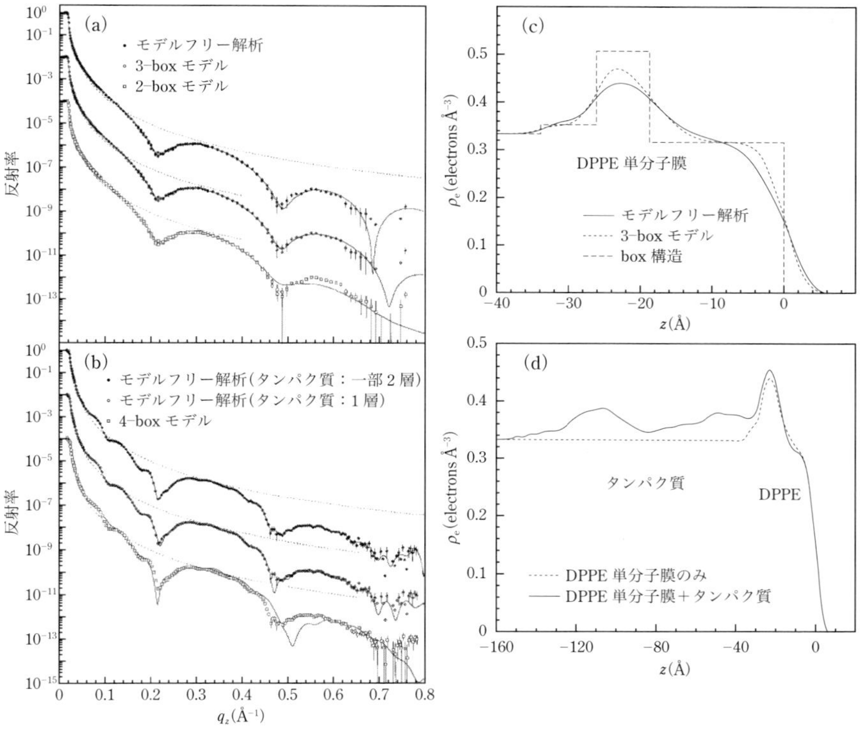

図 7.73 水面上の DPPE 単分子膜の X 線反射率と電子密度プロファイル
(a)DPPE 単分子膜，(b)DPPE 単分子膜に細胞表層タンパク質を結合させたものの X 線反射率のフィッティングに用いるモデルの比較.
(c)フィッティングによって得られた DPPE 単分子膜の電子密度プロファイル，(d) DPPE 単分子膜に細胞表層タンパク質を結合させる前後の電子密度プロファイルの比較．(c)，(d)は気相側を $z>0$ にとってある.
[M. Weygand *et al.*, *Biophys. J.*, **76**, 458(1999), Fig. 1, 2]

Ca^{2+}が結合しているためではないかと考察している.

一方，DPPE 単分子膜の下に細胞表層タンパク質が結合すると図 7.73(b)のように，周期の短いフリンジが重なった複雑なプロファイルとなる．こうなるともはや 4–box モデルでも合わないのがわかる．そこで，この論文の筆者らはスプライン関数を基調としたモデルフリー解析を行った．密度プロファイルを図 7.74 のような 3 次の B スプライン関数 $B_j(z)$の和

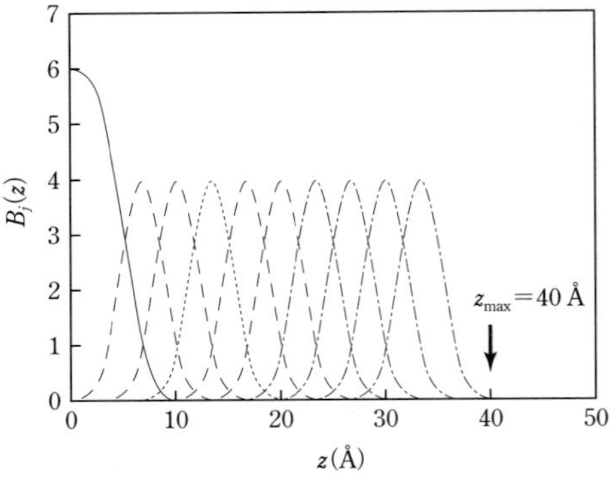

図 7.74　3次のBスプライン関数
[J. S. Pedersen, *J. Appl. Cryst.*, **25**, 129(1992), Fig. 2(a)]

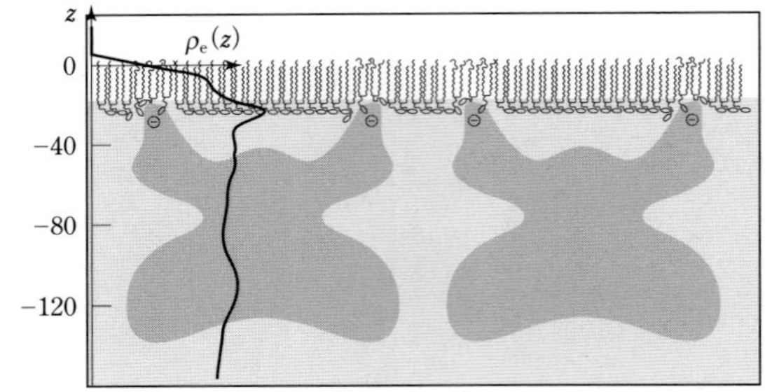

図 7.75　モデルフリー解析によって得られた水面上のリン脂質膜とそれに結合した細胞表層タンパク質の様子
実線の電子密度プロファイルは図 7.73(d)の実線と同じものである.
[M. Weygand *et al.*, *Biophys. J.*, **76**, 458(1999), Fig. 6]

$$\rho_e(z)=\sum_{j=0}^{N} a_j B_j(z) \tag{7.23}$$

とおき，係数 a_j をフィッティングにより求める[85, 86]．この手法を用いて得た結果は図 7.73(b)のように非常に良く合っており，図 7.73(d)および図 7.75 のような複雑な密度プロファイルが得られる.

C.　2つの液体の界面

水と油のような2つの液体の界面(液/液界面)は界面で起こる化学反応や生体膜内外でのイオンの輸送のメカニズムなどを理解するうえで非常に重要な研究対象である．ところが，実験の難しさからX線反射率測定例は気/液界面よりもさらに少ない.

シカゴ大学の Schlossman らのグループが 1997 年に米国の放射光施設 National Synchrotron Light Source（NSLS）の X19C に初めて液／液界面反射率計を立ち上げて以来[87]，現在に至るまで最も精力的に結果を出し続けている．

液／液界面を扱うのが実験的に難しい理由は主に 3 つある．1 つ目は X 線の液体中の透過距離が長いために上相の液体による X 線の吸収と散乱が大きくなることである．これは高エネルギーの X 線を用いることで軽減されるため，通常は 15 keV 以上の X 線が用いられている．2 つ目および 3 つ目は，二相の密度が近いために全反射臨界角が非常に小さくなってしまうこと，それゆえ全反射条件を満たすために表面積をできるだけ広くとりたいのだが，自然に形成された液／液界面はマクロには非常に粗く（サラダドレッシングから容易に想像できると思う），平坦な領域を見つけるのが非常に困難なことである．そこで，試料容器を工夫することで平坦な界面を得る試みがなされている[88, 89]．

図 7.76 に気／液界面と液／液界面に形成される単分子膜の構造の違いを示す[90]．空気／水界面と水／ヘキサン界面に形成された長鎖のアルコール $CH_3(CH_2)_{29}OH$ の単分

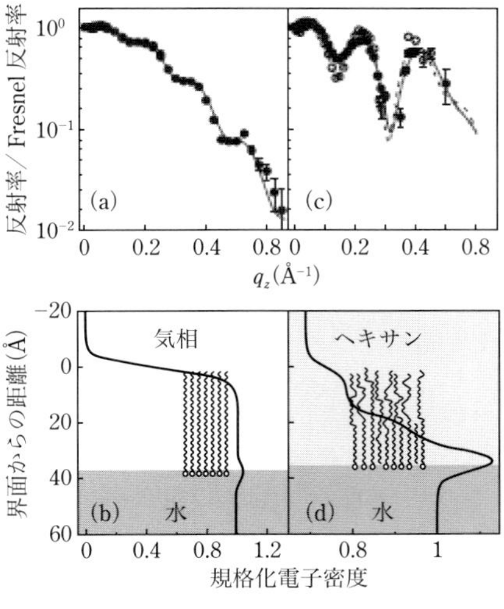

図 7.76 空気／水界面とヘキサン／水界面に形成される単分子膜の構造の違い
(a) 空気／水界面と (c) ヘキサン／水界面に形成された単分子膜による反射率を Fresnel 反射率で割ったもの.
(b) 空気／水界面と (d) ヘキサン／水界面に形成された単分子膜の電子密度プロファイル.
試料には長鎖のアルコール $CH_3(CH_2)_{29}OH$ を用いた．空気／水界面上には規則的な単分子膜を形成しているが (b)，水／ヘキサン界面では乱れた膜を形成する (d).
[M. L. Schlossman, *Physica B*, **357**, 98 (2005), Fig. 4]

子膜は，空気／水界面((a)，(b))上ではアルキル鎖が揃った規則構造をとるが，水／ヘキサン界面((c)，(d))ではヘキサン相中のアルキル鎖はヘキサンとの相互作用のために，かなり乱れた構造をとることがわかる．

7.6.5 まとめ

以上のように，X線反射率法によって液面上の薄膜の構造を評価するためには，平坦な界面を静置させるための実験的工夫と，装置の角度分解能を評価して capillary wave による界面粗さを解析的に取り除くことが必要となる．

本節の執筆にあたっては，ハーバード大学の Pershan 教授に助言を頂いた．感謝したい．

参考文献

1) N. Awaji, Y. Sugita, T. Nakanishi, S. Ohkubo, K. Takasaki and S. Komiya, *J. Vac. Sci. Technol. A*, **14**, 971(1996)
2) A. M. Stoneham, C. R. M. Grovenor and A. Cerezo, *Phil. Mag. B*, **55**, 201(1987)
3) N. F. Mott, S. Rigo, F. Rochet and A. M. Stoneham, *Phil. Mag. B*, **60**, 189(1989)
4) N. Awaji, S. Ohkubo, T. Nakanishi, T. Aoyama, Y. Sugita, K. Takasaki and S. Komiya, *Appl. Phys. Lett.*, **71**, 1954(1997)
5) N. Awaji, *SPring-8 Research Frontiers 2001B/2002A*, 92(2002)
6) K. Omote and Y. Ito, *Mater. Res. Soc. Symp. Proc.*, **875**, O8.2.1(2005)
7) K. Omote, Y. Ito and S. Kawamura, *Appl. Phys. Lett.*, **82**, 544(2003)
8) N. Awaji, T. Suzuki, S. Doi, Y. Nakata, N. Shimizu, E. Yano, T. Nakamura, S. Fukuyama and M. Miyajima, *Adv. Meta. Conf. 2004, Conf. Proc.*, 609(2005)
9) 宇佐美勝久，上田和浩，平野辰己，星谷裕之，成重眞治，日本応用磁気学会誌，**21**，441(1997)
10) 宇佐美勝久，平野辰巳，小林憲雄，田島康成，今川尊雄，日本応用磁気学会誌，**24**，551(2000)
11) T. Hirano, K. Usami, K. Ueda and H. Hoshiya, *Trans. Mater. Res. Soc. Jpn.*, **28**, 35(2003)
12) M. Shoji, H. Imazeki and K. Usami, *Jpn. J. Tribology*, **43**, 375(1998)
13) 庄司三良，今関周治，宇佐美勝久，トライボロジスト，**43**，68(1998)
14) E. Spiller, *Appl. Phys. Lett.*, **20**, 365(1972)
15) E. Spiller, A. Segmüller, J. Rife and R. P. Haelbich, *Appl. Phys. Lett.*, **37**, 1048(1980)
16) T. W. Barbee, S. Mrowka and M. C. Nettrick, *Appl. Opt.*, **24**, 883(1985)
17) H. Kinoshita, K. Kurihara, Y. Ishii and Y. Torii, *J. Vac. Sci. Technol. B*, **7**, 1648(1989)
18) A. Kloidt, K. Nolting, U. Kleineberg, B. Schmiedeskamp, U. Heinzmann, P. Müller and M. Kühne, *Appl. Phys. Lett.*, **58**, 2601(1991)

19) Y. Tawara, K. Yamashita, H. Kunieda, K. Haga, K. Akiyama, A. Furuzawa, Y. Terashima and P. J. Serlemitsos, *Proc. SPIE*, **2805**, 236 (1996)

20) K. Yamashita, P. J. Serlemitsos, J. Tueller, S. D. Barthelmy, L. M. Bartlett, K. Chan, A. Furuzawa, N. gehrels, K. Haga, H. Kunieda, P. Kurczynski, G. Lodha, N. Nakajo, N. Nakamura, Y. Namba, Y. Ogasaka, T. Okajima, D. Palmer, A. Parsons, Y. Soong, C. M. Stahl, H. Takata, K. Tamura, Y. Tawara and B. J. Teegarden, *Appl. Opt.*, **37**, 8067 (1998)

21) H. Takenaka, T. Kawamura and T. Haga, *OSA TOPS on Extreme Ultraviolet Lithography*, **14**, 169 (1996)

22) T. Kawamura and H. Takenaka, *J. Appl. Phys.*, **75**, 3806 (1994)

23) 連載入門講座「界面のはかりかた」，ぶんせき，2006 年 1 月号～ 12 月号

24) 特集「固液界面科学の将来展望」，表面科学，**27**，10 月号(2006)

25) H. Reichert, V. Honkimaki, A. Snigirev, S. Engemann and H. Dosch, *Physica B*, **336**, 46 (2003)

26) M. Mezger, S. Schoder, H. Reichert, H. Schroder, J. Okasinski, V. Honkimaki, J. Ralston, J. Bilgram, R. Roth and H. Dosch, *J. Chem. Phys.*, **128**, 244705 (2008)

27) M. Plaza, X. Huang, J. Y. P. Ko, M. Shen, B. H. Simpson, J. Rodríguez−López, N. L. Ritzert, K. Letchworth-Weaver, D. Gunceler, D. G. Schlom, T. A. Arias, J. D. Brock and H. D. Abruña, *J. Am. Chem. Soc.*, **138**, 7816 (2016)

28) M. Osawa, M. Tsushima, H. Mogami, G. Samjeské and A. Yamakata, *J. Phys. Chem. C*, **112**, 4248 (2008)

29) M. Nakamura, T. Banzai, Y. Maehata, O. Endo, H. Tajiri, O. Sakata and N. Hoshi, *Scientific Reports*, **7**, 914 (2017)

30) L. Cheng, P. Fenter, K. L. Nagy, M. L. Schlegel and N. C. Sturchio, *Phys. Rev. Lett.*, **87**, 156103 (2001)

31) F. H. Stillinger, *J. Solut. Chem.*, **2**, 141 (1973)

32) D. Chandler, *Nature*, **445**, 831 (2007)

33) A. Poynor, L. Hong, I. K. Robinson, S. Granick, Z. Zhang and P. A. Fenter, *Phys. Rev. Lett.*, **97**, 266101 (2006)

34) B. M. Ocko, A. Dhinojwala and J. Daillant, *Phys. Rev. Lett.*, **101**, 039601 (2008) ; A. Poynor, L. Hong, I. K. Robinson, S. Granick, P. A. Fenter and Z. Zhang, *Phys. Rev. Lett.*, **101**, 039602 (2008)

35) M. Mezger, H. Reichert, S. Schroder, J. Okasinski, H. Schroder, H. Dosch, D. Palms, J. Ralston and V. Honkimaki, *Proc. Natl. Acad. Sci. USA*, **103**, 18401 (2006)

36) S. Yamaguchi and T. Tahara, *Angew. Chem. Int. Ed.*, **46**, 7609 (2007)

37) N. Giovambattista, P. G. Debenedetti and P. J. Rossky, *J. Phys. Chem. C*, **111**, 1323 (2007)

38) H. You, C. A. Melendres, Z. Nagy, V. A. Maroni, W. Yun and R. M. Yonco, *Phys. Rev. B*, **45**, 11288 (1992)

39) H. You, R. P. Chiarello, H. K. Kim and K. G. Vandervoort, *Phys. Rev. Lett.*, **70**, 2900 (1993)
40) J. McBreen, *J. Sol. Stat. Electrochem.*, **13**, 1051 (2009)
41) M. Hirayama, N. Sonoyama, T. Abe, M. Minoura, M. Ito, D. Mori, A. Yamada, R. Kanno, T. Terashima, M. Takano, K. Tamura and J. Mizuki, *J. Power Sources*, **168**, 493 (2007)
42) M. Hirayama, N. Sonoyama, M. Ito, M. Minoura, D. Mori, A. Yamada, K. Tamura, J. Mizuki and R. Kanno, *J. Electrochem Soc.*, **154**, A1065 (2007)
43) M. Hirayama, K. Sakamoto, T. Hiraide, D. Mori, A. Yamada, R. Kanno, N. Sonoyama, K. Tamura and J. Mizuki, *Electrochim. Acta*, **53**, 871 (2007)
44) T. T. Fister, B. R. Long, A. A. Gewirth, B. Shi, L. Assoufid, S. S. Lee, and P. Fenter, *J. Phys. Chem. C*, **116**, 22341 (2012)
45) P. Reichert, K. S. Kjær, T. B. van Driel, J. Mars, J. W. Ochsmann, D. Pontoni, M. Deutsch, M. M. Nielsen, and M. Mezger, *Faraday Discuss.*, **206**, 141 (2018)
46) 林 好一，石田謙司，堀内俊寿，松重和美，X 線分析の進歩，**29**，71 (1998)
47) D. K. G. de Bore, A. J. G. Leenaers, M. W. J. van der Wielen, M. A. Cohen Stuart, G. J. Fleer, R. P. Nieuwhof, A. T. M. Marcelis and E. J. R. Sudhölter, *Physica B*, **248**, 274 (1998)
48) A. C. Dürr, F. Schreider, K. A. Ritley, V. Kruppa, J. Krug, H. Dosch and B. Struth, *Phys. Rev. Lett.*, **90**, 016104 (2003)
49) T. Miyazaki, K. Nishida and T. Kanaya, *Phys. Rev. E*, **69**, 061803 (2004)
50) K. Orita, K. Hayashi, T. Horiuchi and K. Matsushige, *Thin Solid Films*, **281**, 542 (1996)
51) K. Orita, T. Morimura, T. Horiuchi and K. Matsushige, *Synth. Metals*, **91**, 155 (1997)
52) Y. J. Lee, H. Lee, Y. Byun, S. Song, J.-E. Kim, D. Eom, W. Cha, S.-S. Park, J. Kim and H. Kim, *Thin Solid Films*, **515**, 5674 (2007)
53) B. D. Vogt, H. J. Lee, V. M. Prabhu, D. M. DeLongchamp, E. K. Lin, W.-l. Wu and S. K. Satija, *J. Appl. Phys.*, **97**, 114509 (2005)
54) A. Singh, H. Klumbies, U. Schröder, L. Müller−Meskamp, M. Geidel, M. Knaut, C. Hoßbach, M. Albert, K. Leo and T. Mikolajickless, *Appl. Phys. Lett.*, **103**, 233302 (2013)
55) V. R. Albertini, A. Generosi, B. Paci, P. Perfetti, G. Rossi, A. Capobianchi, A. M. Paoletti and R. Caminiti, *Appl. Phys. Lett.*, **82**, 3868 (2003)
56) B. Paci, A. Generosi, V. R. Albertini, P. Perfetti, R. de Bettignies, M. Firon, J. Leroy and C. Sentein, *Appl. Phys. Lett.*, **87**, 194110 (2005)
57) M. Bhattacharya, M. Mukherjee, M. K. Sanyal, Th. Geue, J. Grenzer and U. Pietsch, *J. Appl. Phys.*, **94**, 2882 (2003)
58) M. K. Mukhopadhyay, M. K. Sanyal, M. Mukherjee, Th. Geue, J. Grenzer and U. Pietsch, *Phys. Rev. B*, **70**, 245408 (2004)
59) A. R. Woll, T. V. Desai, and J. R. Engstrom, *Phys. Rev. B*, **84**, 075479 (2011)
60) P. S. Pershan and M. L. Schlossman, *Liquid Surfaces and Interfaces*, Cambridge University Press, Cambridge (2012) など

61) Y.-S. Seo, T. Koga, J. Sokolov, M. H. Rafailovich, M. Tolan and S. Sinha, *Phys. Rev. Lett.*, **94**, 157802 (2005)

62) B. Akgun, D. R. Lee, H. Kim, H. Zhang, O. Prucker, J. Wang, J. Rühe and M. D. Foster, *Macromolecules*, **40**, 6361 (2007)

63) M. K. Mukhopadhyay, L. B. Lurio, Z. Jiang, X. Jiao, M. Sprung, C. DeCaro and S. K. Sinha, *Phys. Rev. E*, **82**, 011804 (2010)

64) B. C. Lu and S. A. Rice, *J. Chem. Phys.*, **68**, 5558 (1978)

65) J. Als-Nielsen, F. Cristensen and P. S. Pershan, *Phys. Rev. Lett.*, **48**, 1107 (1982)

66) A. Braslau, M. Deutsch, P. S. Pershan, A. H. Weiss, J. Als-Nielsen and J. Bohr, *Phys. Rev. Lett.*, **54**, 114 (1985)

67) Y. F. Yano and T. Iijima, *J. Chem. Phys.*, **112**, 9607 (2000)

68) 矢野陽子，飯島孝夫，X 線分析の進歩，**37**，239 (2006)

69) E. Dimasi and H. Tostmann, *Synchrotron Rad. News*, **12**, 41 (1999)

70) Y. F. Yano, T. Uruga, H. Tanida, H. Toyokawa, Y. Terada and M. Takagaki, *J. Phys.: Conf. Ser.*, **83**, 012024 (2007)

71) J. C. Earnshaw and R. C. McGiven, *J. Phys. D*, **20**, 82 (1987)

72) F. P. Buff, R. A. Lovett and F. H. Stillinger, Jr., *Phys. Rev. Lett.*, **15**, 621 (1965)

73) A. Braslau, P. S. Pershan, G. Swislow, B. M. Ocko and J. Als-Nielsen, *Phys. Rev. A*, **38**, 2457 (1988).

74) D. K. Schwartz, M. L. Schlossman, E. H. Kawamoto, G. J. Kellogg, P. S. Pershan and B. M. Ocko, *Phys. Rev. A*, **41**, 5687 (1990)

75) P. S. Pershan, *Colloids Surf. A*, **171**, 149 (2000)

76) O. Shpyrko, P. Huber, A. Grigoriev, P. S. Pershan, B. Ocko, H. Tostmann and M. Deutsch, *Phys. Rev. B*, **67**, 115405 (2003)

77) P. S. Pershan, *J. Phys. Chem. B*, **113**, 3639 (2009)

78) O. G. Shpyrko, R. Streitel, V. S. K. Balagurusamy, A. Y. Grigoriev, M. Deutsch, B. M. Ocko, M. Meron, B. Lin and P. S. Pershan, *Phys. Rev. B*, **76**, 245436 (2007)

79) M. J. Regan, E. H. Kawamoto, S. Lee, P. S. Pershan, N. Maskil, M. Deutsch, O. M. Magnussen, B. M. Ocko and L. E. Berman, *Phys. Rev. Lett.*, **75**, 2498 (1995)

80) O. G. Shpyrko, R. Streitel, V. S. K. Balagurusamy, A. Y. Grigoriev, M. Deutsch, B. M. Ocko, M. Meron, B. Lin and P. S. Pershan, *Science*, **313**, 77 (2006)

81) B. M. Ocko, X. Z. Wu, E. B. Sirota, S. K. Sinha, O. Gang and M. Deutsch, *Phys. Rev. E*, **55**, 3164 (1997)

82) J. Als-Nielsen, D. Jacquemain, K. Kjaer, F. Leveiller, M. Lahav and L. Leiserowitz, *Physics Reports*, **246**, 251 (1994)

83) T. R. Jensen and K. Kjaer (D. Mobius and R. Miller Eds.), *Novel Methods to Study Interfacial Layers*, Elsevier Science B. V., Amsterdam (2001)

84) M. Weygand, B. Wetzer, D. Pum, U. B. Sleytr, N. Cuvillier, K. Kjaer, P. B. Howes and M. Lösche, *Biophys. J.*, **76**, 458 (1999)
85) J. S. Pedersen and I. W. Hamley, *J. Appl. Cryst.*, **27**, 36 (1994)
86) J. S. Pedersen, *J. Appl. Cryst.*, **25**, 129 (1992)
87) M. L. Schlossman, D. Synal, Y. Guan, M. Meron, G. Shea-McCarthy, Z. Huang, A. Acero, S. M. Williams, S. A. Rice and P. J. Viccaro, *Rev. Sci. Instrum.*, **68**, 4372 (1997)
88) Z. Zhang, D. M. Mitrinovic, S. M. Williams, Z. Huang and M. L. Schlossman, *J. Chem. Phys.*, **110**, 7421 (1999)
89) H. Tanida, H. Nagatani and M. Harada, *J. Phys.: Conf. Ser.*, **83**, 012019 (2007)
90) M. L. Schlossman, *Physica B*, **357**, 98 (2005)

8
X 線反射率法と併用すると有意義な関連技術

いかに優れた技術であっても 1 つの測定法からわかることには限りがあり，現実に直面するさまざまな問題に対処する際には，複数の測定技術を併用する必要がある．今日では，X 線反射率の測定は市販の専用装置を用いて行うことができるが，その装置をほぼそのまま用いて，あるいは軽微な変更や工夫を施すことで，X 線反射率以外の測定も追加して行い，得られる情報の種類や量を増やすことは非常に合理的であり，有意義であると考えられる．本章では，そのような測定技術をいくつか取り上げて紹介する．

8.1 微小角入射蛍光 X 線分析法

8.1.1 はじめに

X 線を物質に照射すると，内殻に束縛されていた電子が励起し，放出され，物質はイオン化されるが，その緩和過程において外側の軌道にある電子が内殻に遷移し，その軌道間の準位差に等しいエネルギーの X 線が放射される．これを蛍光 X 線と呼ぶ．蛍光 X 線の波長が元素に固有であることは，古く 1911 年に C. G. Barkla（1877 ～ 1944，1917 年ノーベル物理学賞受賞）によって見出された[1]．今日では蛍光 X 線分析法は，測定機器の進歩により，いわば，元素を「色」によって識別する分析ツールとして広く用いられている[2,3]．X 線を微小角入射する配置で蛍光 X 線スペクトルを測定することは，X 線反射率測定装置をそのまま利用すれば，技術的にきわめて容易であり，さらに次のような多くの利点があるため，きわめて有用と考えられる．

(1) 全反射臨界角よりも浅い視射角で蛍光 X 線スペクトルを測定することで，試料表面の微量不純物元素を高感度に分析できる（全反射蛍光 X 線分析法（total reflection X-ray fluorescence，TXRF）[4,5] という）．

(2) 試料が薄膜・多層膜である場合は，干渉効果に着目し，特定の視射角を選んで蛍光X線スペクトルを測定することにより，特定の界面や層に対して特に敏感な分析を行うことができる．
(3) 蛍光X線スペクトル中に認められる特定の元素のピークに着目し，その強度の視射角依存性を測定すると，元素の深さ(または高さ)方向の濃度分布が得られる．これを利用して膜中や基板中における深さ方向のドーパント濃度分布を求めたり，表面に付着した物質のタイプ(粒子状，薄膜状など)，大きさ，厚さなどを見積もることができる．

8.1.2 測定方法

前述のように，X線反射率の測定装置がすでにあるとすれば，微小角入射蛍光X線の測定はきわめて容易で，試料の前に半導体検出器を置くだけで行うことができる．図8.1はそのような装置配置の例である．通常の実験室におけるX線反射率の測定において最もよく用いられるCu Kα線(8.04 keV)により分析可能な元素の例を表8.1に示す．シンクロトロン放射光を用いる場合，使用するX線の波長を自由に選択することができるので，分析したい元素の吸収端を基準に決めればよい．試料は，通常のX線反射率測定とまったく同じ手順・方法で配置を調整し，あらかじめX線反射率の測定を行ったうえで視射角を選ぶ，あるいは，走査する視射角の範囲を決定する．そのあとは実際にその視射角へ移し，蛍光X線スペクトルを測定するだけである[6]．

蛍光X線スペクトルの解析は，半導体検出器に内蔵されているプリアンプからの

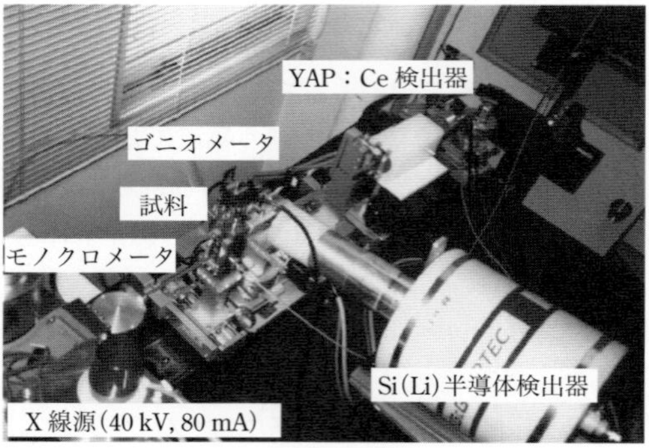

図8.1 微小角入射蛍光X線分析測定装置の例(物質・材料研究機構，1995年)
角度走査式のX線反射率測定装置をそのまま用い，蛍光X線を検出するための半導体検出器を試料正面位置に置くだけで実現できる．当時は液体窒素による冷却が必要なSi(Li)検出器が用いられたが，現在ではシリコンドリフト検出器(silicon drift detector, SDD)がよく使われている．

表 8.1　Cu Kα 線を入射 X 線に用いた場合に，微小角入射蛍光 X 線分析法で分析可能な元素の例

蛍光X線	分析できる元素(例)
K線	Si, P, S, Cl, Ar, K, Ca, Sc, Ti, V, Cr, Mn, Fe, Co
L線	Mo, Tc, Ru, Rh, Pd, Ag, Cd, In, Sn, Sb, Te, I, Xe, Cs, Ba および La ～ Ho の間のランタニド
M線	Pt, Au, Hg, Tl, Pb, Bi

信号をアナログ増幅回路により波形整形し，その波高を分析し弁別することにより行われる．マルチチャンネルアナライザを用いてスペクトル全体を測定する方法のほか，目的とする元素，ピークがあらかじめ決まっている場合には，その部分の強度だけをシングルチャンネルアナライザとタイマー・カウンターにより測定する方法が有力である．後者の方法は，視射角の走査を行い，蛍光X線強度の視射角依存性プロファイルを測定する際に便利である．通常のX線反射率測定における $\theta/2\theta$ 走査の際に取り込む信号として，反射X線強度以外に目的元素の蛍光X線強度などいくつかを追加する測定を考えればよい．試料のタイプや元素の濃度などもよるが，蛍光X線の強度は，反射強度に比較すればはるかに弱い．また，検出器もそれほど強い強度は測定することができない．そのため，測定時間は，一般にX線反射率の測定よりも長くなる．そのため，X線反射率の測定は，先に別途済ませておくことを推奨する．そのうえで，蛍光X線強度の視射角依存性の測定の際にも，反射X線強度をモニター記録するのがよいであろう．

測定に際しての留意事項をいくつか挙げておく．微小角入射の配置では，X線は試料表面上で光軸方向にかなり広く照射される．そのため，試料の端やその他の場所で散乱が生じ，半導体検出器に入ってくる場合がある．これを避ける方法としては，半導体検出器の先端部分に試料サイズに応じ数 mm ～ 10 mm 程度の大きさのアパーチャーを取り付けるのが効果的である．また，観測する視射角によって蛍光X線スペクトルの全計数率が非常に大きく変化することがよくある．たとえば，ある視射角では，観測されるX線スペクトルが非常に弱いため，半導体検出器と試料の間の距離を非常に近づけ，かつ測定時間も長くとらないといけないが，別の視射角では，X線強度が強くなり，同じ条件で測定を行うと検出器が飽和してしまうといったことが起こる．本当に飽和してしまった場合は，そもそも測定を継続することができない．

また，検出器のX線計数率が非常に高い状態では，スペクトルに歪みやピークシフトが生じ，シングルチャンネルアナライザなどで設定している弁別のための波高値

が適切でなくなる場合がある．そこで，やはり，あらかじめマルチチャンネルアナライザを用いて，スペクトル全体を点検し，視射角を変えたときにどの程度計数率が変化するかを，予備的に調べておいたほうがよい．検出器と試料の距離などは，そのような予備的な検討結果に基づいて決めるのがよいであろう．

最近では，蛍光 X 線スペクトルの測定には，従来の半導体検出器に代わりシリコンドリフト検出器(SDD)が用いられ，加えてプリアンプからの信号をデジタル処理するデジタルスペクトロメータを併用するケースが増えている．この方式は，エネルギー分解能を失うことなく，高い計数率でスペクトル測定を行うことが可能であるため，微小角入射蛍光 X 線分析法の測定のような計数率が条件により大きく変化する場合に，特に有効である．

8.1.3　測定原理と解析方法

蛍光 X 線分析法は，測定された蛍光 X 線強度を基にして，試料中のその元素の濃度，絶対量を求める方法である．微小角入射蛍光 X 線分析法では，視射角に依存して X 線の試料への侵入深さが変化することを利用して解析する点が，通常知られている蛍光 X 線分析法と異なる．以下では，蛍光 X 線強度の視射角依存性データの取り扱いについて説明する．

測定される蛍光 X 線強度 I_{f} は，視射角 α の関数である．目的の元素が深さ(または高さ)方向に $C(z)$ のような分布をもっているとすると，試料中の共存元素の影響がほとんどない場合，次のように書き表される．

$$I_{\mathrm{f}}(\alpha) \propto \int I(\alpha,z) \times C(z)\,\mathrm{d}z \tag{8.1}$$

ここで，$I(\alpha,z)$ は微小角入射条件での入射 X 線の強度である．多層構造などをもたない均質な基板物質の内部では，深さ方向に指数関数的に強度が減衰するエバネッセント波となり，

$$I(\alpha,z) = S(\alpha) \times \exp[-z / D(\alpha)] \tag{8.2}$$

のように書ける．ここで，

$$\begin{gathered} S(\alpha) = \frac{4\alpha^2}{(\alpha+A)^2 + B^2},\ D(\alpha) = \frac{\lambda}{4\pi B^2} \\ A = \sqrt{\frac{\sqrt{\left(\alpha^2 - 2\delta\right)^2 + 4\beta^2} + \left(\alpha^2 - 2\delta\right)}{2}},\ B = \frac{\beta}{A} \end{gathered} \tag{8.3}$$

である．$S(\alpha)$ は表面での X 線強度，$D(\alpha)$ は侵入深さ(X 線強度が $S(\alpha)$ の 1/e になる深さ)に対応する．式中の λ は X 線の波長，δ，β は試料の X 線に対する屈折率の実部の 1 からの差分，および虚部である．したがって，X 線の波長と基板物質の種類がわかっていれば，$I(\alpha,z)$ は式(8.2)より算出できる．石英ガラス基板における計算例を

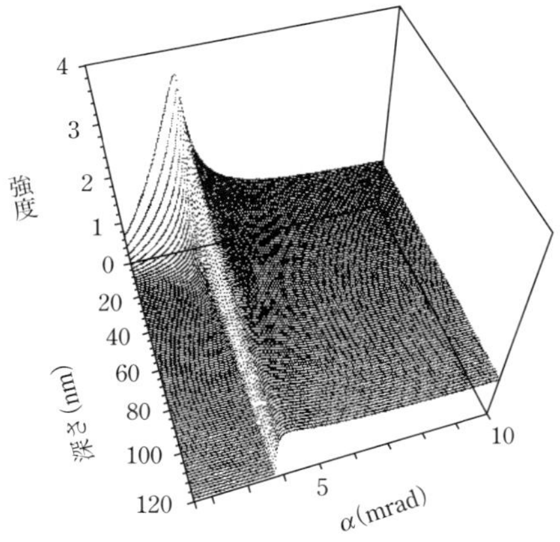

図 8.2　全反射条件近傍でのX線強度分布の計算例
（試料：合成石英ガラス基板，表面粗さ：0.3 nm，X線波長：0.154 nm）

図8.2に示す．表面（深さ0付近）では，強度が臨界角近傍で非常に強くなる現象が見られる．これは入射波と反射波がともに表面近傍にあり，干渉により強めあうためである．また全反射臨界角（約3.8 mrad）を超えると，X線は急激に深く侵入し，図からもわかるように100 nm以上でも表面とあまり変わらない強度に達する．

ところで，式(8.2)は，深さ方向，つまり基板物質内部についての式である．基板物質の表面，もしくはそれよりも上の空間ではどうであろうか．全反射条件下では，試料表面には入射波と反射波が存在するので，その重ね合わせを考慮して，$I(\alpha,z)$は次のように書ける．

$$I(\alpha,z)=\frac{S(\alpha)}{2\alpha^2}\left\{\alpha^2+A^2+B^2+(\alpha^2-A^2-B^2)\cos(\tau(\alpha))+B\alpha\sin(\tau(\alpha))\right\}$$
$$=\frac{S(\alpha)}{2\alpha^2}\left\{\alpha^2+\sqrt{(\alpha^2-2\delta)^2+4\beta^2}+\left(\alpha^2-\sqrt{(\alpha^2-2\delta)^2+4\beta^2}\right)\cos(\tau(\alpha))+B\alpha\sin(\tau(\alpha))\right\} \tag{8.4}$$

ここで，$\tau(\alpha)=\dfrac{4\pi\alpha|z|}{\lambda}$である．この式(8.4)は，図8.3に示すとおり，視射角αのとき，$\lambda/2\alpha$を周期とする定在波が立つことを意味している[7]．これを利用して表面吸着原子の位置を決定し，あるいは汚染物質の形状分析を行うことができる．$z=0$のとき，式(8.2)と同様に式(8.4)でも，$I(\alpha,z)$は$S(\alpha)$に一致するので，双方は連続していることになる．そのため，式(8.2)と(8.4)を同時に考慮し，試料表面もしくは上の空間と試料内部を一括して取り扱うことができる．

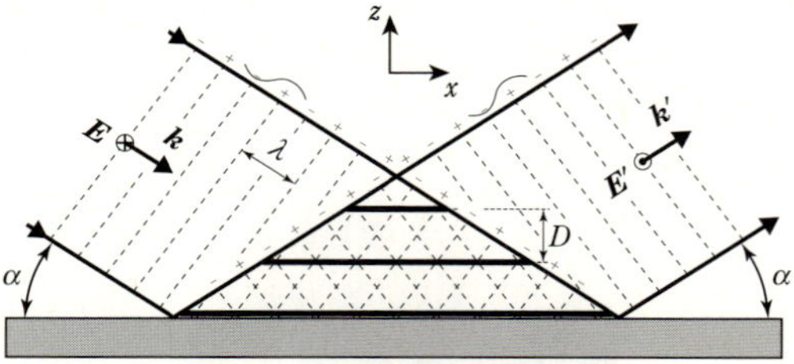

図 8.3 全反射条件で表面近傍に生成するX線定在波の概念図
入射X線と反射X線(電場および波数はそれぞれ E と E' および k と k')の干渉により，周期 $D(\lambda/2\alpha)$ の定在波が立つ．
[M. J. Bedzyk *et al*., *Phys. Rev. Lett*., **62**, 1376(1989), Fig. 1]

他方，薄膜・多層膜の場合は，均質な基板物質の場合とは異なり，試料内部でも干渉効果によるX線強度の変調が生じる．反射率の計算に用いられるParrattの式[8)]を変形すると，$I(\alpha,z)$ は，第 j 層と第 j+1 層の界面における反射係数を $R_{j,j+1}$，第 j 層の中央(膜厚を d_j としたとき，界面から $d_j/2$ の位置)における電場強度を E_j として，次のように書ける．

$$I(\alpha,z)=|a_{j-1}E_j(b_j+b_{j-1}R_{j,j+1})|^2$$
$$\left[\begin{array}{l} a_j=\exp\left(-i\dfrac{kf_jd_j}{2}\right),\ b_j=\exp[-ikf_j(z-\Sigma d_j)] \\ f_j=\sqrt{(\alpha^2-2\delta_j)-i(2\beta_j)},\ k=\dfrac{2\pi}{\lambda} \end{array}\right] \tag{8.5}$$

Au／Si基板における計算例を図8.4に示す．試料が基板物質である図8.2の場合と異なり，表面においてX線強度の最大値をとり，深くなるにつれて指数関数的な減衰をするのではなく，薄膜内部にX線強度が強弱のパターンが形成されていることがわかる．しかもその強弱は，同じ深さであっても，視射角が変わると変化する．このように薄膜では，干渉効果が生じるため，入射X線強度自体が複雑な挙動を示すが，基本的には，試料が基板物質である場合と同じように，式(8.1)を用い，元素の深さ方向の分布を決定することができる．さらに，上述の干渉効果を巧妙に利用し，特定の深さ(たとえば，界面のある深さ)で，入射X線強度が他の場所よりも選択的に強くなるような視射角を選び，そこで蛍光X線スペクトルを取得することも有望な手法の1つである[9)]．

薄膜のなかでも，同じ化学組成・同じ厚さの膜を繰り返し積層させた周期多層膜の場合には，周期長に対応するBragg反射が得られるが，ピークの低角側と高角側で薄膜内部におけるX線強度が強い部分と弱い部分が入れ替わる．すなわち，Bragg

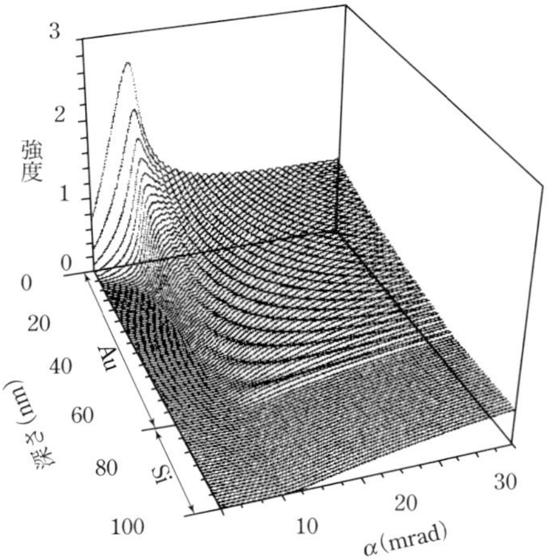

図 8.4　全反射条件近傍での X 線強度分布の計算例
(試料：Au(70 nm)／Si 基板，表面粗さ：1 nm，界面粗さ：0.5 nm，X 線波長：0.154 nm)

ピーク近傍で視射角を変化させつつ，蛍光 X 線強度を測定すると，周期長の範囲内での元素の深さ分布を分析することができる．完全に近い単結晶では，Bragg 条件の近傍で生じる X 線定在波の挙動を利用し，結晶内部の不純物のサイトを決定できることが知られている(ただし，応用としては，式(8.4)と類似した Bragg 反射により結晶表面に生じる X 線定在波による表面吸着構造の決定(X 線定在波法と呼ばれる)のほうが多い[10])．結晶と多層膜の違い，周期長の大きさの違いを別とすれば，このような例では，微小角入射蛍光 X 線分析法は，X 線定在波法とほとんどそっくりの技術になる．

実際に微小角入射蛍光 X 線分析法による解析を行おうとする場合の注意事項をいくつか述べておこう．すでに説明したように，この方法は，視射角を変えると，試料内部における X 線強度が深さ方向に変化することを利用し，理論的に知ることのできる $I(\alpha,z)$ と測定により得られる蛍光 X 線強度 $I_{\mathrm{f}}(\alpha)$ から，未知の濃度分布 $C(z)$ を求めるものである．このとき，任意の関数形である $C(z)$ であっても，逆 Laplace 変換などの直接的な方法で解けるように一見すると思えるが，実はそう簡単ではない．全反射臨界角近傍では，わずかな視射角の変化量に対して，侵入深さがあまりに急激に変化するので，その変化の詳細を精密にとらえるために多量のデータ点をとる必要があるが，多くの場合，表面近傍の元素の濃度は非常に希薄であり，特に蛍光 X 線強度があまり強くない条件の視射角で十分な計数値を取得しようとするのは現実的では

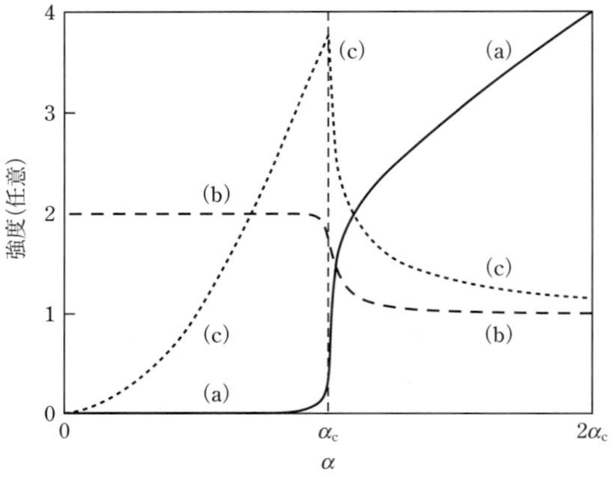

図 8.5　微小角入射蛍光X線分析法による汚染形態の判定
(a)は基板内均一拡散型，(b)は大きなパーティクル型，(c)は表面近傍濃集型のプロファイル形状．α_c は全反射臨界角．
［R. Klockenkämper, *Total-Reflection X-Ray Fluorescence Analysis*, John Wiley & Sons, New York (1997), Fig. 4–14, p.162］

ない．このようなことから，$C(z)$として想定されうる関数形を仮定し，その係数をパラメータとして実験値をフィッティングするような方法が採られることが多い．また，図 8.5 に示すように，蛍光X線強度の視射角依存性の大まかなプロファイル形状により，元素の存在形態(基板内均一拡散型，表面近傍濃集型，大きな粒子型など)を類型分けする方法も用いられる[10,11]．図 8.5 の中には示されていないが，小さな粒子では，全反射臨界角より低角側に蛍光X線強度の強弱の波打ちが現れる．これは先ほどの式(8.4)により，すぐに確かめることができよう．

もともと蛍光X線分析法では，同じ濃度の元素であっても，共存元素の種類と量が異なれば，蛍光X線強度は同じにはならないことが知られている[2]．特に，共存元素の放出する蛍光X線が目的の元素の吸収端よりも高エネルギーである場合には，二次励起と呼ばれる現象が生じる．これに対し，式(8.1)は，入射X線により励起され発生する蛍光X線の強度のみを示している．微小角入射蛍光X線分析法では，視射角を変化させながら，蛍光X線強度を測定するが，その際に，二次励起効果自体の視射角依存性が入ってくる可能性がある[12]．特に式(8.5)で考えたような干渉効果の生じる薄膜・多層膜で，注目している元素と二次励起の原因となる共存元素が別々の層にある場合には，濃度によっては注意が必要である．薄膜・多層膜の界面の不完全さは，X線反射率法では粗さ，つまり形状が平坦ではないことによるものとして取り扱っているが，蛍光X線強度からは元素の分布が評価できるため，物理的形状と化学的拡散を区別できる可能性がある．その際，粗さのある界面での蛍光 X 線強度の計算にはこれまでの議論よりもさらに細かい配慮が必要である[13]．

8.1.4　応用例

微小角入射蛍光 X 線分析法の応用分野はきわめて広い．基本的には，X 線反射率法で測定したいと考える試料はすべて対象になりうると言ってよい．

A.　気液界面におけるポリマーの会合状態の分析

図 8.6 は，有機溶媒中において希薄な濃度で存在するポリマーの会合状態を調べた結果を示している．ポリマーにラベルしたマンガンと溶媒主成分の硫黄の蛍光 X 線の挙動の違いから，ポリマーが気液界面近傍に引き付けられていることが明らかにされた．この研究は，米国のブルックヘブン研究所のシンクロトロン放射施設で行われ，1985 年に Bloch らにより報告された[14]．微小角入射蛍光 X 線分析法により元素の深さ方向分布を決定した世界初の事例でもある．当時，気液界面（液体表面）の研究そのものがかなり限られていたこともあり，この新しい方法の登場は画期的なこととして，多くの研究者の注目を集めた．そのときの様子は，*Nature* 誌のコラムにも記されており，その反響の大きさがうかがえる[15]．

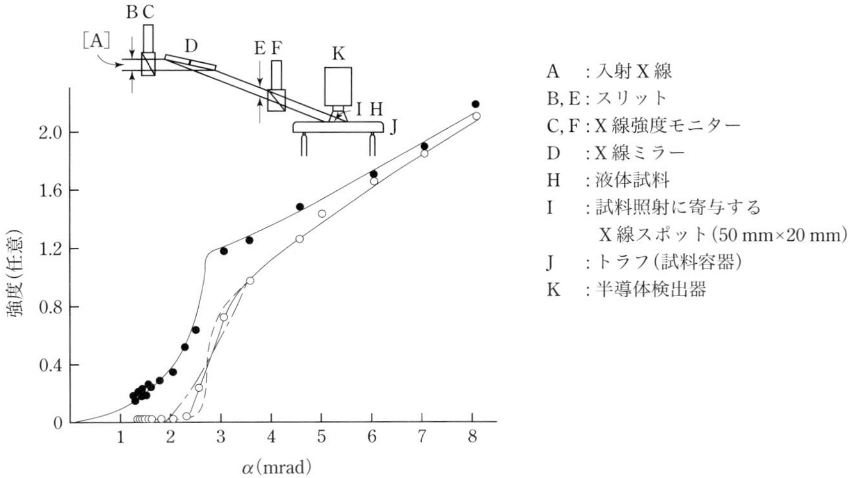

図 8.6　微小角入射蛍光 X 線分析法による気液界面のポリマーの分析
○は溶媒の S 元素からの蛍光 X 線，●はポリマーにラベルされた Mn 元素からの蛍光 X 線，実線はフィッティングの結果である．また，実験レイアウトも図中に示した．
［J. M. Bloch *et al*., *Phys. Rev. Lett*., **54**, 1039（1985）, Fig. 2］

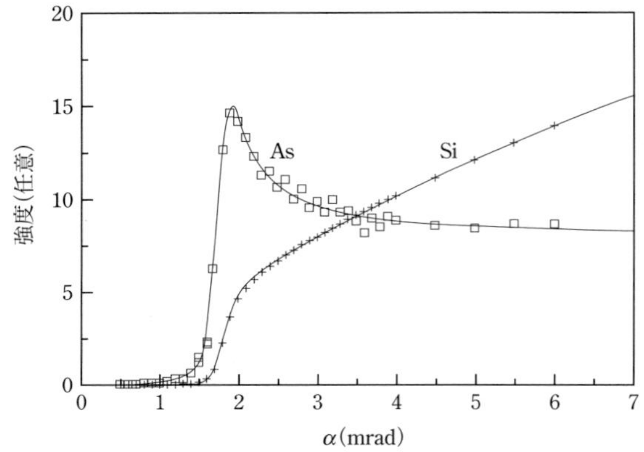

図 8.7　微小角入射蛍光X線分析法による半導体ウェハ中のイオンの分析
□はイオン打ち込みされたAs元素の蛍光X線，+は基板のSi元素からの蛍光X線である．この結果より，打ち込まれたAsの濃度を定量分析することができる．
[U. Weisbrod *et al.*, *Appl. Phys. A*, **53**, 449 (1991), Fig. 2]

B.　半導体ウェハに打ち込まれたイオンの分析

図8.7は，Siウェハに50 keVでAsイオンを打ち込んだ試料(1×10^{14} atoms cm^{-2})を分析した結果を示している．図8.5と見比べても明らかなように，Asイオンは表面のごく近傍にのみ存在していることがわかるが，蛍光X線強度より得られた分析値は他の分析データとも良く一致した．打ち込んだイオンの定量分析，それも非破壊的な分析は応用上の価値が高く，半導体工業に限らず，幅広い用途へ応用されている．この研究は，ドイツのGKSS研究所で行われたもので，1991年に報告されているが[16]，わが国ではもっと早く1986年に飯田(KEK)，合志(東京大学)らにより先駆的な研究がなされている[17]．

C.　フロートガラス表面および裏面の微量金属分析

図8.8は，窓板や水槽など広範囲に使用される透明材料であるフロートガラスの表面と裏面について，未処理のものと1 mol L^{-1}の水酸化ナトリウムで48時間エッチング処理したもののFeの分析を行った結果を示している．フロートガラスは，バスに溶けたスズを満たし，その上に溶けたガラス素地を流し込むことにより作製されるので，溶融スズと接する面である裏面の化学組成，表面粗さ，原子レベルの構造などに関心がもたれている．このデータでは，裏面のまさに最表面に高濃度のFeが存在し，溶融スズと接しない表面側とはまるで違っていることが見て取れる．この研究では，X線反射率の測定結果や，さらに別の分析技術であるX線吸収スペクトルも援用し，裏面の高濃度のFeは2.1 nm厚さに相当するFe_2O_3層であることが示された．図8.8

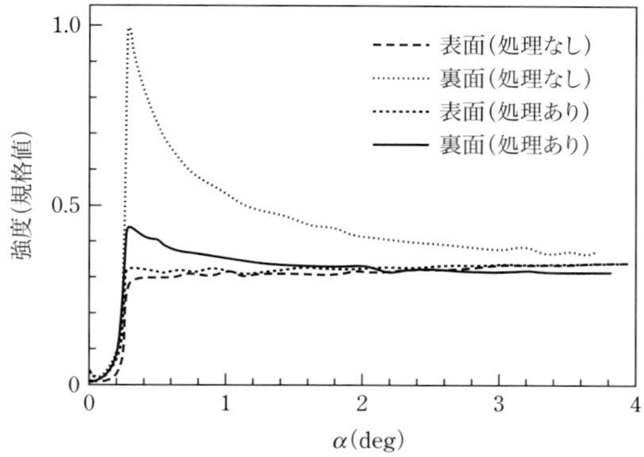

図 8.8 微小角入射蛍光X線分析法によるフロートガラス表面および裏面の微量金属分析
表面と裏面のそれぞれについて，水酸化ナトリウムによるエッチング処理前後におけるFeの蛍光X線強度の視射角依存性を測定した.
[M. Huppauf *et al.*, *J. Appl. Phys.*, **75**, 785(1994), Fig. 7]

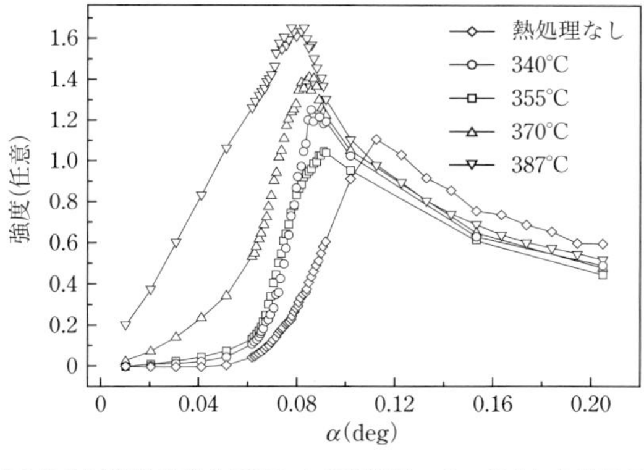

図 8.9 微小角入射蛍光X線分析法による半導体ヘテロ接合における元素の拡散，マイグレーションなどの解析
ガラス基板上に作製したCdTe／CdS膜について，熱処理温度によるTe元素からの蛍光X線強度の視射角依存性の変化を測定した.
[Y. L. Soo *et al.*, *Appl. Phys. Lett.*, **74**, 218(1999), Fig. 2]

のデータを詳しく解析した結果，エッチングをすることによりこの層は効果的に取り除かれるが，ガラス内部40～400 nmの領域までFeが拡散していることがわかった.この研究は，ドイツのLengelerらによりなされたもので，1994年に報告された[18].

D. 半導体ヘテロ接合における拡散，マイグレーションなどの解析

図8.9は，広いバンドギャップをもつ直接遷移型半導体であるCdTe(p型)とCdS(n

型)のヘテロ接合界面でのTeの拡散，マイグレーションなどを解析した結果を示している．この材料は高い光電変換を示すことから，次世代の太陽電池の候補として関心がもたれている．CdTeとCdSの結晶格子のミスマッチ(約10%)を緩和する観点では界面で適度の相互拡散があることも有利であるが，格子欠陥が増えればキャリアの再結合および散乱の原因ともなる．このため，熱処理による界面の制御が非常に重要であると考えられる．通常の太陽電池素子としては，ガラス基板上にCdS，その上にCdTeが積層されるが，ここでは，Teの移動に特別の関心をもち，わざとこの逆に積層した試料の分析を行っている．CdS表面側からX線を入射させ，CdSよりも下層にあるCdTeからのTeの蛍光X線を測定している．図8.9より，熱処理の温度を上げるにつれ，拡散によりCdS側(表面近傍)にTeが移動する様子が明らかである．さらに，Cdからの蛍光X線強度の依存性も同様に測定し，CdとTeの蛍光X線強度比をパラメータにとって検討が行われた．その結果，370°Cを境にして，Te/Cd比が，上層であるCdS層において下層であるCdTe層よりも大きくなるきわめて顕著なTe

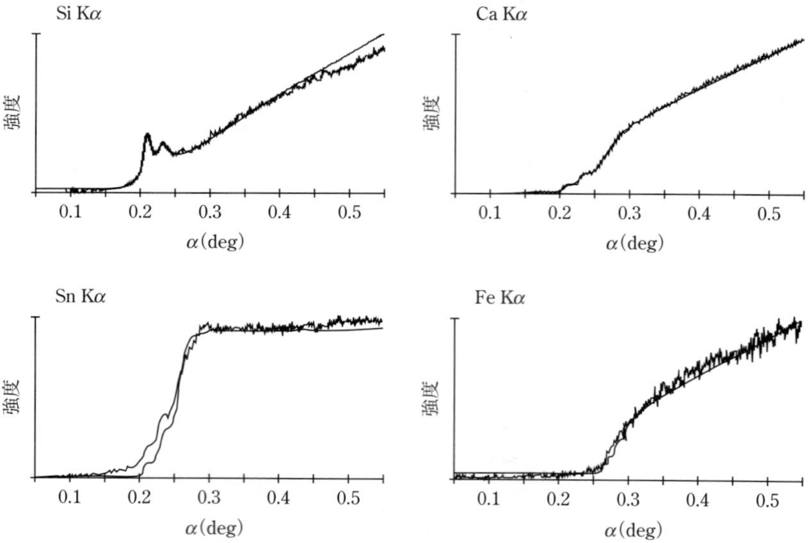

図8.10　微小角入射蛍光X線分析法によるディスプレイ用透明薄膜の分析
SiO_2／ATO膜について，Si，Ca，Sn，Feの4元素に関する蛍光X線強度の視射角依存性を測定した．測定値とともにフィッティングの結果も示されている．検討の結果，透明薄膜は界面間の相互拡散により，当初考えていた単純なSiO_2／ATOの二層構造よりもはるかに複雑な構造であることが明らかになった．
［A. J. G. Leenaers *et al.*, *X-Ray Spectrometry*, **26**, 115(1997), Fig. 9］

のマイグレーションが起こっていることが明らかになった．この研究は，米国のニューヨーク州立大学の研究グループが行ったもので1994年に報告された[19]．

E.　ディスプレイ用透明薄膜の分析

図8.10は，ガラス基板上に約80 nmのATO（アンチモンドープ酸化スズ）導電性透明薄膜と約80 nmのSi酸化膜を積層したディスプレイ用材料を分析した結果を示している．X線反射率の測定結果において，高角側で干渉縞がほとんど観測されなかったことから界面粗さが大きいことが予測されたが，ATOとSiO_2の二層膜のモデルで解析しようとしてもうまく実験結果を説明できなかったため，微小角入射蛍光X線分析法を併用することになった例である．図8.10には，4元素の蛍光X線強度の視射角依存性が示されている．Siは低角側で波打ちのある干渉パターンを示し，かつ高角側で強度が増大している．これは，上層のSiO_2層に加え，ガラス基板内にもSiが含まれていることに対応する．Snは低角側で波打ちがあり，高角側で一定値に飽和した．これは，ATO膜内にのみSnが存在することに対応する．Caは，傾向としてはSiとよく似た結果であるので，ガラス基板のみならず，ATO層にもSiO_2層にも含まれていることが考えられる．Feは不純物である．高角側で単調に増加していることからガラス基板に含まれていることが考えられるが，急激な増加が生じる視射角が基板の全反射臨界角とは異なることから，ガラス基板とATO膜の間にもう一層あり，そこにFeが比較的高濃度に含まれていると解釈された．さらなる検討の結果，ATO膜とSiO_2膜に加え，基板上に3 nm程度の薄い膜が存在し，またATO膜，SiO_2膜ともに相互拡散により，界面粗さが大きくなっていることが明らかになった．この研究はフィリップスの研究グループが行ったもので，1997年に報告された論文である[20]．

8.1.5　まとめ

以上見てきたように，微小角入射蛍光X線分析法は，試料に含まれる元素に着眼して，特に角度走査によって，その深さ方向分布を非破壊的に分析する技術である．深さ方向分析は非常に重要であり，電子・イオン分光法と，アルゴンイオンなどによるスパッタリングを組み合わせた技術に依存している現状からも，こうした非破壊的な新しい手法のますますの高度化，発展が望まれる．

慧眼をもつ読者は「微小角入射蛍光X線分析法は，非常に有望そうに思えるのに，なぜそれほどには広い産業分野で用いられていないのだろうか」と，疑問をもたれるかもしれない．たいへん重要なポイントであろうと思う．この疑問に関連すると思われる3つの問題点を挙げる．

第1に，微小角入射蛍光X線分析法による深さ方向分析は，臨界角近傍で侵入深さが変化することを積極利用するものであるが，あまりにもわずかな角度変化であまりにも急激に変化するため，入射X線の角度広がりの影響もあり，深さ分布の差異を詳しく分析するのが容易ではない．X線反射率法のように，広い角度範囲を走査することはたぶん滅多にない反面，深さ方向分析をするには，さらに高い角度分解能の実験が望ましいということになろうか．決して不可能とは思わないが，実際にはそのような試みは少ない．X線反射率法の装置のアクセサリとして拡張利用する限り，こうした限界はあるだろう．第2には，臨界角の低角側と高角側では，観測される蛍光X線の強度が桁違いであり，強いX線による検出器の飽和などを避けつつ，弱いX線も高品位に測定することが技術的に大変である．これは解決しようと思えばできるであろう．検出器の前にフィルターなどを使用すると，蛍光X線スペクトルが変わってしまうので，あまり行いたくはないが，その点の補正も含めて注意深く行えばできるだろう．また他の減衰法や，減衰させずに別の方法で補償することも考えられる．第3に，蛍光X線のマトリックス効果が通常よりも複雑に影響するため，定量分析があまり単純ではない．薄膜の主成分元素が目的の元素の蛍光X線を吸収して減衰させ，あるいは主成分元素の蛍光X線によって目的元素を2次(もしくは3次以上も)励起して強調する影響をマトリックス効果と呼び，蛍光X線強度から元素の量を求めるうえでは，補正を必要とする要因になる．そのマトリックス効果が一定ではなく，視射角を変えるときに，薄膜内部のX線電場強度が干渉効果によって変調を受け，注目している元素の深さ位置とは違う深さが強められた場合に，そこにあった元素から発生した蛍光X線による励起効果が乗ってくる．既知の試料であれば，モデルを用いた検討で実験データは正確に解釈できるだろうと思うが，適切であると確信できるモデルがない場合の困難さが残されている．

裏返して言えば，上記の課題に対して明確な解決方法が見つかった場合には，微小角入射蛍光X線分析法は，文句なしに，強力な解析ツールとして活用できるようになるだろう．また，以上のような問題がまだ残されているとしても，X線反射率を測定した後に，追加して蛍光X線スペクトル，およびその角度依存性を把握することは，多くの場合，情報の追加になり，X線反射率法単独では十分には検討できなかったデータを理解するうえでの助けになることはおそらく確実であろうと思われる．ぜひ活用をお勧めしたい．

8.2　微小角入射 X 線回折法

8.2.1　はじめに

微小角入射 X 線回折法とは測定試料に対して非常に浅い角度で X 線を入射し，試料表面に垂直な面による Bragg 反射を測定することによって薄膜の構造解析を行う手法である．この手法は通常の斜入射 X 線回折に対して“全反射条件”を利用する点が異なっており，X 線反射率法では解析が困難な薄膜内部の結晶構造の解析が可能である．X 線反射率法と併用することにより，極薄膜の膜厚・密度と結晶構造の関係などについての詳細な情報を得ることが可能となる．X 線反射率法や前節で述べた微小角入射蛍光 X 線分析法と，測定手法や解析技術において共通する部分が多い．

従来の X 線回折法による薄膜構造解析においては，図 8.11(a)，(b)のように X 線を試料に対して 1° 以下で入射し，薄膜の Bragg 反射強度を増大させる斜入射 X 線回折法がよく用いられている．この手法は薄膜中における X 線の経路を長くすることにより薄膜からの信号が相対的に強くなることを利用しており，極薄膜の構造解析にも利用されている．

これに対して本節で述べる微小角入射 X 線回折では，試料への視射角および Bragg 反射の出射角を精密に制御することにより，試料内の X 線の染み込み量や侵入深さを制御することが可能であり，この特徴を生かして薄膜の深さ方向の構造解析を行う．図 8.12(a)，(b)に微小角入射 X 線回折法の測定配置図を示す．X 線を試料の臨界角近傍で入射すると X 線は全反射を起こすため，ほとんどの X 線は試料内部に侵入する

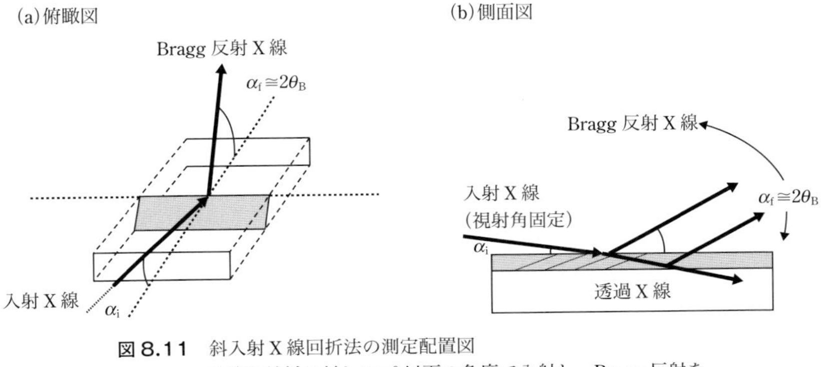

図 8.11　斜入射 X 線回折法の測定配置図
X 線を試料に対して 1° 以下の角度で入射し，Bragg 反射を測定することにより薄膜の構造解析を行う．

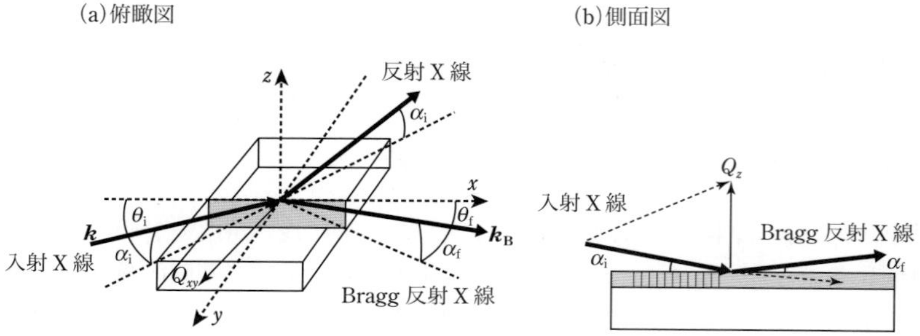

図 8.12　微小角入射 X 線回折法の測定配置図
大部分の入射 X 線は試料表面で反射されるが，一部の X 線は減衰しながら試料内部に侵入する．この X 線によって生じた Bragg 反射を，出射角を制御しながら測定することにより，薄膜の深さ方向の構造解析が可能となる．

ことができないが，入射した X 線の一部は試料内部に染み込むことが可能である（詳細は 8.2 節を参照）．このように試料内部に染み込んだ X 線が Bragg 条件を満たすとき，基板表面に垂直な Bragg 反射面により面内方向に進む Bragg 反射が生じる．この Bragg 反射の強度は基板の垂直方向に対して膜構造に対応した変化を示すことから，この強度を観測することにより薄膜の深さ方向の構造情報を得ることができる．

一方，面内方向の Bragg 反射強度プロファイルは深さ方向および試料面内方向の構造情報を含んでおり，本手法を用いることにより極薄膜の深さ方向を制御しながら面内方向の情報を得ることも可能である．

このように微小角入射 X 線回折法では，試料表面近傍の極薄膜の深さ方向の構造情報の測定など，通常の斜入射 X 線回折では得られない薄膜の構造情報を得ることができる*[1]．

8.2.2　測定方法

全反射条件での X 線回折測定では結晶軸および試料表面に対する入射 X 線の波数ベクトル $\boldsymbol{k}$ および出射 X 線の波数ベクトル $\boldsymbol{k}'$ を制御する必要があり，最低でも 4 つの回転軸が必要となる．原理的には通常の四軸回折計でも測定は可能であるが，四軸回折計は完浴型での単結晶構造解析を念頭に設計されていることが多く，微小角入射 X 線回折に適用するためには多少工夫する必要がある．図 8.13 (a) に微小角入射 X 線回折に必要な回転軸の代表例，図 8.13 (b) に通常の四軸回折計の回転軸を示す．通常

*[1] なお，全反射 X 線回折の場合，厳密には古典的な Bragg の条件 $2d\sin\theta = \lambda$ を満たしていないように思われるが，実際には X 線の屈折効果および薄膜における膜厚効果により，全反射条件でも Bragg の条件は満たされている．

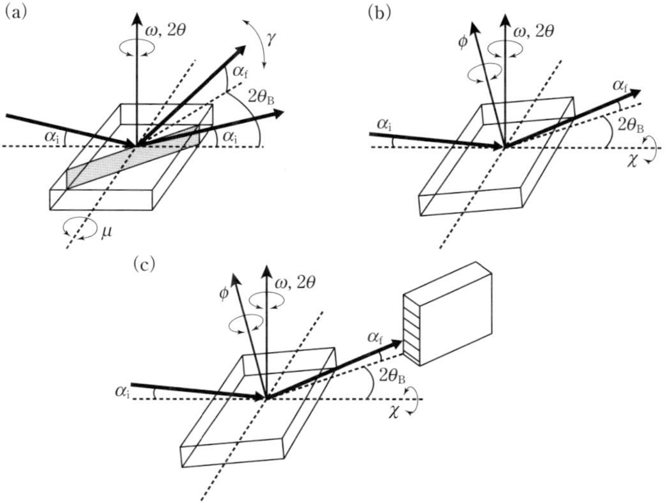

図 8.13 微小角入射 X 線回折測定の配置図
(a)微小角入射 X 線回折測定に必要な回転軸，(b)四軸回折計で用いられる回転軸，
(c)四軸回折計と 1 次元検出器を組み合わせた微小角入射 X 線回折測定例.

の四軸回折計の場合，視射角を制御する μ 軸および出射角を制御する γ 軸がないため，そのままでは微小角入射 X 線回折を測定することができない．このうち出射角側の γ 軸については図 8.13(c)に示すように，たとえば検出器として 1 次元検出器を用いることにより出射角を制御した Bragg 反射の測定が可能である．一方視射角については，χ，ω，ϕ 軸などを適宜組み合わせることにより任意の角度で X 線を入射することは可能であるが，微小角入射 X 線回折測定は通常 1° 以下で行うことが多い点を考慮すると，試料自体の調整用スイベルステージを用いて視射角を制御するのが簡便である．ただしこの場合，Bragg 反射を測定するために ω 軸を回転させると視射角が変化することから，再度視射角を補正する必要がある．また近年，全反射条件での in-plane Bragg 反射測定が可能な X 線回折装置も市販されており(たとえばリガク(株)製 SuperLab)，このような装置を使用する場合は，そのまま微小角入射 X 線回折測定が可能となる．また放射光施設のように種々の回折計が利用可能であれば六軸回折計[21]あるいは z 軸回折計[22]を利用することにより微小角入射 X 線回折測定を比較的容易に行うことができる.

8.2.3 測定原理と解析方法

微小角入射 X 線回折の原理を理解するためには“ 入射 X 線の侵入深さ ”，“Bragg

反射 X 線の取り出し深さ”および“散乱深さ”という概念を理解する必要がある．なお，微小角入射 X 線回折を用いる全反射が生じる領域では DWBA(distorted wave Born approximation)を用いるのが適当であり[23, 24]，このとき入射 X 線の強度が 1/e となる侵入深さ l は式(8.3)中の $D(\alpha)$ で与えられる．通常の斜入射 X 線回折を全反射条件で行った場合，得られる情報は近似的には試料表面からこの深さまでの平均情報となる．

一方，微小角入射 X 線回折の測定では X 線の視射角と出射角を独立に変化させるため，測定領域を求めるためには“入射 X 線の侵入深さ”と“Bragg 反射 X 線の取り出し深さ”の両者を考慮する必要がある．このうち入射 X 線の侵入深さについて前述のように式(8.3)で与えられ，また Bragg 反射の取り出し深さは相反定理より入射 X 線の侵入深さと同様の形となる．このときの Bragg 反射の測定領域は散乱深さ Λ と呼ばれ，式(8.6)のようになる[23〜25]．ここで，l_i，l_f は X 線の侵入深さおよび取り出し深さ，α_i，α_f は入射 X 線の視射角および Bragg 反射の出射角，α_c は試料の表面層の臨界角である．

$$\Lambda = \frac{\lambda}{2\pi(l_\mathrm{i}+l_\mathrm{f})}$$
$$\left[l_\mathrm{i,f} = \frac{1}{\sqrt{2}}\left\{ \left(\alpha_\mathrm{c}{}^2 - \sin^2\alpha_\mathrm{i,f}\right) + \left[\left(\sin^2\alpha_\mathrm{i,f} - \alpha_\mathrm{c}{}^2\right)^2 + 4\beta^2 \right]^{1/2} \right\}^{1/2} \right] \tag{8.6}$$

図 8.14(a)，(b)に Si 基板に対する侵入深さ l_i(斜入射 X 線回折法)および散乱深さ Λ(微小角 X 線回折法)の計算例を示す．図 8.14(a)からわかるように斜入射 X 線回折

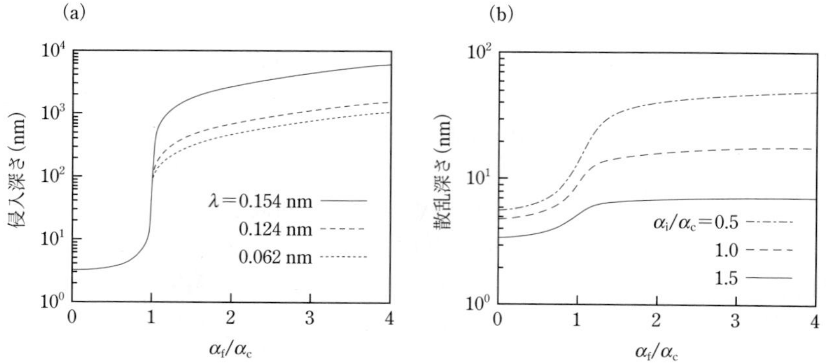

図 8.14　Si 基板における侵入深さおよび散乱深さの計算例
(a)X 線の侵入深さの視射角依存性，(b)散乱深さの出射角依存性(λ = 0.154 nm)．波長による見かけ上の角度変化を除くため，入射角および出射角は臨界角に対する比率 $\alpha_\mathrm{i}/\alpha_\mathrm{c}$ および $\alpha_\mathrm{f}/\alpha_\mathrm{c}$ で正規化している．

の場合，全反射領域（$\alpha_i/\alpha_c<1$）で測定可能な深さは視射角によらずほぼ一定であり，薄膜の深さ方向の情報を得ることは容易ではない．一方，微小角入射X線回折の場合，図8.14(b)に示されるようにBragg反射の出射角を変えることにより深さ方向の測定領域を制御することが可能であることがわかる．これは微小角入射X線回折法の場合，X線の視射角およびBragg反射の出射角を適当に選ぶことにより，試料表面から2～3 nmの領域から数十nmの領域にわたって測定領域を自由に選ぶことができることを意味しており，従来の斜入射X線回折では困難であった任意の深さに焦点を絞った構造解析が可能となることを示している．

次に実際に微小角入射X線回折測定を行うにあたって必要となる解析手法について述べる．微小角入射X線回折におけるBragg反射の散乱ベクトル$\boldsymbol{Q}$（$\equiv \boldsymbol{k}_B-\boldsymbol{k}$，図8.12(a)）は試料深さ方向の構造を反映するQ_z成分（図8.12(b)）および試料表面に平行な構造に対応する$Q_{x,y}$成分に分解することができ（$\boldsymbol{Q}=\boldsymbol{Q}_{x,y}+\boldsymbol{Q}_z$），$Q_z$方向と$Q_{x,y}$方向のBragg反射プロファイルを分離して解析することが可能である*2．このときのBragg反射強度$I(Q_x, Q_y, Q_z)$は以下のように表すことができることが知られている[23, 24]．

$$I(Q_x,Q_y,Q_z)\propto|T_i|^2|S(q_x,q_y,q_z)|^2|T_f|^2\exp\left(-\sigma^2 Q_z{}^2\right) \tag{8.7}$$

ここで，T_i，T_fはそれぞれ試料表面における入射X線およびBragg反射の透過率，$S(q_x, q_y, q_z)$は薄膜の散乱関数である．また，q_x，q_y，q_zは薄膜中でのX線の散乱ベクトル（p.320，補遺参照），$\exp\left(-\sigma^2 Q_z{}^2\right)$は試料表面の粗さに起因する強度の減衰因子であり，X線反射率と同様の形をとる．式(8.7)の右辺の第1項および第3項は厳密にはParrattの式[8]を用いて求める必要があるが近似的には最表面の薄膜の透過率で置き換えることが可能であるため，薄膜構造に起因する項は式(8.7)の右辺の第2項のみとなる．以下に式(8.7)を実際に計算するにあたって必要となる各項の関係式を示す．

$$\begin{aligned}
T_{i,f} &= \frac{2\sin\alpha_{i,f}}{\sin\alpha_{i,f}+\left(\sin^2\alpha_{i,f}+\chi_0\right)^{1/2}} \\
S(q_x,q_y,q_z) &= G(q_x,q_y)\int_0^\infty \chi_H(q_x,q_y,q_z,z)\exp(-iq_z z_j)\mathrm{d}z \\
&= G(q_x,q_y)S_z(q_z) \\
\chi_0 &= -\frac{r_e\lambda^2}{\pi v_c}F_{000},\ \chi_H(q_x,q_y,q_z)=-\frac{r_e\lambda^2}{\pi v_c}F_H
\end{aligned} \tag{8.8}$$

ここで，χ_0, χ_Hは試料の電気感受率（electric susceptibility）のFourier変換成分，

*2 厳密にはQ_z方向に進むX線と$Q_{x,y}$方向のX線の干渉を考慮する必要があるが，Si単結晶など非常に完全性の高い試料は別として通常の薄膜試料や超格子試料ではこの効果は無視しても問題ない．

$F_{000}, F_{\mathrm{H}(=hkl)}$ は前方散乱および Bragg 反射の構造因子を示す．また $G(q_x, q_y)$ は試料の表面に平行な方向の Bragg 反射のプロファイル関数を意味しており，実験的には Gauss 関数，Lorentz 関数，Voigt 関数などでフィッティングすることが多い．一方，薄膜構造を反映する関数である $S_z(q_z)$ は薄膜構造に依存するため，測定試料の構造に対応する $S_z(q_z)$ を求める必要がある．一例として図 8.15 に示すような単一量子井戸モデルに対応する散乱関数 $S_z(q_z)$ を示す．

$$S_z(q_z) \propto q_z^{-1}\left\{\chi_{\mathrm{H}}^{\mathrm{C}} + \left(\chi_{\mathrm{H}}^{\mathrm{QW}} - \chi_{\mathrm{H}}^{\mathrm{C}}\right)\exp(-iq_z d_{\mathrm{C}}) + \left(\chi_{\mathrm{H}}^{\mathrm{C}} - \chi_{\mathrm{H}}^{\mathrm{QW}}\right)\exp[-iq_z(d_{\mathrm{C}} + d_{\mathrm{QW}})d_{\mathrm{C}}]\right\} \tag{8.9}$$

また，図 8.16(a)，(b)に本モデル構造に対応する Bragg 反射の出射角プロファイルの計算値を示す．なお本計算では基板および上部キャップ層として InP(001)，量子井戸層には $\mathrm{In_{0.5}Ga_{0.5}As}$(001)を仮定しており，X 線波長は 0.154 nm として計算を行った．図 8.16 において，横軸はキャップ層である GaAs の臨界角 α_c で規格化した Bragg 反射の出射角，縦軸は各視射角に対する Bragg 反射プロファイルの変化を対数表示で示している．なお, 各視射角に対応するプロファイルの重なりを避けるため，それぞれ 1 桁ずつずらしてある．今回は量子井戸層の影響を強調するため，Bragg 反

図 8.15　単一量子井戸の計算モデル

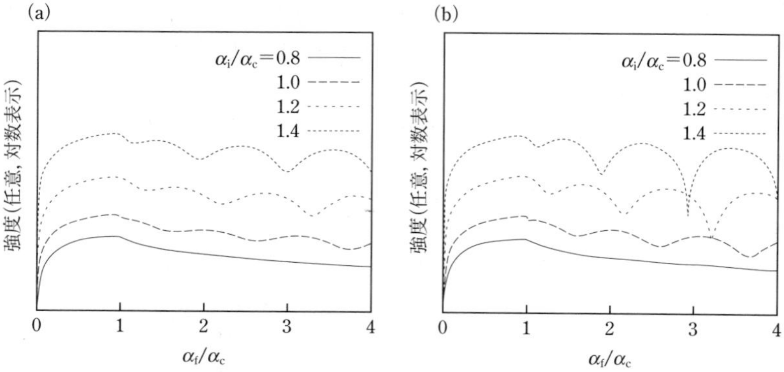

図 8.16　単一量子井戸モデルに対応する Bragg 反射の出射角プロファイルの計算値 α_i/α_c を 0.8 から 1.4 まで変化させたときの 200 反射プロファイル．量子井戸層の厚さは(a)1 nm，(b)2 nm.

射としてGaAsの準禁制反射である200反射を用いて計算を行った．またInPキャップ層の厚さは20 nm，$In_{0.5}Ga_{0.5}As$量子井戸層の厚さは1 nmおよび2 nmとしており，表面および界面粗さは無視している．視射角がキャップ層であるInPの臨界角よりも小さい領域（$\alpha_i/\alpha_c<1$）ではX線が量子井戸層まで到達しないため，散乱プロファイルに大きな変化は生じないが，臨界角よりも大きな領域（$\alpha_i/\alpha_c>1$）ではX線が量子井戸層まで到達するため，量子井戸層，キャップ層および基板との間に生じるX線の干渉効果により散乱プロファイルに振動構造が生じていることがわかる．また，この振動プロファイルは量子井戸層の厚さが1 nmと2 nmで大きく異なっている．このことは，散乱プロファイルは量子井戸層の膜厚に非常に敏感であり，詳細に解析することにより量子井戸層の膜厚，歪み，組成などの構造情報を解析できる可能性を示している．

8.2.4　応用例

A.　InGaAs／GaAs超格子構造の解析

1つ目の例として，InGaAs／GaAs量子井戸構造を解析した例を紹介する[26)]．図8.17(a)には本手法により解析した量子井戸構造のモデル図を，図8.17(b)には測定配置を，図8.17(c)には視射角0.7°でθ方向に測定したGaAsによる200 Bragg反射近傍の反射プロファイルを示す．ここで，最上層のGaAsの保護層の厚さは約300 nm，超格子層は一層16 nm（InGaAs層13 nm，GaAs層3 nm），周期数は60，InGaAs層のIn組成は25％程度である．図8.17(c)において，●はBragg反射を出射角全体で積分したプロファイル，■は出射角α_fが臨界角α_cと同じとなる条件で測定したプロファイル，▲は出射角α_fが臨界角α_cよりも大きくなる条件で測定したプロファイルを示す．

Bragg反射の積分プロファイル（●）ではピーク位置が若干低角側にずれており，またピークプロファイル自体も非対称であることからGaAs保護層／InGaAs／GaAs量子井戸構造は面内方向に対して格子定数が異なる層から構成されていることがわかる．一方，臨界角で測定したプロファイル（■）は若干非対称であるが基板のGaAsからの200 Bragg反射とほぼ同じ位置（$\Delta\theta=0.0$）にピークがあるが，半値幅は基板のBragg反射よりも大きくなっており上部GaAs保護層の面内方向の格子定数は基板と同じであるが層内に歪みや欠陥が生じていることを示唆している．

これに対して出射角α_fが臨界角α_cよりも大きい条件（▲）ではピーク位置がGaAsからの200 Bragg反射よりも0.2°程度低角側に生じていることがわかる．この条件で測定すると観測領域は量子井戸構造のより深い領域となることから得られたピークは超格子層が主であると考えられる．ここでGaAs基板と超格子層であるInGaAsの面内方向の格子定数が一致している場合，ピーク位置はGaAs基板と同じになるはずな

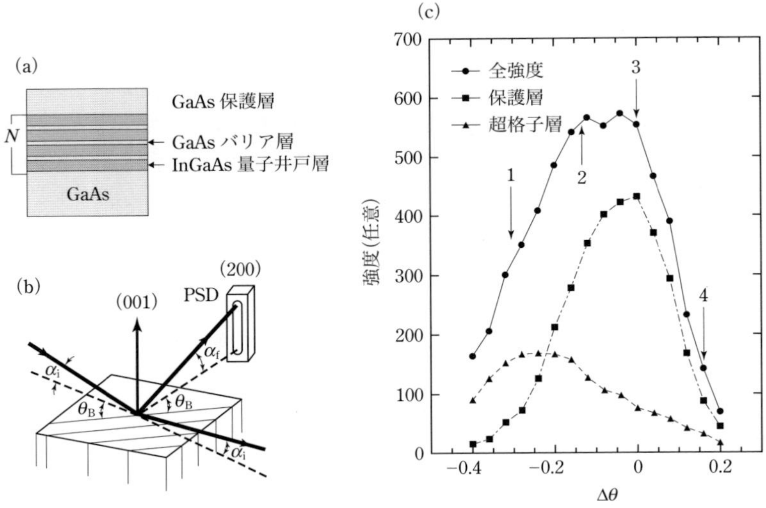

図 8.17 InGaAs／GaAs 量子井戸構造の解析例
(a)測定試料のモデル図，(b)測定配置，(c)視射角 0.7° で出射角を変えながら測定した GaAs 200 反射プロファイル．■は出射角全体を積分した Bragg 反射プロファイル，●は出射角が臨界角と等しいときのプロファイル，▲は出射角が臨界角よりも大きくなる条件で測定したときのプロファイルを示す．
［U. Pietsch *et al.*, *J. Appl. Phys.*, **74**, 2381(1993), Fig. 2, 4］

ので，本測定結果は InGaAs／GaAs 超格子層では面内方向に格子緩和が生じていることを示唆している．

そこで各 θ における GaAs 保護層と InGaAs／GaAs 量子井戸層からの Bragg 反射の寄与を評価するため，各 θ での 001 方向の散乱強度プロファイルの測定を行った結果を図 8.18 に示す．ここで，$\alpha_f/\alpha_c = 1$ に存在するピークは GaAs 保護層による "surface peak" と呼ばれるものであり，X 線反射率測定における "Yoneda peak" に対応するものである．Bragg 角 θ を低角側(position 1)から高角側(position 4)へ変化させると，超格子ピークが減少していくのに対し，保護層の GaAs 層からのピーク強度が増加していることがわかる．このことからも量子井戸層である InGaAs の面内方向の格子定数が基板およびバリア層と異なっていることがわかる．さらに position 2 などのように超格子ピークが明瞭に現れている場合は，以下の式(8.10)を用いて超格子層の膜厚を求めることができる．

$$d = \frac{2\pi}{\Delta q_z} \approx \frac{\lambda}{\alpha_f^j - \alpha_f^{j+1}} \tag{8.10}$$

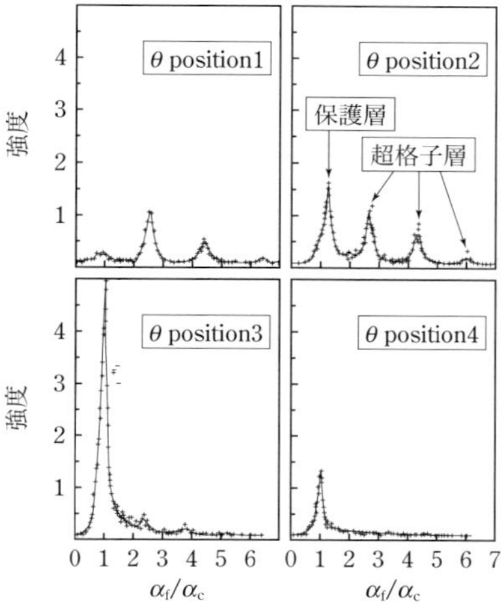

図 8.18 異なる θ における 001 方向の散乱プロファイル
θ position 1 から θ position 4 は図 8.17 に示されているものである．position 1 および position 2 は超格子層の Bragg ピーク，position 3 は GaAs 保護層の Bragg ピーク，position 4 は off-Bragg ピーク位置での測定に対応する．
［U. Pietsch *et al.*, *J. Appl. Phys.*, **74**, 2381(1993), Fig. 5］

本測定において上式を用いて求めた超格子層の平均膜厚は約 15 nm であり，設計値である 16 nm より若干少ないが，この値は 004 反射で求めた値とほぼ同じであり本手法を用いることにより面内方向および結晶成長方向の超格子構造の評価が可能であることを示している．また，本測定で用いた試料は超格子の周期数が 60 と大きく通常の 004 反射近傍のサテライト反射測定による評価が可能であるが，周期数が少ない場合は 004 反射測定ではサテライト反射測定が困難なケースがしばしばあり，このような場合には微小角入射 X 線回折による構造評価が有効となる．

B. SOI 構造の解析

2 つ目の例として，現在，次世代半導体基板として精力的に研究が進められている極薄 SOI(silicon-on-insulator)基板の歪みを解析した例を紹介する[27]．SOI 基板はデバイス層となる上部 Si 層と Si 基板を絶縁体である酸化膜(SOI 層)により分離したものであり，SOI 層を極薄化することによりリーク電流の低下，寄生抵抗の低減，短チャンネル効果の減少などの利点がある．現在すでに実際のデバイス応用もすでに始まっているが，極薄 SOI 基板の歪み構造についてはまだ不明な点も多く残されている．

図 8.19(a)に測定試料の TEM 像，図 8.19(b)に微小角入射 X 線回折の測定配置を示す．SOI 基板の上部 Si 層に若干のうねりが観測されるが，高倍率観察結果から転位

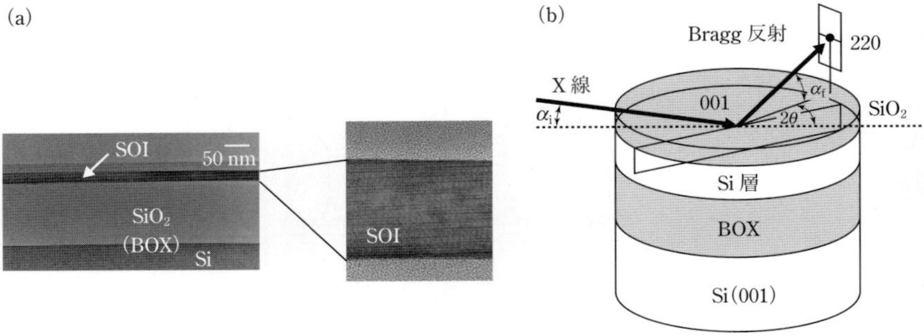

図 8.19 SOI 基板の TEM 像(a)および全反射 X 線回折の測定配置(b)
[H. Omi *et al.*, *Appl. Phys. Lett.*, **86**, 263112(2005), Fig. 1]

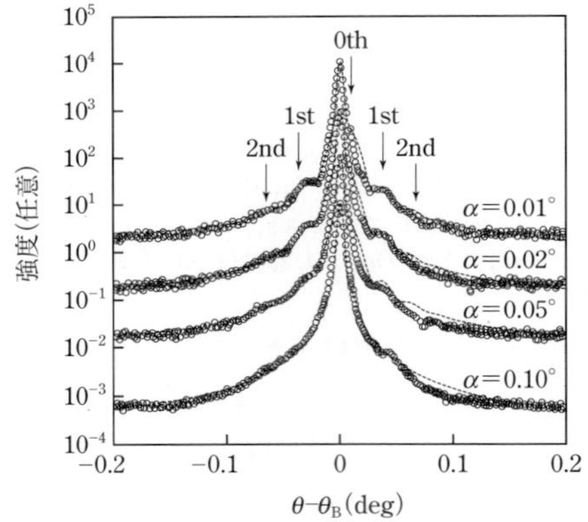

図 8.20 微小角入射 X 線回折法で測定した SOI 基板の 220 反射プロファイル
視射角を 0.01° から 0.1° まで変化させた場合のプロファイル変化．点線は準運動学的理論による振動構造のフィッティング結果である．
[H. Omi *et al.*, *Appl. Phys. Lett.*, **86**, 263112(2005), Fig. 2]

などの欠陥は観測されず，μm レベルではほぼ完全結晶であると思われる．測定試料には SOI 基板の酸化／バックエッチを繰り返し行い，SOI 層の厚さを約 50 nm としたものを用いている．測定時には表面に数 nm 程度の自然酸化膜が形成されている可能性があるが，SiO_2 に対する X 線の侵入深さを考えると測定上の問題はないと考えられる．また Bragg 反射には波長 0.124 nm の X 線を用い，Bragg 強度が最大となる $\alpha_f/\alpha_c=1$ で測定した．図 8.20 に波長 0.124 nm で視射角を 0.01° から 0.1° まで変えながら(Si および SiO_2 の臨界角は約 0.19°)測定した Si からの 220 反射プロファイルを示す．図 8.20 における角度の原点は Si 基板の Bragg 反射のピーク位置である．視射

表 8.2　準運動学的理論により求めた SOI 薄膜の歪みドメインサイズおよび歪み量

α(deg)	ε	D(nm)	ΔD(nm)
0.01	−0.00028	490	70
0.02	−0.00028	500	70
0.05	−0.00049	480	70
0.10	0.00000	400	120

角 α_i が臨界角 α_c よりも非常に小さい領域（$\alpha_i/\alpha_c < 0.1$）では Bragg 反射の裾野に振動構造が観測されているのに対し，視射角が増加するに従い振動構造が消滅していることがわかる．

この振動構造の起源についてはまだ明確ではないが，1 つの可能性として SOI 基板の上部 Si 層の表面に，熱応力によりある程度均一なサイズをもつ歪みドメインが生じ，各ドメイン内での X 線の干渉により振動構造が観測されていることが考えられる．そこでドメイン内の干渉を考慮した準運動学的理論[28)]を用いて Bragg 反射プロファイルのフィッティングを行った結果を図 8.20 に点線で示す．Bragg 反射の振動構造を比較的良く再現しており，このときの歪みドメインの平均サイズは約 500 nm 程度であった．またフィッティングの結果から SOI 薄膜自体も格子定数 a に対して $\Delta a/a = 10^{-4}$ 程度の引っ張り応力を受けていることが判明した．

SOI 薄膜では Si と SiO_2 の熱膨張係数の違いにより薄膜作製プロセスの後 Si と SiO_2 界面に歪みが生じ，SOI 極薄化プロセス中に歪みが解放された結果，界面に歪みドメインが生じた可能性がある．表 8.2 にフィッティングにより得られた歪みドメインの各構造パラメータを示す．ここで，α_i は視射角，$\varepsilon(= \Delta a/a)$ は面内方向の歪み量，D および ΔD は歪みドメインの平均サイズおよびその分散を示す．本研究例で求めた歪みドメインサイズは X 線マイクロビームにより評価した SOI 薄膜のドメインサイズ[29)]と比較的近い値を示していることを考えると，微小角入射 X 線回折により明らかとなった歪みドメインが SOI 薄膜の極表面に存在している可能性があることを示している．

本研究例で紹介したように，微小角入射 X 線回折法は数十 nm 程度の極薄膜内部に存在する歪みを高感度に検出することが可能な構造解析手法であり，本研究例のように極薄膜内部に存在する歪みの深さ方向の評価にも適用することができる．

8.2.5　まとめ

以上，本節では微小角入射 X 線回折法について紹介した．近年の半導体デバイス作製技術の進展にともない精密な膜厚制御とともに薄膜構造自身の制御も求められているが，数十 nm レベルの極薄膜の構造評価を精密に行うことは必ずしも容易ではない．極薄膜の構造評価によく用いられる電子顕微鏡では，電子顕微鏡用試料を作製する途中で薄膜自体の歪みが解放されてしまうことが多く，精密な歪み評価は困難である．また膜厚評価については nm レベルでの正確な物差しがないことから 1% 以下で膜厚を決定することは容易ではない．本節で紹介した微小角入射 X 線回折法は試料への視射角および出射角の精密な制御こそ必要であるが Bragg 反射を生じる材料であれば特に適用に制限はなく，今後進むと思われる種々の材料の極薄化に対する有力な評価技術の 1 つと考えられる．また本手法は試料まわりの調整機構にちょっとした工夫を加えることにより通常の四軸回折計でも利用することができ，X 線反射率法と組み合わせることにより極薄膜の膜厚および歪みを高精度で決定することが可能となるというメリットがある．また今回紹介した半導体材料以外にも極薄有機薄膜，膜中に存在する界面層・遷移層など種々の材料への適用が考えられ，今後金属薄膜・有機薄膜など多くの材料への適用が期待される．

補遺

微小角入射 X 線回折では屈折率の影響のため試料外部の散乱ベクトル $\boldsymbol{Q}$ と試料内部の散乱ベクトル $\boldsymbol{q}$ が異なるため，試料表面に垂直方向の Bragg 反射強度を計算する場合，試料内部の散乱ベクトル $\boldsymbol{q}$ を用いて計算する必要がある．X 線の場合，屈折率自体は 10^{-6} 程度と非常に小さいため下記の関係式を用いて試料内部と外部の散乱ベクトルの関係を計算することができる．

$$
\begin{aligned}
Q_x &= K(\cos\alpha_{\mathrm{f}}\cos\theta_{\mathrm{f}} - \cos\alpha_{\mathrm{i}}\cos\theta_{\mathrm{i}}) \\
Q_y &= K(\cos\alpha_{\mathrm{f}}\sin\theta_{\mathrm{f}} + \cos\alpha_{\mathrm{i}}\sin\theta_{\mathrm{i}}) \\
Q_z &= K(\sin\alpha_{\mathrm{i}} + \sin\alpha_{\mathrm{f}}) \\
K &= |K_{\mathrm{i}}| = |K_{\mathrm{f}}| = 2\pi/\lambda
\end{aligned}
\tag{A-1}
$$

$$
\begin{aligned}
&q_x \cong Q_x \\
&q_y \cong Q_y \\
&q_z = iK\left\{(2\delta - \sin^2\alpha_{\mathrm{i}})^{1/2} + (2\delta - \sin^2\alpha_{\mathrm{f}})^{1/2}\right\} \\
&\qquad (\beta \approx 0,\ \alpha_{\mathrm{i}}, \alpha_{\mathrm{f}} \ll 2\delta) \\
&q_z = K\left\{(\sin^2\alpha_{\mathrm{i}} - 2\delta)^{1/2} + i(2\delta - \sin^2\alpha_{\mathrm{f}})^{1/2}\right\} \\
&\qquad (\beta \approx 0,\ \alpha_{\mathrm{i}} > 2\delta,\ \alpha_{\mathrm{f}} \ll 2\delta) \\
&q_z = K\left\{(\sin^2\alpha_{\mathrm{f}} - 2\delta)^{1/2} + i(2\delta - \sin^2\alpha_{\mathrm{i}})^{1/2}\right\} \\
&\qquad (\beta \approx 0,\ \alpha_{\mathrm{f}} > 2\delta,\ \alpha_{\mathrm{i}} \ll 2\delta)
\end{aligned}
\tag{A-2}
$$

8.3　共鳴軟X線スペクトル法

8.3.1　はじめに

X線吸収端における光学定数の異常分散をX線反射率法に適用することによって，元素選択的に反射率を測定することができる．たとえば，銅($8.93\ \mathrm{g\ cm^{-3}}$)とニッケル($8.91\ \mathrm{g\ cm^{-3}}$)の積層膜をX線反射率法で測定する場合には，両者の密度がほとんど同じであるために界面での反射が生じず，明瞭な干渉パターンが現れない．したがって，銅もしくはニッケルの吸収端にX線のエネルギーを合わせ，異常分散効果を用いれば，対応する元素のδを小さくすることができるため，その差により反射が生じて干渉パターンが増強される．さらに，反射率プロファイルを上手に解析すれば，異常分散を適用した元素の層を分離して解析することもできる．実際に本書においても，7.2.2項において測定例が紹介されている．

さらにこの原理を用いたX線反射率法をさらに発展させると元素選択のみならず，化学種選択的な解析も可能となる．異常分散を示すエネルギー値はX線吸収端で見積もることができるが，このX線吸収端の値は元素の化学状態(たとえば価数など)によって数eV程度変化する．この物理現象をX線反射率法に適用すれば，同じ元素でも化学状態の異なる層を分離して解析することができる．ただし，化学状態の違いによるわずかなエネルギー差のX線吸収端を正確に計測し，各々の化学状態のX線反射率の差分を正確に抽出する必要があるため，元素選択のみを目的とした実験よりもはるかに難度が高い．このため，硬X線領域では実現していないが，軟X線領域では有機多層膜を対象に実証実験が行われた．有機エレクトロニクスの分野では，異なる有機分子層を積層させてデバイスを作製することも多く，化学状態を分別して測定できる技術開発はたいへん有用である．

8.3.2　測定方法

図8.21(a)は，化学状態の異なるある元素の異常分散項δおよびβのX線エネルギー依存性を概念的に示したものである．一般的にこのシフトは2価や3価などの価数の違う場合に観測されるが，軟X線領域に吸収端をもつ炭素は化学種の違いによってもE_1，E_2のようにシフトが観測される．δは直接観測することはできないが，X線吸収量に対応するβは観測することができ，得られたβのスペクトルからδのスペクトルを導出できる．X線反射率の測定は，通常の角度分散方式による方法とほぼ同じであるが，軟X線を用いるために真空下で行う必要がある．したがって，角度走

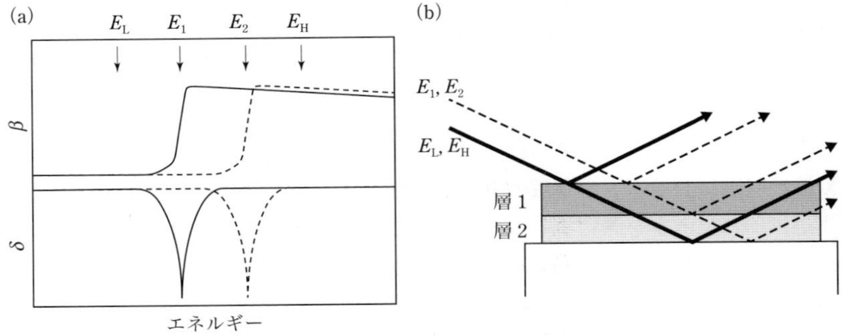

図 8.21　化学状態 1 および 2 の異常分散項 δ および β の X 線エネルギー依存性(a)および二層膜における反射の概念図(b)

査のためのステージや検出器は真空対応のものを用いる必要がある．化学状態 1 および 2 の分別を行うためには，それらの異常分散を示すエネルギー値 E_1 および E_2 と，それらのエネルギーの前後の E_L や E_H で測定を行う必要がある．

8.3.3　測定原理と解析方法

硬 X 線領域における共鳴時の δ の減少は 1 〜 3 割程度であるが，図 8.21(a)に示すように軟 X 線領域における炭素の δ の減少は大きく，最低値では負の値を示す．このような大きな変化は軟 X 線領域に特有のものであり，この異常分散を利用した X 線反射率も硬 X 線領域のものに比べて大きく変化する．ここでは，図 8.21(b)に示す二層膜を用いて反射率の挙動を考える．層 1 および層 2 は密度がほぼ同じで，それぞれ化学状態 1 および 2 の元素が構成する層と仮定する．この場合，エネルギー E_L および E_H の X 線を入射した場合，層 1 と層 2 は区別されないために，それらの界面では反射が生じない．結果として，層 1 と層 2 の積層膜を 1 つの層とみなした反射率のフリンジしか現れないため, 層 1 および層 2 の膜厚を個別に評価することはできない．一方，異常分散効果の大きなエネルギー E_1 および E_2 の X 線を用いれば，δ の差から層 1 と層 2 の界面で反射が生じるため，それぞれの層の膜厚に対応したフリンジが反射率プロファイルに現れる．したがって，層 1 および層 2 の膜厚をそれぞれ求めることができ，さらに詳細に解析すれば，それらの界面状態を評価することもできる．

8.3.4　応用例

Ade らは，炭素の吸収端付近(〜 285 eV)に入射 X 線のエネルギーを合わせ，炭素原子の化学状態による異常分散項の微細構造の違いを巧みに利用した X 線反射率の

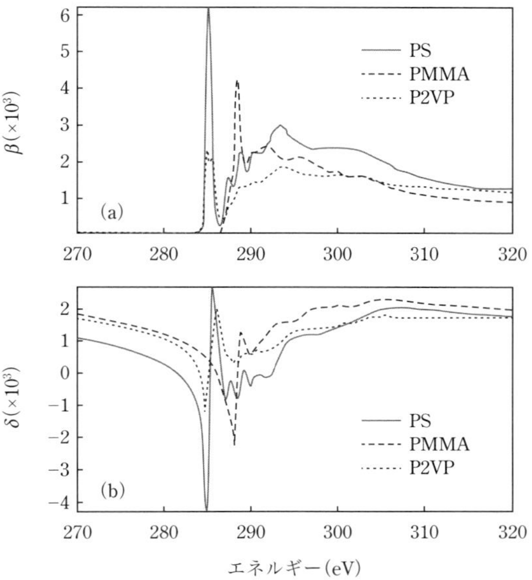

図 8.22 PSとPMMA，P2VPの炭素のX線吸収端付近における異常分散項δ，β
［C. Wang *et al.*, *J. Vac. Sci. Technol. A*, **25**, 575(2007), Fig. 3］

測定を試みた[30]．図8.22に，ポリスチレン(PS)，ポリメチルメタクリレート(PMMA)，ポリ(2−ピニルピリジン)（P2VP)における炭素の異常分散項を示すが，それぞれの物質においてδのスペクトルが異なっていることがわかる．たとえば，PSにおいてはδのディップが285.2 eVに現れるが，PMMAにおいては288.5 eVに現れる．PSの密度は1.04 g cm^{-3}，PMMAの密度は1.18 g cm^{-3}と比較的近い値をもつ．このため，PSとPMMAの二層膜の場合，δの値がほとんど変わらないために通常の硬X線反射率で両者を分離することは難しい．図8.23は，PS(15 nm)/PMMA(45 nm)の二層膜の反射率を，300 eV付近の異なるエネルギーの入射X線で計算したものである．基板はSiである．硬X線領域である14.2 keVのX線を用いたX線反射率では，PS/PMMAの合計膜厚60 nmに対応する単調なフリンジのみが観測されている．これは，PS/PMMA界面の反射がきわめて弱く，PS表面とPMMA/Si界面の反射が支配的であることに起因する．また，同様に320 eVのX線を用いた場合も，図8.22からわかるようにδがほとんど変わらないために似たようなX線反射率パターンが観測される．

一方，その他のエネルギーのX線を用いたX線反射率の場合，PSとPMMAのδ

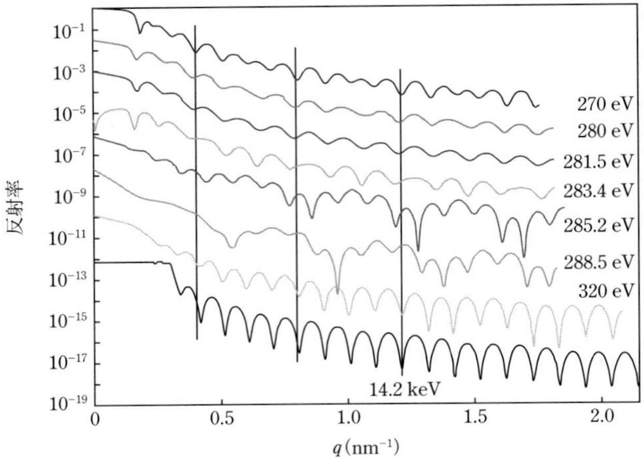

図 8.23　それぞれの入射X線エネルギーにおけるPS/PMMA二層膜の理論X線反射率
［C. Wang *et al.*, *J. Vac. Sci. Technol. A*, **25**, 575(2007), Fig. 5］

に違いが生じるためにX線反射率パターンにも変化が生じてくる．特に，ディップの観測される285.2 eVおよび288.5 eVではδの差が顕著であるために，PS/PMMA界面での反射が強くフリンジパターンも特徴的なものとなる．したがって，これらのエネルギーでは，X線反射率の解析において，PSとPMMAの層を分離することが容易となる．また，特徴的なのは，281.5 eVのときのX線反射率である．このときには，PSのδとβの値がほとんど0であることから真空と同じ，いわゆる透明な状態になる．このため，X線反射率のプロファイルにはPMMA(45 nm)層に対応したフリンジのみが現れる．異常分散は硬X線でも生じるが，δを0に近づけることはできないため，ここで紹介しているような現象は生じない．

図8.24は，PS(15 nm)/PMMA(42 nm)の二層膜のX線反射率の実測データである．実験は米国の放射光実験施設NSLSで行われた．これらの実験結果は，図8.23の計算結果と概ね一致している．図8.24には3本の縦線が引いてあるが，たとえば，14.2 keVのX線では線の間に4つのフリンジが観測されている．このフリンジの間隔は膜厚57 nmの層の干渉パターンに対応するため，このエネルギーのX線ではPS/PMMA界面の反射が大きくないことがわかる．14.2 keVだけでなく，270.0，285.2，288.5，320 eVでのX線反射率においても同じような状況である．一方，280.0，283.4 eVでのX線反射率においては，フリンジが3つに減少していることがわかる．このフリンジの間隔は膜厚42 nmの層に対応する．これは前述したようにPS層がこのエネルギーのX線に対して透明になっているために，PMMA層のみの信号が得ら

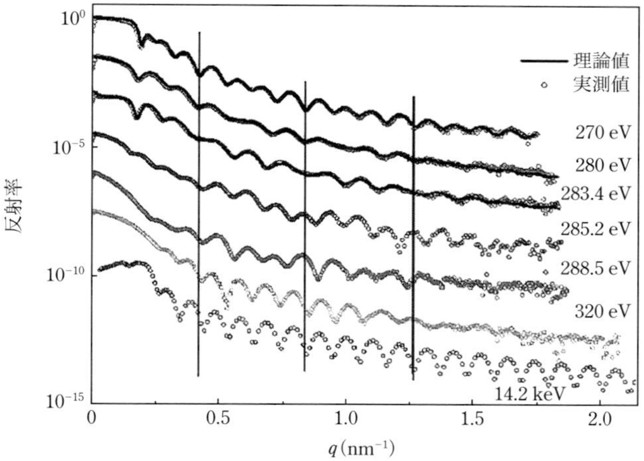

図 8.24 それぞれの入射 X 線エネルギーにおける PS/PMMA 二層膜の X 線反射率の実測反射率［C. Wang *et al.*, *J. Vac. Sci. Technol. A*, **25**, 575(2007), Fig. 6］

れたことによる．

ほかにも，このエネルギー領域においては X 線全反射現象自体も興味深いふるまいを示す．X 線全反射現象は，δ が正のときに生じるが，図 8.22 からわかるように 285 eV 付近では負になる．このため，270 eV や 280 eV では $q = 0.2\ \mathrm{nm}^{-1}$ にディップが観測されているが，285.2 eV ではそれが消失している．このように，軟 X 線領域での共鳴現象を用いることによって，元素選択的のみでなく，化学種選択的に薄膜の構造解析を行うことが可能となる．

8.4 GISAXS 法

8.4.1 はじめに

ここまで，表面あるいは薄膜の層構造を定量評価するという観点から，反射率ならびに散漫散乱の考え方と解析手法を学んできた．しかし，測定したい材料には，基板の表面が不均一であるもの，あるいは薄膜の状態で存在していても均一膜の形態にはなっていないものは多い．その具体例としては，薄膜中に球状あるいは相互につながった open pore の形状で空隙が存在する Si 酸化物(low-*k*)材料や，膜としては均一であっても内部にミクロ相分離や結晶化した構造を有する高分子膜，Stranski－Krastanov 成長によりナノドットを形成した半導体などである．このような試料の内部構造を評価するためには，微小角入射小角X線散乱(grazing incidence small-angle X-ray scattering, GISAXS)法が有効である．

こうした試料の内部構造を定量的に評価するためにはどのような取り扱いをすればよいかを具体的に考えてみよう．反射率とそれに関連した散漫散乱測定においては，膜構造は基本的にほぼ理想的な平滑膜を出発構造として考え，表面や界面の粗さ，組成(屈折率)の分布などはその構造からのずれとして取り扱った．したがって，たとえば散漫散乱では界面粗さの相関を考えて解析を行うものの，散漫散乱を起こす原因としては膜界面の理想平滑状態からのずれを想定しており，たとえば図8.25上側に示す薄膜構造をあえて評価しようとすれば，図8.25左側に示すような平均厚さの膜を仮想的に作り，その界面位置にゆらぎがあるというモデルを考えるか，あるいは階段状の厚さ分布があるというモデルを考え，球状粒子のように「局在」した3次元形状をもつことを前提とはしない．このようなモデルの枠組みでは，反射率の考え方に基づく電場強度というイメージはもてても，その解析モデルに現れる界面の粗さや粗さの相関が具体的なナノ構造とどのように結び付くかは直感的にわかりづらく，またナノ粒子のような強い散乱体をそのような枠組みで取り扱う妥当性についても検討すべき点が多い．薄膜中にナノポアが存在するような場合には，知りたい情報は孔の形や大きさそのものである．バルク材料の場合，このようなナノ粒子やナノポアの解析には，透過法による小角散乱測定が利用されている．透過小角散乱法では，散乱強度は上記のようなナノ構造のFourier変換像という直接的な情報を与えるため，ナノ組織の評価手法として有用である．ただし，反射配置において薄膜を計測する際は鏡面反射波による散乱の効果など，動力学的な補正が重要になるため，通常の透過小角散乱法に

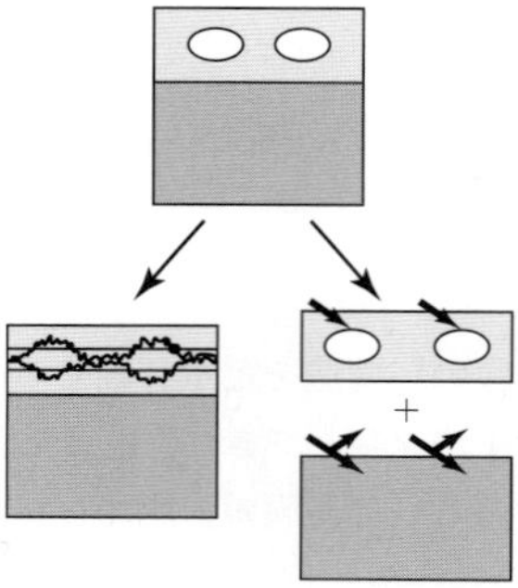

図8.25　試料内部に3次元ナノ構造を含む薄膜を評価する際の考え方
反射率測定の場合には平均構造として多層薄膜を仮定した後，その界面位置にゆらぎがあるとしてモデル化する(左)．一方，小角散乱測定の場合は膜中の散乱は3次元形状による散乱であると考え，そのうえで多重散乱効果を補正する(右)．

おける解析手法をそのまま適用できない場合が多い．そこで，透過小角散乱法の考え方をベースにして，薄膜の反射配置特有の現象である動力学的な効果を補正し，構造解析を行うというアプローチが小角散乱法の分野で提案されている．図 8.25 右側に示す図のように，膜中の散漫散乱については小角散乱の考え方をそのまま使い，その一方で，多層膜構造における多重散乱効果を補正しようとするアプローチである．これが微小角入射小角散乱法(GISAXS 法)である．補正に必要な考え方は，主として小角散乱を起こす散乱体の位置で電場の強度，分布がどのようになっているのか，ということであり，この部分には反射率および散漫散乱の考え方を利用することで理解できる．本節では前章までに与えられている反射率の考え方を前提に，X 線小角散乱法(SAXS 法)について概説した後，GISAXS 法との関係について見ていく．

8.4.2 X 線小角散乱法(SAXS 法)

ここではまず X 線小角散乱法の考え方と特徴について説明する．通常，X 線小角散乱強度は透過配置で測定される．この場合，試料内部の散乱体(ナノ粒子など)は入射波によって 1 回だけ散乱を受け，その散乱波の重ね合わせによる振幅の二乗が散乱強度になる(Born 近似)．簡単のため，孤立した 1 個の球状ナノ粒子の散乱について考えてみよう．Born 近似では小角散乱も通常の粉末回折の考え方と同じく，散乱された波の振幅は各原子による散乱波の重ね合わせとして与えられる．これは，原子散乱因子を計算する際に，原子中の各電子による散乱断面積の和をとる場合の考え方をそのまま適用すると考えれば理解しやすいであろう．図 8.26 は小角散乱の散乱振幅を考える場合の考え方の模式図である．多くの X 線回折の教科書で説明されているように，原子散乱因子を考える場合，各電子の位置 $\boldsymbol{r}_j$ を使い，それらの散乱断面積の積分をとる．X 線の電子による散乱を古典的に取り扱うには X 線の電場中での電子の双極子放射の和を考え，電場と磁場を計算するが，紙面の都合上ここでは電場についての結果だけを簡単に示す．

$$\boldsymbol{E}(\boldsymbol{k},\boldsymbol{k}',\boldsymbol{R})=\frac{r_{\mathrm{e}}\lambda^2}{|\boldsymbol{R}|}(\boldsymbol{k}\times\boldsymbol{k}'\times\boldsymbol{E}_0)\exp[i(\omega t-\boldsymbol{k}'\cdot\boldsymbol{R})]\sum_{j\in atom}\int\exp[i(\boldsymbol{k}'-\boldsymbol{k})\cdot\boldsymbol{r}]\rho_j(\boldsymbol{r})\mathrm{d}\boldsymbol{r}$$

$$|\boldsymbol{E}|\propto\sum_{j\in atom}\int\exp[i(\boldsymbol{k}'-\boldsymbol{k})\cdot\boldsymbol{r}]\rho_j(\boldsymbol{r})\mathrm{d}\boldsymbol{r} \tag{8.11}$$

ここで，$\boldsymbol{R}$ は原子から十分遠方(距離 $|\boldsymbol{R}|$)にある観測点であり，$\boldsymbol{R}$ における散乱振幅は入射波の波数ベクトル $\boldsymbol{k}$，散乱波の波数ベクトル $\boldsymbol{k}'$ を使って表される散乱ベクトル $\boldsymbol{q}=\boldsymbol{k}'-\boldsymbol{k}$ の関数として得られる．同様に，孤立したナノ粒子による小角散乱を考えるときには，ナノ粒子中の全電子による散乱波の積分をとればよいが，積分を原子内と全原子に分けることにより，それぞれの原子の中心位置での原子散乱因子による

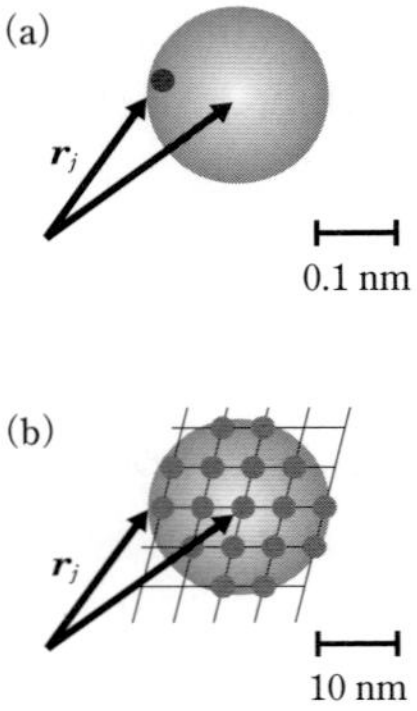

図 8.26　原子とナノ粒子による X 線の散乱の模式図
(a)原子 1 個による X 線の散乱は原子内の各電子による散乱振幅の和になる．
(b)ナノ粒子 1 個による散乱も，同様に，粒子内の各原子による散乱振幅の和になる．
考え方のうえで異なるのはスケールだけであり，その差により，典型的な強度の現れる角度領域がナノ粒子ではスケールの逆数分だけ微小な角度になる．

散乱の和と表される．原子散乱因子の計算において電子の位置は，実際には波動関数の形でしか与えられないが，小角散乱の考え方を理解するうえでは役に立つ類推であろう．図 8.26(b)は孤立したナノ粒子の模式図であり，このようなナノ粒子による散乱波の振幅 $A(\boldsymbol{q})$は，ナノ粒子領域内の位置 $\boldsymbol{r}_j$ の各原子による散乱の和として，

$$A(\boldsymbol{q}) = \sum_{j \in sample} f_j(q, \boldsymbol{r}_j) \exp(i\boldsymbol{q} \cdot \boldsymbol{r}_j) \tag{8.12}$$

で与えられる．ここで，f_j は位置 $\boldsymbol{r}_j$ にある j 原子の原子散乱因子である．ここである形状をもった粒子について，その内部についての式(8.12)の和は，その粒子の形状の Fourier 変換に相当することがわかる．これを形状因子と呼び，たとえば半径 R の球状粒子の場合は $\boldsymbol{\Phi}(qR)$のように表す．種々の形状の散乱体に対する形状因子については，小角散乱の教科書や参考文献 31 ～ 33 に計算結果の一覧が掲載されている．一般に X 線はナノ粒子だけでなくそれを取り囲む媒質も透過するので，式(8.12)において和を考える領域は，ナノ粒子とそれを取り囲む媒質全体でなければならない．小角散乱は散乱体の周囲との電子密度差によって起こるものであることがわかりやすいように，式(8.12)を平均原子散乱因子 $\bar{f}$ と，そこからのずれ $\Delta\overline{f_j}\left(= f_j(q, \boldsymbol{r}_j) - \bar{f}\right)$ に分けてみよう．

$$A(\boldsymbol{q}) = \sum_{j \in particle} (f_j(q, \boldsymbol{r}_j) - \bar{f}) \exp(i\boldsymbol{q} \cdot \boldsymbol{r}_j) + \bar{f} \sum_{j \in particle} \exp(i\boldsymbol{q} \cdot \boldsymbol{r}_j) \tag{8.13}$$

式(8.13)の右辺第 2 項は照射領域の体積全体を Fourier 変換したものであるから，

$q = 0$に鋭いピークを与える以外はBragg反射の角度に相当する高角領域までは0とみなしてよい．そこで通常小角散乱では形状因子の部分に相当する第1項のみを考える．小角散乱強度は散乱体の原子散乱因子単独ではなく，散乱体内部の原子散乱因子の平均原子散乱因子からのずれの二乗に比例した散乱強度を与えることを示している．ただし散乱強度をモデル計算する場合に，散乱因子を平均値と平均値からのずれに分離しなくとも計算上は差し支えないことは以上から明らかであろう．この1回散乱による波の振幅の二乗で散乱強度が得られる．

$$\begin{aligned} I(\boldsymbol{q}) &= A(\boldsymbol{q})A^*(\boldsymbol{q}) \\ &= \bar{f}^2 \sum\sum \exp[i\boldsymbol{q}\cdot(\boldsymbol{r}_j - \boldsymbol{r}_k)] + \sum\sum \Delta f_j \Delta f_k \exp[i\boldsymbol{q}\cdot(\boldsymbol{r}_j - \boldsymbol{r}_k)] \end{aligned} \tag{8.14}$$

小角領域では格子定数程度の距離の相関は強度にほとんど反映されないため，各原子に関する和は連続体として積分に置き換えることが可能である．この場合にはfを原子散乱因子密度とし，異常分散効果を考えない場合には$f(0) = Z$として電子密度に置き換えることができる．

ここまでの議論を前節までの反射率の議論と比較すると，反射率の計算は，前節までは屈折率の基板垂直方向の分布に基づいていたが，ここでは原子散乱因子を基本にして説明されている．これらの関係は既出の屈折率の実部，虚部と原子散乱因子の間の関係式$\delta = \dfrac{r_e\lambda^2}{2\pi v_c}\sum_j (Z_j + f_j')$および$\beta = \dfrac{r_e\lambda^2}{2\pi v_c}\sum_j (-f_j'')$を思い出せば，小角散乱強度の原因となる散乱のコントラストは原子散乱因子，屈折率どちらで考えても同じであることがわかる．

次に，このようなナノ粒子がある密度で充填されている場合の扱いについて考えよう．これはたとえば，照射体積中に有限の体積分率で第二相や空隙が存在する場合など，また，薄膜の場合には膜内部に一定の体積率でナノ粒子が分散している場合や，あるいはナノ空隙が配列している場合，さらには高分子が自発的に整列している場合などに相当する．図8.26の説明に戻って考えよう．図8.26(a)の原子が規則的に空間的に配列することによって各原子による散乱に干渉効果が生じてBraggピークが観測されるのと同様に，図8.26(b)の粒子についても粒子が空間的に規則的に配列している場合には各粒子による散乱波どうしの干渉効果が認められる．このような効果の取り扱いも原子集団の回折現象を運動学的に扱うときと同様に，1個のナノ粒子散乱体の形状因子を$\boldsymbol{\Phi}$とおいて，

$$A(\boldsymbol{q}) = \sum_j \boldsymbol{\Phi}_j(qR_j)\exp(i\boldsymbol{q}\cdot\boldsymbol{r}_j) \tag{8.15}$$

$$I(\boldsymbol{q}) = A(\boldsymbol{q})\cdot A^*(\boldsymbol{q}) = \sum_j \sum_k \Phi_j(qR_j)\Phi_k(qR_k)\exp[i\boldsymbol{q}\cdot(\boldsymbol{r}_j - \boldsymbol{r}_k)]$$

$$= A(\boldsymbol{q})\cdot A^*(\boldsymbol{q}) = \left\langle \overline{\Phi}(qR)^2 \right\rangle \sum_j \left\{ 1 + \sum_{j\neq k} \exp[i\boldsymbol{q}\cdot(\boldsymbol{r}_j - \boldsymbol{r}_k)] \right\} = N\left\langle \overline{\Phi}(qR)^2 \right\rangle S(\boldsymbol{q}) \tag{8.14'}$$

と書くことができる．ここで，$S(q)$は粒子の空間配置の Fourier 変換に相当する構造関数(structure function)である．式(8.14′)から，小角散乱の取り扱いでも液体や固体の回折散乱と同様に取り扱いをしてよいことがわかる．厳密には式(8.14′)では粒子が単分散(すべて同じ大きさと形状をもつ)ことを前提にしているが，実際の試料ではサイズや形状，向きに分布をもつため，これらに関する平均操作が必要になる．小角散乱の構造関数は通常固体結晶の構造関数を考える場合のような Laue 関数ではなく，液体などで使われる動径分布関数による取り扱いをする．これはナノ粒子の配置は原子の配置と異なり，空間配列の規則性が非常に低く，多くの場合には最近接粒子間距離程度の相関しかないためである．したがって，GISAXS 法で膜内部での多粒子の干渉効果を考慮する場合，多くは粒子間の相関については運動学的な近似で十分である．

具体的な$S(q)$の計算の考え方については材料の特性，たとえばナノ粒子などの散乱体にサイズ分布がある場合(微粒子やナノ空隙など)と，単分散で高密度に存在する場合(高分子など)で異なった近似が使われる．空間配列の規則性が比較的低い場合には液体の構造関数の考え方，たとえば Percus−Yevick のモデル[34]をベースにした表式が使われ，単分散粒子の高密度充填のように比較的高い規則性がある場合には短距離的には格子を仮定するパラクリスタルモデル[35]が利用される．これらの詳細については小角散乱の解説書[31〜33]や論文[36]を参照されたい．

8.4.3　測定方法

ここでは基板上のナノドットを試料の例として，透過小角X線散乱法と比較しながら GISAXS 法の測定方法を説明する．図 8.27 は基板上のナノドット構造に対して，仮想的にX線を基板垂直方向および水平方向に入射した場合に予想される運動学的な散乱パターンを示している．q_x−q_y 面に現れる基板垂直入射に対する散乱パターンは面内の形状を，また q_x−q_z 面に現れるパターンは面内—面直方向の形状を示しており，これらを得ることがX線散乱による評価の目標である．垂直入射については，実際の測定が可能であるかどうかは基板による吸収効果とナノドット層の厚さによって決まる．たとえば基板が比較的吸収の小さな薄膜で，ナノドット層もある程度(数百 nm 〜 1 μm 程度)の厚さがある場合には，透過小角散乱測定でも十分な評価が可能であることが知られている．このような材料の例としては Si 基板上のスパッタリ

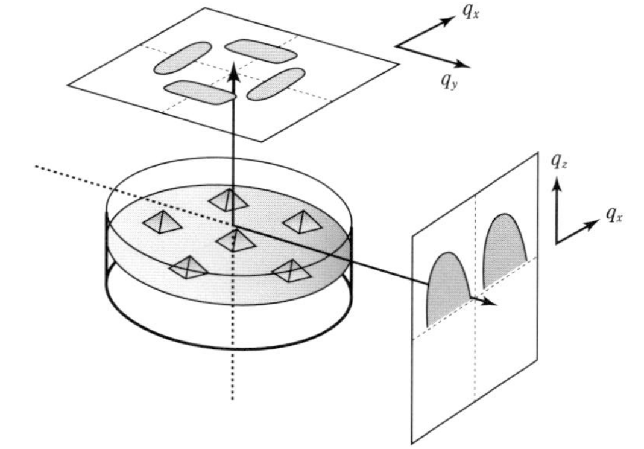

図 8.27　基板上のナノドットによる散乱の模式図
キャップ層に保護された基板上のナノドットによる模式的な散乱パターン．運動学的な散乱が測定可能であれば，X 線の面内入射により成長方向と面内方向が，基板垂直方向入射により面内形状と配列の異方性が評価できる．

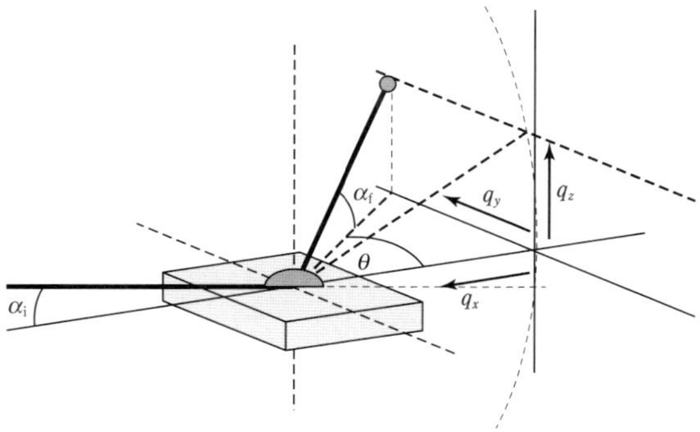

図 8.28　GISAXS 法における測定配置図
小角散乱の場合には，2 次元検出器により測定される強度分布は Ewald 球面上のものである点に注意が必要である．

ング膜中の Ge ナノ粒子層[37]や Si 基板上のポーラスシリカ(低誘電率材料)[38]などが知られている．一方，面内入射については，透過測定には透過可能な程度の断面薄膜への切り出しが必要となるため現実的とはいえない．そこで X 線を面内方向ではなく，基板の外部上方からすれすれの角度で入射して小角散乱強度を測定する GISAXS 法が有効な手法となる．

GISAXS 法での配置模式図を図 8.28 に示す．X 線反射率法と異なり，視射角 α_i は表面層の全反射臨界角 α_c と同程度から 2 倍程度の間の適当な角度で固定する．散乱強度の測定は，X線の入射方向と試料を固定したまま，q_y，q_z 方向の2次元データを同時に取得するのが標準的となっている．したがって，この測定では逆格子上で通過する点を逐次制御する反射率の測定と異なり，厳密には q_y–q_z の逆格子面上ではない入射方向を固定したEwald球面上の強度分布を測定していることになる．散乱ベクトルの表示は図8.28の θ，α_i，α_f の3つの角を使って，

$$q_x = \frac{2\pi}{\lambda}(\cos\theta\cos\alpha_\mathrm{f} - \cos\alpha_\mathrm{i})$$
$$q_y = \frac{2\pi}{\lambda}\sin\theta\cos\alpha_\mathrm{f} \qquad (8.16)$$
$$q_z = \frac{2\pi}{\lambda}(\sin\alpha_\mathrm{f} + \sin\alpha_\mathrm{i})$$

となっているが，このうち yz 平面上に2次元検出器を置いているにもかかわらず q_x が0でないのはEwald球の曲率によるものである．小角散乱では通常角度範囲が小さな領域での散漫散乱であることから，Ewald球を平面で近似してもよいとして取り扱う場合が多い．しかし，反射率や散漫散乱強度との対応関係を厳密にとる場合，あるいは小角領域であってもパラクリスタルモデルによる規則配列粒子のような小角回折を取り扱う場合，Ewald球の曲率を考慮に入れた解析が必要になる．このような注意点にもかかわらずGISAXS法において2次元検出器による同時測定が主流であるのは，小角散乱法の場合にはEwald球の曲率により生じる問題は限定的であり，その一方で，2次元検出器を利用することにより測定効率が大幅に改善され，実時間で2次元散乱パターンが観測できるというほかに代えがたいメリットをもつからである．

2次元検出器を前提としたGISAXS測定には通常の反射率計を利用することはできず，小角散乱用の光学系を採用する必要がある．これは，散漫散乱の強度が弱い一方，2次元検出器を利用するためには通常の反射率計での測定のようにスリットで寄生散乱を除去することができないため，十分なSN比を確保することが困難だからである．散乱体の形状因子や配置に異方性がないことがわかっている場合には反射率計における散漫散乱計測の走査の結果をシミュレーションと合わせて評価することは可能である．面内回折測定に対応した多軸ゴニオメータの場合には q_z を固定したGISAXS測定ができる．この方法についてはたとえばSi基板上に形成した金ナノ粒子のGISAXS測定[39]や基板を面内回転させて半導体ナノドットの空間配列の異方性を調べる測定[40]などの応用例が報告されている．

8.4.4 測定原理と解析方法

GISAXSの強度を解析する場合には反射率測定における散漫散乱評価と同様に動力学的な補正が必要になる．散漫散乱では理想的な多層膜構造における鏡面反射の取り

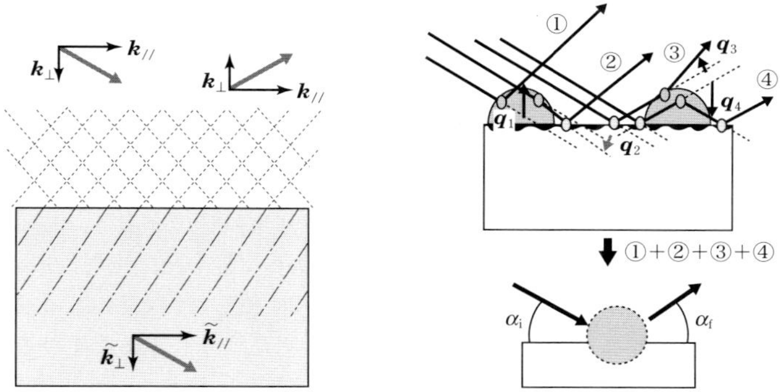

図 8.29　基板表面のナノドットによる GISAXS 強度の考え方
(a)は摂動のない理想表面での波の状態を，(b)は表面に摂動ポテンシャルとしてナノドットが付着している場合を示している．(b)に示す 4 つの過程は DWBA の計算に現れる 4 つの項の具体的な散乱過程である．散乱されてから最終的に検出器に至るまでのそれぞれの波の実際の散乱ベクトルは $\boldsymbol{q}_1 \sim \boldsymbol{q}_4$ であり，同じ測定点に異なる散乱ベクトルをもつ波が重ね合わされて到達している．

扱いから出発し，その摂動として散乱ポテンシャルとしての界面粗さが存在すると考えた．小角散乱の場合には界面粗さの代わりにナノ粒子などの散乱体が摂動ポテンシャルとして存在するとして計算を行う．ここではまず基板表面にナノ粒子が存在している場合について説明する．図 8.29(a)に示されるように，ナノ粒子(摂動)が存在しない状態での波は基板の上(空中)では入射波と基板表面で鏡面反射された出射波の 2 波が共存する状態であり，基板内部では入射波が屈折して進行する波が存在する．

この状態を摂動を受けていない波 A^0 として次のように書くことができる[41]．

$$\text{基板上方：}\ A^0(\boldsymbol{k},\boldsymbol{r}) = \exp(i\boldsymbol{k}_{//}\boldsymbol{r}_{//})\{\exp(ik_\perp z) + R\exp(-ik_\perp z)\} \tag{8.17a}$$

$$\text{基板内部：}\ A^0(\boldsymbol{k},\boldsymbol{r}) = T\exp(i\boldsymbol{k}_{//}\boldsymbol{r}_{//})\exp\left(i\tilde{k}_\perp z\right) \tag{8.17b}$$

ここで，R および T は反射および透過係数である．散乱体であるナノ粒子は基板の上にあるので，摂動は式(8.17a)の部分でのみ考えればよい．散乱ポテンシャルは屈折率分布の Fourier 変換，すなわち粒子の形状因子であるから，式(8.17a)が非摂動の関数，$\boldsymbol{\Phi}$ という摂動ポテンシャルが存在すると考えると DWBA の取り扱いにより，

$$\begin{aligned} A(\boldsymbol{q},\boldsymbol{k},\boldsymbol{k}') = -{k_0}^2(1-n^2)\frac{\exp(ik_0R)}{4\pi R}\{&\boldsymbol{\Phi}(\boldsymbol{q}_{//},\boldsymbol{q}_z) + R^{\mathrm{f}}\boldsymbol{\Phi}(\boldsymbol{q}_{//},-\boldsymbol{k}_\perp-\boldsymbol{k}'_\perp) \\ &+R^{\mathrm{i}}\boldsymbol{\Phi}(\boldsymbol{q}_{//},\boldsymbol{k}_\perp+\boldsymbol{k}'_\perp) + R^{\mathrm{i}}R^{\mathrm{f}}\boldsymbol{\Phi}(\boldsymbol{q}_{//},-\boldsymbol{q}_z)\} \end{aligned} \tag{8.18}$$

が得られる．式(8.18)の右辺第 1 項が通常の Born 近似による小角散乱強度であり，透過小角散乱に対応する．第 2 項以降が DWBA による補正項であり，図 8.29(b)の

②〜④の過程で示される，散乱された波が鏡面反射，あるいはいったん鏡面反射された波が散乱されて検出器に届く過程に対応する．第4項は図8.29(b)の過程④にあるように2回鏡面反射を経た散乱過程である．これらの合成波の絶対値からDWBAによる散乱強度の近似が得られる．ここで，$\boldsymbol{k}_\perp$，$\boldsymbol{k}'_\perp$ は入射波ならびに出射波の波数ベクトルの z 成分であり，$\boldsymbol{q}_z = \boldsymbol{k}'_\perp - \boldsymbol{k}_\perp$，$\boldsymbol{q}_{//}$ はそれぞれ基板垂直，基板面内方向の散乱ベクトルである．式(8.18)は，DWBAによる修正の特徴として，修正項には反射係数の1次または2次の項がかかっていることから，視射角，出射角による反射率に強く依存するプロファイルを与えることがわかる．極端な例として，ある程度視射角が大きく，R^2 が無視できる大きさになればBorn近似で差し支えなくなる[42]．また，同じ $\boldsymbol{q}_{//}$ に対応する位置での振幅に寄与するのは同じ $\boldsymbol{q}_{//}$ をもち，形状因子の異なる $\boldsymbol{q}_z$ の値をもつ4つの波であることがわかる．これらは複素数であるから，反射係数によって振幅と位相がともに変化した波が加え合わされることになる．この場合，反射係数は散乱ポテンシャルであるナノ粒子の形状や分布形態ではなく，基板表面，一般には膜構造の界面粗さなどによって決まる．したがって，得られた散乱強度プロファイルは運動学的計算で考えられるように単純なFourier変換で元の形状が得られることはないため，粒子の形状や分布を仮定した強度シミュレーションによる検証が必要になる．これは，GISAXSの解析には反射率により得られる情報が必要であることを示している．たとえば上記の例では，反射率のフィッティングによる解析からナノ粒子／基板界面の粗さなどについての情報を抽出し，反射係数を $\boldsymbol{k}_\perp$，$\boldsymbol{k}'_\perp$ の関数として計算し，式(8.18)からGISAXSパターンを計算する．また，手を加えられていないSiやサファイアなどの基板の表面にスピンコートなどの手法により薄膜を作製したような試料の場合には，近似的に通常の鏡面仕上げ基板の表面粗さパラメータを別途測定して利用する場合もある．

GISAXS強度のシミュレーションでは各過程の散乱振幅を足し合わせているが，8.4.2項で触れたように，粒子間の干渉効果については隣り合った粒子どうしは干渉するが，それ以遠の粒子との干渉効果はほとんど認められない．このような点を考慮した場合，多粒子系のGISAXSパターンのシミュレーションでは，散乱振幅のまま(位相情報を残したまま)和をとる部分と，強度(二乗)の状態で和をとる部分の切り分けを考慮する必要がある．基板表面にナノ粒子が分散している上記の例では式(8.18)の4つの過程は干渉する波として取り扱われるべきであろう．ただし，最表面に並んでいる場合には $\boldsymbol{q}_z$ に依存する粒子間干渉項はないため4つの波が共通の $\boldsymbol{q}_{//}$ をもっていることから，粒子間干渉について(付加的な)位相の問題を考える必要はない．一方，ナノ粒子が一様に充填されている厚膜の場合，各粒子の位置から反射の起こる膜界面までの距離が最近接の粒子間距離より十分に大きいような状況が起こる．このような場合，式(8.18)を二乗して得られる散乱強度の中の交叉項が有意であるかどうかという点を考慮し，各部分を散乱強度として独立に議論した例が報告されている[43]．

以上，ここでは GISAXS の散乱強度の考え方として最も簡単な例として，基板表面に散乱体が存在する場合について説明した．散乱体が多層膜構造の内部に存在する場合も同様の取り扱いができる．式(8.17)に相当する散乱体の存在する層に対し，摂動がない場合の波を多層膜の反射率の表式を利用して算出する点が基板表面の場合と異なる[44〜46]．

8.4.5　応用例

ここでは GISAXS のシミュレーションの例を紹介する．8.4.4 項で述べたように，GISAXS 強度の具体的な計算は，ナノ構造が多層膜構造のどの部分にどのように配置されているかによるため，原則として反射率の解析が同時に必要になる．簡単な基本構造に対するシミュレーションは Lazzari によるプログラム[44]が ESRF から公開されており，メニューに含まる構造の場合は簡単に強度シミュレーションを行える．Si 基板上の Ge ナノドットを Si キャップ層で被覆したナノドット構造は比較的早い時期から研究されてきている．図 8.30 はナノドットの模式図である．8.4.4 項で取り扱った基板表面にナノ構造が存在する場合とは異なり，ナノドットはナノ構造を保護するキャップ層に埋めこまれている．実際のデバイスではこのような構造が構成要素として最低限必要となってくると考えられる．図 8.31 は図 8.30 のナノドット組織の Born 近似と DWBA による GISAXS パターンのシミュレーション例を示している．DWBA では視射角 α_i を 0.48° としている．q_z の小さな領域で GISAXS に特有のパターンである Yoneda ラインが弱く見えている．2 本に分離しているのは Ge と Si の全反射臨界角が異なることに対応しており，この近傍の散乱強度が Born 近似のパターンと比較して強調されているのは式(8.18)第 2 項以降の多重散乱項がこの角度領域では無視できない寄与をしていることを示している．Born 近似のパターンはナノドットの形状

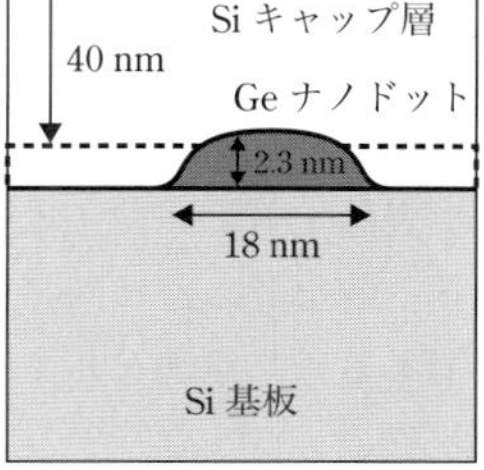

図 8.30　GISAXS のシミュレーションに用いたナノドットのモデル構造

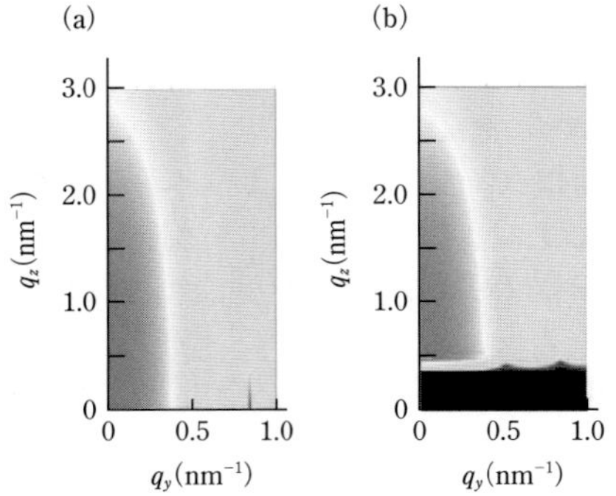

図 8.31 Born 近似ならびに DWBA による小角散乱パターン
図 8.30 に示した構造に対する (a) Born 近似ならびに (b) DWBA による小角散乱パターンの計算結果．DWBA では図 8.30 のモデル構造に加え，文献 42 の試料の界面粗さを取り入れて計算している．強度グラデーションは対数表示．

に対応するが，DWBA の結果も q_z の大きな部分では Born 近似のパターンとほとんど同じ形状をしていることに気づく．DWBA による各散乱波の強度寄与を分離評価すると Yoneda ライン近傍ではナノドットで散乱されてから界面で鏡面反射して検出器に至る波が 1 回散乱 (Born) の項に次いで強いことが確認できる．この項は Yoneda ライン近傍ではほぼ同じ桁の強度寄与を与えるのに対し，q_z が 0.5 nm^{-1} 程度で 1 桁小さくなり，より q_z が大きい領域では $2\alpha_i$ の位置でさらに界面で鏡面反射した波が散乱する第 3 項よりも弱くなる．このような確認ができる場合には Yoneda ラインからある程度離れた部分を使い，Born 近似での解析をして実質的に差し支えない[47]．一方，基板上に高分子薄膜を形成した場合の GISAXS 測定では α_i を基板の全反射臨界角の半分程度のごく小さな値に設定することが多いが，この場合には多重散乱項を無視できず，DWBA のシミュレーションを直接使った解析が必要となる[48]．

8.4.6 まとめ

本節では，X 線反射率法の拡張技術という観点から GISAXS 法を理解するため，小角散乱法の簡単な概要と，GISAXS 法と反射率測定法および小角散乱法との対応について概説した．本節では主に基板表面上のナノ粒子についてのみ説明したが，膜中のナノ構造に対する GISAXS 法も基本的な考え方は同じである．前章までの多層膜中の反射率の考え方を基に拡張可能であろう．原則として，反射率計算で考えた散漫散乱における界面粗さに関する相関関数を，GISAXS 法の場合には 3 次元物体の相関関数に置き換えて考えればよい，ということもご理解いただけよう．また，反射率計を利用した散漫散乱測定とGISAXS法との違いは測定原理や現象自体の違いによるものではなく，主として寄生散乱を回避するための測定技術上の問題である．

8.5 X線光子相関分光法

8.5.1 はじめに

スペックルの強度の時間相関を通して構造ゆらぎのダイナミクスを探る手法はX線光子相関分光法(X−ray photon correlation spectroscopy, XPCS)とよばれる．スペックル・パターンを用いた試料中の空間─時間ゆらぎの研究は，X線の分野においては高輝度のコヒーレント光源が得られるようになった1990年代より行われるようになってきた．本節で取り上げる高分子の集合体は「分子の巨大さと自由度の高さ」という特性を反映して物性が非常に広い空間─時間スケールで階層的に変化する点が特徴である．速く小さい(関与するエネルギーが小さい)ダイナミクスの代表は高分子の側鎖の運動であり，10^{-12}秒(1ピコ秒)かそれよりも速い．一方でガラス転移などと関係の深い高分子の協同運動は遅いダイナミクスの典型であり，秒を優に超える特性時間を有する．このように10桁以上の幅を有する時間軸上で多彩な物性が展開されるという事実こそが高分子科学の魅力の1つであり，難しさでもある．第三世代放射光を用いた場合のスペックルとそのゆらぎを通してみることができるゆらぎは，光源や検出器の制約により主に数百nm程度の空間領域，0.1～100秒程度の時間領域である．今後X線自由電子レーザーを用いたスペックル測定などでさらなる進展が期待され，高分子・ソフトマターではX線による損傷に起因する困難さはあるものの，

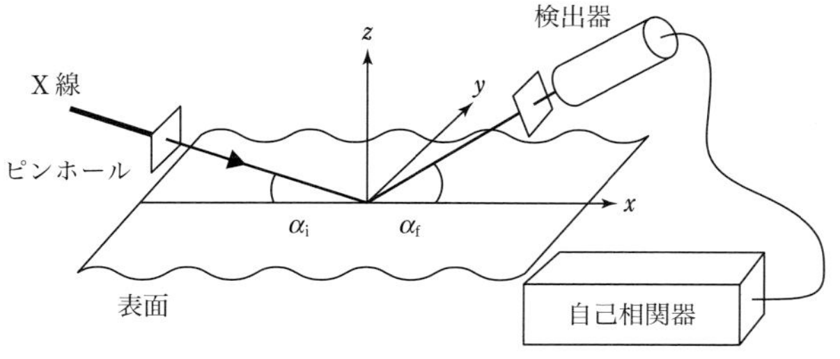

図8.32 試料表面からのXPCS測定の概念図
モノクロメータで単色化された入射ビームはスリット系により直径10 μmかそれ以下のサイズにまで絞り込まれる．入射角および検出器の試料表面に対する角度は全反射の臨界角近傍の微小角に設定される．
[T. Seydel *et al.*, *Phys. Rev. B*, **63**, 073409(2001), Fig. 1]

多くの研究が望まれる分野である．

8.5.2　測定方法

第三世代放射光では単色化したX線を数μm径程度のピンホールで取り出すと，(XPCS測定に耐えうるレベルの)空間的にコヒーレントなX線を得ることが可能である．図8.32に薄膜表面からのスペックルを測定する際の概念図を示す[49]．一見してわかるように，実質的にはX線反射率の散漫散乱成分の時間変化を測定しているにすぎない．XPCSと通常のX線反射率測定との違いは，X線反射率では可干渉距離程度の大きさの入射X線波束によって生じる個々の散乱を積算することで，平均化した表面・薄膜の電子密度の情報を得ているのに対して，XPCSではコヒーレントなX線ビームによる散乱・回折現象を記録している点にある．

8.5.3　測定原理と解析方法

XPCSではスペックルの強度$I(\boldsymbol{q}, t)$の時間相関$C(q, t)=\langle I(\boldsymbol{q}, T)I(\boldsymbol{q}, t+T)\rangle_T$を通して構造ゆらぎのダイナミクスを探る($\boldsymbol{q}$は散乱ベクトル，$t$は時刻(遅延時間)であり，$\langle\cdots\rangle_T$は$T$についての平均をとることを意味する)．$C(q, t)$に振動する成分が観察されない緩和型のゆらぎの場合，$C(q, t)$は二次相関関数$g_2(\boldsymbol{q}, t)$により$\langle I(\boldsymbol{q}, T)\rangle_T{}^2\, g_2(\boldsymbol{q}, t)$と表されると考えられる．$g_2(\boldsymbol{q}, t)$は中間散乱関数$F(\boldsymbol{q}, t)$と$g_2(\boldsymbol{q}, t)=1+[F(\boldsymbol{q}, t)]^2$の関係で結ばれている．実際には，$g_2(\boldsymbol{q}, t)=1+A(\boldsymbol{q})[F(\boldsymbol{q}, t)]^2$のようにスペックルコントラスト$A(\boldsymbol{q})$を導入して解析を行う．多くの場合，$F(\boldsymbol{q}, t)$は緩和時間$\tau(\boldsymbol{q})$を用いて$F(\boldsymbol{q}, t)=\exp[-t/\tau(\boldsymbol{q})]$と近似されるので，特に$g_2(\boldsymbol{q}, t)=1+A(\boldsymbol{q})\exp[-2t/\tau(\boldsymbol{q})]$と見やすい形式で表される．表面のゆらぎを検出するためには入射X線を臨界角程度に設定し，スペックル強度を$\boldsymbol{q}$の試料表面に平行な成分$q_\parallel$の関数として計測することが多い．測定に際しては2次元検出器の利用が効果的である．得られる$\tau(\boldsymbol{q})$は面内方向に$2\pi/q_\parallel$程度のスケールで存在する表面高さや電子密度のゆらぎの緩和時間であると解釈することが可能であるが，解釈に際しては十分な注意が必要である．

8.5.4　応用例

A.　高分子薄膜のXPCS測定

過減衰した高分子表面のcapillary waveはXPCSでアプローチ可能なゆらぎの1つである．図8.33に厚さ84 nmのポリスチレン(PS)薄膜の160°Cにおける$g_2(q_\parallel, t)$を示す[50]．ビーム径は20×20 μm，入射角は臨界角の0.8倍，試料から検出器までの距離は3.5 mである．試料の損傷を避けるためにX線の照射時間は最大で10分までとし，照射ごとに試料位置を変えながら測定を行っている．実線で示されているよう

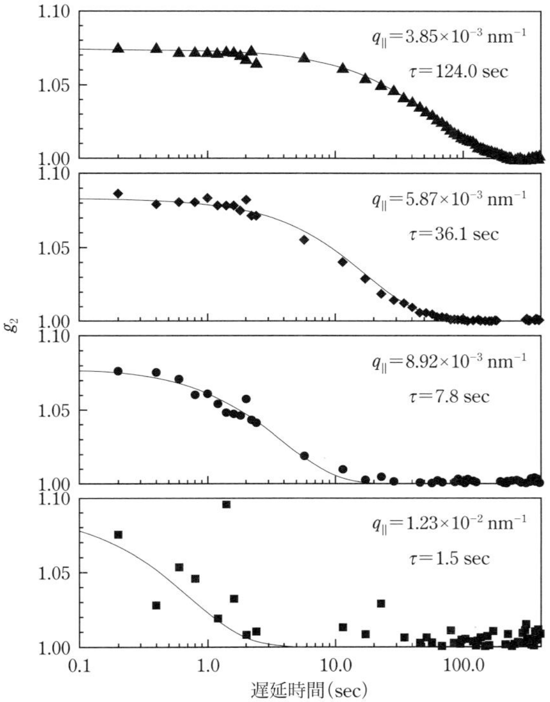

図 8.33　厚さ 84 nm の PS 薄膜の XPCS 測定により得られた自己相関関数 g_2 と $q_{\parallel}$ に依存する緩和時間 τ
実線はフィッティングの結果．g_2 および τ の定義については本文を参照．
[H. Kim *et al.*, *Phys. Rev. Lett.*, **90**, 068302(2003), Fig. 2]

に $g_2(\boldsymbol{q},t)=1+A(\boldsymbol{q})\exp(-2t/\tau(\boldsymbol{q}))$ を用いて良くフィッティングされており，$q_{\parallel}$ が小さい(大領域のゆらぎ)ほど緩和時間が長い．緩和時間の温度・膜厚・$q_{\parallel}$ 依存性は，有限の膜厚を有する液体表面上の過減衰した capillary wave モデルで良く記述される．特に薄膜の粘性係数に関しては，測定された温度領域(150 ～ 170°C $\gg T_g$(bulk) $\approx$ 100°C)ではバルクの粘性係数との間に有意な差は認められなかった．しかしながら厚さが慣性半径 R_g の 4 倍以下の超薄膜になると上述の単純な capillary wave モデルでは説明が難しくなってくる．文献 51 では重量平均分子量がそれぞれ 123,000 と 400,000 の PS を用いて膜厚が $2R_g$ 程度の薄膜を作製し，緩和時間の温度・$q_{\parallel}$ 依存性を求めたところ，capillary wave モデルでは実験結果を再現できないことが明らかにされている．文献 51 では散漫散乱に現れるカットオフ波数(図 7.60 における縦点線の位置)が Si

基板と PS 膜とのファンデルワールス相互作用の強さから予想される値よりも有意に外れていることに着目し，超薄膜で capillary wave モデルが成立しない理由をポリマーブラシ状の膜で期待される剪断弾性率に求めている．

ポリマーブラシの表面での capillary wave については，表面開始原子移動ラジカル重合(surface-initiated atom transfer radical polymerization，SI−ATRP)法を用いて Si 基板上に作製した PS およびポリビニルアクリレートのポリマーブラシ膜のガラス転移温度以上の温度における XPCS 測定が行われ，0.1 秒～ 10 数分の時間帯では capillary wave によるゆらぎが凍結していることが報告されている[52]．ポリマーブラシにおける capillary wave の抑制はポリマーブラシが溶媒で膨潤している場合でも確認されており，ある程度一般性を有する現象であると思われる[53]．

B. 微小角入射 XPCS 測定

微小角入射条件での XPCS は薄膜表面の高さのゆらぎを検出するだけではなく，膜内部のゆらぎも観察しうる．文献 54 では PS 膜中に金のナノ粒子を分散させた試料の XPCS 測定により，T_g より十分高温(155 ～ 185℃)でも表面領域の緩和時間と膜内部での緩和時間に有意な差が存在することが報告されている．文献 54 は高分子とナノ粒子からなるいわゆるナノコンポジットの例であるが，異種高分子間を混合した(ポリマーブレンド)薄膜についての XPCS としては文献 55 と 56 がある．文献 55 では重水素化した PS とポリビニルメチルエーテル(PVME)のポリマーブレンド薄膜につい

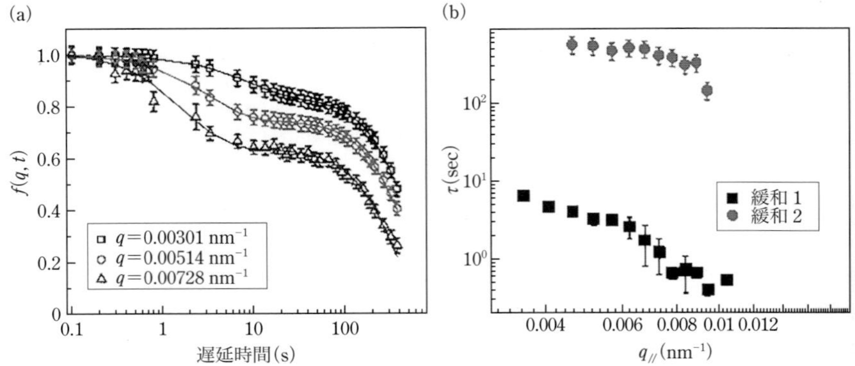

図 8.34 PS と PVME のブレンドに金微粒子を分散させた薄膜の XPCS 測定により得られた中間散乱関数の時間依存性(a)と緩和時間の $q_{||}$ 依存性(b)
(a)では異なる 3 つの $q_{||}$ における中間散乱関数と，速い緩和と遅い緩和の共存を仮定したモデルでフィッティングされた結果(実線)が，(b)ではフィッティングにより得られた 2 つの緩和時間の $q_{||}$ 依存性が示されている．
[B. Frieberg *et al.*, *ACS nano*, **8**, 607(2014), Fig. 1]

て，文献 56 では PS と PVME のブレンドにさらに金微粒子を混合した薄膜についての XPCS 測定の結果が報告されている．いずれの場合も図 8.34(a)に示すように $|[g_2(q_{\|},t)-1]/A(q_{\|})|^{1/2}$ は(図の表記では $f(q,t)$)単一の緩和時間では表されそうにない(図 8.34 は粒径 2 nm の金微粒子を含んだブレンドでの例)．これらの論文では系に緩和時間 $\tau_1(q_{\|})$ の速い緩和と $\tau_2(q_{\|})$ の遅い緩和の 2 種類が存在するとして $f(q,t)=r\exp(-2t/\tau_1(q_{\|})+(1-r)\exp(-2t/\tau_2(q_{\|}))$ を用いて 2 つの緩和時間の値を得ている(図 8.34(b))．ここでとらえられたゆらぎはそれぞれの高分子の T_g 値から主に PVME 分子のゆらぎであり，相溶性に優れた高分子の組み合わせでも薄膜表面では凝集エネルギーの差などによって組成が不均一となる層状構造が生じ，PVME 過多の表面領域が速い緩和のゆらぎを担うというモデルを提出している．

C.　機能性高分子薄膜の XPCS 測定

機能性高分子薄膜によるナノ構造の系として，微細加工された半導体基板上の高分子薄膜の XPCS 測定がある[57]．ここでは Si 基板上に幅 130 nm，深さ 130 nm の溝を周期 280 nm で多数刻み込んだグレーティング上に PS をスピンコートすることで，幅 130 nm で厚さ 150 nm の短冊状の領域と幅 150 nm で厚さ 21 nm の短冊状の領域が交互に繰り返される PS 薄膜を作製し，XPCS 測定を行っている(図 8.35)．表面のゆらぎの緩和時間の温度，波数依存性は，溝に対して垂直に X 線を入射した場合(図 8.35(c)に示されている状況)と溝に対して水平に X 線を入射した場合とで臨界波数以

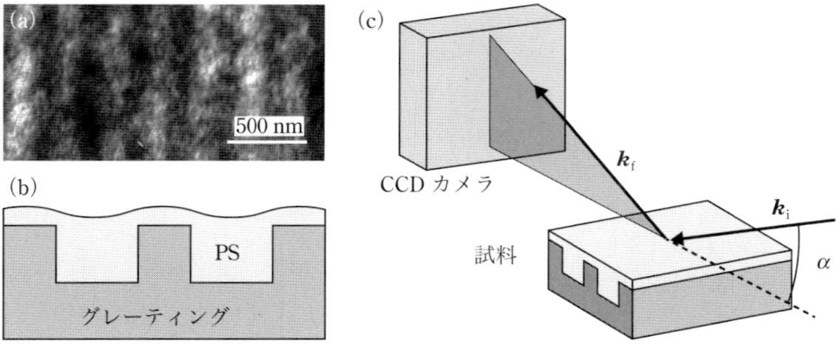

図 8.35　Si 表面に微細加工技術で作製された溝の列(グレーティング)上にポリスチレン膜を形成した試料の原子間力顕微鏡画像(a)と試料の模式図(b)および試料と光学系，検出器の関係を示す模式図(c)
(c)ではグレーティングに垂直な面内で X 線が入射されているが，グレーティングに水平な面内に X 線を入射した際の XPCS も測定されており，文献 57 ではそれらの差異が検討されている．グレーティングの間隔や深さなどについては本文を参照．
[K. J. Alvine *et al.*, *Phys. Rev. Lett.*, **109**, 207801(2012), Fig. 1]

上の波長の短い領域では異なる結果となった．臨界波数を波長に換算すると約1450 nm と，グレーティングの周期よりは十分に大きいので，capillary wave は過減衰するとはいえ，ある程度は溝をまたいで存在するものと考えられる．厚さ 150 nm の領域で熱ゆらぎによって生成する capillary wave が，厚さ 21 nm の領域における基板とのファンデルワールス相互作用によってダイナミクスが制限されることがXPCS の異方性の原因であると考えられる．

8.5.5 まとめ

本節で紹介した事例は一部にすぎないが，高分子の XPCS に関しては PS などの基本的な高分子を用いた研究がほとんどであり，応用上重要な機能性高分子薄膜の研究事例は多くないため，XPCS を用いた機能性高分子薄膜・表面の研究は今後急成長していくであろう[58〜60]．

参考文献

1）C. G. Barkla, *Phil. Mag.*, **22**, 395 (1911)
2）中井 泉 編，蛍光X線分析の実際，朝倉書店(2005)
3）K. Tsuji, R. van Grieken and J. Injuk eds., *X-Ray Spectrometry : Recent Technological Advances*, John Wiley & Sons, London (2004)
4）R. Klockenkämper, *Total-Reflection X-Ray Fluorescence Analysis*, John Wiley & Sons, New York (1997)
5）K. N. Stoev and K. Sakurai, *Spectrochim. Acta B*, **54**, 41 (1999)
6）K. Sakurai, S. Uehara and S. Goto, *J. Synchrotron Rad.*, **5**, 554 (1998)
7）M. J. Bedzyk, G. M. Bonmmarino and J. S. Schidkraut, *Phys. Rev. Lett.*, **62**, 1376 (1989)
8）L. G. Parratt, *Phys. Rev.*, **95**, 359 (1954)
9）K. Sakurai and A. Iida, *Adv. X-Ray Anal.*, **39**, 695 (1997)
10）J. Zegenhagen and A. Kazimirov eds., *The X-Ray Standing Wave Technique, Principles and Applications*, World Scientific, London (2013)
11）淡路直樹，古宮 聡，応用物理，**64**，570 (1995)
12）D. K. G. de Boer, *Phys. Rev. B*, **44**, 498 (1991)
13）D. K. G. de Boer, *Phys. Rev. B*, **53**, 6048 (1996)
14）J. M. Bloch, M. Sansone, F. Rondelez, D. G. Peiffer, P. Pincus, M. W. Kim and P. M. Eisenberger, *Phys. Rev. Lett.*, **54**, 1039 (1985)
15）S. A. Rice, *Nature*, **316**, 108 (1985)
16）U. Weisbold, R. Gutschke, J. Knoth and H. Schwenke, *Appl. Phys. A*, **53**, 449 (1991)
17）A.Iida, K.Sakurai, A.Yoshinaga and Y.Gohshi, *Nucl. Instrum. Methods A*, **246**, 736 (1986)
18）M. Huppauff and B. Lengeler, *J. Appl. Phys.*, **75**, 785 (1994)

19) Y. L. Soo, S. Huang, Y. H. Kao and A. D. Compaan, *Appl. Phys. Lett.*, **74**, 218 (1999)
20) A. J. G. Leenaers and D. K. G. de Boer, *X-Ray Spectrometry*, **26**, 115 (1997)
21) M. Lohmeier and E. Vlieg, *J. Appl. Cryst.*, **26**, 706 (1993)
22) P. H. Fuoss, D. W. Kisker, F. J. Lamelas, G. B. Stephenson, P. Imperatori and S. Brennan, *Phys. Rev. Lett.*, **69**, 2791 (1992)
23) G. H. Vineyard, *Phys. Rev. B*, **26**, 4148 (1982)
24) S. K. Sinha, E. B. Sirota, S. Garoff and H. B. Stanley, *Phys. Rev. B*, **38**, 2297 (1988)
25) H. Dosch, B. Batterman and D. C. Wack, *Phys. Rev. Lett.*, **56**, 1144 (1986)
26) U. Pietsch, H. Metzger, S. Rugel, B. Jenichen and I. K. Robinson, *J. Appl. Phys.*, **74**, 2381 (1993)
27) H. Omi, T. Kawamura, S. Fujikawa, Y. Tsusaka, Y. Kagoshima and J. Matsui, *Appl. Phys. Lett.*, **86**, 263112 (2005)
28) V. S. Sperisou, *J. Appl. Phys.*, **52**, 6094 (1981)
29) J. Matsui, Y. Tsusaka, K. Yokoyama, S. Takeda, M. Urakawa, Y. Kagoshima and S. Kimura, *J. Cryst. Growth*, **237–239**, 317 (2002)
30) C. Wang, T. Araki and B. Watts, *J. Vac. Sci. Technol. A*, **25**, 575 (2007)
31) A. Guinier and G. Fournet, *Small-angle X-ray Scattering*, John Wiley & Sons, New York (1955)
32) L. A. Feigin and D. I. Svergun, *Structure Analysis by Small-angle X-Ray and Neutron Scattering*, Plenum, New York (1987)
33) A. Naudon (Brumberger ed.), *Modern Aspects of Small-angle Scattering*, Kluwer, Dordrecht (1993), pp.181–220
34) N. W. Ashcroft and J.Lenkner, *Phys. Rev.*, **145**, 83 (1966)
35) R. Hosemann and S. N. Bagchi, *Direct Analysis of Diffraction by Matter*, North Holland, Amsterdam (1962)
36) S. Pedersen, *J. Appl. Cryst.*, **27**, 595 (1994)
37) Y. Maeda, *Phys. Rev. B*, **51**, 1658 (1995)
38) J. P. Simon, *J. Appl. Cryst.*, **40**, s1 (2007)
39) J. R. Levine, J. B. Cohen, Y. W. Chung and P. Georgopoulos, *J. Appl. Cryst.*, **22**, 528 (1989)
40) R. Paniago, H. Metzger, M. Rauscher, Z. Kovats, J. Peisl, J. Schulze, I. Eisele and S. Ferrer, *J. Appl. Cryst.*, **33**, 433 (2000)
41) M. Rauscher, T. Salditt and H. Spohn, *Phys. Rev. B*, **52**, 16855 (1995)
42) H. Okuda, S. Ochiai, K. Ito and Y. Amemiya, *Appl. Phys. Lett.*, **81**, 2358 (2002)
43) B. Lee, J. Yoon, W. Oh, Y. Hwang, K. Heo, K. S. Jin, J. Kim, K.-W. Kim and M. Ree, *Macromolecules*, **38**, 3395 (2005)
44) R. Lazzari, *J. Appl. Cryst.*, **35**, 406 (2002)
45) G. Renaud. R. Lazzzari and F. Leroy, *Surf. Sci. Rep.*, **64**, 255 (2009)

46) A. Hexemer and P. Müller-Buschbaum, *IUCrJ.*, **2**, 106 (2015)
47) 奥田浩司，表面技術，**66**，648 (2015)
48) 奥田浩司 (米澤 徹，朝倉清高，幾原雄一 編著)，ナノ材料解析の実際，講談社 (2016)，第 5 章 すれすれ入射 X 線小角散乱 (GISAXS)
49) T. Seydel, A. Madsen, M. Tolan, G. Grübel and W. Press, *Phys. Rev. B*, **63**, 073409 (2001)
50) H. Kim, A. Ruhm, L. B. Lurio, J. K. Basu, J. Lal, D. Lumma, S. G. J. Mochrie and S. K. Sinha, *Phys. Rev. Lett.*, **90**, 068302 (2003)
51) Z. Jiang, H. Kim, X. Jiao, H. Lee, Y.-J. Lee, Y. Byun, S. Song, D. Eom, C. Li, M. H. Rafailovich, L. B. Lurio and S. K. Sinha, *Phys. Rev. Lett.*, **98**, 227801 (2007)
52) B. Akgun, G. Ugur, Z. Jiang, S. Narayanan, S. Song, H. Lee, W. J. Brittain, H. Kim, S. K. Sinha and M. D. Foster, *Macromolecules*, **42**, 737 (2009)
53) L. Sun, B. Akgun, S. Narayanan, Z. Jiang and M. D. Foster, *Macromolecules*, **49**, 7308 (2016)
54) T. Koga, C. Li, M. K. Endoh, J. Koo, M. Rafailovich, S. Narayanan, D. R. Lee, L. B. Lurio and S. K. Sinha, *Phys. Rev. Lett.*, **104**, 066101 (2010)
55) B. Frieberg, J. Kim, S. Narayanan and P. F. Green, *ACS Macro Lett.*, **2**, 388 (2013)
56) B. Frieberg, J. Kim, S. Narayanan and P. F. Green, *ACS Nano*, **8**, 607 (2014)
57) K. J. Alvine, Y. Dai, H. W. Ro, S. Narayanan, A. R. Sandy, C. L. Soles and O. G. Shpyrko, *Phys. Rev. Lett.*, **109**, 207801 (2012)
58) 篠原佑也，日本放射光学会誌，**30**，123 (2017)
59) 星野大樹，平井智康，高原 淳，高田昌樹，日本放射光学会誌，**30**，136 (2017)
60) 大和田謙二，高圧力の科学と技術，**23**，245 (2013)

9
中性子の利用

9.1 はじめに

中性子は，大きさ（約 1 fm = 10^{-15} m）と質量（約 1.7×10^{-27} kg，陽子とほぼ同じ）をもつが電荷はもたない．原子核の外に出た中性子は約 15 分の寿命をもつ．中性子寿命は宇宙の成り立ちにとって非常に重要であり，精密な測定が試みられている[1)]．この寿命測定の有力な手法として，非常に運動エネルギーの低い（つまり速度の遅い）超冷中性子を金属ボトルに閉じ込めて，貯蔵した超冷中性子数の時間変化を計測する手法があるが，金属ボトルへの閉じ込めが可能なのは，超冷中性子が金属によって全反射するからであり，中性子が X 線と同じように「波」の性質をもつことを利用している．この波の性質をうまく利用して，地球重力による量子の固有状態が中性子を用いることで初めて観測され[2)]，さらなる高精度測定が進められている．また電荷をもたないと述べた中性子ではあるが，電気的な偏り（中性子電気双極子モーメント）の存在が，超対称性理論などの素粒子物理学の標準理論を越える物理の存在を実験的に示唆できることになり，J-PARC（Japan Proton Accelerator Research Complex, 大強度陽子加速器施設）をはじめ世界各地で研究が進められている．

このように中性子はそれ自体がまだまだ研究対象であるが，中性子利用の圧倒的多数は，生命・物質研究のプローブとしてである．中性子の物質との相互作用は，主として核力であるので，核種ごとに相互作用（散乱能）が異なる．散乱の強さは，X 線とは異なり原子番号に対して単調に増加せず，水素やリチウムなどの軽元素でも感度が高い．さらに化学的に同じ性質の同位体で置換することで見たい部位だけを強調することが可能である．これはコントラスト変調法と呼ばれ，水素と重水素の置換が一般的である．また磁気モーメントをもつため，磁気構造が観測できる．これら物質研究に重要な熱・冷中性子の運動エネルギーは meV オーダーであり，非弾性散乱により原子集団の励起など，動的構造測定も可能となる．電荷がなく高い透過性があるため，厚い試料の測定ができ，試料環境の自由度が高いなど，たいへん魅力的なプローブである．

中性子ビームの物質研究への応用は，1942 年に Fermi らの手により原子炉が実現し，散乱実験が可能な強い中性子ビームが得られるようになってから飛躍的に進んだ．中性子の反射実験も Shull らによって 1947 年に行われている．その後，原子炉は世界中に広まり，日本でも日本原子力研究所（現 日本原子力研究開発機構，JAEA：Japan Atomic Energy Agency）や京都大学原子炉実験所（現 京都大学複合原子力科学研究所）で MW クラスの原子炉が建設され，1991 年には JRR−3M（現在は JRR−3（Japan Research Reactor-3）と呼ばれる）が運転されたことで，国内の中性子科学は大きく発展した．最近では 2005 年にドイツの FRM−II（Research Neutron Source Heinz Maier-Leibnitz）[3]，2007 年にオーストラリアの OPAL（Open Pool Australian Lightwater Reactor）[4]などといった研究用原子炉も立ち上がった．それぞれ炉心設計において工夫がなされているが，熱出力は 20 MW にとどまるため，1971 年より定常運転が開始されているフランスの ILL（Institut Laue-Langevin）の HFR（58 MW）の中性子強度を超えていない[5]．原子炉は時間的に定常な中性子ビームを供給できるが，高出力の原子炉新設は社会的にも容易ではない．一方，加速器技術の進展もあり，瞬間的に高輝度なビームを出せるパルス中性子源は飛躍的に進歩し，ビーム強度が上昇している．近年，米国の SNS[6]，日本の J−PARC MLF（Materials and Life Science Experimental Facility，物質・生命科学実験施設）の JSNS[7]などの大強度陽子加速器中性子源が稼働し，2019 年のビーム取り出しを目指して欧州でもそれらと同等な施設が建設中である[8]．

原子炉では核分裂，大強度加速器では核破砕と現象の違いはあるが，核反応で生成する中性子は MeV 以上の高い運動エネルギーをもつ，いわゆる高速中性子である．しかし物質研究や素粒子研究で必要なのは，熱中性子や冷中性子と呼ばれる meV オーダー（前述の超冷中性子では neV オーダー）の低エネルギーの中性子である．熱中性子は，高速中性子を水や重水などの減速材と熱平衡化させること，つまりビリヤード的に弾性散乱させて減速し，室温程度の運動エネルギーにすることで得られる．さらにエネルギーの低い冷中性子を大量に得るには，熱中性子を冷中性子源と呼ばれる低温の減速材を透過させて変換する（J−PARC MLF の場合は 20 K の超臨界水素を用いている）．減速材の種類によるが，MeV から eV までの減速には十数回の散乱が必要であり，そのため中性子源はどうしてもある程度の大きさをもつ体積線源となる．そして減速された熱中性子は Maxwell 分布に従い，指向性がなくなる．またすべての高速中性子が減速されるわけではなく，強力な高速中性子と γ 線が残るため，中性子源は厚い遮蔽壁で囲み，必要な中性子ビームだけをこの遮蔽壁に穴を空けて取り出す．

中性子源がいかに高強度でも，測定したい試料に高輝度で輸送されなければ意味がないため，必要な低速中性子を高強度で輸送する中性子光学技術がたいへん重要となる．特にパルス中性子源では，幅広い波長幅で中性子を反射するスーパーミラーで構成された中性子導管が大型中性子源に必須のものとなっている．ほとんどの光学素子はX線分野の方が先行しているが，スーパーミラーは中性子分野が先行しており[9]，磁性体を用いることで1つのスピン状態のみを取り出す偏極中性子ミラーとしても利用されている．

9.2　中性子反射光学の基礎

中性子の運動エネルギー E(meV)と波長 λ(nm)，速度 v(m s^{-1})の関係は de Broglie の関係式 $\lambda = h/mv$ から下記のように示される．

$$E(\mathrm{meV}) = 0.8181 / \lambda^2, \quad \lambda(\mathrm{nm}) = 395.6 / v(\mathrm{m\ s^{-1}}) \tag{9.1}$$

ここで，m は中性子の質量である．電磁波であるX線と異なり，運動エネルギーが v^2 に比例し，λ^2 に反比例する関数になっている．

中性子が感じる物質の平均の核ポテンシャル U は下記のように書ける．

$$U = \frac{2\pi\hbar^2}{m}\rho b_c = \frac{2\pi\hbar^2}{m}N_b \tag{9.2}$$

ここで，ρ と b_c は媒質を構成する物質の密度と平均の散乱長，N_b はそれらの積で散乱長密度(scattering length density)と呼ばれる．たとえば，最もポテンシャルの高い金属であるニッケルや基板として使われるシリコンの散乱長密度はそれぞれ $9.21\times10^{-4}\ \mathrm{nm}^{-2}$，$2.07\times10^{-4}\ \mathrm{nm}^{-2}$ である．相互作用の大きさに違いはあるが，X線反射率と同様に Snell の法則が成り立ち，屈折率 n について下記の関係式が成り立つ．

$$n^2 = 1 - \frac{U}{E} = 1 - \frac{\lambda^2 N_b}{\pi}, \quad n \simeq 1 - \frac{\lambda^2 N_b}{2\pi} \tag{9.3}$$

また磁性体の場合，先のポテンシャル U に媒質の実効磁場 B が加わり，磁場に対して平行か反平行かによって，散乱長密度が異なる．片方のスピン状態しかもたない偏極中性子を利用すると，屈折率に中性子のスピン依存性が下記のように現れる．

$$U \pm \mu B = \frac{2\pi\hbar^2}{m}N_{b(\pm)}, \quad n_\pm \simeq 1 - \frac{\lambda^2 N_{b(\pm)}}{2\pi} \tag{9.4}$$

＋はスピンと磁場の方向が同じ(平行)，－は反対であること(反平行)を示す．μ は中性子スピンに起因する磁気モーメントで，媒質の磁場 B が1Tの場合，核ポテンシャルに対して±スピンの散乱長密度はそれぞれ $\pm2.31\times10^{-4}\ \mathrm{nm}^{-2}$ 異なることになる(±スピン間では $4.62\times10^{-4}\ \mathrm{nm}^{-2}$)．

反射率測定において，全反射や Kiessig フリンジなどの有益な情報は，干渉性散乱長 b_c に由来する．中性子の散乱では，位相情報を保存しない非干渉性散乱長 b_i はバックグラウンドレベルの増加をもたらす(たとえば水素は大きな非干渉性散乱長をもつ．一方重水素の非干渉性散乱長は小さく，かつ散乱長も大きい)．なお，吸収は X 線同様，虚数の干渉性散乱長 ib_a として取り扱えるが，中性子は物質の透過性が高く，^{6}Li，^{10}B，^{113}Cd，^{149}Sm，^{155}Gd，^{157}Gd などの非常に吸収の強い核種を多く含まない限り，吸収の効果をほとんど考えなくてよいことが多い．

中性子反射率のデータ解析も，第 1 章，第 3 章，第 4 章で議論された X 線反射率の解析方法とほぼ同じ考え方で行うことができる．中性子反射率の解析に必要なソフトウェアは世界中の中性子施設で開発が進められており，必要な解析環境を整えた後，ダウンロードして使用することができる[10)]．代表的なものとしてオーストラリアの中性子実験施設 ANSTO (Australian Nuclear Science and Technology Organisation) で開発された MOTOFIT[11)] やフランスの中性子実験施設 ILL で開発された GenX[12)] がある．

9.3　中性子反射率法の特徴

国内の物性研究利用に可能な中性子反射率計として，JRR−3 にある MINE，SUIREN，J−PARC MLF にある BL16 (SOFIA)，BL17 (SHARAKU) の 4 台があげられる．J−PARC MLF にあるようなパルス中性子源では，飛行時間 (TOF) 法により広い波長幅の入射中性子を用いて反射率測定を行う．また原子炉のような定常中性子源では単色中性子を利用した θ−2θ の角度分散型で反射率測定を行うことが多いが，チョッパーと呼ばれるスリットを入れた円盤上の回転体を光路上に設置することで，パルス中性子ビームを作り出し，TOF 法によって反射率測定を行う場合もある．TOF 法では，入射角を固定して，つまり装置を駆動させることなく広い q_z を一気に測定できるため，反射強度がとれれば動的過程を追跡する時系列実験が可能となる．

同じパルス中性子源に設置された中性子反射率計でも，その反射面の向きによって，利用形態に違いが生じる．1 つは反射面が鉛直方向を向いている試料水平型であり，J−PARC MLF では BL16 (SOFIA) が該当し，最近の研究室 X 線装置の多くを占めるフラッグシップモデルと同様の形状で，試料を水平に置いて測定を行う．もう 1 つは反射面が水平方向を向いている試料垂直型であり，J−PARC MLF では BL17 (SHARAKU) が該当する (MINE や SUIREN も試料垂直型)．

試料水平型は試料環境の構築が簡便で自由界面の測定も可能であるなどの利点がある一方，最大反射角は制限され，電磁石や低温機器などの大型の試料環境の設置は困難である．一方で試料垂直型は，最大反射角の制限もほとんどなく回折計としての利用も可能で電磁石や低温機器などの設置も容易である．

近年これらSOFIAやSHARAKUの稼働によって，数秒間隔の時分割測定も視野に入ってきたが，それでも測定可能な反射率の下限だけを見れば10^{-7}程度であり，研究室のX線反射率計とほぼ同レベルである．また試料サイズは10 mm角程度までであり，それより小さい試料や同じ試料でも場所依存性の検討が必要な測定は注意が必要である(近年，集光デバイスなどで改善されつつあるが，線源強度を考えるとmmのオーダーがほぼ限界)．中性子の特徴を理解し有効に利用することが利用者には求められる．以下に中性子反射率法における特長をまとめる．現在の反射率法においては，中性子利用の大きなメリットは中性子の透過性の高さと同位体識別能力，スピンが利用できることにつきる．

(1) 基板側からでも中性子を入射でき，固体／液体界面を直接観察できる．
(2) 同位体は化学的にほとんど同じ性質であるが中性子では散乱長が異なるため，同位体(特に水素と重水素)を用いてコントラストをつけることができる(コントラスト変調法)．H，Li，C，Bなどの軽元素にも十分な感度があり，周期律表で隣り合う元素の区別も容易なことが多い．
(3) 磁性体との相互作用が大きく，偏極中性子を用いることで磁気構造の情報が直接得られる(磁性薄膜の面内方向磁化ベクトルの観測も可能)．
(4) 中性子による試料の温度上昇や劣化の影響はほとんどなく，冷凍機などの試料環境の自由度が大きい．

固液界面測定において，基板から中性子ビームを入射させる測定手法は，(2)のコントラスト変調法と合わせてたいへん強力である．このとき，基板としては，厚さ10 mm程度のシリコンや石英ガラスが使われる．これは平滑性および平面度，透過性が良いだけでなく，小角散乱をほとんど起こさないためである．試料サイズなどの詳細な実験条件も個別に検討することが重要である[13〜16]．

なおそのほかに中性子を利用するメリットとして，中性子の速度変化(非弾性散乱)による物質のダイナミクスの観測がある．反射率法において，非鏡面反射を精密に測定することで観測可能性はあるが，散乱強度の関係から現時点で測定事例はほとんどない将来の課題である．

9.4 中性子反射率法の適用例

本節では最近の中性子反射率測定による最近の研究事例をいくつか説明する．

A. リチウムイオン二次電池

リチウムイオン二次電池は近年小型化，大容量化が進み，携帯電話やパソコンなど身の回りの電気製品だけでなく，自動車や飛行機用の電池としても使用されている．リチウムイオン電池では負極電極と電解液の界面でSEI(solid electrolyte interface)と呼ばれる被膜が形成されることが知られている．SEIは電解液が分解されてできるものであるが，この被膜があるため電解液のさらなる分解が抑制される．また，充放電時のリチウムイオンはこのSEI被膜を通じて負極と出入りすることからも，この被膜の性能はリチウムイオン二次電池全体の性能に影響することがわかる．一方でSEI被膜は電極側も電解液側も別の材料で覆われているので評価手法が限定され，電池を分解するなどしてその結合状態などの評価が進められてきた．さらなる高性能化を進めるには実際の充放電時でのSEI被膜の形成過程の評価が不可欠である．透過性の高い中性子を用いた反射率法によりリチウムイオン二次電池の負極に形成されるSEI被膜が充電時にどのように成長していくかを観測した例を紹介する[17]．

図9.1に試料の構造および中性子反射率測定の結果とそれから求めた散乱長密度の深さ分布を示す．試料はシリコン基板上に負極の炭素をスパッタリング法により成膜し，電解液およびセパレータを陽極のLiで挟み込んだ構造である．中性子をシリコン基板側から入射し(表面から見れば深く埋もれている)，炭素層とSEI被膜の界面を測定した．負極である炭素と電解液の界面に徐々にSEI被膜が形成している様子が明確にとらえられている．また充電が進むとともにSEI被膜の厚さが増加するだけでなく，構成物の割合も変化しており，同時に測定したボルタモグラムから流れた

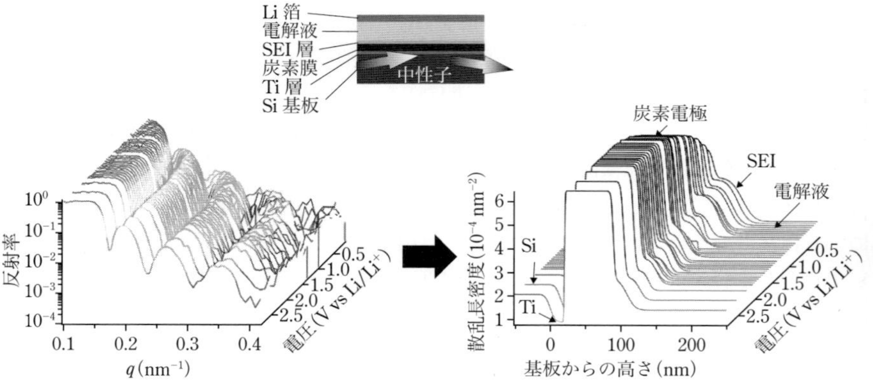

図9.1　SEI被膜の形成過程の中性子反射率法による評価
充電とともにSEI被膜が形成される様子だけでなく，炭素電極がリチウムイオンの吸蔵する様子もとらえられている．

電流量と取り込まれたリチウムの量とを比較することによって，SEI被膜の形成に使われた電流量を評価できる．中性子反射率法により，電池内部の反応を理解するうえで重要なファクターであるリチウムの移動による充放電とSEI被膜の形成による電解液の分解反応とを区別できた例といえる．

B.　界面誘発磁性（偏極中性子の利用）

ハードディスクなどの磁気記録媒体の読み取りヘッドとして使用されている巨大磁気抵抗効果（GMR），トンネル磁気抵抗効果（TMR）スピンバルブ素子は自由層と固定層の２つの強磁性体層から構成されている．このうち固定層では強磁性体―反強磁性体界面で誘発される exchange bias 効果により強磁性体層の磁化の方向を固定（pinning）している．２つの物質の界面でその磁気的性質が変化する現象は強磁性体―反強磁性体の組み合わせだけでなく，強磁性体―常磁性体，強磁性体―強誘電体など多くの組み合わせで観測されている．ここでは偏極中性子反射率の測定例として，界面誘発磁性の研究の中から，強誘電体と強磁性体の界面で誘起される界面磁性研究[18]を紹介する．$La_{1-x}Sr_xMnO_3$（LSMO）は巨大磁気抵抗効果を示す物質で，室温でも強磁性を示すことが知られている．強誘電体である $PbZr_{0.2}Ti_{0.8}O_3$（PZT）はその特性を向上させることができる有力な相手物質である．図9.2に $SrTiO_3$(001) 基板上にLSMOのみ，およびLSMOとPZTをエピタキシャル成長させることにより作製した膜の偏極中性子反射率測定の模式図と反射率から求めた核散乱長密度および磁化の深さ分布を示す．この結果からPZTの分極はLSMOとの界面に向いており，PZT-LSMOの試料でLSMOの界面側の磁化が大きく増大していることが明確にわかる．偏極反射率測定を用いた強誘電体によるナノスケール磁化増幅の存在と重要性が議論されている．

このほかに，外部磁場を印加した偏極中性子反射率測定による原子層単位の深さ方向分解能で磁化の大きさを評価しX線磁気円二色性（X-ray magnetic circular dichroism，XMCD）法で示唆されたモデルの実証[19]や，マグネトロンスパッタリング法によるCu(001)上のFeのエピタキシャル薄膜成長のその場観察[20]などに関する報告もある．原子層オーダーで磁化に敏感でかつ透過性が高く試料環境に自由度のある偏極中性子反射率法はX線と相補利用可能な強力なツールといえよう．

9.5　X線反射率法経験者の目から見た中性子利用

中性子反射率法は，X線反射率法のX線を中性子に置き換えたもので，実験方法，解析方法とも共通点，類似点が多い．実のところ単に類似しているというよりも，X線反射率法に対して原理的には上位互換性をもつと考えられる．なぜなら，X線反射率法で解析できることのほとんどは，中性子反射率法でも解析できるうえ，X線反射

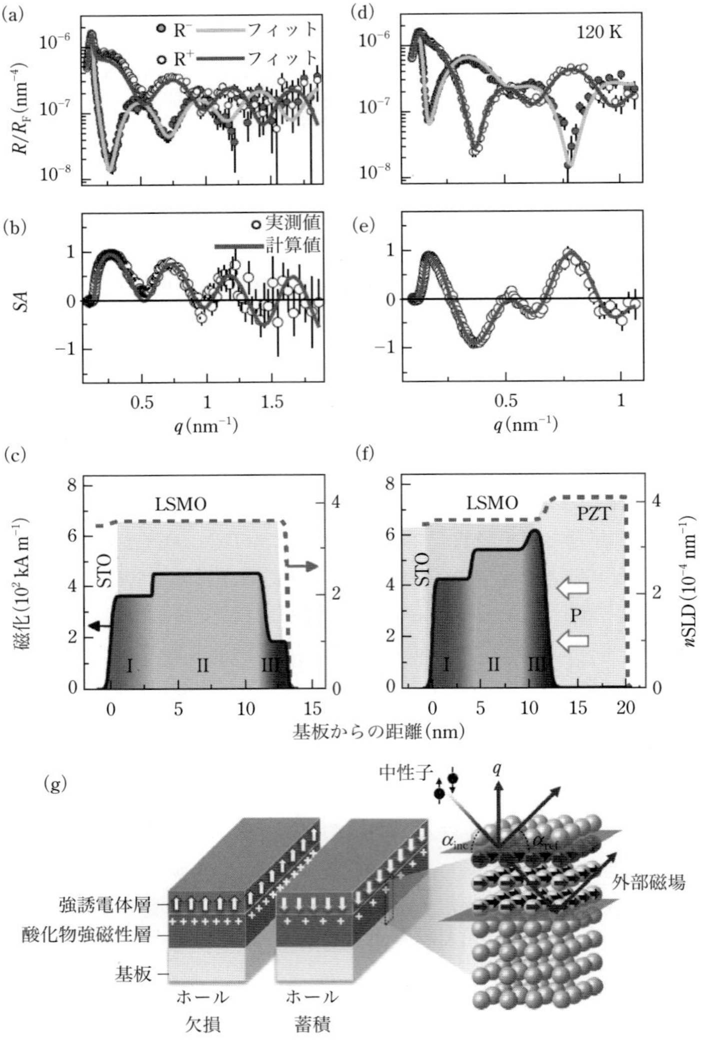

図 9.2　強誘電分極によって誘発された磁化の偏極中性子反射率法による評価
(a)，(b)，(c) は LSMO のみ，(d)，(e)，(f) は LSMO と PZT をエピタキシャル成長させることにより作製した膜についての，それぞれ偏極中性子反射率，反射率から求めたスピン異方性 ($SA = (R^+ - R^-)/(R^+ + R^-)$)，および基板からの磁化プロファイル．$R^+$, R^- はそれぞれ ± スピンの反射率であり，(g) は偏極中性子反射における強誘電層−強磁性層の二重層の概略図．

率法ではわからないことまでわかるはずだからである[14]. 前節までで説明したとおり，重水素置換により高分子の官能基にコントラストをつけて機能と構造の詳細情報を得たり，偏極中性子を用いて磁性薄膜の磁気構造を解明したり，非常に厚い保護層の下にある薄膜界面や固液界面を解析したりすることは，X 線反射率法では不可能もしくはきわめて困難であるが，中性子反射率法では比較的普通に行われる．

表 9.1 に，主な物質の中性子と X 線に対する屈折率および臨界散乱ベクトルの大きさ q_c を比較して示す[21]．このような比較表はなかなか見かけないが，表計算ソフトウェアなどを用いて作成し，実験の現場に携帯すると便利である．X 線反射率法に慣れ親しんでいる読者には，屈折率が電子密度に依存し，従って臨界角(もしくは臨界散乱ベクトルの大きさ q_c)がその物質の主成分の原子番号と関連することはお馴染みであろう．よく使われる Cu Kα 線(8.04 keV)に対して，シリコン基板の臨界角は 3.9 mrad だが，多くの金属ではこれよりもずっと大きく，金や白金ではその 2 倍を優に超える．一方，中性子の場合には，こういった原子番号依存性が存在しない．波長に依存しない量である臨界散乱ベクトルの大きさ q_c で比べてみると，シリコン基板では，X 線が 0.32 nm^{-1} であるのに対し，中性子は 0.1 nm^{-1} である．また，他の物質も，おおむね中性子の方が X 線よりも小さな値になっており，その違いは物質によって異なるものの，およそ数倍になる．換言すれば，同じような臨界角を与える波長は，中性子では X 線の数倍程度長波長である．

加速器を用い，白色パルス中性子の飛行時間法によって反射率を測定することも広く行われている．これは，5.3 節，6.3 節などで説明した白色 X 線反射スペクトル法と類似している．中性子は質量をもつので，波長によって速度が異なり，したがって長波長の遅い中性子と短波長の速い中性子では，中性子源から検出器まで到達する時刻に差が生じる．J-PARC MLF を例にとると高エネルギー陽子のパルスが水銀ターゲットに衝突し，核破砕を起こす繰り返し周波数は 25 Hz である．つまり，1 回の核破砕によって生じるいろいろな波長の中性子の中で最も遅いものが検出器まで到達する時間を 40 ミリ秒以内として取り扱っている．J-PARC MLF では中性子反射率専用の BL16, BL17 以外に，定盤以外には何も置かれていないビームライン BL10(NOMO-RU)で自家製の装置(第 8 章の図 8.1 に示した装置によく似た外観，機器構成で，試料近傍と検出器を中性子用に変更し，かつ蛍光 X 線検出器を除外したもの)を組み上げることもできる．そのような場合，検出器設置の場所も多少自由度があり，たとえば, 中性子源から 14 m の地点に置くことができる. 長波長側の限界は 1.13 nm になる. 他方，核破砕直後に発生する非常に短波長の中性子は実験に適さないのでチョッパーで除外されることが多い．0.15 nm 程度が実質的な短波長側の限界と考えられる．長波長側は低い q 側で高反射率，短波長側は高い q 側で低反射率になるので，中性子の

表 9.1　中性子と X 線の屈折率および臨界散乱ベクトルの大きさの比較
中性子の値は文献(J. Daillant and A. Gibaud eds., *X-ray and Neutron Reflectivity : Principles and Applications*, Springer(2009), p.191, Table 5.1)による．散乱長密度のさらに詳しい表は，インターネットなどでも得られる．米国アルゴンヌ国立研究所の web サイト(http://www.neutron.anl.gov/)に紹介されているリンクが参考になる．

	中性子					X 線			
物質	散乱長 $(10^{-15}\ \mathrm{m})$	原子密度 $(10^{28}\ \mathrm{m}^{-3})$	散乱長密度 $(10^{13}\ \mathrm{m}^{-2})$	$\delta(10^{-6})$ at 0.4 nm	q_c (nm^{-1})	$\delta(10^{-6})$ at 0.154 nm	$\beta(10^{-6})$ at 0.154 nm	θ_c (mrad)	q_c (nm^{-1})
C(グラファイト)	6.64	11.3	75	19.1	0.19	7.25	0.01	3.8	0.31
C(ダイアモンド)	6.64	17.6	117	29.8	0.24	11.33	0.02	4.8	0.39
Si	4.15	5	20.8	5.28	0.1	7.57	0.18	3.9	0.32
Ti	−3.44	5.66	−19.5	−5		13.5	1.1	5.2	0.42
Al	3.45	6.02	20.8	6.11	0.1	8.29	0.15	4.1	0.33
Fe	9.45	8.5	80.3	20.45	0.2	22.4	2.88	6.7	0.55
Co	2.49	8.97	22.34	5.69	0.11	23.8	3.5	6.9	0.56
Ni	10.3	9.14	94.1	24	0.22	24.2	0.49	7	0.57
Cu	7.72	8.45	65.2	16.6	0.18	24.4	0.53	7	0.57
Ag	5.92	5.85	34.6	8.82	0.13	29.2	2.67	7.6	0.62
Au	7.63	5.9	45	11.5	0.15	46.4	4.58	9.6	0.79
H_2O	−1.68	3.35	−5.63	−1.43		3.57	0.01	2.7	0.22
D_2O	19.1	3.34	63.8	16.2	0.18				
SiO_2	15.8	2.51	39.7	10.1	0.14	7.18	0.11	3.8	0.31
GaAs	13.9	2.21	30.7	7.82	0.12	14.52	0.44	5.4	0.44
Al_2O_3(サファイア)	24.3	2.34	56.9	14.5	0.17	16.74	0.19	5.8	0.47
パイレックス	42	10.7	0.14	7.17	0.08	3.8	0.31		
ポリスチレン	23.2	0.61	14.2	3.6	0.084	3.59	0.005	2.7	0.22
ポリスチレン(重水素化)	106.5	0.61	65	16.5	0.18				

スペクトルとして，長波長側では低強度でも差し支えなく，短波長側である程度の強度が得られることが合理的である．

他方，5.3節で説明されているとおり，利用可能な波長範囲を広くとれることは決定的に重要なポイントである．先述の0.15〜1.13 nm(波長比で約7.5倍)程度ではまだ十分とは言えない．これよりもさらに狭い波長範囲での測定を余儀なくされると，飛行時間法の長所自体が大きく損なわれる感もぬぐいきれない．それでは1つの角度で必要な q の範囲をカバーできないため，2つ以上の角度での測定を行い，データをつなぐことも不可欠になる．その場合は，6.3節で紹介したような時間分解測定もできなくなる．2つ目の角度に移る頃には，試料はすでに違う構造になっているからである．また，広い q の範囲を確保しにくいことは，すなわち，非常に薄い膜やナノ構造の議論が必ずしも得意ではないことにつながる．したがって，5.3節で示されたSPring-8の高エネルギー放射光の場合のように，波長範囲を広くとれるような改良は重要である．将来，遅い長波長の中性子をより多く利用できるように，少なめの繰り返し周波数(たとえば10〜15 Hz)や，中性子源からの装置までの距離がもっと短くなるような(たとえば10 mもしくはそれ以下)工夫や新しい技術が導入されれば，改善されるのではないかと期待される．q の分解能については，X線の場合には，検出器のエネルギー分解能で決まっており，またそれほど魅力的な値でもないが，飛行時間法による中性子反射率測定では，エネルギー(速度，波長)の異なる中性子を識別する性能が制約要因になることはあまりない．q の分解能は中性子源の大きさやスリット，その他の光学的な条件で制約されている．

試料サイズについては，中性子ではX線での実験に比べ，典型的には数〜10数倍もしくはそれ以上の面積のものが用いられることが多い．中性子はビームサイズがそもそも小さくなく，それをわざわざ小さく切り刻むと強度損が大きく，利用しにくくなることが主たる理由になっている．表面・界面の研究，もしくは薄膜の製品の評価という観点では，(1)試料サイズは実際の物質・材料研究や各種の材料開発で想定されるサイズを念頭におくべきで，評価手法側の事情を試料に押しつけるようでは，そもそも発展が望めない，(2)薄膜・多層膜がそのような広い面積にわたって均質な構造を保っているとは考えにくく，得られた解析結果を現場の問題にフィードバックしにくい，といった理由から致命的な弱点になる可能性がある．近年は，物質の機能と関係した不均質性の評価に関心が集まっており，さらには膜がパターン化され，構造体が作りこまれたりしているものが試料であることも多い．現状の中性子反射率法では，こうした試料にまったく対応できないことになってしまう．

そこで，中性子反射率法にイメージング機能をもたせる方法[22, 23]も検討されている．図9.3は，そのアイデアを模式的に示したものである．原理はX線ではすでに確立さ

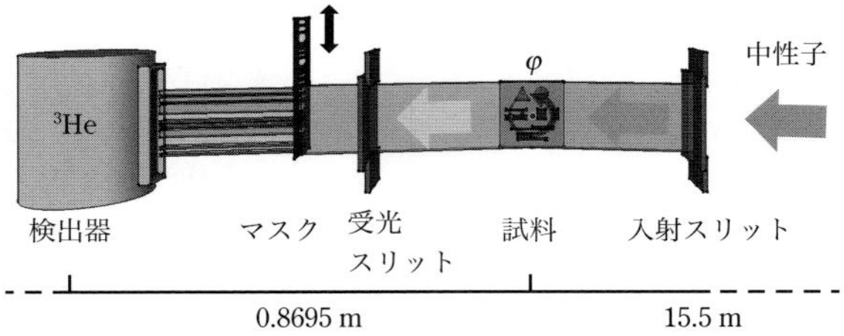

図 9.3　空間分解能をもつ中性子反射率法のアイデア
ある規則によって多数の開口を配列したマスクを走査して中性子反射投影像を取得する．飛行時間法の測定ができるので，固定面で反射率のプロファイルに相当する情報が得られ，面内回転と組み合わせて 3 次元的なイメージングが可能になる．図中の数値は中性子源からの距離を表す．
［K. Sakurai *et al.*, *Physica B* (2018), in press, Fig. 2］

れている画像再構成法による反射率イメージング(5.6 節)とほぼ同じである．ただし，X 線の場合には，CCD カメラのような微細なピクセルを非常に多く配列した検出器があるが，現状では中性子用のすぐれた検出器はほとんどない．中性子イメージングプレートであれば空間分解能は得られるが，白色パルス中性子の飛行時間法のような実験には利用できない．そこで，図中に示されているように，空間分解能をもたない ^{3}He 検出器を使用しつつ，開口率約 50% で，ある規則に従って加工したマスクを走査して，そのマスクを通過する中性子のカウント数をその都度記録して得られるプロファイルから，数値演算によって本来の反射投影像を得るという方法が代替策として考えられている．この方法では，マスクのスロットの大きさが空間分解能を決める．このマスクの走査と試料の面内回転を行う以外は，通常の中性子反射率の装置をそのまま利用でき，不均一もしくはパターンのある薄膜・多層膜試料のイメージングを行うことができる．測定する中性子のカウント数を確保し，統計誤差を小さくしながら，こうした画像を得る試みは，今後新たな光学素子，新たな 1 次元・2 次元ピクセル検出器の開発により，いっそう進歩することが期待される．

以上，X 線反射率法の経験者が中性子利用を検討する際に有用と思われる事項を X 線反射率の実験と比較しながら説明した．中性子反射率法は発展途上の過程にある．X 線も長い研究の歴史の中で，いまの中性子よりももっと難易度の高い困難を抱えていた時期もあった．安易に現状に妥協することなく，高品位のデータを取得することを追求し，秘められている高い潜在能力を引き出すための努力を続けることが重要であるように思う．

参考文献

1) 日経サイエンス，2016年6月号，pp.54–61

2) V. Nesvizhevsky, H. G. Börner, A. K. Petukhov, H. Abele, S. Baeßler, F. J. Rueß, T. Stöferle, A. Westphal, A. M. Gagarski, G. A. Petrov and A. V. Strelkov, *Nature*, **415**, 297 (2002)

3) https://www.frm2.tum.de/en/home/

4) http://www.ansto.gov.au/AboutANSTO/OPAL/index.htm

5) https://www.ill.eu/

6) https://neutrons.ornl.gov/sns

7) http://j-parc.jp/MatLife/ja/index.html

8) http://europeanspallationsource.se/

9) F. Mezei, *Comm. Phys.*, **1**, 81 (1976)

10) http://www.reectometry.net/reect.htm#Instruments

11) http://moto_t.sourceforge.net

12) http://genx.sourceforge.net/

13) 高原 淳，波紋（日本中性子科学会誌），**18**，220 (2008)

14) 桜井健次，日野正裕，武田全康，真空，**53**，747 (2010)

15) 武田全康，山崎 大，日野正裕，波紋（日本中性子科学会誌），**24**，200 (2014)

16) 山田悟史，武田全康，山崎 大，波紋（日本中性子科学会誌），**24**，288 (2014)

17) H. Kawaura, M. Harada, Y. Kondo, H. Kondo, Y. Suganuma, N. Takahashi, J. Sugiyama, Y. Seno and N. L. Yamada, *ACS Appl. Mater. Interfaces*, **8**, 9540 (2016)

18) T. L. Meyer, A. Herklotz, V. Lauter, J. W. Freeland, J. Nichols, E.-J. Guo, S. Lee, T. Z. Ward, N. Balke, S. V. Kalinin, M. R. Fitzsimmons and H. N. Lee, *Phys. Rev. B*, **94**, 174432 (2016)

19) K. Amemiya, M. Sakamaki, M. Mizusawa and M. Takeda, *Phys. Rev. B*, **89**, 054404 (2014)

20) B. Wiedemann, J. Stahn, J.-F. Moulin, S. Mayr, T. Mairoser, A. Schmehl, A. Herrnberger, P. Korelis, M. Haese, J. Ye, M. Pomm, P. Böni and J. Mannhart, *Phys. Rev. Appl.*, **7**, 054004 (2017)

21) J. Daillant and A. Gibaud eds., *X-ray and Neutron Reflectivity : Principles and Applications*, Springer (2009), p.191, Table 5.1

22) 桜井健次，水沢多鶴子，特許第5825602号「中性子線イメージングの方法及び装置」(2015)；桜井健次，サムソンヴァレリーアンイニス，水沢多鶴子，特許第6202484号「中性子撮像装置およびその使用方法」(2017)

23) K. Sakurai, M. Mizusawa, J. Jiang and T. Ito, *Physica B* (2018), in press, http://dx.doi.org/10.1016/j.physb.2018.01.014

おわりに
X線反射率の100年

国際結晶学連合(International Union of Crystallography, IUCr)は，2014年，世界結晶年を祝った．その100年前を振り返ると，1914年にMax von Laueがノーベル物理学賞を受賞(結晶によるX線回折の発見)，翌1915年にBragg父子が同じくノーベル物理学賞を受賞(X線を用いた結晶構造の解析)している．LaueとBragg父子は，1912～1913年頃，それぞれまったく独立にX線回折を発見し，今日の構造科学の基礎を築く研究を行った．Bragg父子は，X線回折の原理を応用し，当時発見されたばかりの蛍光X線スペクトルの分光器も開発している．そのような新発見が続々行われていた時代に，X線が平坦かつ平滑な物質表面で光学的な全反射を起こすことも見出された．現代とは異なり，インターネットはもちろん，多数の学術出版物が流通していたわけではない頃である．情報が十分に交換されていたわけではなく，誰が何をどのように研究していたか，すべてわかっているわけではない．そのようななかで，1927年のノーベル物理学賞受賞(Compton効果の発見)で高名なArthur H. Comptonの1923年の論文が，X線全反射の最初の報告と考えられている．その8年後の1931年にHeinz KiessigによるX線反射率の干渉縞の報告が行われている．薄膜の膜厚を求めるという問題意識でX線反射率をとらえたという観点ではほぼ最初の報告になる．このようにして，X線反射率法は産声をあげた．Wilhelm C. RöntgenによりX線が発見された頃(1895年)，X線に対する人々の主たる関心は物体に対する透過能力とその応用に向けられていたことを考慮すると，およそ対極ともいえる物質表面や薄膜の構造に関連するX線全反射現象の物理学的基礎が，これほど早くに築き上げられたことにまったく驚きを禁じえない．

今日X線反射率法が，薄膜・多層膜の膜厚決定法として広く知られ，用いられるようになったのは，1950年代に多層膜からのX線反射率が理論的に定式化され，膜厚の計算方法が確立されたことに源流があると言ってよいであろう．今日知られている方法は，1950年に出版されたFlorin Abelèsの4本の論文にほぼ全容が書かれており，マトリックス法による計算が示されている．フランス語で書かれていたこともあり，日本ではそれほど知られていなかったが，実質的に，この時点で多層膜のX線反射率の計算方法は確立されている．それに続く1954年のL. G. Parrattの論文は，X線反射率法を決定的に有名なものとした．今日，X線反射率法関連で最も頻繁に引用される論文は，漸化式によりX線反射率法を計算する方法を示した，このParrattの論文であろう．実に60年を越える年月が経ってもなお，読まれ続け，引用され続けている．そのような好評を得ている理由の1つは，非常に教育的に書かれているという点ではないかと考えられる．また，Parrattが各界面の反射係数を求めるために用いた境界条件の式を用いると，論文中には明示されていないものの，多層膜内部のX線電場強度の深さ方向分布を求めることができる．その後，X線全反射現象に付随するエバネッセント波や定在波を用いたさまざまな解析が誕生し，それぞれに発展を遂げることになるが，その源はこの論文に遡ることができるように思う．

1960年代に入り，X線反射率法で通常測定する鏡面反射ではない，別の表面散乱が発見された．1963年，わが国の米田泰治(九州大学)が，反射率測定の際に非等角位置に現れる異常な散乱を報告した．これはYoneda wing(またはYoneda peak)と呼ばれるようになり，後の時代の散漫散乱，GISAXSの研究に重要な手がかりを与えた価値ある研究である．米田は1971年に研究室メンバーであった堀内俊寿とともに，世界で初めて全反射蛍光X線法を発明したことや，回転対陰極型X線発生装置の開発や散乱X線トモグラフィーなど，オリジナリティにあふれた研究を次々と展開したことでも知られている．

1959年12月29日，カリフォルニア工科大学で開催されたアメリカ物理学会の年会で，Richard Feynmanは“There’s Plenty of Room at the Bottom”という講演を行い，今日のナノテクノロジーの先駆にあたる研究の意義を説明した．1960年代には，Bell研究所のA. Y. Cho，J. R. Arthurらにより分子線エピタキシー(molecular beam epitaxy, MBE)の装置が動き始め，半導体超格子構造をはじめ，人工的に薄膜の構造を制御することにより新規な機能を作りだす研究が本格始動した．そこで，そのような人工的な構造を原子スケールで精密評価する技術が求められるようになってきた．1970年代，IBMのArmin Segmuller，江崎玲於奈らは上述のMBE法により作製した量子井戸構造や人工格子の評価にX線反射率法を採用している．当時は，今日のように技術が確立されておらず，経験も少なかったので，たとえばGaAs/AlAsのレイヤーペアを積層する際，揮発しやすいAsは厚さが1原子層くらい設計値とずれることも容易に起きるのではないかといった懸念なども持たれていた．X線反射率法は，こうした疑問にも明快な答えを与えてくれた．当時，まだまだ黎明期ではあるがコンピュータも登場した．Segmullerは，早速コンピュータを駆使してX線反射率の実験データを多層膜モデルから計算されるX線反射率曲線のwhole pattern fittingの方法に関する最初の報告を行い，実行に移した．またSegmullerと言えば，X線導波路の最初の報告を1974年にEberhard Spillerとともに行ったことでも知られている．

1970年代半ばから1980年代にかけては，フランスのL. NévotとP. Croceにより，X線反射率法による表面，界面表面・界面粗さの測定に関する研究が精力的に行われた．Parrattの示した多層膜のX線反射率の式には表面・界面粗さの寄与が入っていなかったが，現在では，各界面での反射係数にNevotとCroceによる表面・界面粗さの補正項を入れて計算するのが一般的となった．彼らの研究は非常に緻密なものである．薄膜・多層膜の表面に加え，“埋もれた界面”の原子レベルでの凹凸を非破壊的に評価できる可能性を示したことの意義はきわめて大きい．他方でX線反射率法は，結局のところ電子密度のコントラストを観測しているにすぎないため，表面・界面粗さのような物理形状と，密度の傾斜，表面・界面での原子の拡散など化学的な効果を区別することはできない．界面の深さ方向の上下の対称性が成立しない場合はもとより，界面に形成される各種のナノ構造の細部の形状を区別して検討したい場合など，現状のX線反射率法のままでは，まだ難しい課題も残されている．

こうした問題への関心が高まった結果，反射スポットの周辺に現れる散漫散乱が注目されるようになった．散漫散乱は，面内方向の構造を反映するため，こうした表面・界面の形状の情報を含み，また，仮に表面・界面粗さがゼロであれば散漫散乱はそもそも観測されないことから，反射率法と組み合わせることで物理形状と他の効果を区別でき，さらに詳細な情報が得られることが期待されたためである．そのブレークスルーをもたらしたのは，1988年のSunil K. Sinhaの論文である．細部には訂正や補強を必要とする部分もあるものの，distorted wave Born approximation（DWBA）を取り入れ，散漫散乱強度を見通し良く計算するための理論を与え，その後の研究展開に大きな影響を与えた最初の報告であった．20世紀最後の10年間でこの散漫散乱の問題は深く掘り下げられ，反射率法，回折法を併用した研究が活発に行われた．ここで，散漫散乱と呼ぶものは，同じく1980年代に初めて提案されたGISAXS（glazing incidence small angle X-ray scattering，日本語では反射小角散乱，微小角入射小角散乱などの訳語が使われる）法において観測しようとする散乱と，物理現象としてはまったく同じである．異なるのは測定の方法（真空パスとカメラを用いる小角散乱流か，カウンターアームのついたゴニオメータを用いる反射率流か）や得られたデータの取り扱い方である．反射率法の拡張としてよりも，透過配置の小角散乱法を反射配置に拡張した技術として用いるほうが応用に馴染みやすかったのであろうか．本来はどちらの測定方法にも特色も利点もあり，さらには，両者を融合させた新たなスタイルの測定法もあってもよいようにも思われるところ，結果としては，SAXSカメラのシステムを踏襲した展開が主流になっている．また，応用の点でも，界面粗さや物理形状というよりも，薄膜の内部，もしくはその上に堆積したナノドット，粒子，もしくは空孔のサイズや距離を決定に重きが置かれることが多い．

標準的なX線反射率法における測定法・データ解析法は，大枠としては，Abelès, Parratt，Segmuller，Nevot，Croceらの功績により，ひとまず完成しており，現在はパッケージソフトウエアのようなスタイルで，非常に多く用いられている．一般の大学や企業でコンピュータが容易に使えるようになった1980年代以後は，他の分析法と同様，X線反射率法も非常に幅広い分野で応用されるようになった．後の時代の産業への影響が大きかったものとしては，IBMのT. C. Huang，W. Parrishらによる磁性体多層膜の膜厚評価がある．現在では，X線反射率法はハードディスクや磁気ヘッドの生産現場で，品質管理や分析の用途に用いられている．最近の半導体の分野では層間絶縁膜としてlow-*k*材料の探索が行われているが，X線反射率法により空孔率を決定する方法が広く用いられるようになり，2004年には米国NISTから標準的なガイドラインも出版されている．工業的な応用ばかりではなく，液体の表面構造や薄膜・多層膜の表面・界面構造に関する科学的研究などへの応用にも目を向けられており，いまやX線反射率法は応用面において成熟しつつある．

1980年代は，シンクロトロン放射光の利用が本格化した時期でもある．1981年にBrookhaven国立研究所でNational Synchrotron Light Source（NSLS）が完成した．加速器と言えば素粒子物理学における高エネルギー衝突実験という従来の常識を変え，X線と真空紫外光の光源としての加速器が登場した．1983年には，わが国でも茨城県つくば市にフォトンファクトリーが運転を開始している．同様の加速器は世界各地で建設されたが，およそ10年後，従来の偏向電磁石からのシンクロトロン放射光の1000～1万倍もしくはそれ以上の高輝度性をもつアンジュレータを備えたX線光源加速器が登場した．1994年にEuropean Synchrotron Radiation Facility（ESRF），1996年にArgonne国立研究所のAdvanced Photon Source（APS），そして，1997年，わが国のSPring-8が稼働を開始した．X線の発見から100年を経て，きわめて革新的な新しいX線源が登場し，あらゆる測定技術は大発展を遂げた．21世紀に入っても，X線源の革命は止まることがなく，直線加速器と長いアンジュレータを組み合わせたself-amplified spontaneous emission（SASE）方式による自由電子レーザーの開発が進んだ．2009年4月，SLAC国立加速器研究所Linac Coherent Light Sourceで世界最初のX線領域レーザー発振に成功した．これに続いて，2011年にわが国のSACLA（SPring-8 Angstrom Compact Free Electron Laser），2017年にEuropean XFELがそれぞれX線領域の自由電子レーザーを用いた研究を開始している．これらのX線源は，従来のものとは著しく性質の異なるまったく新しいものであるが，X線レーザーとしては，最も初期的なものであり，今後，さらに新しい目まぐるしい展開が予想される．

他方，X線の測定技術は，最先端の超大型施設のみで使用するより，新しい材料を開発する，あるいは製品を続々と製造する，その場所で活用されることにより，いっそう大きな波及効果をもたらすと考えられる．現在では，市販されているX線回折装置の1つのオプションとして標準的なX線反射率の測定も行えるようになった．そのため，標準的なX線反射率の測定は誰にとってもそれほど難解なものではなくなっている．多数の試料を日々ルーチン測定するようなこともごく普通に行うことができる．データ解析に関しても，市販装置のほとんどにソフトウエアが付属しており，ひととおりのことはほぼできるようになっている．通常の測定だけではない．本書の第5章や第6章で紹介した微小領域分析やイメージングの能力を備えたX線反射率法，あるいは時々刻々の変化を追跡するX線反射率法など，従来よりも高い付加価値をめざしたものも，学術・産業のあらゆる場所で利用できる技術としての姿を整えつつある．これらは，すでに十分広範な応用に耐えうる段階に達しているが，今後，さらに改良も性能向上も進むだろう．こうした新しい技術は，シンクロトロン放射光の利用による研究による知的刺激，影響を受ける部分が少なからずある点が興味深い．

X線反射率法の提供する情報は，薄膜・多層膜の断面試料を透過電子顕微鏡によって観察して得ようとするものにかなり近い．断面試料を作るということは，試料を破壊することを意味しており，同じ試料はもう使用できなくなってしまう．したがって，いずれにしても，あまりにも多数の試料を断面観察するということは現実的に難しい．その点，非破壊的なX線反射率法は，必要であれば全数検査を行って結果を報告することができる．なお不審な点があれば，そのときには，断面試料を作ってもよい．こうしたX線反射率法の利便性は明らかであるが，懸念されるのは，その結果，応用対象が広がりすぎてしまうことである．たとえば，完全な多層膜ではなくParrattのモデルを当てはめにくいケース，Nevot-Croceの補正が成り立たないような大きな表面・界面粗さのケースはどうすればよいのか．X線反射率法の応用の拡大の結果，より複雑な3次元構造をもつ超薄膜を対象に入れようとする機運が高まっている．それを可能とするための理論の拡張や，新しいデータ解析法の研究も行われるようになってきている．現状は，残念ながら混乱も起こっており，妥当性に疑問のあるモデルを用いた機械的なフィッティングから得られる数値が独り歩きする例も後を絶たない．その打開の道の1つは，新しい実験手法の導入(たとえば，不均一さの評価，画像化，特定サイズや特定形状に選択的な測定など)やデータ解析法のいっそうの改良である．1990年代半ばには，X線反射率の生データから層構造のモデルを用いずに逆問題を解いて，直接的に構造情報を引き出そうとする試みもヨーロッパを舞台に熱心に展開された．こうした分野では中性子反射率の研究者の貢献が見逃せない．

おそらく，多層膜の膜厚決定の部分に主な関心がある場合には，ほぼ確立されている標準的なX線反射率法を駆使していくことで，そのまま十分な成果を得続けられるとみてよさそうである．問題は粗さと呼んでいる補正項のほうである．完全に平坦かつ平滑な平面を理想的なものとし，そこからのずれを議論する程度であれば，標準的な方法でもよいのだろう．先述したとおり，1990年代，粗さの問題をよりよく理解するため，X線の鏡面反射の周囲に現れる散漫散乱を測定し，その解析を行おうとした時期があった．散漫散乱は，まさにそのような粗さによってのみ生じうるものであるから，十分な理由がある．X線レーザーをはじめとするコヒーレントなX線源の登場は，このタイプの研究の重要なツールになると考えられる．現実の試料は，どんなに平坦で平滑であるといっても，決して数学的な理想平面ではないので，ありとあらゆる場所でスポッティに強く明るい散乱が生じるだろう．これまでのX線の実験であれば，散漫散乱という言葉のイメージどおり，ぼんやりと広がっているようなパターンであるが，そこは大きく変わる．こうした表面X線散乱の新しい研究手法は，表面や界面のさまざまな形状や，これまで粗さと一口に呼んできたものの実体について，さらに新しい知識を提供してくれる可能性がある．

X線反射率法の発展の歴史を振り返りながら，これからの展開や残されている課題について，思いつくままに述べてきた．最後に，X線反射率分野でのわが国の研究者の活躍に多少なりとも触れておきたい．1970年代，深町共栄ら(埼玉工業大学)は，当時まだ珍しかった半導体検出器を用い，白色X線の反射スペクトルを得る先駆的実験を行った．第5章,第6章でも解説されているこの白色X線反射スペクトル法(エネルギー分散型X線反射率測定法)は，後に堀内俊寿，松重和美，林 好一ら(京都大学)により，薄膜成長のその場(*in situ*)観察技術として発展させられた(1995年)．X線反射率法におけるモデルフリー解析の1つのアプローチとして有力であると第4章で紹介したFourier変換法は，1991年に桜井健次(物質・材料研究機構)らにより初めて提案された．その後，同一もしくは類似の方法が海外で別々のグループにより独立に見出され，今日では広く用いられるようになった．また21世紀に入ってからは，Wavelet変換を併用する方法として進化している．

X線反射率法の応用分野が広がってきていることはすでに述べたが，個別の測定対象ごとに，その特徴をとらえ，いっそう高度な解析を行うことが重要である．宇佐美勝久，平野辰巳，上田和浩ら(日立)による2波長法・多波長法を用いた高精度解析，淡路直樹ら(富士通)の差分法による超薄膜の解析など，X線反射率法を発展させるうえでわが国の研究者が大きく寄与している．さらに実際的な応用では，X線反射率法のみならず，周辺技術の採用も含め，広くとらえて研究を行う必要がある．X線反射率法と併用すると有用な関連技術の分野では，奥田浩司(京都大学)らによる反射小角散乱を用いたナノドットの解析，川村朋晃(日亜化学)，尾身博雄(NTT)らによる in-plane X 線回折を用いた半導体デバイスの研究で優れた成果が得られている．そのほかにも，とてもこの狭い紙面に書きつくせないほど多くの方々のめざましい活躍があり，今日に至っている．わが国では，X 線・中性子反射率に関連する新しい研究手法とその応用に関する学術討論を行う場がなかったが，2001 年に茨城県つくば市で初めての研究会が開催された．そのときの参加者が中心となり，その後，応用物理学会傘下の新領域グループ，研究会として恒常的に活動するようになった．欧米では，1989 年に第 1 回の表面 X 線・中性子散乱国際会議がマルセイユで開催されていることに比較すれば少々遅れたが，個々にたくましく活躍するわが国の研究者たちが知識と情報を交換し交流する場が生まれたことはきわめて有益であった．

わが国では，最近，こうした分野が基礎・応用を問わず盛んであり，活躍している研究者も増加の一途をたどっている．こうした広がりは，また次の新たな飛躍の準備につながるのではないかと期待する．本書を手にされた若い方々は，まずは X 線反射率法の知識の学習と技術習得に集中されるであろうが，それを駆使した研究開発を通し，やがて，その限界や制約のようなものに遭遇することもあるのではないかと思う．歴史を振り返れば，今日と比べて装置技術(X 線源，分光器，検出器)およびコンピュータ，ネットワーク，データベース，文献情報などに多くの制約があった時代に，むしろ重要な実験上の進歩がなされ，理論的な裏付けのしっかりした研究が進められてきたことを思い知らされる．ぜひ，少し困難を感じたときこそ，深く考察し，「ではどうするか？」「その次は？」と自ら問いかけ，解決に取り組んでいただきたい．最初は「単に使う」がスタートで一向に差し支えない．だが，単に使うだけで済まなくなったときこそ，わが国の若者が，世界に先駆け，新たな提案を続々と発信する契機となることを願う次第である．X 線反射率法に限らないことであるが，未来に決して終わりはなく，必ず新たな展開が生まれてくる．

表　X 線反射率の歴史

1920 年代	・全反射現象の発見(A. H. Compton) *Phil. Mag.*, **45**, 1121(1923) ・X 線反射率の最初の理論(J. Picht) *Ann. Phys.*, **5**, 433(1929)
1930 年代	・X 線反射率干渉縞の観測(H. Kiessig) *Ann. Phys.*, **10**, 769(1931)
1950 年代	・多層膜の X 線反射率の理論(F. Aberès) *Ann. Phys.*(Paris), **5**, 596(1950), **5**, 710(1950) *J. Phys. Radium*, **11**, 307(1950), **11**, 310(1950)

1950 年代	・X 線反射率の漸化式(L. G. Parratt) *Phys. Rev.*, **95**, 359(1954)・干渉縞直読法による膜厚決定(N. Wainfan, L.G Parratt) *J. Appl. Phys.*, **30**, 1604(1959)
1960 年代	・米田ウィング(散漫散乱)の発見(Y. Yoneda) *Phys. Rev.*, **131**, 2010(1963) ・Richard Feynman 講演 "There's Plenty of Room at the Bottom"(1959 年 12 月)
1970 年代	・人工的に作製した量子井戸構造の分析・評価への応用(A. Segmuller) *Thin Solid Films*, **18**, 287(1973); *Appl. Phys. Lett.*, **28**, 39(1976) ・X 線導波路(E. Spiller, A. Segmuller) *Appl. Phys. Lett.*, **24**, 60(1974) ・白色 X 線と半導体検出器による反射率測定法(T. Fukamachi) *Jpn. J. Appl. Phys.*, **17-2**, 329(1978) ・全パターンフィッティング法の提唱(A. Segmuller) *AIP Conf. Proc.*, **53**, 78(1979)
1980 年代	・表面・界面粗さの評価(L. Nevot, P. Croce) *J. Appl. Cryst.*, **7**, 125 (1974) *Rev. Phys. Appl.*, **11**, 113(1976); **15**, 761(1980); **23**, 1675(1988) ・DWBA を取り入れた散漫散乱の理論(S. K. Sinha) *Phys. Rev. B*, **38**, 2297(1988) ・GISAXS 法の提案 (J. R. Levine, J. B. Cohen) *J. Appl. Cryst.*, **22**, 528(1989) (A. Naudon) *J. Appl. Cryst.*, **24**, 501(1991) ・第 2 世代シンクロトロン放射光施設(専用光源加速器)の登場 NSLS(Brookhaven, 1981), Photon Factory(Tsukuba, 1983) ・第 1 回表面 X 線・中性子散乱(SXNS, Surface X-ray and Neutron Scattering)国際会議開催(Marseille, France, 1989)
1990 年代	・Fourier 変換法(K. Sakurai, A. Iida) Denver X-ray Conference(1991) *Jpn. J. Appl. Phys.*, **31**, L113(1992) ・磁性多層膜の膜厚評価への応用(T. C. Huang, W. Parrish) *Adv. X-Ray Anal.*, **35**, 137(1992) ・第 3 世代シンクロトロン放射光施設(X 線アンジュレータを備えた高輝度光源)の登場 ESRF(Grenoble, 1994), APS(Argonne, 1996), SPring-8(Harima, 1997) ・コヒーレンス利用(イメージング, XPCS) (M. Sutton) *Nature*, **352**, 608(1991) (S. Brauer, G. Grubel) *Phys. Rev. Lett.*, **74**, 2010(1995) (I. K. Robinson) *Phys. Rev. Lett.*, **75**, 449(1995); *Phys. Rev. B*, **52**, 9917(1995) ・反射率法の位相問題へのアプローチ (C. F. Majkrzak, N. F. Berk) *Phys. Rev. B*, **51**, 11296 ; **52**, 10827(1995) (V. O. de Haan, G. P. Frelcher) *Phys. Rev. B*, **52**, 10831(1995) ・差分法(N. Awaji, S. Komiya) *J. Vac. Sci. Technol. A*, **14**, 971(1996)

1990年代	・多波長法(T. Hirano, K. Usami, K. Ueda) *J. Synchrotron Rad.*, **5**, 969(1998) ・欧米でX線反射率法と表面X線散乱法に関連する書籍出版が相次ぐ(1999～2001)
2000年代	・Wavelet変換法 (E. Simigel, A. Crnet) *J. Phys. D*, **33**, 1757(2000) (I. R. Prudnikov, R. J. Matyi, R. D. Deslattes) *J. Appl. Phys.*, **90**, 3338(2001) ・日本における埋もれた界面のX線・中性子解析関係の最初の研究会開催(つくば, 2001) ・『X線反射率法入門』の出版(2009)
2010年代	・X線反射率法の国際標準化 "Evaluation of thickness, density and interface width of thin films by X-ray reflectometry - Instrumental requirements, alignment and positioning, data collection, data analysis and repor ting" ISO 16413 : 2013の発行(2013) ISO/TC201/SC10(X-ray Reflectometry(XRR) and X-ray Fluorescence(XRF) Analysis)設置(2016) ・X線自由電子レーザーの登場 LCLS(Stanford, 2009), SACLA(Harima, 2011), European-XFEL(Schenefeld, 2017)

索　引

欧文

Airy disk　46
AOM 値　118
box モデル　285
Bragg 反射　35, 310
B スプライン関数　287
capillary wave　272, 275, 279, 338
CDI →コヒーレント回折イメージング
Compton 散乱　8
CTR 散乱　35, 245
Darwin の動力学的理論　33
diffential evolution 法　141
DWBA　32, 312
effective density モデル　112
EXAFS　151
Fermi の黄金律　38
Fourier 変換法　128, 145
Fresnel の関係式　17
Fresnel の反射係数（Fresnel 係数）　110
Fresnel 反射率　26
Gauss の定理　28
GISAXS 法　325
GMR ヘッド　117
Helmholtz 方程式　4, 32
Hilbert phase 法　144
Hurst パラメータ　30, 273
hybrid input output（HIO）　46
KB ミラー　161
Kiessig フリンジ　20, 348
Kramers−Kronig の関係式　15
layer モデル　285
Levenberg−Marquardt 法　52
low-k 膜　213
Marquardt 法　105
Maxwell 方程式　4
MOS（metal oxide semiconductor）　204
Naudon の方法　188
NCS（nano clustering silica）　213
Nevot−Croce の補正項　32, 134, 138
Parratt の漸化式　19, 134, 300
PDF　102
Percus−Yevick のモデル　330
pNIPAM　191
Porod 則　48
Ptychography　47
Rayleigh 散乱　13
reflectogram　175
R 因子　108
SAXS 法　327
sinogram　175
Si 酸化膜　206
slab モデル　285
Snell の式　17
SOI（silicon-on-insulator）　317
SPring−8　37, 170
surface peak　316
Thomson 散乱（長）　7
Wavelet 変換法　153
XAFS　14, 38
XPCS → X 線光子相関分光法
X 線　1, 2
X 線回折幅　65
X 線管球　3
X 線共鳴磁気反射率　37
X 線検出器　69
X 線顕微鏡　160
X 線光学用多層膜　229
X 線光子相関分光法　43, 337
X 線差分反射率法　206
X 線散乱断面積　8
X 線磁気共鳴散乱　36
X 線小角散乱法　327
X 線侵入長　19
X 線定在波法　301
X 線ラマン散乱　8
Yoneda peak　316
Yoneda wing　31
Yoneda ライン　336
$\theta/2\theta$ 走査　60

和文

ア

アッテネータ　62, 68
アナライザ結晶　81
アバランシェフォトダイオード　71
アンジュレータ光　37
異常分散　5, 8, 322
異常分散効果　92, 217
位相　143
位相回復　45
位相問題　54, 135
位置敏感型検出器　175
イテレーション　70
遺伝的アルゴリズム　128, 141
イメージングプレート　175
インコヒーレント　8
運動学的近似　26
液液界面　289
液体表面　277
エネルギー分散法（方式）　169, 194, 266
エバネッセント波　18
エリプソメトリー　4
エントロピー最大化法　128
円偏光 X 線　39
オージェ電子分光　102, 125
汚染膜　51
オペランド計測　185

カ

界面粗さ　3, 25, 102
界面層　51
界面の不完全さ　138
界面誘発磁性　351
カウンターアーム　67
拡散層　51
画像再構成法　173
数え落とし　41, 69
カプトン　265
ガラス転移温度　260
干渉性　7
干渉性散乱長　348
軌道磁気モーメント　37
基板の屈折率　99
吸収項　5
吸収端　12
球面波　7
共鳴散乱　12
共鳴磁気反射率　35
共鳴軟 X 線スペクトル法　321
鏡面散乱　30
鏡面反射　17
局所解　54, 139
巨大磁気抵抗センサー　215
金属薄膜パターン　177
金属表面のマルテンサイト変態　197
空間的コヒーレンス　43
空間分解能　162
空孔率　213
屈折率　4, 5, 100
結晶配置　64
ゲート酸化膜　207, 211
原子散乱因子　9
原子数密度　10
検出強度　41
原子量　10
合金　112
構造モデルの修正　106
構造ゆらぎ　337
高分子薄膜　272, 323, 341
固液界面　240
誤差関数　33, 138
古典電子半径　7
ゴニオメータ　67
コヒーレンス　7, 43, 172
コヒーレンス長　43
コヒーレント回折イメージング　45, 48
コリメータ　62, 73
コントラスト変調法　345
コンピュータ・トモグラフィ　48

サ

最小二乗法フィッティング　100, 106
最小膜厚　25, 48
最大膜厚　48
佐々木の計算値　93
酸化層　51
酸化膜　82
3 波長 X 線反射率法　124
散漫散乱　28, 30, 87, 271, 282, 338
散乱断面積　8
散乱長　7
散乱長密度　7, 11, 347
散乱深さ　312
散乱ベクトル　9
散乱防止スリット　62
時間的コヒーレンス　43
磁気円二色性分光　37
磁気線二色性　39
磁気双極子輻射　36
磁気ヘッド　166
自己相関関数　148
自己組織化　195
自己組織化単分子膜　248
視射角　16, 104
視射角原点　104
磁性体多層膜　113
磁性電子　36
自然酸化膜　207
質量吸収係数　7
質量密度　7, 10
シミュレーティド・アニーリング法　139
斜入射角　16
修正屈折率　116
自由電子レーザー　44
周波数フィルタリング　155
受光スリット　62, 68, 73
準運動学的理論　319
潤滑膜　226
小角 X 線散乱　48
消衰係数　5
シリコンドリフト検出器　298
試料サイズ　97
試料ステージ　67
試料セル　244
試料の位置調整　73
試料の反り・湾曲　79, 97
試料の表面汚染　82
白雲母　245
シングルチャンネルアナライザ　297
シンクロトロン微小ビーム　161
人工多層膜　66
シンチレーションカウンター　69
侵入深さ　298
シンプレックス法　52
信頼性因子　108
水面単分子膜　285
スパースモデリング　48
スーパーミラー　347
スピン　3
スピン磁気モーメント　37
スピンバルブ膜　124, 216
スペクトル自然幅　64
スペックル　44, 172, 337
接着界面　180
遷移層　51
線吸収係数　7, 14
全反射蛍光 X 線分析法　295
全反射臨界角　18
双極子輻射　7
相補誤差関数　27
総和則　39
測定角度範囲　25
疎水性ギャップ　248
疎水性分子　247
ソフトマテリアル　255
ソーラースリット　61

タ

大域的最適化　52, 139

ダイナミックレンジ 68
ダイヤモンドライクカーボン 167
高さ-高さ相関関数（相関長） 30
多層膜ミラー 231
多チャンネルX線反射率法 186
多波長X線反射率法 115, 224
単一量子井戸モデル 314
タンジェンシャルバー 60
短時間フーリエ変換 152
単色化 64
弾性散乱 7
窒息型 70
チャンネルカット結晶 65
中性子 345
中性子反射率イメージング 355
中性子反射率計 348
直線偏光 8
低エネルギー電子回折法 269
定在波 299
ディープラーニング 48
データフィッティング 25
電気化学界面 240
電気感受率 7
電極 248
電子密度 10
透磁率 4
導電性透明薄膜 307
銅フタロシアニン 257
動力学的近似 31

ナ

ナイフエッジ 62, 73
軟X線 2
二軸X線回折装置 60
2波長X線反射率法 118, 221
入射X線の侵入深さ 311
入射角 16
入射スリット 62, 73
熱中性子 346
ノンパラメトリックベイズ推定 129

ハ

ハイスループットな計測 200
白色X線 169
白色X線反射スペクトル法 194
バックグラウンド 9, 53, 106
発散角 61, 94, 161
ハードディスク 166, 215
パーマロイ 112
パラクリスタルモデル 330, 332
バリアメタル 214
半導体 203, 305
半導体検出器 71, 169
半導体ヘテロ接合 305
非干渉性 8
微小角入射X線回折法 309
微小角入射X線光子相関分光測定 340
微小角入射蛍光X線分析法 295
微小角入射小角X線散乱法 326
非晶高分子 274
歪みドメイン 319
非線形最小二乗法 133, 136
非対称界面 109
標準試料 101
表面・界面粗さ 3, 86
表面凝固 284
表面層 51, 284
表面張力波 272, 275, 279, 338
表面電場強度 18
フィッティング領域 105
フェムトスライダ 166
不感時間 69
複素屈折率 5
フットプリント 61
フラクタル表面 30, 273
フリンジ 20, 50, 322
フロートガラス 304
プロポーショナルカウンター 69
分光結晶 81
分散 5
分散補正 11
分子・原子分布モデル 33
平行化 64
ベイズ推定 129
平面波 4
ヘリシティ 39
偏光／偏光因子 8
ペンタセン 269
ポイント取り出し 63
放射光 3
ポリクロメータ 196
ポリ酢酸ビニル 192
ポリマーブラシ 272, 340
ポリマーブレンド薄膜 340
ホログラフィー 48
ポロシティ 213
ポンプ・プローブ法 200

マ

マイクロスリット 171
マイクロピンホール 171
マイラー 277
膜厚 3, 16, 102
膜構造モデル 105
マトリックス法 21, 32, 41
マルチコントラスト法 35
マルチチャンネルアナライザ 297
水 245
密度 3
密度勾配 26
密度スライス法 32, 211
密度プロファイル関数 33
モデルフィッティング 25
モノクロメータ 62, 73
モルフォロジー 172

ヤ

焼きなまし法 139
有機EL素子 263
有機ガスセンサー 265
有機太陽電池 267
誘電率 4

ラ

ライン取り出し 63
ラフネス 3, 25
リチウムイオン二次電池 250, 350
量子井戸構造 315
冷中性子 346
ローター光源 3
ロッキング測定 31, 87

編著者紹介

桜井《さくらい》　健次《けんじ》　工学博士

1988 年　東京大学大学院工学系研究科博士課程修了
現　在　国立研究開発法人 物質・材料研究機構 先端材料解析研究拠点 上席研究員.
筑波大学大学院教授を兼務.

NDC 429　　383 p　　21 cm

新版《しんぱん》　X 線反射率法入門《えっくすせんはんしゃりつほうにゅうもん》

2018 年 6 月 29 日　第 1 刷発行

編著者　桜井健次《さくらいけんじ》
発行者　渡瀬昌彦
発行所　株式会社　講談社
〒 112-8001　東京都文京区音羽 2-12-21
販　売　(03)5395-4415
業　務　(03)5395-3615
編　集　株式会社　講談社サイエンティフィク
代表　矢吹俊吉
〒 162-0825　東京都新宿区神楽坂 2-14　ノービィビル
編　集　(03)3235-3701
印刷所　株式会社　双文社印刷
製本所　株式会社　国宝社

ISBN 978-4-06-153296-0